普通高等教育"十二五"规划教材

工科数学精品丛书

高等数学(上)

张忠诚　杨雪帆　主编

科学出版社

北京

内容简介

本书依据《工科类本科数学基础课程基本要求》编写而成.全书分上、下两册,共11章,上册内容包括:函数与极限、导数与微分、微分中值定理与导数的应用、不定积分、定积分及其应用、空间解析几何.本书吸收了国内外优秀教材的优点,调整了教学内容,适应分层分级教学,各章均有相应的数学实验,注重培养学生的数学素养和实践创新能力.

本书可作为本科院校高等数学课程教材或教学参考书.

图书在版编目(CIP)数据

高等数学.上/张忠诚,杨雪帆主编.—北京:科学出版社,2016

(工科数学精品丛书)

普通高等教育"十二五"规划教材

ISBN 978-7-03-048979-1

Ⅰ.①高… Ⅱ.①张… ②杨… Ⅲ.高等数学—高等学校—教材 Ⅳ.①O13

中国版本图书馆CIP数据核字(2016)第140823号

责任编辑:高 嵘 / 责任校对:王 晶

责任印制:彭 超 / 封面设计:蓝 正

科学出版社 出版

北京东黄城根北街16号

邮政编码:100717

http://www.sciencep.com

武汉市新华印刷有限责任公司印刷

科学出版社发行 各地新华书店经销

*

开本:B5(720×1000)

2016年6月第 一 版 印张:22 1/2

2016年6月第一次印刷 字数:452 000

定价:49.00元

(如有印装质量问题,我社负责调换)

前言 Preface

高等数学是理工科高等院校的一门重要的基础课.与初等数学相比,高等数学的理论更加抽象,逻辑推理更加严密.初学者往往对高等数学的概念和理论感到抽象难懂,解决问题缺少思路和方法.具有良好的数学素质是学生可持续发展的基础,它不仅为学习后续课程和进一步扩大数学知识面奠定必要的基础,而且对培养学生抽象思维、逻辑推理能力,综合利用所学知识分析问题解决问题的能力,自主学习能力和创新能力都具有非常重要的作用.一套好的高等数学教材,作为教学内容和教学方法的知识载体,对培养学生良好的数学素质有着举足轻重的作用.我们依据《工科类本科数学基础课程基本要求》,以提高学生的数学素质、掌握数学的思想方法与培养数学应用创新能力为目的,参考了大量国内外优秀教材,充分吸收了编者们多年来教学实践经验与教学改革成果,编写了这套教材.

在教材编写过程中,我们按照精品课程的要求,体现创新教学理念,以利于激发学生自主学习,提高学生的综合素质和培养学生的创新能力;对教学内容进行了适当的调整,以适应分层分级教学模式;试图在保证理论高度不降低的前提下,适当运用实例和图形,以便易教易学;以单元的方式介绍数学实验,帮助学生了解掌握数学和数学的应用;适时介绍有关数学史料,以体现人文精神.总之,编者将长期的教学实践经验渗透到教材中,力求达到便于施教授课的目的.书中带“*”号的内容可视学生的能力及专业要求由教师决定是否讲授.

本教材分上、下两册,上册由张忠诚、杨雪帆主编,孙霞林、王志宏、李小刚任副主编,下册由王志宏、柳翠华主编,杨建华、伍建华任副主编.具体分工为:第 1 章由张忠诚编写;第 2 章、第 3 章由柳翠华编写;第 4 章、第 5 章由熊德之编写;

第 6 章由杨雪帆编写;第 7 章、第 10 章由孙霞林编写;第 8 章由王志宏编写;第 9 章由杨建华编写;第 11 章由伍建华编写;各章的数学实验由李小刚编写;喻五一、曾华、刘为凯、宁小青、费滕、熊晓龙、刘雁鸣、阮正顺、余荣等为本书资料整理做了大量工作.本书由主编负责统稿、定稿.

由于编者水平有限,书中有不足之处,希望得到广大专家、同行和读者的批评指正.

编　　者

2016 年 5 月

目录 Contents

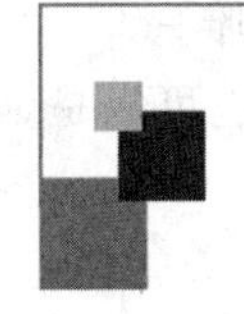

第1章

函数与极限

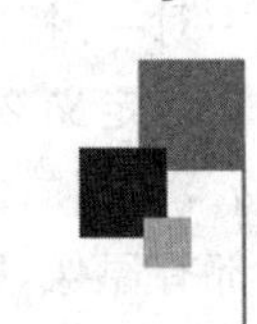

函数是自然科学中普遍使用的数学概念之一.它是数学的基础概念,也是微积分学的基本研究对象,而研究函数的主要方法是极限.本章介绍函数的概念、函数的性质以及函数的运算,数列极限与函数极限的概念、性质及计算方法.

1.1 映射与函数

1.1.1 映射

定义1 设A,B为两个非空集合,如果存在一个对应关系f,使得对A中每个元素a,通过f在B中有唯一确定的元素b与之对应,则称f为A到B的**映射**,记为

$$f: A \to B, a \mapsto b \quad 或 \quad b = f(a),$$

其中b称为a的**像**,a称为b的**原像**,A称为f的**定义域**,记为D_f,A中所有元素的像组成的集合称为映射f的**值域**,记为R_f.

注 (1) A中每个元素都有像,且像都在B中.

(2) A中每个元素的像都是唯一的.

(3) 映射f的值域R_f是B的子集,即$R_f \subseteq B$.

(4) 值域R_f中的每个元素都有原像,但原像可以不唯一.

例1 设$f: \mathbf{R} \to \mathbf{R}$,对任意$x \in \mathbf{R}$, $f(x) = |x|$,则f是一个映射,f的定义域$D_f = \mathbf{R}$,值域$R_f = \{y \mid y \geqslant 0\}$,它是$\mathbf{R}$的一个真子集.显然$R_f$中除$y=0$外每一元素的原像是不唯一的.

例2 设$f: [0, 1] \to [1, 2]$,对每个$x \in [0, 1]$, $f(x) = x+1$,则f是一个映射,f的定义域$D_f = [0, 1]$,值域$R_f = [1, 2]$,且R_f中每一个元素的原像是唯一的.

例3 设$f: \mathbf{R} \to [-1, 1]$,对每个$x \in \mathbf{R}$, $f(x) = \cos x$,则f是一个映射,f

的定义域 $D_f=\mathbf{R}$,值域 $R_f=[-1,1]$,值域 R_f 中每一个元素的原像不唯一.

映射是集合之间元素的一种对应关系,这种对应关系可以是多对一,也可以是一对一.按照对应关系,可以将映射进行分类.

定义 2 设 f 是从集合 A 到集合 B 的映射,若 A 中任意两个不同元素 $a_1\neq a_2$,它们的像 $f(a_1)\neq f(a_2)$,则称 f 为**单射**;若 $R_f=B$,即 B 中任一元素在 A 中都有原像,则称 f 为**满射**;若 f 既是单射又是满射,则称 f 为**双射**或**一一映射**.

由此分类可知,例 1 不是单射也不是满射;例 2 是一一映射;例 3 不是单射是满射.

1.1.2 函数

1. 函数概念

定义 3 设 f 为集合 A 到 B 的映射,即 $\forall x\in A$,按照映射 f,都有唯一的 $y\in B$,如果 B 为数集,则称映射 f 为**函数**,记为

$$f: A\to B,\ x\mapsto y=f(x).$$

当 B 为实数集时,称 f 为**实值函数**;当 B 为复数集时,称 f 为**复值函数**.

2. 几点说明

1) 关于定义域

函数的定义域 A 可以是数集,也可以不是数集.当 A 为实数集时,f 称为实变量函数;当 A 为复数集时,f 称为复变量函数.给定一个函数 f,同时也就给出了函数 f 的定义域 A.有时给定的函数 $y=f(x)$ 并不明确指出它的定义域,这时认为函数 $y=f(x)$ 的定义域 A 是自明的,即定义域是使函数 $y=f(x)$ 有意义的数 x 的集合.

例如,给定的函数 $f(x)=\sqrt{1-x}$ 没有指出它的定义域,它的定义域就是使函数 $f(x)=\sqrt{1-x}$ 有意义的数 x 的集合 A,即 A: $\{x\mid x\leqslant 1\}$.

在具有实际意义的函数中,函数的定义域受实际意义的约束.例如,半径为 r 的圆的面积 $S=\pi r^2$.从抽象的数学公式来说,r 可以取任意实数,但是从它的实际意义来说,圆的半径不能取负值,即 $r\geqslant 0$ 或定义域是区间 $[0,+\infty)$.

2) 关于函数 f

在函数定义中,函数 f 是抽象的,只有在给定的具体函数中,函数 f 才是具体的.具体的函数表示有列表法、解析法、图像法.只要对数集 A 中的任意 x 都能明确指出它所对应的唯一的 y,就具体地表现了一个映射 f,即给定了定义在 A 上的函数 f,至于这种对应规律用什么方法给出是无关紧要的.

3) 关于值域

函数 f 的值域 R_f 一般为集合 B 的子集,在具体的函数表达式中,是通过集合

A 中的元素来确定的，即

$$R_f = f(A) = \{y \mid y = f(x),\ x \in A\}.$$

例4　取整函数：$\forall x \in \mathbf{R}$（$\mathbf{R}$ 为实数集合），定义

$$f(x) = [x] = n \quad (n \leqslant x < n+1,\ n \text{ 为整数}),$$

即$[x]$为不大于 x 的最大整数. 例如，$[-1.5] = -2$，$[2.5] = 2$，$[3] = 3$. 称$[x]$为取整函数，如图 1-1 所示.

显然有

$$[x] \leqslant x < [x] + 1.$$

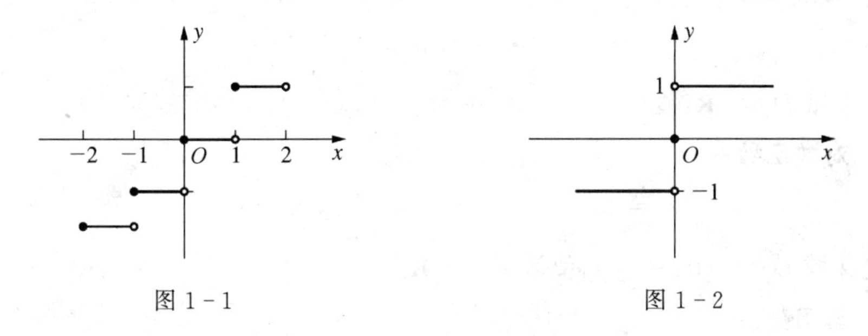

图 1-1　　　　图 1-2

例5　符号函数：

$$\operatorname{sgn}^{①} x = \begin{cases} 1, & x > 0, \\ 0, & x = 0, \\ -1, & x < 0. \end{cases}$$

$\forall x \in \mathbf{R}$，有 $|x| = x\operatorname{sgn} x$，所以 $\operatorname{sgn} x$ 起了符号的作用. 这个函数称为符号函数，如图 1-2 所示.

例6　狄利克雷[②]函数

$$D(x) = \begin{cases} 1, & x \text{ 为有理数}, \\ 0, & x \text{ 为无理数}. \end{cases}$$

这个函数有很多"奇怪"的性质（以后会涉及），以前见到的函数大多可以通过一个解析式表示，这个函数的出现意味着数学从研究"算"到研究"概念、性质、结构"的转变.

如果一个函数在定义域的不同区间上（个别的区间也可退缩为一点）分别用不同的解析式表示，则称之为分段定义的函数，简称为分段函数. 例 5 即为分段函数.

---

① sgn 是拉丁文 signum（符号）的缩写.

② 狄利克雷（P. G. Dirichlet，1805—1859），德国数学家.

1.1.3 基本初等函数

在数学的发展过程中，逐步筛选出最简单、最基础、最常用的六种函数，即常数函数、指数函数、对数函数、幂函数、三角函数与反三角函数. 这六种函数统称为**基本初等函数**.

1. 常数函数

$$y = C \quad 或 \quad f(x) = C \quad (C\text{是常数}, x \in \mathbf{R}).$$

定义域 $D_f = \mathbf{R}$，值域 $R_f = \{C\}$.

2. 指数函数

$$y = a^x \quad (a > 0, a \neq 1, x \in \mathbf{R}).$$

定义域 $D_f = \mathbf{R}$，值域 $R_f = (0, +\infty)$.

3. 对数函数

$$y = \log_a x \quad (a > 0, a \neq 1, x > 0).$$

定义域 $D_f = (0, +\infty)$，值域 $D_f = \mathbf{R}$.

4. 幂函数

$$y = x^\alpha \quad (\alpha \in \mathbf{R}).$$

幂函数 $y = x^\alpha$ 的性态与幂指数 α 有关. 通常幂函数 $y = x^\alpha$ 的定义域是 $(0, +\infty)$.

5. 三角函数

$y = \sin x$ 与 $y = \cos x$ 的定义域是 $\mathbf{R}$，值域是闭区间 $[-1, 1]$.

$y = \tan x$ 与 $y = \sec x$ 的定义域是

$$\left\{x \,\middle|\, x \in \left(k\pi - \frac{\pi}{2}, k\pi + \frac{\pi}{2}\right), k \in \mathbf{Z}\right\},$$

值域分别是 $\mathbf{R}$ 与 $(-\infty, -1] \cup [1, +\infty)$.

$y = \cot x$ 与 $y = \csc x$ 的定义域是

$$\{x \mid x \in (k\pi, (k+1)\pi), k \in \mathbf{Z}\},$$

值域分别是 $\mathbf{R}$ 与 $(-\infty, -1] \cup [1, +\infty)$.

6. 反三角函数

$y = \arcsin x$ 与 $y = \arccos x$ 的定义域是闭区间 $[-1, 1]$，值域分别是 $\left[-\frac{\pi}{2}, \frac{\pi}{2}\right]$ 与 $[0, \pi]$.

$y=\arctan x$ 与 $y=\operatorname{arccot} x$ 的定义域是 $\mathbf{R}$，值域分别是 $\left(-\frac{\pi}{2},\ \frac{\pi}{2}\right)$ 与 $(0,\ \pi)$.

在微积分学中，大量的函数都是由基本初等函数构造而得到的，因此，掌握好基本初等函数的性质，对学习微积分知识是很有帮助的.

习　题　1.1

1. 下列映射中哪些是单射，哪些是满射，哪些是双射？为什么？

(1) $f: \mathbf{N} \to \mathbf{N},\ f(x)=x+2$；

(2) $f: \mathbf{Z} \to \mathbf{Z},\ f(x)=x+2$；

(3) $f: \mathbf{R} \to \mathbf{R},\ f(x)=x^2+1$.

2. 设 $f(x)=\frac{1}{x}$，计算 $\frac{f(x_0+h)-f(x_0)}{h}$ $(x_0 \neq 0,\ x_0+h \neq 0)$.

3. 下列各题中，函数 $f(x)$ 和 $g(x)$ 是否相同？为什么？

(1) $f(x)=1,\ g(x)=\csc^2 x-\cot^2 x$；

(2) $f(x)=\ln x^2,\ g(x)=2\ln x$；

(3) $f(x)=\sqrt[3]{x^4-x^3},\ g(x)=x\sqrt[3]{x-1}$.

4. 求下列函数的定义域：

(1) $y=\arccos \frac{2x}{1+x}$；　　(2) $y=\sqrt{\sin \sqrt{x}}$；

(3) $y=\sqrt{x-1}+\sqrt{1-x}+1$；　　(4) $f(x)=\sqrt{2+x+x^2}$；

(5) $f(x)=\sqrt{\frac{1-x}{1+x}}$；　　(6) $f(x)=\ln(2x+1)+\sqrt{4-3x}$；

(7) $f(x)=\sqrt{\cos 2x}$；　　(8) $f(x)=\log_3(\log_2 x)$；

(9) $f(x)=\sqrt{\sin x}+\sqrt{16-x^2}$；　　(10) $f(x)=\sqrt{\log_4 \sin x}$.

5. 设 $f(x)=\begin{cases} |\sin x|, & |x|<\frac{\pi}{3}, \\ 0, & |x| \geqslant \frac{\pi}{3}. \end{cases}$ 求 $f\left(\frac{\pi}{4}\right),\ f\left(-\frac{\pi}{4}\right),\ f(-2)$，并作函数 $y=f(x)$ 的图形.

6. 证明：若 $f(x)=\ln x$，且 $\{x_n\}$ 是等比数列，其中 $x_n>0,\ n \in \mathbf{N}$，则 $\{\ln x_n\}$ 是等差数列.

7. 将等边三角形的面积和周长表示为边长 x 的函数.

8. 将半径为 R 的圆片切掉弧长为 x 的扇形，将剩下部分的两条边相拼成为一个圆锥.

(1) 将圆锥底周长用 x 表示；

(2) 将圆锥底半径用 x 表示；

(3) 将圆锥容积用 x 表示.

9. 一块长为 a、宽为 b 的长方形铁皮，四个角上各剪去边长为 x 的正方形，折起来做成一个无盖盒子. 将盒子容积 V 用 x 表示.

10. 已知直圆柱的高为 h,半径为 r,取半径 r 为自变量,将直圆柱表面积 S 用 r 表示.

1.2 函数的几种特性

1.2.1 有界性

定义 1 设函数 $f(x)$ 定义在数集 A 上,如果函数 $f(x)$ 的值域 $R_f=\{f(x)\mid x\in A\}$ 有上界(或有下界、有界),则称函数 $f(x)$ 在 A 上**有上界**(或**有下界**、**有界**);否则,称函数 $f(x)$ 在 A 上**无上界**(或**无下界**、**无界**).

函数 $f(x)$ 在 A 上有上界和无上界,有下界和无下界,有界和无界,用不等式表示如下:

函数 $f(x)$ 在 A 上有上界: $\exists M\in\mathbf{R}$, $\forall x\in A$,有 $f(x)\leqslant M$;

函数 $f(x)$ 在 A 上无上界: $\forall M\in\mathbf{R}$, $\exists x_0\in A$,有 $f(x_0)>M$;

函数 $f(x)$ 在 A 上有下界: $\exists M\in\mathbf{R}$, $\forall x\in A$,有 $f(x)\geqslant M$;

函数 $f(x)$ 在 A 上无下界: $\forall M\in\mathbf{R}$, $\exists x_0\in A$,有 $f(x_0)<M$;

函数 $f(x)$ 在 A 上有界: $\exists M>0$, $\forall x\in A$,有 $|f(x)|\leqslant M$;

函数 $f(x)$ 在 A 上无界: $\forall M>0$, $\exists x_0\in A$,有 $|f(x_0)|>M$.

显然,函数 $f(x)$ 在 A 上有界 $\Leftrightarrow$ 函数 $f(x)$ 在 A 上既有上界又有下界.

函数 $f(x)$ 在区间 $[a,b]$ 上有界的几何意义是:存在两条直线 $y=M$ 与 $y=-M$,函数 $y=f(x)$ 的图像位于这两条直线之间,如图 1-3 所示.

例 1 反正切函数 $y=\arctan x$ 与反余切函数 $y=\operatorname{arccot}x$ 在定义域 $\mathbf{R}$ 上有界,如图 1-4 与图 1-5 所示.

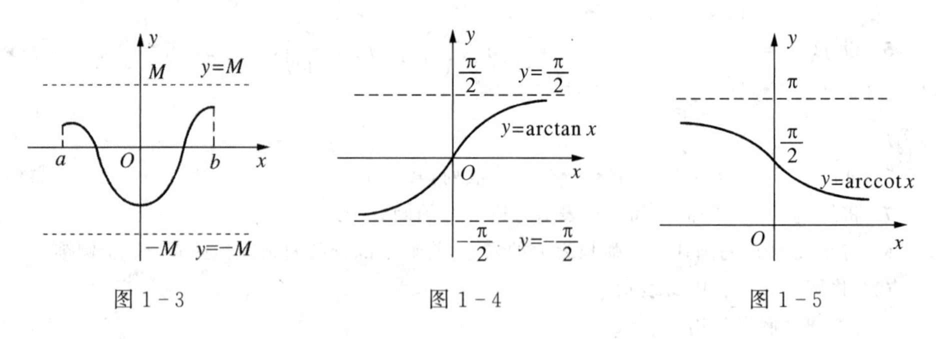

图 1-3　　图 1-4　　图 1-5

例 2 数列 $\{(-1)^n\}$ 与 $\left\{\dfrac{n+1}{n}\right\}$ 都有界.

事实上，$\exists M=1$ 与 $M=2$，$\forall n\in\mathbf{N}^{+}$，有 $|(-1)^n|\leqslant 1$，$\left|\frac{n+1}{n}\right|=\left|1+\frac{1}{n}\right|<2$.

定理 1　设 $f(x)$，$g(x)$均为 A 上的有界函数，则 $f(x)\pm g(x)$，$f(x)g(x)$也为 A 上的有界函数.

证　由于 $f(x)$，$g(x)$在 A 上有界，则存在常数 $M_1>0$，$M_2>0$，$\forall x\in A$，有

$$|f(x)|\leqslant M_1,\qquad |g(x)|\leqslant M_2,$$

从而

$$|f(x)\pm g(x)|\leqslant|f(x)|+|g(x)|\leqslant M_1+M_2,$$

$$|f(x)g(x)|=|f(x)||g(x)|\leqslant M_1M_2.$$

这说明 $f(x)\pm g(x)$，$f(x)g(x)$在 A 上有界.

注　定理 1 可推广为：有限个有界函数的和、积仍为有界函数.

1.2.2　单调性

定义 2　设函数 $f(x)$在 A 上有定义. 若 $\forall x_1, x_2\in A$，且 $x_1<x_2$，有

$$f(x_1)\leqslant f(x_2)\quad(\text{或 } f(x_1)\geqslant f(x_2)),$$

则称函数 $f(x)$在 A 上**单调递增**(或**单调递减**).

如果将上述不等式改为

$$f(x_1)<f(x_2)\quad(\text{或 } f(x_1)>f(x_2)),$$

则称函数 $f(x)$在 A 上**严格递增**(或**严格递减**).

在几何上，$f(x)$单调递增(或单调递减)意味着：$y=f(x)$ 的图形沿 x 轴的正向渐升(或渐降)，如图 1-6 所示.

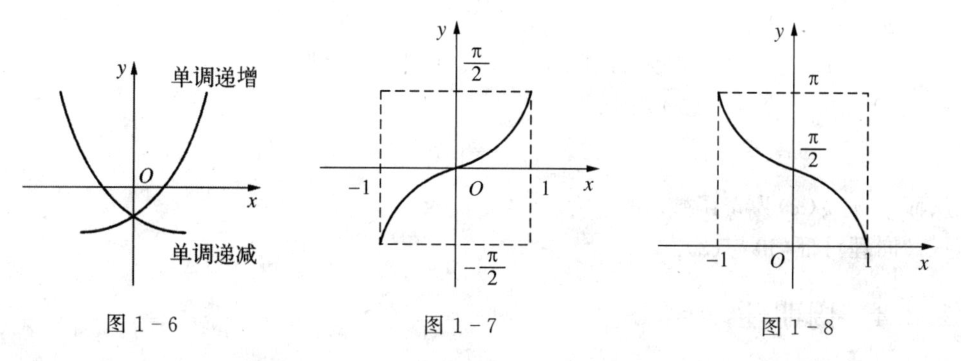

图 1-6　　图 1-7　　图 1-8

例 3　反正弦函数 $y=\arcsin x$ 在闭区间[-1, 1]上严格递增，如图 1-7 所

示. 反余弦函数 $y = \arccos x$ 在闭区间$[-1, 1]$上严格递减,如图 1-8 所示.

例 4 取整函数 $f(x) = [x]$ 与符号函数 $f(x) = \operatorname{sgn} x$ 在定义域 $\mathbf{R}$ 上都是单调递增,如图 1-1、图 1-2 所示.

1.2.3 奇偶性

定义 3 设函数 $f(x)$定义在数集 A 上. 如果 $\forall x \in A$,且 $-x \in A$, 有

$$f(-x) = -f(x) \quad (\text{或 } f(-x) = f(x)),$$

则称函数 $f(x)$在 A 是**奇函数**(或**偶函数**).

在几何上,奇函数的图像关于原点对称,偶函数的图像关于 y 轴对称,如图 1-9 所示.

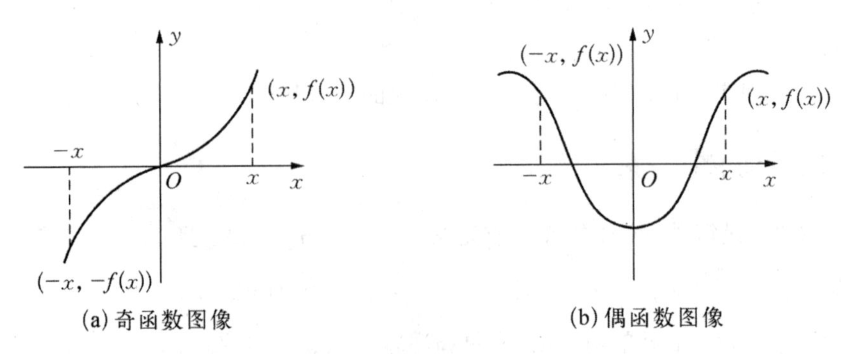

(a) 奇函数图像　　(b) 偶函数图像

图 1-9

依定义可知, $\sin x$, $\operatorname{sgn} x$ 是$(-\infty, +\infty)$内的奇函数; $\cos x$, $D(x)$是$(-\infty, +\infty)$内的偶函数,其中 $D(x)$为狄利克雷函数.

定理 2 (1) 两个奇函数之和为奇函数,两个偶函数之和为偶函数.

(2) 两个奇函数或两个偶函数之积为偶函数.

(3) 奇函数与偶函数之积为奇函数.

证 只证(3).

设 $f(x)$, $g(x)$分别为 A 上的奇函数和偶函数,即 $\forall x \in A$,有 $f(-x) = -f(x)$, $g(-x) = g(x)$, 则

$$f(-x)g(-x) = [-f(x)]g(x) = -[f(x)g(x)],$$

从而 $f(x)g(x)$为奇函数.

同理可证(1)与(2).

1.2.4 周期性

定义 4 设函数 $f(x)$的定义域为 A. 若存在正常数 $T \neq 0$, $\forall x \in A$,且 $x \pm$

$T \in A$，有

$$f(x+T)=f(x),$$

则称函数 $f(x)$ 是**周期函数**，T 称为 $f(x)$ 的**周期**.

若 T 是 $f(x)$ 的周期，则 $nT(n=1,2,\cdots)$ 都是 $f(x)$ 的周期，因此 $f(x)$ 有无限多个周期.

若函数 $f(x)$ 有最小的正周期，则通常把这个最小的正周期称为函数的周期，亦称为基本周期.

例如，$f(x)=\sin x$ 与 $f(x)=\cos x$ 在定义域 $\mathbf{R}$ 上都是以 2π 为周期的周期函数.

例 5　狄利克雷函数 $D(x)=\begin{cases}1, & x\text{ 为有理数},\\ 0, & x\text{ 为无理数}\end{cases}$ 是周期函数.

事实上，任何正有理数都是它的周期，但它没有最小正周期.

习　题　1.2

1. 证明：函数 $f(x)=\dfrac{1}{x}$ 在区间 $[1,+\infty)$ 有界，在区间 $(0,1)$ 无上界.

2. 证明：函数 $f(x)=\dfrac{1}{x}\cos\dfrac{1}{x}$ 在 $(0,1)$ 无界.

3. 判定下列函数在所给区间上的有界性：

(1) $y=\dfrac{x}{x^2+1}\ (|x|<+\infty)$；

(2) $y=\dfrac{x^2-1}{x^2+1}\ (|x|<+\infty)$；

(3) $y=\begin{cases}\dfrac{1}{x}, & 0<x\leqslant 1,\\ 0, & x=0.\end{cases}$

4. 判定下列函数在所给区间的单调性：

(1) $f(x)=x^2+1,\ (-\infty,0),\ (0,+\infty)$；

(2) $f(x)=\sin x-1,\ \left(-\dfrac{\pi}{2},\dfrac{\pi}{2}\right)$；

(3) $f(x)=3\ln x^2,\ (-\infty,0),\ (0,+\infty)$.

5. 判定下列函数的奇偶性：

(1) $f(x)=\sin x+x$；

(2) $f(x)=\ln(x+\sqrt{1+x^2})$；

(3) $f(x)=\sin x^2$；

(4) $f(x)=\ln\dfrac{1-x}{1+x}$；

(5) $f(x)=\dfrac{1}{2}(a^x+a^{-x})$；

(6) $f(x)=x^2\sin\dfrac{1}{x}$；

(7) $f(x)=x^2\operatorname{sgn}x$;　　(8) $f(x)=x\sin x$.

6. 证明：

(1) 两个偶函数的和与积为偶函数；

(2) 两个奇函数的和是奇函数，其积是偶函数；

(3) 奇函数与偶函数的积是奇函数.

7. 判定下列函数的周期性. 若是周期函数，指出其周期.

(1) $f(x)=\sin(x+2)$;　　(2) $f(x)=x\cos x$;

(3) $f(x)=\sin x^2$;　　(4) $f(x)=\sin^2 x$;

(5) $f(x)=[x]$;　　(6) $f(x)=x-[x]$.

8. 证明：若函数 $f(x)$ 定义在 $\mathbf{R}$，则

$$F_1(x)=f(x)+f(-x),\qquad F_2(x)=f(x)-f(-x)$$

分别是偶函数与奇函数，且定义在 $\mathbf{R}$ 的任意函数都可表为偶函数与奇函数之和.

9. 证明下列函数在所给区间的单调性：

(1) $f(x)=x^3\ (x\in(-\infty,+\infty))$;　　(2) $f(x)=\ln x\ (x>0)$.

1.3 函数的运算

由已知函数构成新函数的最基本方法有三种：四则运算、复合运算与取反函数.

1.3.1 函数的四则运算

定义 1 设两个函数 f 与 g 的定义域分别为 D_f 和 D_g，且 $D_f\cap D_g\neq\varnothing$，则函数 f 与 g 的和 $f+g$、差 $f-g$、积 fg、商 $\dfrac{f}{g}$ 分别定义为

$$(f+g)(x)=f(x)+g(x)\quad(x\in D_f\cap D_g),$$

$$(f-g)(x)=f(x)-g(x)\quad(x\in D_f\cap D_g),$$

$$(fg)(x)=f(x)g(x)\quad(x\in D_f\cap D_g),$$

$$\left(\frac{f}{g}\right)(x)=\frac{f(x)}{g(x)}\quad(x\in D_f\cap D_g-\{x\mid g(x)=0\}).$$

例如，函数 $f(x)=\ln x\ (x\in(0,+\infty))$，$g(x)=\ln(2-x)\ (x\in(-\infty,2))$，而 $(0,+\infty)\cap(-\infty,2)=(0,2)$. 于是，$f(x)$ 与 $g(x)$ 的和、差、积、商分别为

$$\ln x+\ln(2-x)=\ln x(2-x)\quad(x\in(0,2)),$$

$$\ln x - \ln(2-x) = \ln \frac{x}{2-x} \quad (x \in (0,\ 2)),$$

$$\ln x \cdot \ln(2-x) \quad (x \in (0,\ 2)),$$

$$\frac{\ln x}{\ln(2-x)} \quad (x \in (0,\ 1) \cup (1,\ 2)).$$

例 1　设 $f(x) = \begin{cases} e^x, & x \leqslant 0, \\ \sqrt{x}, & x > 0, \end{cases}$ $g(x) = \sqrt{x+9}$. 求 $f \pm g$, fg, $\dfrac{f}{g}$.

解　先求 f, g 定义域的交集：$D_f \cap D_g = [-9, +\infty)$，从而

$$(f \pm g)(x) = f(x) \pm g(x) = \begin{cases} e^x \pm \sqrt{x+9}, & -9 \leqslant x \leqslant 0, \\ \sqrt{x} \pm \sqrt{x+9}, & x > 0; \end{cases}$$

$$(fg)(x) = f(x)g(x) = \begin{cases} e^x \sqrt{x+9}, & -9 \leqslant x \leqslant 0, \\ \sqrt{x}\ \sqrt{x+9}, & x > 0; \end{cases}$$

$$\left(\frac{f}{g}\right)(x) = \frac{f(x)}{g(x)} = \begin{cases} \dfrac{e^x}{\sqrt{x+9}}, & -9 < x \leqslant 0, \\ \dfrac{\sqrt{x}}{\sqrt{x+9}}, & x > 0. \end{cases}$$

在工程技术中，常碰到一类所谓双曲函数，它们是由指数函数 e^x 和 e^{-x} 通过四则运算构成的. 定义如下：

双曲正弦　$\operatorname{sh} x = \dfrac{e^x - e^{-x}}{2} \quad (x \in \mathbf{R})$；

双曲余弦　$\operatorname{ch} x = \dfrac{e^x + e^{-x}}{2} \quad (x \in \mathbf{R})$；

双曲正切　$\operatorname{th} x = \dfrac{\operatorname{sh} x}{\operatorname{ch} x} = \dfrac{e^x - e^{-x}}{e^x + e^{-x}} \quad (x \in \mathbf{R})$；

双曲余切　$\coth x = \dfrac{\operatorname{ch} x}{\operatorname{sh} x} = \dfrac{e^x + e^{-x}}{e^x - e^{-x}} \quad (x \in \mathbf{R} - \{0\})$.

双曲函数有以下性质：

(1) $\operatorname{ch}^2 x - \operatorname{sh}^2 x = 1$；

(2) $\operatorname{sh}(x \pm y) = \operatorname{sh} x \operatorname{ch} y \pm \operatorname{ch} x \operatorname{sh} y$；

(3) $\operatorname{ch}(x \pm y) = \operatorname{ch} x \operatorname{ch} y \pm \operatorname{sh} x \operatorname{sh} y$；

(4) $\operatorname{th}(x \pm y) = \dfrac{\operatorname{th} x \pm \operatorname{th} y}{1 \pm \operatorname{th} x \operatorname{th} y}$；

(5) $\coth(x \pm y) = \dfrac{1 \pm \coth x \coth y}{\coth x \pm \coth y}$.

这里只证明(1)、(2),其余的留给读者自己证明.

$$\begin{aligned}\mathrm{ch}^2 x - \mathrm{sh}^2 x &= \frac{1}{4}(\mathrm{e}^x + \mathrm{e}^{-x})^2 - \frac{1}{4}(\mathrm{e}^x + \mathrm{e}^{-x})^2 \\ &= \frac{1}{4}[(\mathrm{e}^{2x} + 2 + \mathrm{e}^{-2x}) - (\mathrm{e}^{2x} - 2 + \mathrm{e}^{-2x})] = 1;\end{aligned}$$

$$\begin{aligned}\mathrm{sh}\, x\, \mathrm{ch}\, y + \mathrm{ch}\, x\, \mathrm{sh}\, y &= \frac{1}{4}(\mathrm{e}^x - \mathrm{e}^{-x})(\mathrm{e}^y + \mathrm{e}^{-y}) + \frac{1}{4}(\mathrm{e}^x + \mathrm{e}^{-x})(\mathrm{e}^y - \mathrm{e}^{-y}) \\ &= \frac{1}{4}[(\mathrm{e}^{x+y} + \mathrm{e}^{x-y} - \mathrm{e}^{-x+y} - \mathrm{e}^{-(x+y)}) \\ &\quad + (\mathrm{e}^{x+y} - \mathrm{e}^{x-y} + \mathrm{e}^{-x+y} - \mathrm{e}^{-(x+y)})] \\ &= \frac{1}{2}(\mathrm{e}^{x+y} - \mathrm{e}^{-(x+y)}) \\ &= \mathrm{sh}(x+y).\end{aligned}$$

同理可证:

$$\mathrm{sh}(x-y) = \mathrm{sh}\, x\, \mathrm{ch}\, y - \mathrm{ch}\, x\, \mathrm{sh}\, y.$$

1.3.2 复合函数

复合函数也是一种函数运算.这种运算是由两个函数或更多的函数用“对应规律传递”的方法进行的.

定义 2 设函数 $y = f(u)$ 的定义域为 D_f,函数 $u = g(x)$ 的定义域为 D_g,且其值域 $R_g \subset D_f$,则称由

$$y = f[g(x)] \quad (x \in D_g)$$

所确定的函数为 f 与 g 的**复合函数**,记为 $f \circ g$,即

$$(f \circ g)(x) = f[g(x)],$$

其中变量 u 称为**中间变量**.

定义 2 中的条件 $R_g \subset D_f$ 是重要的,否则可能会对某些 $x \in D_g$, $f[g(x)]$没有意义.如果在条件 $R_g \subset D_f$ 不满足的条件下使用记号 $f[g(x)]$,那么意味着将以 D_g 的某个子集 D(当 $x \in D$ 时, $g(x) \in D_f$) 作为复合函数 $f[g(x)]$的定义域.例如,取 $f(x) = \sqrt{x}$, $g(x) = 1 - x^2$,尽管 $g(x)$在$(-\infty, +\infty)$内有定义,但仅当 $|x| \leqslant 1$ 时,$f[g(x)] = \sqrt{1-x^2}$ 有定义,此时 $f \circ g$ 的定义域为 $D = [-1, 1]$.

定义 2 可推广到多个函数复合的情形. 例如, 设 $f(x)=\sqrt{x}$, $g(x)=1-x^2$, $h(x)=\sin x$, 则

$$(f\circ g\circ h)(x)=\sqrt{1-\sin^2 x}=|\cos x|.$$

例 2　设 $f(x)=\begin{cases}x, & x>0,\\ 0, & x\leqslant 0,\end{cases}$ $g(x)=\begin{cases}-x^2, & x>0,\\ 0, & x\leqslant 0.\end{cases}$ 求 $f[f(x)]$, $g[f(x)]$.

解　当 $x>0$ 时, 有

$$f(x)=x\Rightarrow f[f(x)]=f(x)=x,\qquad g[f(x)]=g(x)=-x^2;$$

当 $x\leqslant 0$ 时, 有

$$f(x)=0\Rightarrow f[f(x)]=f(0)=0,\quad g[f(x)]=g(0)=0.$$

从而

$$f[f(x)]=\begin{cases}x, & x>0,\\ 0, & x\leqslant 0,\end{cases}\quad g[f(x)]=\begin{cases}-x^2, & x>0,\\ 0, & x\leqslant 0.\end{cases}$$

即
$$f[f(x)]=f(x),\qquad g[f(x)]=g(x).$$

例 3　观察下列函数的复合过程.

(1) $y=\sin^3 2x$: $y=u^3$, $u=\sin v$, $v=2x$;

(2) $y=\sqrt{x\ln\sqrt{1-e^x}}$: $y=\sqrt{u}$, $u=x\ln v$, $v=\sqrt{w}$, $w=1-e^x$;

(3) $y=f(e^{x^2})$: $y=f(u)$, $u=e^v$, $v=x^2$.

例 4　设 $f\left(x+\dfrac{1}{x}\right)=x^2+\dfrac{1}{x^2}$, 求 $f(x)$.

解　方法一(拼凑法)　由

$$f\left(x+\frac{1}{x}\right)=\left(x+\frac{1}{x}\right)^2-2,$$

故
$$f(x)=x^2-2.$$

方法二(复合运算法)　令 $u=x+\dfrac{1}{x}$, 则 $u^2=x^2+\dfrac{1}{x^2}+2$, 从而 $f(u)=u^2-2$, 将 u 改写为 x, 有 $f(x)=x^2-2$.

例 5　设 $f\left(\dfrac{1}{x}\right)=x+\sqrt{1+x^2}$, 求 $f(x)$.

解　令 $u=\dfrac{1}{x}$, 则 $x=\dfrac{1}{u}$, 于是有

$$f(u)=\frac{1}{u}+\sqrt{1+\frac{1}{u^2}}=\frac{1}{u}+\frac{1}{|u|}\sqrt{1+u^2}.$$

将 u 改写为 x，有

$$f(x)=\frac{1}{x}+\frac{1}{|x|}\sqrt{1+x^2}.$$

1.3.3 反函数

设函数 $y=f(x)$ 的定义域为 D_f，值域为 R_f，按照映射 f，$\forall x\in D_f$，有唯一的 $y\in R_f$. 反之，$\forall y\in R_f$，能否有唯一的 $x\in D_f$ 使 $y=f(x)$ 成立呢？这就是下面要讨论的问题.

定义 3 设函数 $y=f(x)$ 的定义域为 D_f，值域为 R_f，如果 $y=f(x)$ 是 D_f 到 R_f 的一一对应，则 $\forall y\in R_f$，有唯一的 $x\in D_f$ 使 $f(x)=y$，即在 R_f 上定义了一个函数，称此函数是函数 $y=f(x)$ 的**反函数**，记为 f^{-1}，即

$$x=f^{-1}(y)\quad (y\in R_f).$$

显然，如果 $x=f^{-1}(y)$ 是函数 $y=f(x)$ 的反函数，则 $y=f(x)$ 也是 $x=f^{-1}(y)$ 的反函数.

注 (1) f 的值域为 f^{-1} 的定义域，f 的定义域为 f^{-1} 的值域.

(2) 由 $y=f(x)\Leftrightarrow x=f^{-1}(y)$，知 $y=f(x)$ 的图像与 $x=f^{-1}(y)$ 的图像是同一个，如图 1-10 所示.

(3) $f^{-1}[f(x)]=f^{-1}(y)=x\ (x\in D_f)$，$f[f^{-1}(y)]=f(x)=y\ (y\in R_f)$.

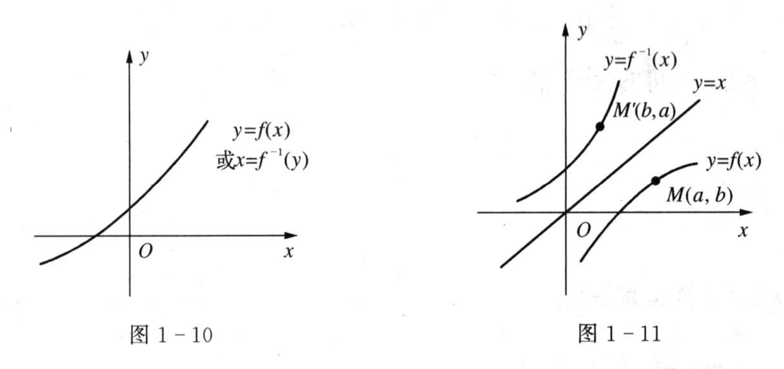

图 1-10　　　图 1-11

函数 $y=f(x)$ 的反函数 $x=f^{-1}(y)$，y 是自变量. 但习惯上用 x 表示自变量，于是将反函数 $x=f^{-1}(y)$ 中的 x 与 y 对调后，改写为 $y=f^{-1}(x)$. 例如，指数函数 $y=a^x(0<a\neq 1)$ 的反函数 $x=\log_a y$，将 x 与 y 对调后，改写为 $y=\log_a x$. 当把反函数 $x=f^{-1}(y)$ 中的 x 与 y 对调后，函数 $y=f(x)$ 与其反函数 $y=$

$f^{-1}(x)$ 的图像就不同了. 显然,如果点 $M(a, b)$ 在函数 $y=f(x)$ 的图像上,则点 $M'(b, a)$ 必在反函数 $y=f^{-1}(x)$ 的图像上. 反之亦然. 因此函数 $y=f(x)$ 的图像与其反函数 $y=f^{-1}(x)$ 的图像关于直线 $y=x$ 对称,如图 1-11 所示.

例 6　求下列函数的反函数:

(1) $y=\sqrt{x+1}$;　　(2) $y=\dfrac{1-x}{1+x}$.

解　(1) $y=\sqrt{x+1}$ 的定义域为 $[-1, +\infty)$,值域为 $[0, +\infty)$,从而

$$x=y^2-1 \quad (x\in[-1, \infty), y\in[0, +\infty)).$$

将 x 与 y 对调,得反函数

$$y=x^2-1 \quad (x\in[0, +\infty)).$$

(2) $y=\dfrac{1-x}{1+x}$ 的定义域为 $\mathbf{R}-\{-1\}$,值域为 $\mathbf{R}-\{-1\}$, 解得

$$x=\frac{1-y}{1+y} \quad (x\in\mathbf{R}-\{1\}, y\in\mathbf{R}-\{-1\}).$$

将 x 与 y 对调,得反函数

$$y=\frac{1-x}{1+x} \quad (x\in\mathbf{R}-\{-1\}).$$

1.3.4　初等函数

定义 4　由基本初等函数经过有限次的四则运算和有限次的复合运算所构成的并可用一个式子表示的函数称为**初等函数**.

例如, $f(x)=x^2\cos\dfrac{1}{x}+e^x$, $g(x)=\ln(x+\sqrt{1+x^2})$ 均为初等函数,但也有一些不是初等函数. 例如,取整函数 $y=[x]$,符号函数 $y=\operatorname{sgn}x$,狄利克雷函数 $y=D(x)$ 都不是初等函数.

习　题　1.3

1. 求下列复合函数 $f[g(x)]$,并确定其定义域:

(1) $f(x)=x^3$, $g(x)=x+2$;

(2) $f(x)=\sqrt{x}$, $g(x)=x^2$;

(3) $f(x)=\sqrt{x^2+1}$, $g(x)=\tan x$;

(4) $f(x)=a^x$, $g(x)=\log_a x$;

(5) $f(x) = \sin x$, $g(x) = \arcsin x$.

2. 下列函数由哪些基本初等函数复合而成?

(1) $y = 3^{2\sin x}$;　　(2) $y = 3^{\sin 2x}$;

(3) $y = \tan \ln 2x$;　　(4) $y = (\arccos 2^x)^2$.

3. 设 $f(x) = \dfrac{1}{1+x}$, $g(x) = 1 + x^2$. 求 $f[f(x)]$, $g[g(x)]$, $f[g(x)]$, $g[f(x)]$, $g[f(1)]$, $f[g(1)]$, $f\{f[f(x)]\}$.

4. 设 $f(x+1) = \begin{cases} x^2, & 0 \leqslant x \leqslant 1, \\ 2x, & 1 < x \leqslant 2, \end{cases}$ 求 $f(x)$.

5. 设 $f(x + x^{-1}) = x^2 + x^{-2}$, 求 $f(x)$.

6. 证明:若函数 $f(x)$, $g(x)$, $h(x)$的定义域和值域都是 D, $\forall x \in D$,有 $f(x) \leqslant g(x) \leqslant h(x)$,且 $f(x)$,$g(x)$,$h(x)$ 均为单调递增,则 $\forall x \in D$,有 $f[f(x)] \leqslant g[g(x)] \leqslant h[h(x)]$.

7. 证明:若 $f(x)$与 $g(x)$都是奇函数,则 $f[g(x)]$与 $g[f(x)]$也都是奇函数.

8. 求下列函数的反函数:

(1) $y = \sqrt[3]{x+1}$;　　(2) $y = \dfrac{1}{2}(\mathrm{e}^x - \mathrm{e}^{-x})$;

(3) $y = 1 + \ln(x+2)$;　　(4) $y = \begin{cases} x, & x \in [0, 1] \text{ 为有理数}, \\ 1 - x, & x \in [0, 1] \text{ 为无理数}. \end{cases}$

9. 下列等式在什么范围内成立?为什么?

(1) $y = \sin(\arcsin y)$;　　(2) $y = \tan(\arctan y)$;

(3) $x = a^{\log_a x}$ $(a > 0, a \neq 1)$.

10. 证明:若 $f(x)$在 $\mathbf{R}$ 是奇函数,且存在反函数,则其反函数也是奇函数.

11. 设 x, y 为任给实数,记 $\max\{x, y\}$(或 $\min\{x, y\}$)表示 x, y 中最大(或最小)的一个. 证明:

$$\max\{x, y\} = \frac{x + y + |x - y|}{2}, \quad \min\{x, y\} = \frac{x + y - |x - y|}{2}.$$

12. 某化肥厂生产某产品 1000 t,定价为 130 元/t,订购量在 700 t 以内按定价核算,超过 700 t 的部分按定价的 9 折计算,求订购量 x 与订购金额 y 的函数关系.

1.4 数列的极限

1.4.1 数列极限的定义

我国古代杰出的数学家刘徽于魏景元四年(公元 263 年)创立了"割圆术",借助内接正多边形逼近方法计算圆的面积. 刘徽说:"割之弥细,所失弥少. 割之又割,以至于不可割，则与圆合体而无所失矣.”这就形象直观地说明了，当圆的内接正多边形的边数成倍地无限增加时，这一串圆的内接正多边形面积将无限地接近于圆的面积.这就是极限思想和极限方法在计算圆的面积中的应用.为了寻求这种“无限接近”严格的数学表述，微积分学的先行者们艰苦探索达数百年之久.这一难题终于在19世纪中叶为德国数学家魏尔斯特拉斯所解决.他首先运用所谓“$\varepsilon-N$”语言给出了严格的极限定义.

定义1　对数列$\{a_n\}$，若存在常数a，对任意$\varepsilon>0$，总存在$N\in\mathbf{N}^+$，对任意自然数$n>N$，都有

$$|a_n-a|<\varepsilon, \tag{1.4.1}$$

则称a为数列$\{a_n\}$当n趋于无穷大的**极限**.记为

$$\lim_{n\to\infty}a_n=a. \tag{1.4.2}$$

若$\{a_n\}$存在极限，则称$\{a_n\}$**收敛**，否则称$\{a_n\}$**发散**.

利用逻辑符号$\forall$(对任意)，$\exists$(存在)，可将极限定义表达为

$$\lim_{n\to\infty}a_n=a\Leftrightarrow\forall\varepsilon>0,\ \exists N\in\mathbf{N}^+,\ \forall n>N\Rightarrow|a_n-a|<\varepsilon. \tag{1.4.3}$$

与式(1.4.3)等价的形式为

$$\lim_{n\to\infty}a_n=a\Leftrightarrow\forall\varepsilon>0,\ \exists N\in\mathbf{N}^+,\ \forall n>N\Rightarrow a-\varepsilon<a_n<a+\varepsilon. \tag{1.4.4}$$

由式(1.4.4)得到收敛数列的几何意义为：a_N之后的一切点：a_{N+1}，a_{N+2}，…，都在开区间$(a-\varepsilon, a+\varepsilon)$之内，而在$(a-\varepsilon, a+\varepsilon)$以外至多有$N$个点.如图1-12所示.

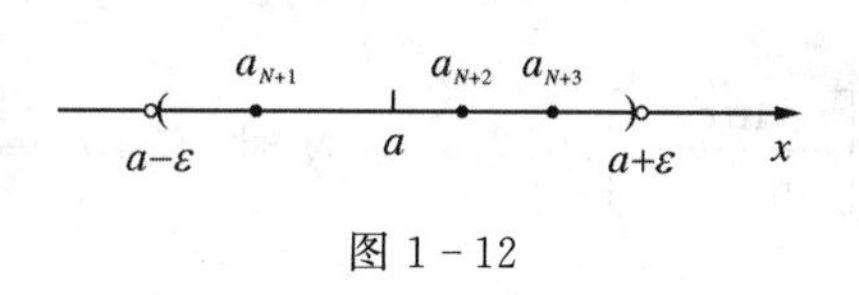

图1-12

关于数列$\{a_n\}$的极限是a的定义的两点说明.

1. 关于ε

正数ε具有绝对的任意性和相对的固定性.若ε是任意给定的正数，则$c\varepsilon$(c是正常数)，$\sqrt{\varepsilon}$，ε^2，…也都是任意给定的正数.虽然它们在形式上与ε有差别，在本质上与ε作用相同.ε也可以是充分大，但此时不等式$|a_n-a|<\varepsilon$不能说明$\{a_n\}$无限趋近于a.这里主要指ε可以任意小.因此，在证明极限问题中，常限定ε的范围.

2. 关于N

在数列极限$\lim\limits_{n\to\infty}a_n=a$的定义中，强调的是自然数$N$的存在性，并不是要确定最小的$N$，因此在满足要求的许多$N$中取出一个就可以，在证明数列极限问题

中,一般取较大的自然数 N.

用“$\varepsilon - N$”语言证明极限 $\lim\limits_{n\to\infty} a_n = a$ 的基本方法

$\forall \varepsilon > 0$,求解不等式 $|a_n - a| < \varepsilon$,满足此不等式的 n 有无穷多个(从某个自然数以后的所有自然数),从这无限多个自然数中任取一个作为 N.

例 1 证明:$\lim\limits_{n\to\infty}(-1)^n \dfrac{n}{n^2+1} = 0$.

证 $\forall \varepsilon > 0$,解不等式

$$\left|(-1)^n \frac{n}{n^2+1} - 0\right| = \frac{n}{n^2+1} < \frac{n}{n^2} = \frac{1}{n} < \varepsilon,$$

得 $n > \dfrac{1}{\varepsilon}$,取 $N = \left[\dfrac{1}{\varepsilon}\right]$,则当 $n > N$ 时,有 $\left|(-1)\dfrac{n}{n^2+1} - 0\right| < \varepsilon$,即

$$\lim_{n\to\infty}(-1)^n \frac{n}{n^2+1} = 0.$$

例 2 证明:$\lim\limits_{n\to\infty} q^n = 0\ (|q| < 1)$.

证 当 $q = 0$ 时,结论显然成立.

当 $0 < |q| < 1$ 时,$\forall \varepsilon > 0\ (0 < \varepsilon < 1)$,求解不等式

$$|q^n - 0| = |q|^n < \varepsilon,$$

对不等式两端取自然对数,得 $n\ln|q| < \ln\varepsilon$,于是 $n > \dfrac{\ln\varepsilon}{\ln|q|}$,取 $N = \left[\dfrac{\ln\varepsilon}{\ln|q|}\right]$,则当 $n > N$ 时,有 $|q^n - 0| < \varepsilon$,即 $\lim\limits_{n\to\infty} q^n = 0$.

1.4.2 收敛数列的性质

定理 1(唯一性) 若数列 $\{a_n\}$ 收敛,则其极限是唯一的.

证 用反证法.设 $\lim\limits_{n\to\infty} a_n = a$,$\lim\limits_{n\to\infty} a_n = b$,且 $a \neq b$,不妨设 $a < b$.取 $\varepsilon = \dfrac{b-a}{2} > 0$,则由 $\lim\limits_{n\to\infty} a_n = a$,$\exists N_1 \in \mathbf{N}^+$,当 $n > N_1$ 时,$|a_n - a| < \dfrac{b-a}{2}$,即

$$\frac{3a-b}{2} < a_n < \frac{a+b}{2}.$$

由 $\lim\limits_{n\to\infty} a_n = b$,$\exists N_2 \in \mathbf{N}^+$,当 $n > N_2$ 时,$|a_n - b| < \dfrac{b-a}{2}$,即

$$\frac{a+b}{2}<a_n<\frac{3b-a}{2}.$$

于是，当 $n>N=\max\{N_1,N_2\}$ 时，有

$$\frac{a+b}{2}<a_n<\frac{a+b}{2}.$$

这是不可能的. 因此 $a=b$.

定理2(有界性)　若数列$\{a_n\}$收敛，则数列$\{a_n\}$有界.

证　设 $\lim\limits_{n\to\infty}a_n=a$，取 $\varepsilon_0=1$，则 $\exists N\in\mathbf{N}^+$，当 $n>N$ 时，有 $|a_n-a|<1$. 又 $|a_n|-|a|\leqslant|a_n-a|$，即

$$|a_n|\leqslant|a|+|a_n-a|<|a|+1.$$

于是，当 $n>N$ 时，$|a_n|<|a|+1$，取

$$M=\max\{|a|+1,|a_1|,|a_2|,\cdots,|a_N|\},$$

则对一切 a_n，都有 $|a_n|\leqslant M$. 这说明数列$\{a_n\}$是有界的.

注　(1) 若数列$\{a_n\}$无界，则数列$\{a_n\}$发散. 例如，数列$\{n\}$无界，此数列是发散的.

(2) 数列$\{a_n\}$有界是其收敛的必要条件，而不是充分条件，即有界不一定收敛. 例如，数列$\{(-1)^n\}$有界，但它是发散的.

定理3(保号性)　若 $\lim\limits_{n\to\infty}a_n=a>0\ (<0)$，则 $\exists N\in\mathbf{N}^+$，当 $n>N$ 时，$a_n>0\ (<0)$.

证　由 $\lim\limits_{n\to\infty}a_n=a>0$ ($a<0$ 可类似证明)，取 $\varepsilon=\dfrac{a}{2}>0$，$\exists N\in\mathbf{N}^+$，当 $n>N$ 时，有 $|a_n-a|<\dfrac{a}{2}$，即

$$a-\frac{a}{2}<a_n<a+\frac{a}{2}.$$

从而

$$a_n>\frac{a}{2}>0.$$

推论　若 $\exists N\in\mathbf{N}^+$，当 $n>N$ 时，$a_n\geqslant0\ (\leqslant0)$，且 $\lim\limits_{n\to\infty}a_n=a$，则 $a\geqslant0\ (\leqslant0)$.

证　证明 $a_n\geqslant0$ 情形，用反证法. 若 $a\geqslant0$ 不成立，则 $a<0$，于是由定理3知，$\exists N\in\mathbf{N}^+$，当 $n>N$ 时，有 $a_n<0$，这与题设 $a_n\geqslant0$ 矛盾.

1.4.3　数列收敛的判别法

在讨论数列极限时，首先要判断数列是否收敛，只有在数列收敛的前提下再去

计算其极限才有意义. 下面给出便于判断数列收敛的判别法.

定理 4(夹逼原理) 设数列$\{a_n\}$,$\{b_n\}$,$\{c_n\}$满足:

(1) $\exists N_0 \in \mathbf{N}^+$,当$n > N_0$时,$a_n \leqslant b_n \leqslant c_n$;

(2) $\lim\limits_{n\to\infty} a_n = \lim\limits_{n\to\infty} c_n = a$,则$\lim\limits_{n\to\infty} b_n = a$.

证 已知$\lim\limits_{n\to\infty} a_n = a$, $\lim\limits_{n\to\infty} c_n = a$,则$\forall \varepsilon > 0$,$\exists N_1 \in \mathbf{N}^+$,当$n > N_1$时,有$|a_n - a| < \varepsilon$,即$a - \varepsilon < a_n < a + \varepsilon$. $\exists N_2 \in \mathbf{N}^+$,当$n > N_2$时,有$|c_n - a| < \varepsilon$,即$a - \varepsilon < c_n < a + \varepsilon$. 取$N = \max\{N_0, N_1, N_2\}$,则当$n > N$时,有

$$a - \varepsilon < a_n \leqslant b_n \leqslant c_n < a + \varepsilon.$$

从而$a - \varepsilon < b_n < a + \varepsilon$,即$|b_n - a| < \varepsilon$. 于是

$$\lim_{n\to\infty} b_n = a.$$

例 3 求$\lim\limits_{n\to\infty} \sqrt[n]{2^n + 3^n}$.

解 利用夹逼原理,采用"放大-缩小"方法得出不等式:

$$3 = \sqrt[n]{3^n} < \sqrt[n]{2^n + 3^n} < \sqrt[n]{3^n + 3^n} = 3\sqrt[n]{2}.$$

因$\sqrt[n]{2} \to 1\ (n \to \infty)$,故由定理 4 得$\lim\limits_{n\to\infty} \sqrt[n]{2^n + 3^n} = 3$.

定理 5(单调有界原理) 单调有界数列必有极限.

这里所说单调有界,对于单调递增数列有界是指有上界;对单调递减数列有界是指有下界.

下面利用单调有界原理证明重要极限:

$$\lim_{n\to\infty}\left(1 + \frac{1}{n}\right)^n = \mathrm{e}. \tag{1.4.5}$$

证 令$a_n = \left(1 + \dfrac{1}{n}\right)^n$,由均值不等式

$$\sqrt[n]{a_1 a_2 \cdots a_n} \leqslant \frac{1}{n}(a_1 + a_2 + \cdots + a_n),$$

其中$a_i \geqslant 0$, $1 \leqslant i \leqslant n$,得

$$\begin{aligned} a_n &= 1 \cdot \left(1 + \frac{1}{n}\right) \cdot \cdots \cdot \left(1 + \frac{1}{n}\right) \\ &\leqslant \left\{\frac{1}{n+1}\left[1 + \left(1 + \frac{1}{n}\right) + \cdots + \left(1 + \frac{1}{n}\right)\right]\right\}^{n+1} \\ &= \left(\frac{n+2}{n+1}\right)^{n+1} = \left(1 + \frac{1}{n+1}\right)^{n+1} = a_{n+1} \quad (n \geqslant 1), \end{aligned}$$

从而数列$\left\{\left(1+\frac{1}{n}\right)^n\right\}$单调增加. 由牛顿二项展开式,有

$$\begin{aligned} a_n &= 1 + C_n^1 \frac{1}{n} + C_n^2 \frac{1}{n^2} + \cdots + C_n^n \frac{1}{n^n} \\ &= 1 + 1 + \frac{n(n-1)}{2!} \frac{1}{n^2} + \cdots + \frac{n!}{n!} \frac{1}{n^n} \\ &= 1 + 1 + \frac{1}{2!}\left(1 - \frac{1}{n}\right) + \cdots \\ &\quad + \frac{1}{n!}\left(1 - \frac{1}{n}\right)\left(1 - \frac{2}{n}\right)\cdots\left(1 - \frac{n-2}{n}\right)\left(1 - \frac{n-1}{n}\right) \\ &\leqslant 1 + 1 + \frac{1}{2!} + \cdots + \frac{1}{n!} \leqslant 1 + 1 + \frac{1}{2} + \frac{1}{2^2} + \cdots + \frac{1}{2^{n-1}} \\ &< 3 \quad (n \geqslant 1). \end{aligned}$$

从而数列$\left\{\left(1+\frac{1}{n}\right)^n\right\}$有界,由定理 5 知,数列$\left\{\left(1+\frac{1}{n}\right)^n\right\}$有极限,记为 e,即

$$\lim_{n\to\infty}\left(1+\frac{1}{n}\right)^n = \mathrm{e}.$$

可以证明,e 是一个无理数,它的值为

$$\mathrm{e} = 2.718\,281\,828\,459\cdots.$$

如同数 π 一样,e 是数学中重要的常数之一. e 的重要性在于,以 e 为底的指数函数 e^x 与以 e 为底的对数函数 $\log \mathrm{e}^x$(记为 $\ln x$)具有非常好的分析性质.

例 4　设 $a_1 = \sqrt{a}\ (a > 0)$, $a_{n+1} = \sqrt{a + a_n}$, 证明: 数列$\{a_n\}$收敛,并求极限.

证　首先,利用数学归纳法证明$\{a_n\}$单调.

由 $a < a + \sqrt{a}$,有$\sqrt{a} < \sqrt{a+\sqrt{a}}$,即 $a_1 < a_2$. 假定 $a_{n-1} < a_n\ (n \geqslant 2)$, 则

$$a + a_{n-1} < a + a_n \quad 或 \quad \sqrt{a + a_{n-1}} < \sqrt{a + a_n},$$

即 $a_n < a_{n+1}$. 从而$\{a_n\}$单调增加.

其次,证明$\{a_n\}$有界.

由 $a_{n+1}^2 = a + a_n$,因为 $a_1 < a_n < a_{n+1}$, 故有

$$a_{n+1} = \frac{a}{a_{n+1}} + \frac{a_n}{a_{n+1}} < \frac{a}{a_1} + 1 = \sqrt{a} + 1 \quad (n \geqslant 1),$$

从而$\{a_n\}$有界,由单调有界原理知,数列$\{a_n\}$有极限,设 $\lim\limits_{n\to\infty} a_n = x$.

在 $a_n=\sqrt{a+a_{n-1}}$ 两端令 $n\to\infty$,有 $x=\sqrt{a+x}$,得 $x=\dfrac{1+\sqrt{1+4a}}{2}$.

* **定理 6(柯西①收敛准则)** 数列 $\{a_n\}$ 收敛的充分必要条件是:$\forall\varepsilon>0$,$\exists N\in\mathbf{N}^+$,$\forall n>N$,$\forall m>N$,有 $|a_n-a_m|<\varepsilon$.

证明略.

例 5 判断数列 $\{a_n\}$ 的敛散性,其中 $a_n=1+\dfrac{1}{2}+\cdots+\dfrac{1}{n}$.

解 $\forall n\in\mathbf{N}^+$,有

$$|a_{2n}-a_n|=\left|\frac{1}{n+1}+\frac{1}{n+2}+\cdots+\frac{1}{n+n}\right|>n\cdot\frac{1}{2n}=\frac{1}{2},$$

故由定理 6 知数列发散.

1.4.4 子数列

对于数列 $\{a_n\}$,从中任意选取无限项,按原来的顺序组成的数列:

$$a_{n_1},\ a_{n_2},\ \cdots,\ a_{n_k},\ \cdots$$

称为数列 $\{a_n\}$ 的一个**子数列**,简称为**子列**,记为 $\{a_{n_k}\}$,其中 n_k 是 a_{n_k} 在原数列中的序号,而 k 则是 a_{n_k} 在子列 $\{a_{n_k}\}$ 的序号. 由数列 $\{a_n\}$ 的奇数项

$$a_1,\ a_3,\ \cdots,\ a_{2n-1},\ \cdots$$

所组成的子列与偶数项

$$a_2,\ a_4,\ \cdots,\ a_{2n},\ \cdots$$

所组成的子列,分别称为"**奇数项子列**"与"**偶数项子列**".

数列与其子列的敛散性关系有以下定理:

定理 7 (1) 数列 $\{a_n\}$ 收敛于 a 的充要条件是它的任何子列 $\{a_{n_k}\}$ 均收敛于 a.

(2) 若数列 $\{a_n\}$ 的奇数项子列 $\{a_{2n-1}\}$ 和偶数项子列 $\{a_{2n}\}$ 均收敛于 a,则数列 $\{a_n\}$ 也收敛于 a.

证 (1) 由 $\lim\limits_{n\to\infty}a_n=a$,即 $\forall\varepsilon>0$,$\exists N\in\mathbf{N}^+$,当 $n>N$ 时,有

$$|a_n-a|<\varepsilon.$$

取 $K=N$,则当 $k>K$ 时(注意 $n_k>n_K\geqslant N$),有

$$|a_{n_k}-a|<\varepsilon,$$

① 柯西(A. L. Cauchy,1789—1857),法国数学家.

此即
$$\lim_{k\to\infty} a_{n_k} = a.$$
由于$\{a_n\}$是其自身的一个子列，故充分性成立.

（2）由 $\lim\limits_{k\to\infty} a_{2k} = \lim\limits_{k\to\infty} a_{2k-1} = a$，即 $\forall \varepsilon > 0, \exists K \in \mathbf{N}^+, \forall k > K$，有
$$|a_{2k} - a| < \varepsilon, \qquad |a_{2k-1} - a| < \varepsilon.$$
取 $N = 2K$，则 $\forall n > N$，由以上两不等式，有
$$|a_n - a| < \varepsilon,$$
此即
$$\lim_{n\to\infty} a_n = a.$$

例 6　判断数列$\left\{\cos\dfrac{n\pi}{4}\right\}$的敛散性.

解　$a_n = \cos\dfrac{n\pi}{4}$，取 $n = 8k,\ k \in \mathbf{N}^+$，则
$$a_{8k} = \cos(2k\pi) = 1.$$
从而 $\lim\limits_{k\to\infty} a_{8k} = 1$. 另外，取 $n = 8k+4,\ k \in \mathbf{N}^+$，则
$$a_{8k+4} = \cos(2k+1)\pi = -1,$$
即 $\lim\limits_{k\to\infty} a_{8k+4} = -1$. 由定理 7 知，数列$\left\{\cos\dfrac{n\pi}{4}\right\}$发散.

习　题　1.4

1. 写出下列数列的极限：

（1）$a_n = \dfrac{1}{4^n}$；　　（2）$a_n = 3 - \dfrac{2}{n}$；

（3）$a_n = (-1)^n\dfrac{1}{n}$；　　（4）$a_n = \left(1 - \dfrac{1}{n}\right)^{10}$；

（5）$a_n = \dfrac{n-1}{n+1}$；　　（6）$a_n = \dfrac{1}{n}\sin\dfrac{n\pi}{2}$.

2. 求下列极限：

（1）$\lim\limits_{n\to\infty}\dfrac{n^2+n-1}{(n-1)^2}$；

（2）$\lim\limits_{n\to\infty}\dfrac{\sqrt[3]{n^2+n}}{n+2}$；

（3）$\lim\limits_{n\to\infty}(\sqrt{n^2+n} - n)$；

（4）$\lim\limits_{n\to\infty}\left[\dfrac{1}{1\cdot 3} + \dfrac{1}{3\cdot 5} + \cdots + \dfrac{1}{(2n-1)(2n+1)}\right]$.

3. 判定下列表达式可否作为 $\lim\limits_{n\to\infty} a_n = a$ 的定义：

(1) $\forall \varepsilon > 0$，$\exists N \in \mathbf{N}^+$，$\forall n > N$，$|a_n - a| < k\varepsilon$（$k$ 为正常数）；

(2) $\forall \varepsilon \in (0, 1)$，$\exists N \in \mathbf{N}^+$，$\forall n > N$，$|a_n - a| \leqslant \varepsilon$；

(3) $\forall \varepsilon = \dfrac{1}{k}$（$k$ 为自然数），$\exists N \in \mathbf{N}^+$，$\forall n > N$，$|a_n - a| < \varepsilon$；

(4) $\forall N \in \mathbf{N}^+$，$\exists \varepsilon > 0$，$\forall n > N$，$|a_n - a| < \varepsilon$.

4. $\forall \varepsilon > 0$，$\exists N \in \mathbf{N}^+$，$\forall n > N$，$|a_n - a| < \varepsilon$ 与 $\forall \varepsilon > 0$,存在无限多个 $n \in \mathbf{N}^+$，$|a_n - a| < \varepsilon$,是否有区别？有什么区别？

5. 用定义证明数列极限：

(1) $\lim\limits_{n\to\infty} \dfrac{2n-1}{5n+1} = \dfrac{2}{5}$；　　(2) $\lim\limits_{n\to\infty} \dfrac{\sin n}{n} = 0$；

(3) $\lim\limits_{n\to\infty} (\sqrt{n+1} - \sqrt{n}) = 0$；　　(4) $\lim\limits_{n\to\infty} \dfrac{\sqrt{n^2 + a^2}}{n} = 1$.

6. 判断下列数列$\{a_n\}$的敛散性,若收敛求其极限.

(1) $a_n = a + (0.1)^n$；　　(2) $a_n = \dfrac{n + (-1)^n}{n}$；

(3) $a_n = 1 + (-1)^n$；　　(4) $a_n = \sqrt[3]{n}$；

(5) $a_n = \sqrt{\dfrac{n-1}{n+1}}$；　　(6) $a_n = 0.\underbrace{99\cdots9}_{n个}$.

7. 利用夹逼定理计算下列极限：

(1) $\lim\limits_{n\to\infty} \dfrac{1}{n^2}(\sqrt{n^2+1} + \sqrt{n^2+2} + \cdots + \sqrt{n^2+n})$；

(2) $\lim\limits_{n\to\infty} \sqrt[n]{a^n + b^n}$ $(0 < a < b)$.

(3) $a_n = \dfrac{1}{2} \cdot \dfrac{3}{4} \cdot \cdots \cdot \dfrac{2n-1}{2n}$.

8. 利用单调有界原理计算下列极限：

(1) $a_1 = \sqrt{2}$，$a_{n+1} = \sqrt{2a_n}$ $(n = 1, 2, \cdots)$；

(2) $a_1 = 1$，$a_{n+1} = 1 + \dfrac{a_n}{1 + a_n}$ $(n = 1, 2, \cdots)$；

9. 求下列极限：

(1) $\lim\limits_{n\to\infty} \left(1 + \dfrac{2}{n}\right)^n$；　　(2) $\lim\limits_{n\to\infty} \left(\dfrac{n+2}{n+1}\right)^n$.

10. 证明：若 $\lim\limits_{n\to\infty} a_n = a$,则 $\lim\limits_{n\to\infty} |a_n| = |a|$. 其逆命题是否成立？考虑数列$\{(-1)^n\}$.

11. 设数列$\{x_n\}$有界,且 $\lim\limits_{n\to\infty} y_n = 0$,证明：$\lim\limits_{n\to\infty} x_n y_n = 0$.

12. 证明：若数列$\{x_n\}$单调减少,且 $\lim\limits_{n\to\infty} x_n = 0$,则 $\forall n \in \mathbf{N}^+$，$x_n \geqslant 0$.

1.5　函数的极限

1.5.1　当 $x\to\infty$ 时函数 $f(x)$ 的极限

数列 $\{a_n\}$ 可视为 $\mathbf{N}^+$ 上的实函数：$a_n=f(n)\ (n=1,2,\cdots)$. 极限 $\lim\limits_{n\to\infty}a_n$ 可视为“当自变量 $n\to\infty$ 时函数 $f(n)$ 的极限”. 自然可将数列的极限推广到函数的情形，对应于数列极限的“$\varepsilon-N$ 语言”，有下面的当 $x\to\infty$ 时函数极限的“$\varepsilon-X$”语言.

定义1　设函数 $f(x)$ 在 $(a,+\infty)$ 内有定义，A 为常数，若 $\forall\varepsilon>0$，$\exists X>0\ (>a)$，$\forall x>X$，有

$$|f(x)-A|<\varepsilon,$$

则称常数 A 为 $f(x)$ 当 $x\to+\infty$ 时的**极限**. 记为

$$\lim_{x\to+\infty}f(x)=A\quad 或\quad f(x)\to A\quad (x\to+\infty).$$

极限 $\lim\limits_{x\to+\infty}f(x)=A$ 的几何意义：$\forall\varepsilon>0$，$\exists X>0$，当 $x>X$ 时，曲线 $y=f(x)$ 介于水平直线 $y=A-\varepsilon$ 与 $y=A+\varepsilon$ 之间. 如图1-13所示.

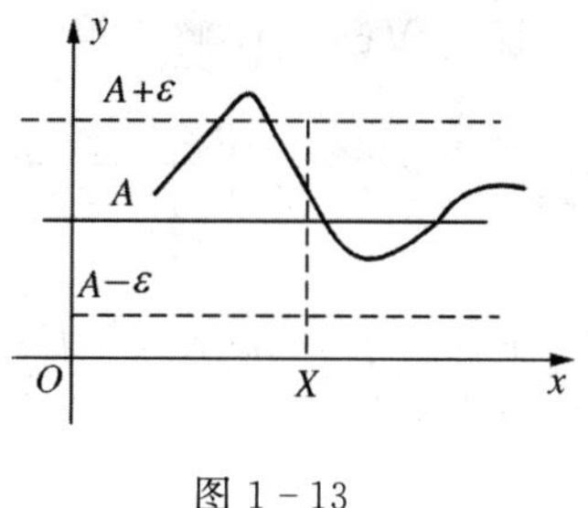

图1-13

不难看出，函数 $f(x)\ (x\to+\infty)$ 的极限定义和数列 $\{a_n\}$ 的极限定义十分相似. 这是因为它们的自变量都按无限增大的方式变化. 但是它们的自变量在变化形态上不同. 函数 $f(x)$ 的自变量 x 取遍区间 $(a,+\infty)$ 的所有实数连续地无限增大，而数列 $\{a_n\}$ 的自变量 n 取自然数离散地无限增大.

与 $x\to+\infty$ 变化形态相仿的还有两种情况：$x\to-\infty$ 和 $x\to\infty$. 相应的函数 $f(x)$ 的极限定义如下：

定义2　设函数 $f(x)$ 在区间 $(-\infty,a)$ 有定义，A 为常数. 若 $\forall\varepsilon>0$，$\exists X>0\ (-X<a)$，$\forall x<-X$，有

$$|f(x)-A|<\varepsilon,$$

则称常数 A 为 $f(x)$ 当 $x\to-\infty$ 时的**极限**. 记为

$$\lim_{x \to -\infty} f(x) = A \quad \text{或} \quad f(x) \to A \quad (x \to -\infty).$$

定义 3 设函数 $f(x)$在 $|x| > a\ (>0)$ 时有定义,A 为常数. 若 $\forall \varepsilon > 0$, $\exists X > 0\ (|X| > a)$, $\forall\ |x| > X$,有

$$|f(x) - A| < \varepsilon,$$

则称常数 A 为 $f(x)$当 $x \to \infty$时的**极限**. 记为

$$\lim_{x \to \infty} f(x) = A \quad \text{或} \quad f(x) \to A \quad (x \to \infty).$$

由定义 1、2、3 可看出:

$$\lim_{x \to \infty} f(x) = A \Leftrightarrow \lim_{x \to -\infty} f(x) = A, \ \lim_{x \to +\infty} f(x) = A.$$

例 1 证明:$\lim\limits_{x \to -\infty} a^x = 0\ (a > 1)$.

证 $\forall \varepsilon > 0\ (0 < \varepsilon < 1)$,解不等式

$$|a^x - 0| = a^x < \varepsilon.$$

对不等式两端取以 a 为底的对数,有 $x < \log_a \varepsilon$. 取 $X = |\log_a \varepsilon|$,则当 $x < -X = \log_a \varepsilon$ 时,有 $|a^x - 0| < \varepsilon$. 从而

$$\lim_{x \to -\infty} a^x = 0.$$

例 2 证明:$\lim\limits_{x \to \infty} \dfrac{2x^3 - 3}{x^2 + 1} = 2$.

证 $\forall \varepsilon > 0$,解不等式

$$\left| \frac{2x^2 - 3}{x^2 + 1} - 2 \right| = \left| \frac{-5}{x^2 + 1} \right| < \frac{5}{|x|^2} < \varepsilon,$$

得 $|x| > \sqrt{\dfrac{5}{\varepsilon}}$. 取 $X = \sqrt{\dfrac{5}{\varepsilon}}$,则当 $|x| > X$ 时,有 $\left| \dfrac{2x^2 - 3}{x^2 + 1} - 2 \right| < \varepsilon$. 从而

$$\lim_{x \to \infty} \frac{2x^3 - 3}{x^2 + 1} = 2.$$

1.5.2 当 $x \to x_0$时函数 $f(x)$的极限

在讨论函数 $f(x)$在有限点 x_0 的极限时,都要涉及点 x_0 的某邻域. 为此,先介绍点的邻域概念.

设 $\delta > 0$, x_0为实数轴上一点,称

$$U(x_0, \delta) = (x_0 - \delta, x_0 + \delta) = \{x \mid |x - x_0| < \delta\}$$

为点 x_0的 **δ-邻域**,其中点 x_0为邻域的**中心**,δ 称为邻域的**半径**;

$$\mathring{U}(x_0, \delta) = (x_0-\delta, x_0) \cup (x_0, x_0+\delta) = \{x \mid 0 < |x-x_0| < \delta\}$$

为点 x_0 的 **δ-去心邻域**；

$$U_-(x_0, \delta) = (x_0-\delta, x_0) = \{x \mid 0 < x_0 - x < \delta\}$$

为点 x_0 的 **δ-左邻域**；

$$U_+(x_0, \delta) = (x_0, x_0+\delta) = \{x \mid 0 < x - x_0 < \delta\}$$

为点 x_0 的 **δ-右邻域**. 在不强调 δ 时，将 $U(x_0, \delta)$，$\mathring{U}(x_0, \delta)$，$U_-(x_0, \delta)$，$U_+(x_0, \delta)$ 分别简记为 $U(x_0)$，$\mathring{U}(x_0)$，$U_-(x_0)$ 和 $U_+(x_0)$，并分别称为点 x_0 的邻域、去心邻域、左邻域和右邻域. 如图 1-14 所示.

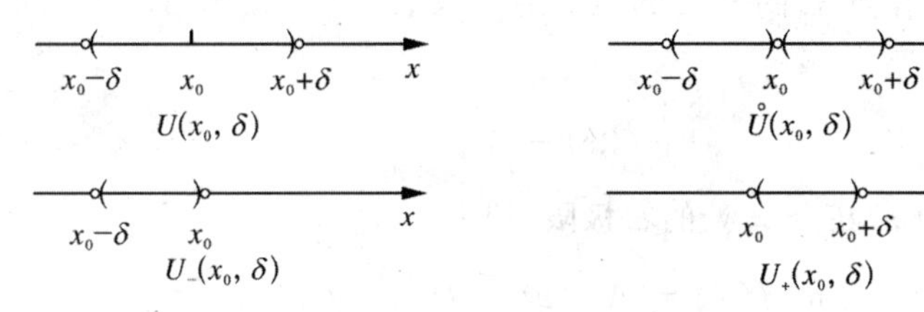

图 1-14

通常含点 x_0 的开区间也称为点 x_0 的邻域.

定义 4　设函数 $f(x)$ 在点 x_0 的某去心邻域内有定义，若 $\forall \varepsilon > 0$，$\exists \delta > 0$，当 $0 < |x - x_0| < \delta$ 时，有

$$|f(x) - A| < \varepsilon,$$

则称常数 A 为 $f(x)$ 当 x 趋于 x_0 的**极限**，记为

$$\lim_{x \to x_0} f(x) = A \quad 或 \quad f(x) \to A \quad (x \to x_0).$$

注　(1) 定义中"$0 < |x - x_0| < \delta$"是指去心邻域 $\mathring{U}(x_0, \delta)$，函数 $f(x)$ 在点 x_0 可以有定义，也可以无定义.

(2) 当函数 $f(x)$ 在点 x_0 有定义时，函数 $f(x)$ 在点 x_0 的极限与函数 $f(x)$ 在点 x_0 的函数值 $f(x_0)$ 没有关系，其极限值 $\lim\limits_{x \to x_0} f(x)$ 可以等于函数值 $f(x_0)$，也可以不等于函数值 $f(x_0)$.

(3) $\lim\limits_{x \to x_0} f(x) = A$ 的几何意义：$\forall \varepsilon > 0$，$\exists \delta > 0$，当 $0 < |x - x_0| < \delta$ 时，有

$$|f(x) - A| < \varepsilon \quad 或 \quad A - \varepsilon < f(x) < A + \varepsilon,$$

即这些点落在两条直线 $y = A - \varepsilon$ 和 $y = A - \varepsilon$ 之间横条区域内，如图 1-15 所示.

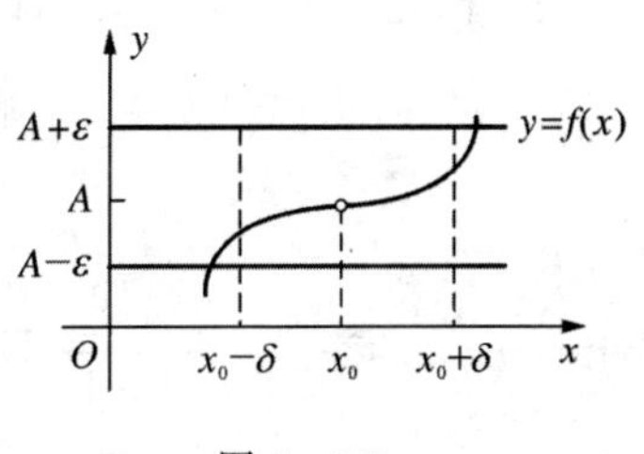

图 1-15

上面极限定义考虑的是双侧趋于点 x_0 的

情形，但在实际中，有时只需考虑左侧或右侧趋于点 x_0 的极限. 因此有相应的左极限和右极限.

定义 5 (1) 设 $f(x)$ 在点 x_0 的某左邻域内有定义，若 $\forall \varepsilon>0$，$\exists \delta>0$，当 $0<x_0-x<\delta$ 时，有

$$|f(x)-A|<\varepsilon,$$

则称常数 A 为 $f(x)$ 在点 x_0 处的**左极限**，记为

$$\lim_{x\to x_0^-} f(x)=A \quad 或 \quad f(x_0-0)=A.$$

(2) 设 $f(x)$ 在点 x_0 的某右邻域内有定义，若 $\forall \varepsilon>0$，$\exists \delta>0$，当 $0<x-x_0<\delta$ 时，有

$$|f(x)-A|<\varepsilon,$$

则称常数 A 为 $f(x)$ 在点 x_0 处的**右极限**，记为

$$\lim_{x\to x_0^+} f(x)=A \quad 或 \quad f(x_0+0)=A.$$

定理 1 $\lim\limits_{x\to x_0} f(x)=A \Leftrightarrow \lim\limits_{x\to x_0^-} f(x)=A,\ \lim\limits_{x\to x_0^+} f(x)=A.$

证明略.

例 3 证明：$\lim\limits_{x\to 2}(2x-1)=3.$

证 $\forall \varepsilon>0$，解不等式

$$|(2x-1)-3|=2|x-2|<\varepsilon,$$

得 $|x-2|<\dfrac{\varepsilon}{2}$. 取 $\delta=\dfrac{\varepsilon}{2}$，则当 $0<|x-2|<\delta$ 时，有

$$|(2x-1)-3|<\varepsilon,$$

即

$$\lim_{x\to 2}(2x-1)=3.$$

例 4 证明：$\lim\limits_{x\to x_0} x^2=x_0^2.$

证 限定 $|x-x_0|<1$，即 $|x|<|x_0|+1$. $\forall \varepsilon>0$，解不等式

$$\begin{aligned}|x^2-x_0^2|&=|x+x_0||x-x_0|\leqslant(|x|+|x_0|)|x-x_0|\\&<(2|x_0|+1)|x-x_0|<\varepsilon,\end{aligned}$$

得 $|x-x_0|<\dfrac{\varepsilon}{2|x_0|+1}$. 取 $\delta=\min\left\{1,\dfrac{\varepsilon}{2|x_0|+1}\right\}$，则当 $0<|x-x_0|<\delta$ 时，有 $|x^2-x_0^2|<\varepsilon$，即

$$\lim_{x\to x_0} x^2 = x_0^2.$$

例 5　设 $f(x)=\begin{cases}2x-1, & x<0,\\ a^x, & x>0\end{cases}$ $(a>0, a\neq 1)$. 证明：$f(0-0)=-1$, $f(0+0)=1$.

证　当 $x<0$ 时，$f(x)=2x-1$. $\forall\varepsilon>0$，解不等式

$$|(2x-1)-(-1)|=2|x|=2(-x)<\varepsilon,$$

得 $0-x<\dfrac{\varepsilon}{2}$. 取 $\delta=\dfrac{\varepsilon}{2}$，则当 $0<0-x<\delta$ 时，有

$$|(2x-1)-(-1)|<\varepsilon,$$

即

$$\lim_{x\to 0^-} f(x)=-1 \quad 或 \quad f(0-0)=-1.$$

当 $x>0$ 时，$f(x)=a^x$. 若 $a>1$，$\forall\varepsilon>0$，解不等式

$$|a^x-1|=a^x-1<\varepsilon,$$

得 $a^x<1+\varepsilon$，即 $x<\log_a(1+\varepsilon)$. 取 $\delta=\log_a(1+\varepsilon)$，则当 $0<x-0<\delta$ 时，有 $|a^x-1|<\varepsilon$，即

$$\lim_{x\to 0^+} f(x)=1 \quad 或 \quad f(0+0)=1.$$

当 $0<a<1$ 时，同理可证 $f(0+0)=1$.

习　题　1.5

1. 用极限定义证明：

(1) $\lim\limits_{x\to 1}\dfrac{x^2-1}{x-1}=2$；　(2) $\lim\limits_{x\to+\infty}(\sqrt{x+1}-\sqrt{x})=0$；

(3) $\lim\limits_{x\to\infty}\dfrac{1}{x}\sin\dfrac{1}{x}=0$；　(4) $\lim\limits_{x\to 0}x\sin\dfrac{1}{x}=0$；

(5) $\lim\limits_{x\to 5^+}\sqrt{x-5}=0$；　(6) $\lim\limits_{x\to a}\cos x=\cos a$.

2. 证明：$\lim\limits_{x\to+\infty}f(x)=\lim\limits_{x\to-\infty}f(x)=A \Leftrightarrow \lim\limits_{x\to\infty}f(x)=A$.

3. 求 $f(x)=\dfrac{x}{x}$，$g(x)=\dfrac{|x|}{x}$ 当 $x\to 0$ 时的左、右极限，并说明它们在 $x\to 0$ 时的极限是否存在.

4. 用"ε-δ"语言或"ε-X"语言写出下列极限叙述：

(1) $\lim\limits_{x\to-\infty}f(x)=A$，$\lim\limits_{x\to-\infty}f(x)\neq A$；

(2) $\lim\limits_{x\to\infty}f(x)=A$，$\lim\limits_{x\to\infty}f(x)\neq A$；

(3) $\lim\limits_{x\to x_0^+} f(x)=A$，$\lim\limits_{x\to x_0^+} f(x)\neq A$；

(4) $\lim\limits_{x\to x_0^-} f(x)=A$，$\lim\limits_{x\to x_0^-} f(x)\neq A$.

1.6 函数极限的性质和运算法则

1.6.1 函数极限的性质

在函数的极限中，共有六种形式：

$$\lim_{x\to\infty} f(x),\quad \lim_{x\to-\infty} f(x),\quad \lim_{x\to+\infty} f(x),$$

$$\lim_{x\to x_0} f(x),\quad \lim_{x\to x_0^-} f(x),\quad \lim_{x\to x_0^+} f(x).$$

每种形式的函数极限都有相类似的性质和运算法则，这里仅对 $\lim\limits_{x\to x_0} f(x)$ 形式进行说明.

定理 1(唯一性) 若 $\lim f(x)$存在，则其极限唯一.

证 设 $\lim\limits_{x\to x_0} f(x)=A$，$\lim\limits_{x\to x_0} f(x)=B$，不妨设 $B>A$. 对 $\varepsilon_0=\dfrac{B-A}{2}>0$，由 $\lim\limits_{x\to x_0} f(x)=A$，$\exists\,\delta_1>0$，当 $0<|x-x_0|<\delta_1$ 时，有 $|f(x)-A|<\varepsilon_0$，即

$$\frac{3A-B}{2}<f(x)<\frac{A+B}{2}.$$

由 $\lim\limits_{x\to x_0} f(x)=B$，$\exists\,\delta_2>0$，当 $0<|x-x_0|<\delta_2$ 时，有 $|f(x)-B|<\varepsilon_0$，即

$$\frac{A+B}{2}<f(x)<\frac{3B-A}{2}.$$

取 $\delta=\min\{\delta_1,\delta_2\}$，于是当 $0<|x-x_0|<\delta$ 时，有

$$\frac{A+B}{2}<f(x)<\frac{A+B}{2}.$$

这是不可能的. 因此 $A=B$.

定理 2(保号性) 设 $\lim\limits_{x\to x_0} f(x)=A>0(<0)$，则存在点 x_0 的去心邻域 $\mathring{U}(x_0)$，当 $x\in\mathring{U}(x_0)$ 时，有 $f(x)>0(<0)$.

证 对 $\varepsilon_0=\dfrac{A}{2}>0$，由 $\lim\limits_{x\to x_0} f(x)=A$，$\exists\,\delta>0$，当 $0<|x-x_0|<\delta$ 时，有

$$|f(x)-A|<\varepsilon \quad 或 \quad \frac{A}{2}<f(x)<\frac{3A}{2},$$

于是当 $x\in \mathring{U}(x_0,\delta)$ 时，$f(x)>\frac{A}{2}>0$.

当 $A<0$ 时同理可证.

推论 1(保序性)　设 $\lim\limits_{x\to x_0} f(x)=A$，$\lim\limits_{x\to x_0} g(x)=B$，且 $A<B$. 则存在点 x_0 的去心邻域 $\mathring{U}(x_0)$，当 $x\in \mathring{U}(x_0)$ 时，有

$$f(x)<g(x).$$

推论 2　设 $\lim\limits_{x\to x_0} f(x)=A$，$\lim\limits_{x\to x_0} g(x)=B$，若存在点 x_0 的去心邻域 $\mathring{U}(x_0)$，当 $x\in \mathring{U}(x_0)$ 时，有 $f(x)\leqslant g(x)$，则 $A\leqslant B$.

证　用反证法.

若 $A>B$，由推论 1 知，存在点 x_0 的去心邻域 $\mathring{U}_1(x_0)$，当 $x\in \mathring{U}_1(x_0)$ 时，有 $f(x)>g(x)$. 从而当 $x\in \mathring{U}_1(x_0)\cap \mathring{U}(x_0)$ 时，有 $f(x)>g(x)$，这与 $f(x)\leqslant g(x)$ 矛盾.

定理 3(局部有界性)　若 $\lim\limits_{x\to x_0} f(x)=A$，则存在点 x_0 的去心邻域 $\mathring{U}(x_0)$，在 $\mathring{U}(x_0)$ 内 $f(x)$ 有界.

证　由 $\lim\limits_{x\to x_0} f(x)=A$，$\exists\varepsilon_0>0$，$\exists\delta>0$，当 $0<|x-x_0|<\delta$ 时，有 $|f(x)-A|<\varepsilon_0$，即

$$|f(x)|<|A|+\varepsilon_0.$$

于是，$\exists M=|A|+\varepsilon_0$，当 $x\in \mathring{U}(x_0,\delta)$ 时，$|f(x)|<M$，即 $f(x)$ 在 $\mathring{U}(x_0,\delta)$ 内有界.

1.6.2　极限的运算法则

定理 4　若 $\lim f(x)=A$，$\lim g(x)=B$，则

(1) $\lim[f(x)\pm g(x)]=\lim f(x)\pm\lim g(x)=A\pm B$；

(2) $\lim[f(x)g(x)]=\lim f(x)\lim g(x)=AB$；

(3) $\lim\frac{f(x)}{g(x)}=\frac{\lim f(x)}{\lim g(x)}=\frac{A}{B}$，其中 $B\neq 0$.

证　这里只证(2)和(3)，(1)留给读者证明.

设 $\lim\limits_{x\to x_0} f(x)=A$，$\lim\limits_{x\to x_0} g(x)=B$，根据函数极限定义，$\forall\varepsilon>0$，$\exists\delta_1>0$，当 $0<|x-x_0|<\delta_1$ 时，有 $|f(x)-A|<\varepsilon$；$\exists\delta_2>0$，当 $0<|x-x_0|<\delta_2$ 时，有 $|g(x)-B|<\varepsilon$.

(2) 由 $\lim\limits_{x\to x_0} f(x)=A$，$\exists M>0$，$\exists\delta_0>0$，当 $0<|x-x_0|<\delta$ 时，有 $|f(x)|\leqslant M$. 取 $\delta=\min\{\delta_0,\delta_1,\delta_2\}$，则当 $0<|x-x_0|<\delta$ 时，有

$$|f(x)-A|<\varepsilon,\qquad |g(x)-B|<\varepsilon,\qquad |f(x)|\leqslant M.$$

于是，当 $0<|x-x_0|<\delta$ 时，有

$$\begin{aligned}|f(x)g(x)-AB|&=|f(x)g(x)-Bf(x)+Bf(x)-AB|\\&\leqslant|f(x)||g(x)-B|+|B||f(x)-A|<M\varepsilon+|c|\varepsilon\\&=(M+|c|)\varepsilon.\end{aligned}$$

即
$$\lim_{x\to x_0}[f(x)g(x)]=AB=\lim_{x\to x_0}f(x)\lim_{x\to x_0}g(x).$$

(3) 由 $\lim\limits_{x\to x_0} g(x)=B\neq 0$，$\exists\varepsilon_0=\dfrac{|B|}{2}>0$，$\exists\delta_0>0$，当 $0<|x-x_0|<\delta$ 时，有 $|g(x)-B|<\dfrac{|B|}{2}$，即 $|g(x)|>|B|-\dfrac{|B|}{2}=\dfrac{|B|}{2}$，从而

$$\frac{1}{|g(x)|}<\frac{2}{|B|}.$$

取 $\delta=\min\{\delta_0,\delta_1,\delta_2\}$，则当 $0<|x-x_0|<\delta$ 时，有

$$|f(x)-A|<\varepsilon,\qquad |g(x)-B|<\varepsilon,\qquad \frac{1}{|g(x)|}<\frac{2}{|B|}.$$

于是，当 $0<|x-x_0|<\delta$ 时，有

$$\begin{aligned}\left|\frac{f(x)}{g(x)}-\frac{A}{B}\right|&=\frac{|Bf(x)-Ag(x)|}{|Bg(x)|}\\&=\frac{|Bf(x)-AB+AB-Ag(x)|}{|Bg(x)|}\\&\leqslant\frac{1}{|B||g(x)|}(|B||f(x)-A|+|A||g(x)-B|)\\&<\frac{2}{|B|^2}(|B|+|A|)\varepsilon,\end{aligned}$$

即
$$\lim_{x\to x_0}\frac{f(x)}{g(x)}=\frac{A}{B}=\frac{\lim\limits_{x\to x_0}f(x)}{\lim\limits_{x\to x_0}g(x)}.$$

注 定理中的(1)、(2)可推广到有限个函数的情形.

推论 3 若 $\lim f(x)$ 存在，则 $\lim[Cf(x)]=C\lim f(x)$，C 为常数.

推论 4　若 $\lim f(x)$存在，则 $\lim[f(x)]^n=[\lim f(x)]^n$，$n$ 为正整数.

关于数列，也有类似的极限四则运算法则.

定理 5　设数列$\{x_n\}$和$\{y_n\}$收敛，且 $\lim\limits_{n\to\infty}x_n=A$，$\lim\limits_{n\to\infty}y_n=B$，则

(1) $\lim\limits_{n\to\infty}(x_n\pm y_n)=A\pm B$；

(2) $\lim\limits_{n\to\infty}x_ny_n=AB$；

(3) $\lim\limits_{n\to\infty}\dfrac{x_n}{y_n}=\dfrac{A}{B}$，其中 $y_n\neq 0$ $(n=1,2,\cdots)$ 且 $B\neq 0$.

证明略.

例 1　计算：

(1) $\lim\limits_{x\to x_0}(a_nx^n+a_{n-1}x^{n-1}+\cdots+a_1x+a_0)$；

(2) $\lim\limits_{x\to\infty}\left(a_n\dfrac{1}{x^n}+a_{n-1}\dfrac{1}{x^{n-1}}+\cdots+a_1\dfrac{1}{x}\right)$.

解　(1)

$$\begin{aligned}&\lim_{x\to x_0}(a_nx^n+a_{n-1}x^{n-1}+\cdots+a_1x+a_0)\\&=\lim_{x\to x_0}(a_nx^n)+\lim_{x\to x_0}(a_{n-1}x^{n-1})+\cdots+\lim_{x\to x_0}(a_1x)+\lim_{x\to x_0}a_0\\&=a_n\lim_{x\to x_0}x^n+a_{n-1}\lim_{x\to x_0}x^{n-1}+\cdots+a_1\lim_{x\to x_0}x+a_0\\&=a_nx_0^n+a_{n-1}x_0^{n-1}+\cdots+a_1x_0+a_0.\end{aligned}$$

(2)

$$\begin{aligned}&\lim_{x\to\infty}\left(a_n\frac{1}{x^n}+a_{n-1}\frac{1}{x^{n-1}}+\cdots+a_1\frac{1}{x}\right)\\&=\lim_{x\to\infty}\left(a_n\frac{1}{x^n}\right)+\lim_{x\to\infty}\left(a_{n-1}\frac{1}{x^{n-1}}\right)+\cdots+\lim_{x\to\infty}\left(a_1\frac{1}{x}\right)\\&=a_n\lim_{x\to\infty}\frac{1}{x^n}+a_{n-1}\lim_{x\to\infty}\frac{1}{x^{n-1}}+\cdots+a_1\lim_{x\to\infty}\frac{1}{x}\\&=a_n\cdot 0+a_{n-1}\cdot 0+\cdots+a_1\cdot 0=0.\end{aligned}$$

例 2　求下列极限：

(1) $\lim\limits_{x\to 2}\dfrac{x-1}{2x-1}$；　(2) $\lim\limits_{x\to 1}\dfrac{x^2-1}{x-1}$；　(3) $\lim\limits_{x\to 3}\dfrac{x-3}{\sqrt{x}-\sqrt{3}}$.

解　(1) 由于 $\lim\limits_{x\to 2}(2x-1)=2\times 2-1=3\neq 0$，于是

$$\lim_{x\to 2}\frac{x-1}{2x-1}=\frac{\lim\limits_{x\to 2}(x-1)}{\lim\limits_{x\to 2}(2x-1)}=\frac{1}{3}.$$

(2) 由于 $\lim\limits_{x\to 1}(x-1)=0$，$\lim\limits_{x\to 1}(x^2-1)=0$，故不能直接运用极限运算法则，通常先进行分解因式，约去共同的因子，从而

$$\lim_{x\to 1}\frac{x^2-1}{x-1}=\lim_{x\to 1}\frac{(x+1)(x-1)}{x-1}=\lim_{x\to 1}(x+1)=1+1=2.$$

(3)
$$\lim_{x\to 3}\frac{x-3}{\sqrt{x}-\sqrt{3}}=\lim_{x\to 3}\frac{(x-3)(\sqrt{x}+\sqrt{3})}{(\sqrt{x}-\sqrt{3})(\sqrt{x}+\sqrt{3})}$$
$$=\lim_{x\to 3}\frac{(x-3)(\sqrt{x}+\sqrt{3})}{x-3}=\lim_{x\to 3}(\sqrt{x}+\sqrt{3})=2\sqrt{3}.$$

定理 6(复合函数的极限) 设函数 $f[g(x)]$是由 $f(u)$, $u=g(x)$ 复合而成,如果 $\lim\limits_{x\to x_0}g(x)=u_0$,在点 x_0 的某去心邻域内 $g(x)\neq u_0$,且$\lim\limits_{u\to u_0}f(u)=A$,则

$$\lim_{x\to x_0}f[g(x)]=A.$$

证明略.

例 3 求下列极限:

(1) $\lim\limits_{x\to\frac{\pi}{2}}(\sin x-\sin^2 x+1)$;　　(2) $\lim\limits_{x\to 0}\dfrac{\sqrt[n]{1+x}-1}{x}$ (n 是自然数).

解 (1) 作代换 $u=\sin x$, 当 $x\to\dfrac{\pi}{2}$时,$u\to 1$,于是

$$\lim_{x\to\frac{\pi}{2}}(\sin x-\sin^2 x+1)=\lim_{u\to 1}(u-u^2+1)=1.$$

(2) 当 $n=1$ 时, $\lim\limits_{x\to 0}\dfrac{\sqrt[n]{1+x}-1}{x}=\lim\limits_{x\to 0}\dfrac{1+x-1}{x}=1.$

当 $n\geqslant 2$ 时,令 $u=\sqrt[n]{1+x}$,则 $x=u^n-1$, 当 $x\to 0$ 时,$u\to 1$,于是

$$\lim_{x\to 0}\frac{\sqrt[n]{1+x}-1}{x}=\lim_{u\to 1}\frac{u-1}{u^n-1}=\lim_{u\to 1}\frac{u-1}{(u-1)(u^{n-1}+u^{n-2}+\cdots+u+1)}$$
$$=\lim_{u\to 1}\frac{1}{u^{n-1}+u^{n-2}+\cdots+u+1}=\frac{1}{n}.$$

1.6.3 函数极限与数列极限的关系

函数极限与数列极限是分别定义的,但本质上两者可以相互转化.

定理 7 若 $\lim\limits_{x\to x_0}f(x)=A$,则对任何数列$\{x_n\}$, $x_n\in D_f(x_n\neq x_0)$, 当 $x_n\to x_0$ $(n\to\infty)$时,有

$$\lim_{n\to\infty}f(x_n)=A.$$

定理 7 是沟通函数极限与数列极限之间的桥梁,函数 $f(x)$在点 x_0 的极限可

化为函数值数列的极限，同时可用函数值数列极限判别函数在某一点极限不存在比较方便. 定理证明略.

例 4　证明：$\lim\limits_{x\to 0}\sin\dfrac{1}{x}$ 不存在.

证　取数列 $\left\{x_n=\dfrac{1}{2n\pi+\dfrac{\pi}{2}}\right\}$ 和 $\left\{x_n'=\dfrac{1}{2n\pi-\dfrac{\pi}{2}}\right\}$，显然 $x_n\to 0$，$x_n'\to 0$ $(n\to\infty)$，从而

$$\lim_{n\to\infty}\sin\frac{1}{x_n}=\lim_{n\to\infty}\sin\left(2n\pi+\frac{\pi}{2}\right)=1,$$

$$\lim_{n\to\infty}\sin\frac{1}{x_n'}=\lim_{n\to\infty}\sin\left(2n\pi-\frac{\pi}{2}\right)=-1.$$

因此由定理 7 知 $\lim\limits_{x\to 0}\sin\dfrac{1}{x}$ 不存在.

1.6.4　两个重要极限

类似于数列极限夹逼定理，有如下函数极限的夹逼定理.

定理 8(夹逼定理)　设在点 x_0 的某去心邻域内有

(1) $f(x)\leqslant h(x)\leqslant g(x)$；

(2) $\lim\limits_{x\to x_0}f(x)=\lim\limits_{x\to x_0}g(x)=A$.

则 $\lim\limits_{x\to x_0}h(x)$ 存在，且 $\lim\limits_{x\to x_0}h(x)=A$.

证明略.

将定理中 $x\to x_0$ 改成其他任何形式的极限过程时，定理结论仍成立.

I (重要极限)　$\lim\limits_{x\to 0}\dfrac{\sin x}{x}=1.$

证　首先证明 $\lim\limits_{x\to 0^+}\dfrac{\sin x}{x}=1$.

如图 1-16 所示，$\overset{\frown}{AB}$是以点 O 为圆心、1 为半径的圆弧. 过点 A 作圆弧$\overset{\frown}{AB}$的切线与 OB 的延长线交于点 C. 设 $\angle AOB=x$(弧度)，$0<x<\dfrac{\pi}{2}$，则

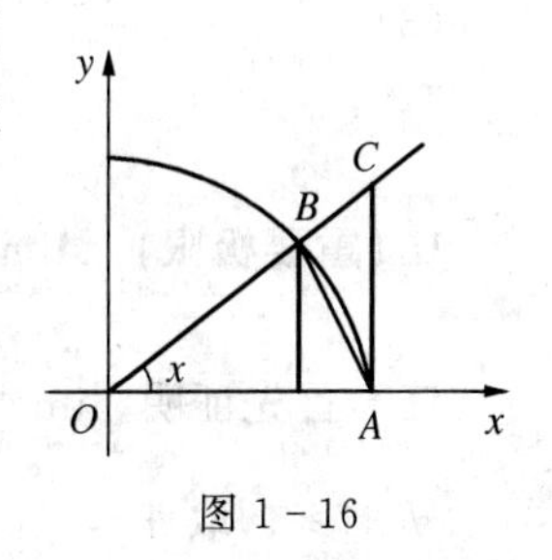

图 1-16

$$\triangle AOB\text{ 面积}<\text{扇形 }AOB\text{ 面积}<\triangle AOC\text{ 面积},$$

即　$\dfrac{1}{2}\sin x<\dfrac{1}{2}x<\dfrac{1}{2}\tan x$　或　$\cos x<\dfrac{\sin x}{x}<1.$

由 $\sin x < x$,得 $\sin\frac{x}{2} < \frac{x}{2}$. 因此

$$0 < 1-\cos x = 2\sin^2\frac{x}{2} \leqslant 2\left(\frac{x}{2}\right)^2 = \frac{x^2}{2}.$$

由于 $\lim\limits_{x\to 0^+}\frac{x^2}{2}=0$,于是 $\lim\limits_{x\to 0^+}(1-\cos x)=0$, 从而

$$\lim_{x\to 0^+}\cos x = 1.$$

由定理 8 得

$$\lim_{x\to 0^+}\frac{\sin x}{x} = 1.$$

其次,当 $x<0$ 时,设 $u=-x$, 则当 $x\to 0^-$ 时,$u\to 0^+$,于是

$$\lim_{x\to 0^-}\frac{\sin x}{x} = \lim_{u\to 0^+}\frac{\sin(-u)}{-u} = \lim_{u\to 0^+}\frac{\sin u}{u} = 1.$$

综上,可得

$$\lim_{x\to 0}\frac{\sin x}{x} = 1.$$

例 5 求下列极限:

(1) $\lim\limits_{x\to 0}\frac{\sin\alpha x}{\sin\beta x}\ (\alpha\beta\neq 0)$; (2) $\lim\limits_{x\to 0}\frac{\arcsin x}{x}$; (3) $\lim\limits_{x\to 0}\frac{1-\cos x}{x^2}$.

解 (1) $\lim\limits_{x\to 0}\frac{\sin\alpha x}{\sin\beta x} = \lim\limits_{x\to 0}\left(\frac{\sin\alpha x}{\alpha x}\,\frac{\beta x}{\sin\beta x}\,\frac{\alpha}{\beta}\right) = \frac{\alpha}{\beta}$.

(2) 令 $\arcsin x = t$,则 $x=\sin t$, 且当 $x\to 0$ 时, $t\to 0$,则

$$\lim_{x\to 0}\frac{\arcsin x}{x} = \lim_{t\to 0}\frac{t}{\sin t} = 1.$$

(3) $$\lim_{x\to 0}\frac{1-\cos x}{x^2} = \lim_{x\to 0}\frac{2\sin^2\frac{x}{2}}{x^2} = \lim_{x\to 0}\frac{1}{2}\left(\frac{\sin\frac{x}{2}}{\frac{x}{2}}\right)^2 = \frac{1}{2}.$$

II (重要极限) $\lim\limits_{x\to\infty}\left(1+\frac{1}{x}\right)^x = \mathrm{e}$.

证 首先证明 $\lim\limits_{x\to+\infty}\left(1+\frac{1}{x}\right)^x = \mathrm{e}$.

$\forall x \geqslant 1$,取 $n=[x]$,由 $[x]\leqslant x < [x]+1$ 知

$$n \leqslant x < n+1 \quad 或 \quad \frac{1}{n+1} < \frac{1}{x} \leqslant \frac{1}{n},$$

从而
$$1+\frac{1}{n+1} < 1+\frac{1}{x} \leqslant 1+\frac{1}{n}.$$

上述每个不等号的两端都大于 1,有

$$\left(1+\frac{1}{n+1}\right)^n < \left(1+\frac{1}{x}\right)^x < \left(1+\frac{1}{n}\right)^{n+1}.$$

而
$$\lim_{n\to\infty}\left(1+\frac{1}{n+1}\right)^n = \lim_{n\to\infty}\frac{\left(1+\frac{1}{n+1}\right)^{n+1}}{1+\frac{1}{n+1}} = \mathrm{e}.$$

$$\lim_{n\to\infty}\left(1+\frac{1}{n}\right)^{n+1} = \lim_{n\to\infty}\left(1+\frac{1}{n}\right)^n\left(1+\frac{1}{n}\right) = \mathrm{e}.$$

当 $x\to+\infty$ 时,有 $n\to\infty$,由定理 8,有

$$\lim_{x\to+\infty}\left(1+\frac{1}{x}\right)^x = \mathrm{e}.$$

其次,当 $x\to-\infty$ 时,令 $u=-x$,则当 $x\to-\infty$ 时,$u\to+\infty$,从而

$$\begin{aligned}\lim_{x\to-\infty}\left(1+\frac{1}{x}\right)^x &= \lim_{u\to+\infty}\left(1-\frac{1}{u}\right)^{-u} = \lim_{u\to+\infty}\left(\frac{u}{u-1}\right)^u \\ &= \lim_{u\to+\infty}\left(1+\frac{1}{u-1}\right)^u \\ &= \lim_{u\to+\infty}\left(1+\frac{1}{u-1}\right)^{u-1}\left(1+\frac{1}{u-1}\right) = \mathrm{e}.\end{aligned}$$

于是
$$\lim_{x\to\infty}\left(1+\frac{1}{x}\right)^x = \mathrm{e}.$$

注　重要极限Ⅱ的一种等价形式:

$$\lim_{x\to 0}(1+x)^{\frac{1}{x}} = \mathrm{e}.$$

例 6　求下列极限:

(1) $\lim\limits_{x\to\infty}\left(\dfrac{x-1}{x+1}\right)^x$;　　(2) $\lim\limits_{x\to 0}(1-x)^{\frac{2}{x}}$;　　(3) $\lim\limits_{x\to\frac{\pi}{2}}(\csc^2 x)^{\tan^2 x}$.

解　(1)
$$\lim_{x\to\infty}\left(\frac{x-1}{x+1}\right)^x = \lim_{x\to\infty}\left(\frac{1-\frac{1}{x}}{1+\frac{1}{x}}\right)^x = \lim_{x\to\infty}\frac{\left(1-\frac{1}{x}\right)^x}{\left(1+\frac{1}{x}\right)^x}$$

$$= \lim_{x\to\infty} \frac{1}{\left(1+\frac{1}{x}\right)^x \left(1-\frac{1}{x}\right)^{-x}} = \frac{1}{e^2}.$$

(2) $\lim\limits_{x\to 0}(1-x)^{\frac{2}{x}} = \lim\limits_{x\to 0}(1-x)^{-\frac{1}{x}\cdot(-2)} = e^{-2}.$

(3) $\lim\limits_{x\to \frac{\pi}{2}}(\csc^2 x)^{\tan^2 x} = \lim\limits_{x\to \frac{\pi}{2}}(1+\cot^2 x)^{\frac{1}{\cot^2 x}} = e.$

习 题 1.6

1. 求下列极限：

(1) $\lim\limits_{x\to -3}(6x^2-2x+1)$；

(2) $\lim\limits_{x\to 4} x(2x-1)(3x+2)$；

(3) $\lim\limits_{x\to 5}\dfrac{x-5}{x^2-25}$；

(4) $\lim\limits_{x\to -5}\dfrac{x^2+3x-10}{x+5}$；

(5) $\lim\limits_{x\to 1}\dfrac{x-1}{\sqrt{x+3}-2}$；

(6) $\lim\limits_{x\to 0}\dfrac{x^2}{\sin^2\dfrac{x}{3}}$；

(7) $\lim\limits_{x\to 0}\dfrac{\sin(\alpha+x)-\sin(\alpha-x)}{x}$；

(8) $\lim\limits_{x\to 1}\dfrac{x+x^2+\cdots+x^n-n}{x-1}$；

(9) $\lim\limits_{x\to \pi^+}\dfrac{\sqrt{1+\cos x}}{\sin x}$；

(10) $\lim\limits_{x\to +\infty}(\sin\sqrt{x+1}-\sin\sqrt{x})$；

(11) $\lim\limits_{x\to \infty}\left(\dfrac{x-2}{x}\right)^{x+2}$；

(12) $\lim\limits_{x\to \frac{\pi}{2}}(1+\cos x)^{3\sec x}$.

2. 证明：若 $\lim\limits_{x\to a} f(x) = A$，则

(1) $\lim\limits_{x\to a} |f(x)| = |A|$；

(2) $\lim\limits_{x\to a} f^2(x) = A^2$；

(3) $\lim\limits_{x\to a} \sqrt{f(x)} = \sqrt{A}\ (A>0)$.

3. 确定下列极限式中的参数 a，b：

(1) $\lim\limits_{x\to \infty}\left(\dfrac{x^2+1}{x+1}-ax-b\right)=\dfrac{1}{2}$；

(2) $\lim\limits_{x\to 1}\dfrac{\sin^2(x-1)}{x^2+ax+b}=1$.

4. 若 $\lim\limits_{x\to +\infty} f(x) = A$，$\lim\limits_{x\to +\infty} g(x) = B$，$\lim\limits_{x\to +\infty} h(x) = C$，证明：

$$\lim_{x\to +\infty}[f(x)-g(x)+h(x)] = A-B+C.$$

5. 证明：若 $\lim\limits_{x\to a^+} f(x) = A \neq 0$，则 $\lim\limits_{x\to a^+}\dfrac{1}{f(x)} = \dfrac{1}{A}$.

1.7　无穷小与无穷大

本节的概念与结论同时适用于数列极限与函数极限. $\lim\alpha$ 既可以理解为数列极限,也可以理解为函数极限.

1.7.1　无穷小

定义 1　若 $\lim\alpha=0$, 则称 α 为该极限过程中的**无穷小量**,或简称**无穷小**.

注　(1) 无穷小是在某一极限过程中极限为零的函数,无穷小与极限过程有关. 例如,当 $x\to 0$ 时, x^2, $\sin x$, $\tan x$ 都是无穷小量,但当 $x\to 1$ 时, x^2, $\sin x$, $\tan x$ 都不是无穷小.

(2) 无穷小不是"很小的数"(常数零除外). 无穷小是在一极限过程中其绝对值可以任意小于给定的正数 ε,但"很小的数"(常数零除外)就不能小于任意给定的正数 ε.

极限与无穷小有如下关系:

定理 1　$\lim f(x)=A\Leftrightarrow f(x)=A+\alpha$,其中 $\lim\alpha=0$.

证　必要性.

令 $\alpha=f(x)-A$. 设 $\lim\limits_{x\to x_0}f(x)=A$,即 $\forall\varepsilon>0$, $\exists\delta>0$,当 $0<|x-x_0|<\delta$ 时,有

$$|f(x)-A|<\varepsilon.$$

此即 $|\alpha|<\varepsilon$,从而 $\lim\limits_{x\to x_0}\alpha=0$.

充分性.

设 $\lim\limits_{x\to x_0}\alpha=0$,即 $\forall\varepsilon>0$, $\exists\delta>0$,当 $0<|x-x_0|<\delta$ 时,有

$$|\alpha|<\varepsilon.$$

此即 $|f(x)-A|<\varepsilon$,从而 $\lim\limits_{x\to x_0}f(x)=A$.

定理 2　在同一极限过程中,(1) 有限个无穷小之和为无穷小;(2) 有限个无穷小之积为无穷小;(3) 有界函数与无穷小之积为无穷小. 特别地,常数与无穷小之积为无穷小.

证　只对(1)中两个无穷小之和情形进行证明,其余留给读者证明.

设 $\lim\limits_{x\to x_0}\alpha=0$, $\lim\limits_{x\to x_0}\beta=0$,则 $\forall\varepsilon>0$, $\exists\delta_1>0$,当 $0<|x-x_0|<\delta_1$ 时,有

$|\alpha|<\frac{\varepsilon}{2}$；$\exists \delta_2>0$，当 $0<|x-x_0|<\delta_2$ 时，有 $|\beta|<\frac{\varepsilon}{2}$. 取 $\delta=\min\{\delta_1,\delta_2\}$，则当 $0<|x-x_0|<\delta$ 时，有

$$|(\alpha+\beta)-0|=|\alpha+\beta|\leqslant|\alpha|+|\beta|<\frac{\varepsilon}{2}+\frac{\varepsilon}{2}=\varepsilon.$$

从而
$$\lim_{x\to x_0}(\alpha+\beta)=0.$$

注 无穷个无穷小之和不一定为无穷小. 例如，当 $n\to\infty$ 时，$\frac{1}{n}$ 为无穷小，而无穷个无穷小之和

$$\lim_{n\to\infty}\Big(\overbrace{\frac{1}{n}+\frac{1}{n}+\cdots+\frac{1}{n}}^{n\text{个}}\Big)=\lim_{n\to\infty}1=1.$$

1.7.2 无穷大

定义 2 设函数 $f(x)$ 在点 x_0 的某去心邻域内有定义. 若 $\forall M>0$，$\exists \delta>0$，当 $0<|x-x_0|<\delta$ 时，有

$$|f(x)|>M,$$

则称函数 $f(x)$ 当 $x\to x_0$ 时为**无穷大量**(或**无穷大**)；或者说当 $x\to x_0$ 时 $f(x)$ 趋于无穷大，记为

$$\lim_{x\to x_0}f(x)=\infty \quad 或 \quad f(x)\to\infty\ (x\to x_0).$$

若将上述定义中的 $|f(x)|>M$ 分别改为

$$f(x)>M \quad 或 \quad f(x)<-M,$$

则分别称函数 $f(x)$ 当 $x\to x_0$ 时为**正无穷大与负无穷大**，并分别记为

$$\lim_{x\to x_0}f(x)=+\infty \quad 或 \quad f(x)\to+\infty\ (x\to x_0)$$

与
$$\lim_{x\to x_0}f(x)=-\infty \quad 或 \quad f(x)\to-\infty\ (x\to x_0).$$

注 (1) 将 $x\to x_0$ 换为 $x\to x_0^+$，$x\to x_0^-$，$x\to+\infty$，$x\to-\infty$，$x\to\infty$ 以及 $n\to\infty$ 可定义不同形式的“无穷大”.

(2) 无穷大必定无界，但无界却不一定是无穷大. 例如，数列 $\{n^{(-1)^n}\}$ 是无界的，但它不是无穷大.

(3) 有限极限与无穷极限有着本质区别，无穷大(∞)不是数. 对于无穷极限，

只能说趋于无穷或发散到无穷，不能说收敛于无穷.

函数极限为无穷大的证明方法与函数极限为有限的证明方法基本相同.

例 1　证明：$\lim\limits_{x\to 1}\dfrac{1}{x-1}=\infty$.

证　$\forall M>0$，解不等式

$$\left|\frac{1}{x-1}\right|=\frac{1}{|x-1|}>M,$$

得 $|x-1|<\dfrac{1}{M}$. 取 $\delta=\dfrac{1}{M}$，则当 $0<|x-1|<\delta$ 时，有

$$\left|\frac{1}{x-1}\right|>M,$$

即

$$\lim_{x\to 1}\frac{1}{x-1}=\infty.$$

定理 3　在同一极限过程中，无穷大的倒数为无穷小，恒不为零的无穷小的倒数为无穷大.

证　仅就 $x\to x_0$（有限点）证之.

设 $\lim\limits_{x\to x_0}f(x)=\infty$，则 $\forall\varepsilon>0$，对 $M=\dfrac{1}{\varepsilon}$，$\exists\delta>0$，当 $0<|x-x_0|<\delta$ 时，有

$$|f(x)|>M\quad 或\quad |f(x)|>\frac{1}{\varepsilon},$$

从而

$$\left|\frac{1}{f(x)}\right|<\varepsilon,$$

即

$$\lim_{x\to x_0}\frac{1}{f(x)}=0.$$

另外，设 $\lim\limits_{x\to x_0}f(x)=0$，则 $\forall M>0$，对 $\varepsilon=\dfrac{1}{M}$，$\exists\delta>0$，当 $0<|x-x_0|<\delta$ 时，有

$$|f(x)|<\varepsilon\quad 或\quad |f(x)|<\frac{1}{M},$$

从而

$$\left|\frac{1}{f(x)}\right|>\frac{1}{M},$$

即

$$\lim_{x\to x_0}\frac{1}{f(x)}=\infty.$$

例 2 计算 $\lim\limits_{x\to\infty}\dfrac{a_0x^n+a_1x^{n-1}+\cdots+a_n}{b_0x^m+b_1x^{m-1}+\cdots+b_m}$,其中 $a_0,\cdots,a_n$ 和 $b_0,\cdots,b_m$ 都是常数,$a_0\neq 0$, $b_0\neq 0$, $m, n\in\mathbf{N}$.

解
$$\lim_{x\to\infty}\frac{a_0x^n+a_1x^{n-1}+\cdots+a_n}{b_0x^m+b_1x^{m-1}+\cdots+b_m}=\lim_{x\to\infty}x^{n-m}\frac{a_0+\dfrac{a_1}{x}+\cdots+\dfrac{a_n}{x^n}}{b_0+\dfrac{b_1}{x}+\cdots+\dfrac{b_m}{x^m}}.$$

当 $n=m$ 时,$\lim\limits_{x\to\infty}x^{n-m}=1$;当 $n<m$ 时,$\lim\limits_{x\to\infty}x^{n-m}=0$;当 $n>m$ 时,$\lim\limits_{x\to\infty}x^{n-m}=\infty$. 于是

$$\lim_{x\to\infty}\frac{a_0x^n+a_1x^{n-1}+\cdots+a_n}{b_0x^m+b_1x^{m-1}+\cdots+b_m}=\begin{cases}\dfrac{a_0}{b_0}, & n=m,\\ 0, & n<m,\\ \infty, & n>m.\end{cases}$$

1.7.3 无穷小的比较

两个无穷小的和与积仍是无穷小,但两个无穷小的商却不一定是无穷小. 例如,当 $x\to 0$ 时,函数 x, x^2, $\sin x$ 都是无穷小,但是

$$\lim_{x\to 0}\frac{x^2}{x}=0,\qquad \lim_{x\to 0}\frac{\sin x}{x}=1,\qquad \lim_{x\to 0}\frac{x}{x^2}=\infty.$$

这说明,当 $x\to 0$ 时,函数 x, x^2, $\sin x$ 趋于 0 的快慢程度不同.

定义 3 设 α, β 是同一极限过程中的无穷小.

(1) 若 $\lim\dfrac{\beta}{\alpha}=0$, 则称 β 是 α 的**高阶无穷小**,记为 $\beta=o(\alpha)$.

(2) 若 $\lim\dfrac{\beta}{\alpha}=\infty$, 则称 β 是 α 的**低阶无穷小**.

(3) 若 $\lim\dfrac{\beta}{\alpha}=c\neq 0$, 则称 β 与 α 是**同阶无穷小**. 特别地,若 $c=1$,则称 β 与 α 是**等价无穷小**,记为 $\beta\sim\alpha$.

(4) 若 $\lim\dfrac{\beta}{\alpha^k}=c\neq 0$, $k\in\mathbf{R}^+$, 则称 β 是关于 α 的 **k 阶无穷小**.

当 $x\to 0$ 时,x^n, $\sin^m x$ 均为无穷小. 由于

$$\lim_{x\to 0}\frac{\sin^m x}{x^n}=\begin{cases}1, & m=n,\\ 0, & m>n,\\ \infty, & m<n.\end{cases}$$

从而当 $m=n$ 时，$\sin^m x\sim x^n$；当 $m>n$ 时，$\sin^m x=o(x^n)$；当 $m<n$ 时，$\sin^m x$ 是 x^n 的低阶无穷小，或 $x^n=o(\sin^n x)$.

由于
$$\lim_{x\to 0}\frac{1-\cos x}{x^2}=\frac{1}{2},$$
从而当 $x\to 0$ 时，$1-\cos x$ 与 x^2 是同阶无穷小.

记号 $\beta=o(\alpha)$ 除了表示 $\lim\frac{\beta}{\alpha}=0$，不可将 $\beta=o(\alpha)$ 当作等式处理. 例如，不能由 $\beta=o(\alpha)$ 推出 $\beta-o(\alpha)=0$ 或 $o(\alpha)=\beta$；也不能由 $\beta=o(\alpha)$ 与 $\gamma=o(\alpha)$ 推出 $\beta=\gamma$. 常要对含 o 记号的式子进行运算，常见的运算规则如下：

(1) $o(\alpha)\pm o(\alpha)=o(\alpha)$；

(2) $o(\alpha)o(\beta)=o(\alpha\beta)$；

(3) $c\cdot o(\alpha)=o(\alpha)$ (c 为常数)，$\alpha\cdot o(\beta)=o(\alpha\beta)$；

(4) $o(o(\alpha))=o(\alpha)$.

以 $\alpha\cdot o(\beta)=o(\alpha\beta)$ 为例证明之，其余证明略.

因为
$$\lim\frac{\alpha\cdot o(\beta)}{\alpha\beta}=\lim\frac{o(\beta)}{\beta}=0,$$
此即
$$\alpha\cdot o(\beta)=o(\alpha\beta).$$

定理4　设 $\alpha\sim\beta$，$\beta\sim\gamma$，则 $\alpha\sim\gamma$.

证　由 $\alpha\sim\beta$，$\beta\sim\gamma$ 知
$$\lim\frac{\alpha}{\beta}=1,\qquad \lim\frac{\beta}{\gamma}=1.$$
从而
$$\lim\frac{\alpha}{\gamma}=\lim\frac{\alpha}{\beta}\frac{\beta}{\gamma}=\lim\frac{\alpha}{\beta}\lim\frac{\beta}{\gamma}=1.$$
即
$$\alpha\sim\gamma.$$

等价无穷小在求极限中有着重要作用.

定理5　设 $\alpha\sim\alpha'$，$\beta\sim\beta'$，且 $\lim\frac{\beta'}{\alpha'}$ 存在，则
$$\lim\frac{\beta}{\alpha}=\lim\frac{\beta'}{\alpha'}.$$

证　$\lim\frac{\beta}{\alpha}=\lim\frac{\beta}{\beta'}\frac{\beta'}{\alpha'}\frac{\alpha'}{\alpha}=\lim\frac{\beta}{\beta'}\lim\frac{\beta'}{\alpha'}\lim\frac{\alpha'}{\alpha}=\lim\frac{\beta'}{\alpha'}.$

常用的一些等价无穷小：当 $x\to 0$ 时，

$$\sin x\sim x,\quad \tan x\sim x,\quad \arcsin x\sim x,\quad \arctan x\sim x,$$

$$a^x-1\sim x\ln a,\quad 1-\cos x\sim \frac{x^2}{2},\quad (1+x)^\alpha-1\sim \alpha x,\quad \ln(1+x)\sim x.$$

例 3 求下列极限：

(1) $\lim\limits_{x\to 0}\dfrac{\tan x-\sin x}{\sin x^3}$；　　(2) $\lim\limits_{x\to 0}\dfrac{\sin nx}{\tan mx}$.

解 (1) $$\lim_{x\to 0}\frac{\tan x-\sin x}{\sin x^3}=\lim_{x\to 0}\frac{\tan x(1-\cos x)}{x^3}\ (\sin x^3\sim x^3)$$

$$=\lim_{x\to 0}\frac{x\cdot\frac{x^2}{2}}{x^3}\ \left(\tan x\sim x,\ 1-\cos x\sim\frac{x^2}{2}\right)$$

$$=\lim_{x\to 0}\frac{1}{2}=\frac{1}{2}.$$

(2) $$\lim_{x\to 0}\frac{\sin nx}{\tan mx}=\lim_{x\to 0}\frac{nx}{mx}=\frac{n}{m}\ (\sin nx\sim nx,\ \tan mx\sim mx).$$

当极限为“$\dfrac{0}{0}$”型时，可仿上例将分子或分母的无穷小因子用它们的等价无穷小代换，这种方法大大简化了求极限过程.

习题 1.7

1. 下列函数在什么条件下是无穷小，在什么条件下是无穷大？

(1) $f(x)=\dfrac{1}{x^2}$；　　(2) $f(x)=\dfrac{1}{x-1}$；　　(3) $f(x)=\ln x$.

2. 比较下列各组无穷小的阶：

(1) 当 $x\to 0$ 时，$x(\sin x+1)$ 与 x；

(2) 当 $x\to 0$ 时，$\tan x-\sin x$ 与 x；

(3) 当 $x\to 0$ 时，$1-\cos x$ 与 x；

(4) 当 $x\to +\infty$ 时，2^{-x} 与 a^{-x} $(a>0,\ a\neq 1)$.

3. 计算下列极限：

(1) $\lim\limits_{x\to +\infty}\dfrac{2\arctan\frac{1}{x}}{\sin\frac{1}{x}}$；　　(2) $\lim\limits_{x\to 0}\dfrac{\tan x-\sin x}{\sin^3 x}$；

(3) $\lim\limits_{x\to 0}\dfrac{1-\cos 3x}{x^2}$；　　(4) $\lim\limits_{x\to 0}\dfrac{\sqrt{1+x^2}-1}{1-\cos x}$；

(5) $\lim\limits_{x\to 0}\dfrac{x\ln(1+x)}{\sin^2 x}$；　　(6) $\lim\limits_{x\to 0}\dfrac{e^{x^2}-1}{x\sin x}$.

4. 证明：

(1) $\lim\limits_{x\to 4}\dfrac{2}{(x-4)^3}=\infty$；　　(2) $\lim\limits_{x\to 1}\dfrac{1}{(x-1)^2}=+\infty$；

(3) $\lim\limits_{x\to 0^+}\ln x=-\infty$；　　(4) $\lim\limits_{x\to -\infty}a^x=+\infty\ (0<a<1)$.

5. 证明：若 $\lim\limits_{x\to a}f(x)=+\infty$，$\lim\limits_{x\to a}g(x)=A$，则$\lim\limits_{x\to a}[f(x)+g(x)]=+\infty$.

6. 证明：$f(x)\sim g(x)\ (x\to a)\Leftrightarrow f(x)-g(x)=o(g(x))\ (x\to a)$.

7. 证明：

(1) $x^2\sin x=o(x)\ (x\to 0)$；　　(2) $\dfrac{x+2}{x^4+3}=o\left(\dfrac{1}{x^2}\right)$；

(3) $\tan x\sim\sin x\ (x\to 0)$；　　(4) $x^n-1\sim n(x-1)\ (x\to 1,\ n\in\mathbf{N}^+)$.

1.8　函数的连续性

客观世界中连续变化的现象很多，如流体的连续流动，气温的连续升降，压力的连续变化等，它的数学模型都是连续函数；连续的本质在于变化的稳定性，即自变量的微小变化(Δx 很小)仅引起因变量的微小变化(Δy 亦很小). 与此相反，间断则意味着稳定性的破坏，即自变量的微小变化导致因变量的剧烈改变. 下面借助极限概念来描述函数的这种变化特征.

1.8.1　连续概念

定义 1　设函数 $y=f(x)$ 在点 x_0 的某邻域内有定义，自变量改变量 $\Delta x=x-x_0$，函数改变量 $\Delta y=f(x)-f(x_0)=f(x_0+\Delta x)-f(x_0)$. 若

$$\lim_{\Delta x\to 0}\Delta y=0, \tag{1.8.1}$$

则称函数 $f(x)$在点 x_0**连续**. 若

$$\lim_{\Delta x\to 0^-}\Delta y=0, \tag{1.8.2}$$

则称函数 $f(x)$在点 x_0**左连续**. 若

$$\lim_{\Delta x\to 0^+}\Delta y=0, \tag{1.8.3}$$

则称函数 $f(x)$在点 x_0**右连续**.

定义 1 的等价形式：

定义 2 设函数 $f(x)$ 在点 x_0 的某邻域内有定义，若

$$\lim_{x\to x_0} f(x) = f(x_0), \tag{1.8.4}$$

则称函数 $f(x)$ 在点 x_0 连续. 若

$$\lim_{x\to x_0^-} f(x) = f(x_0-0) = f(x_0), \tag{1.8.5}$$

则称函数 $f(x)$ 在点 x_0 左连续. 若

$$\lim_{x\to x_0^+} f(x) = f(x_0+0) = f(x_0), \tag{1.8.6}$$

则称函数 $f(x)$ 在点 x_0 右连续.

若函数 $f(x)$ 在区间 I 的每一点连续，则称 $f(x)$ 在区间 I 连续，或称 $f(x)$ 为 I 的连续函数.

函数 $y=f(x)$ 在点 x_0 连续的"ε-δ"语言如下：

$\lim\limits_{\Delta x\to 0}\Delta y = 0 \Leftrightarrow \forall\varepsilon>0$，$\exists\delta>0$，当 $|\Delta x|<\delta$ 时，有 $|\Delta y|<\varepsilon$，或

$$\lim_{x\to x_0} f(x) = f(x_0) \Leftrightarrow \forall\varepsilon>0, \exists\delta>0,$$

当 $|x-x_0|<\delta$ 时，有 $|f(x)-f(x_0)|<\varepsilon$.

注 $f(x)$ 在点 x_0 连续必须同时满足以下三个条件：

(1) $f(x)$ 在点 x_0 有定义；

(2) $f(x)$ 在点 x_0 有极限；

(3) $f(x)$ 在点 x_0 的极限等于 $f(x)$ 在点 x_0 的函数值 $f(x_0)$.

由函数极限的性质，关于函数 $f(x)$ 在点 x_0 连续有如下结论：

定理 1 函数 $f(x)$ 在点 x_0 连续 $\Leftrightarrow$ $f(x)$ 在点 x_0 左连续且右连续.

由连续函数的定义，有

$$\lim_{x\to x_0} f(x) = f(x_0) = f(\lim_{x\to x_0} x). \tag{1.8.7}$$

也就是说，连续函数求极限时，极限符号可与函数符号交换.

例 1 证明：函数 $f(x)=\sin x$ 在 $\mathbf{R}$ 连续.

证 $\forall x_0\in\mathbf{R}$，$\forall\varepsilon>0$，解不等式

$$\begin{aligned}|\sin x-\sin x_0| &= 2\left|\cos\frac{x+x_0}{2}\sin\frac{x-x_0}{2}\right| \\ &= 2\left|\cos\frac{x+x_0}{2}\right|\left|\sin\frac{x-x_0}{2}\right| \\ &\leqslant 2\cdot\frac{|x-x_0|}{2} = |x-x_0|<\varepsilon,\end{aligned}$$

得 $|x-x_0|<\varepsilon$,取 $\delta=\varepsilon$,则当 $|x-x_0|<\delta$ 时,有

$$|\sin x-\sin x_0|<\varepsilon,$$

即

$$\lim_{x\to x_0}\sin x=\sin x_0.$$

于是函数 $f(x)=\sin x$ 在点 x_0 连续,由点 x_0 的任意性知 $f(x)=\sin x$ 在 $\mathbf{R}$ 连续.

例 2　设 $f(x)=\begin{cases}3x^2+2, & x\geqslant 1,\\ e^x, & x<1,\end{cases}$ 讨论 $f(x)$的连续性.

解　当 $x>1$ 时, $f(x)=3x^2+2$, $\forall x_0>1$, 有

$$\lim_{x\to x_0}f(x)=\lim_{x\to x_0}(3x^2+2)=3x_0^2+2=f(x_0),$$

$$\lim_{x\to 1^+}f(x)=\lim_{x\to 1^+}(3x^2+2)=5=f(1).$$

从而 $f(x)$在$(1,+\infty)$内连续,在点 $x_0=1$ 处右连续.

当 $x<1$ 时, $f(x)=e^x$, $\forall x_0<1$, 有

$$\lim_{x\to x_0}f(x)=\lim_{x\to x_0}e^x=e^{x_0}=f(x_0),$$

$$\lim_{x\to 1^-}f(x)=\lim_{x\to 1^-}e^x=e\neq f(1).$$

从而 $f(x)$在$(-\infty,1)$内连续,在点 $x_0=1$ 处不左连续.

综上可知,函数 $f(x)$在$(-\infty,1)\cup(1,+\infty)$连续,在点 $x_0=1$ 处不连续.

1.8.2　连续函数的性质

定理 2　设 $f(x)$, $g(x)$在点 x_0连续,则

$$f(x)\pm g(x),\qquad f(x)g(x),\qquad \frac{f(x)}{g(x)}\ (g(x)\neq 0)$$

在点 x_0连续.

证　由 $\lim\limits_{x\to x_0}f(x)=f(x_0)$, $\lim\limits_{x\to x_0}g(x)=g(x_0)$, 有

$$\lim_{x\to x_0}[f(x)\pm g(x)]=\lim_{x\to x_0}f(x)\pm\lim_{x\to x_0}g(x)=f(x_0)\pm g(x_0),$$

$$\lim_{x\to x_0}[f(x)g(x)]=\lim_{x\to x_0}f(x)\lim_{x\to x_0}g(x)=f(x_0)g(x_0),$$

$$\lim_{x\to x_0}\frac{f(x)}{g(x)}=\frac{\lim\limits_{x\to x_0}f(x)}{\lim\limits_{x\to x_0}g(x)}=\frac{f(x_0)}{g(x_0)}.$$

此定理结论可推广到有限个函数情形,即有限个在某点连续函数的和与积在

该点也是连续的.

关于复合函数的连续性,有以下结论:

定理 3 设 $g(x)$在点 x_0连续,$f(u)$在 $u_0 = g(x_0)$ 连续,则复合函数 $f[g(x)]$在点 x_0连续.

证 由 $\lim\limits_{x\to x_0} g(x) = g(x_0)$, $\lim\limits_{u\to u_0} f(u) = f(u_0)$, 有

$$\lim_{x\to x_0} f[g(x)] = \lim_{u\to u_0} f(u) = f(u_0) = f[g(x_0)],$$

即 $f[g(x)]$在点 x_0连续.

注 在函数 $f(x)$连续的条件下,求复合函数极限可改写成

$$\lim f[g(x)] = f[\lim g(x)].$$

关于反函数的连续性,有以下结论:

定理 4 设函数 $y = f(x)$ 是区间 I 上严格单调增加(或严格单调减少)的连续函数,则它的反函数 $y = f^{-1}(x)$在相应的定义域上也是严格单调增加(或严格单调减少)的连续函数.

证明略.

利用上述结论研究初等函数的连续性.

1. 指数函数的连续性

首先考虑函数 e^x 的连续性.

下面证明 $\lim\limits_{x\to 0} e^x = 1$.

当 $x > 0$ 时,$\forall \varepsilon > 0$, 解不等式

$$|e^x - 1| = e^x - 1 < \varepsilon,$$

即 $e^x < \varepsilon + 1$, $x < \ln(\varepsilon + 1)$,取 $\delta = \ln(\varepsilon + 1)$,则当 $0 < x < \delta$ 时,有 $|e^x - 1| < \varepsilon$, 从而

$$\lim_{x\to 0^+} e^x = 1.$$

当 $x < 0$ 时,$\forall \varepsilon > 0$ $(\varepsilon < 1)$, 解不等式

$$|e^x - 1| = 1 - e^x < \varepsilon,$$

即 $e^x > 1 - \varepsilon$, $x > \ln(1 - \varepsilon)$. 取 $\delta = -\ln(1 - \varepsilon)$,则当 $-\delta < x < 0$ 时,有 $|e^x - 1| < \varepsilon$, 从而

$$\lim_{x\to 0^-} e^x = 1.$$

综上可知, $\lim\limits_{x\to 0} e^x = 1$.

于是, $\forall x_0 \in \mathbf{R}$, 有

$$\lim_{x\to x_0} e^x = \lim_{x\to x_0} e^{x-x_0} \cdot e^{x_0} = e^{x_0} \lim_{x\to x_0} e^{x-x_0} = e^{x_0} \lim_{u\to 0} e^u = e^{x_0},$$

即 e^x 在 $\mathbf{R}$ 上连续.

由于指数函数 $a^x = e^{x\ln a}$，再由复合函数连续性知 a^x 在 $\mathbf{R}$ 上连续.

2. 三角函数的连续性

由例 2 知 $\sin x$ 在 $\mathbf{R}$ 上连续，从而 $\cos x = \sin\left(x+\dfrac{\pi}{2}\right)$，$\tan x = \dfrac{\sin x}{\cos x}$，$\cot x = \dfrac{\cos x}{\sin x}$ 在各自的定义域上连续.

3. 对数函数与反三角函数的连续性

对数函数与反三角函数在各自的定义域上连续.

4. 幂函数的连续性

幂函数 $x^\alpha = e^{\alpha\ln x}$，由复合函数连续性知幂函数 x^α 在其定义域 $(0, +\infty)$ 连续.

综上所述，基本初等函数在各自的定义域连续.

初等函数是由基本初等函数经过有限次的四则运算和有限次复合而成，因此初等函数在其定义区间连续.

注　定义区间是指该区间在定义域内，初等函数在其定义域内不一定连续. 例如，$f(x) = \sqrt{x^2(x-1)^3}$ 的定义域为 $\{0\} \cup [1, +\infty)$，$f(x)$ 在点 $x = 0$ 不连续.

例 3　求下列极限：

(1) $\lim\limits_{x\to 0} \dfrac{a^x - 1}{x}$ $(a > 0,\ a \neq 1)$；　　(2) $\lim\limits_{x\to 0} \dfrac{\ln(1+x)}{x}$；

(3) $\lim\limits_{x\to 0} \dfrac{(1+x)^\alpha - 1}{x}$ $(\alpha \neq 0)$.

解　(1) 令 $a^x - 1 = t$，则 $x = \log_a(1+t)$，且当 $x\to 0$ 时，$t\to 0$，从而

$$\lim_{x\to 0} \frac{a^x - 1}{x} = \lim_{t\to 0} \frac{t}{\log_a(1+t)} = \frac{1}{\log_a[\lim\limits_{t\to 0}(1+t)^{\frac{1}{t}}]} = \frac{1}{\log_a e} = \ln a.$$

(2)
$$\lim_{x\to 0} \frac{\ln(1+x)}{x} = \lim_{x\to 0} \ln(1+x)^{\frac{1}{x}} = \ln[\lim_{x\to 0}(1+x)^{\frac{1}{x}}] = \ln e = 1.$$

(3)
$$\lim_{x\to 0} \frac{(1+x)^\alpha - 1}{x} = \lim_{x\to 0} \frac{e^{\alpha\ln(1+x)} - 1}{x} = \lim_{x\to 0} \frac{\alpha\ln(1+x)}{x}$$
$$= \alpha \lim_{x\to 0} \frac{\ln(1+x)}{x} = \alpha.$$

1.8.3 函数的间断点及其分类

函数 $f(x)$的不连续点 x_0称为**间断点**.由函数连续定义可知,x_0为 $f(x)$的间断点至少具有下列情形之一:

(1) $f(x)$在点 x_0无定义;

(2) $f(x)$在点 x_0的极限 $\lim\limits_{x \to x_0} f(x)$ 不存在;

(3) $f(x)$在点 x_0的极限 $\lim\limits_{x \to x_0} f(x)$ 存在,但不等于 $f(x_0)$.

由以上间断点出现的可能情况,可以利用极限对函数间断点进行分类.

定义 3 设 x_0为 $f(x)$的**间断点**.

(1) 若 $\lim\limits_{x \to x_0} f(x)$ 存在,即 $f(x_0 - 0) = f(x_0 + 0)$,则称 x_0为 $f(x)$的**可去间断点**;

(2) 若 $f(x_0 - 0)$,$f(x_0 + 0)$ 均存在,但 $f(x_0 - 0) \neq f(x_0 + 0)$,则称 x_0为 $f(x)$的**跳跃间断点**,$f(x_0 + 0) - f(x_0 - 0)$ 为 $f(x)$在点 x_0的跃度.

可去间断点和跳跃间断点统称为**第一类间断点**,其余间断点统称为**第二类间断点**.

例 4 设 $f(x) = \dfrac{\sin x}{x}$,讨论 $x = 0$ 间断点类型.

解 由于 $\lim\limits_{x \to 0} \dfrac{\sin x}{x} = 1$,因此 $x = 0$ 为 $f(x)$的可去间断点.

若补充 $f(0) = \lim\limits_{x \to 0} f(x) = 1$,则

$$f(x) = \begin{cases} \dfrac{\sin x}{x}, & x \neq 0, \\ 1, & x = 0 \end{cases}$$

在点 $x = 0$ 连续.因此,对于函数 $f(x)$的可去间断点 x_0,补充或修改函数 $f(x)$在点 x_0的定义,让 $f(x_0) = \lim\limits_{x \to x_0} f(x)$,从而使得函数 $f(x)$在点 x_0连续,这正是“可去”的本意.

例 5 判断下列函数间断点类型:

(1) $f(x) = \cos \dfrac{1}{x}$;

(2) $f(x) = \begin{cases} x, & x \geqslant 1, \\ -x, & x < 1; \end{cases}$

(3) $f(x) = \sqrt{\cos x - 1}$;

(4) $f(x) = \dfrac{1}{x}$.

解 (1) $f(x) = \cos \dfrac{1}{x}$ 在点 $x = 0$ 无定义,当 $x \to 0$ 时,函数值 $\cos \dfrac{1}{x}$ 在 -1 与

1 之间振荡,故称 $x=0$ 为 $f(x)$ 的**振荡间断点**,属于第二类间断点.

(2) 因 $\lim\limits_{x\to1^-}f(x)=-1$, $\lim\limits_{x\to1^+}f(x)=1$,即 $f(1-0)\neq f(1+0)$,故 $x=1$ 为 $f(x)$ 的跳跃间断点,属于第一类间断点.

(3) 因 $f(x)=\sqrt{\cos x-1}$ 的定义域为 $D_f=\{2k\pi,\ k\in\mathbf{Z}\}$,从而对于 $\mathbf{R}$ 内所有点都不存在左、右极限,故属于第二类间断点.

(4) 因 $\lim\limits_{x\to0}f(x)=\lim\limits_{x\to0}\dfrac{1}{x}=\infty$,此时 $x=0$ 称为**无穷间断点**,属于第二类间断点.

最后,对间断点用树形结构表示如下:

x_0 为 $f(x)$ 的间断点
- 第一类:$f(x_0-0)$, $f(x_0+0)$ 存在
  - 可去型:$f(x_0-0)=f(x_0+0)$
  - 跳跃型:$f(x_0-0)\neq f(x_0+0)$
- 第二类
  - 无穷型
  - 振荡型
  - 其他类型

习　题　1.8

1. 下列命题中哪些是正确的?

(1) $f(x)$ 在点 x_0 连续,则 $f(x)$ 在点 x_0 有定义;

(2) $f(x)$ 在点 x_0 有定义,且在点 x_0 的极限存在,则 $f(x)$ 在点 x_0 连续;

(3) $f(x)$ 在点 x_0 的极限存在,则 $f(x)$ 在点 x_0 连续.

2. 证明下列函数在其定义域内连续:

(1) $f(x)=|x|$;　　(2) $f(x)=\dfrac{1}{x}$;　　(3) $f(x)=\sin\dfrac{1}{x}$.

3. 证明:若函数 $f(x)$ 在点 a 连续,则函数 $|f(x)|$ 在点 a 也连续.逆命题是否成立?

4. 指出下列函数在什么区间上连续?在哪些点间断?

(1) $f(x)=\dfrac{2}{x+1}+2$;　　(2) $f(x)=\dfrac{1}{|x|+1}-\dfrac{x^2}{3}$;

(3) $f(x)=\dfrac{\sin x}{x}$;　　(4) $f(x)=\tan\dfrac{\pi x}{2}$;

(5) $f(x)=\ln(x^2-4)$;　　(6) $f(x)=\sqrt{x^2-a^2}\ (a>0)$.

5. 设 $f(x)=\begin{cases}e^x, & x<0,\\ a+x, & x\geqslant0.\end{cases}$ 当 a 为何值时,$f(x)$ 在 $(-\infty,+\infty)$ 连续?

6. 设 $f(x)=\begin{cases}\dfrac{\sqrt{x+1}-1}{x}, & x\neq0,\\ 0, & x=0,\end{cases}$ 讨论 $f(x)$ 的连续性.

7. 指出下列函数的间断点及其类型：

(1) $f(x)=\sqrt{|x|}\sin\dfrac{1}{x}$；

(2) $f(x)=\dfrac{x^2-x}{|x|(x^2-1)}$；

(3) $f(x)=\begin{cases}2x+3, & x<-1,\\ 0, & x=-1,\\ \dfrac{1}{x}, & -1<x<0,\\ \sin x, & x>0;\end{cases}$

(4) $f(x)=\lim\limits_{n\to\infty}\dfrac{nx}{nx^2+1}$.

8. 求下列极限：

(1) $\lim\limits_{x\to\pi}\sin(x-\sin x)$；

(2) $\lim\limits_{x\to 0}\sin\left[\dfrac{\pi}{2}\cos(\tan x)\right]$；

(3) $\lim\limits_{x\to 1}\sec(x\sec^2 x-\tan^2 x-1)$；

(4) $\lim\limits_{x\to\frac{\pi}{2}}\ln(\sin x)$；

(5) $\lim\limits_{x\to\frac{\pi}{6}}\ln(2\cos 2x)$；

(6) $\lim\limits_{x\to a}\dfrac{\sin x-\sin a}{x-a}$；

(7) $\lim\limits_{x\to 1}\dfrac{\sqrt{5x-4}-\sqrt{x}}{x-1}$；

(8) $\lim\limits_{x\to\frac{\pi}{4}}(\sin 2x)^3$.

1.9 闭区间上连续函数的性质

在实际应用问题中，往往先建立一个函数，然后讨论这个函数的最大值、最小值，以及有界性的问题. 另一个重要问题是研究一个方程根的存在性，以及根的存在区间，这样求方程的根或根的近似解才有意义. 下面主要讨论闭区间上的连续函数具有的几个重要相关性质.

称函数 $f(x)$ 在闭区间 $[a, b]$ 上连续，是指函数 $f(x)$ 在开区间 (a, b) 内连续，在左端点 a 右连续，在右端点 b 左连续.

1.9.1 最值定理

设 $f(x)$ 是定义在区间 I 上的函数，若 $\exists x_0\in I$，$\forall x\in I$，有 $f(x)\leqslant f(x_0)$ $(f(x)\geqslant f(x_0))$，则称 x_0 为 $f(x)$ 在区间 I 上的**最大值(最小值)点**，$f(x_0)$ 为 $f(x)$ 在区间 I 上的**最大值(最小值)**.

例如，函数 $f(x)=\sin x$ 在区间 $[0, 2\pi]$ 上有最大值 1 和最小值 -1. 函数 $f(x)=\dfrac{1}{x}$ 在区间 $(0, 1]$ 上有最小值 1，但无最大值. 而函数 $f(x)=\tan x$ 在区间 $\left(-\dfrac{\pi}{2}, \dfrac{\pi}{2}\right)$ 内既无最小值，也无最大值. 因此函数在区间上的最值有可能存在，也

有可能不存在.但闭区间上的连续函数最值一定存在.

定理1 设函数 $f(x)$ 在闭区间 $[a, b]$ 上连续,则 $f(x)$ 在 $[a, b]$ 上一定能取得最大值和最小值.

此定理表明,若函数 $f(x)$ 在闭区间 $[a, b]$ 上连续,则至少存在一点 $\xi_1 \in [a, b]$,使 $\forall x \in [a, b]$,有 $f(x) \leqslant f(\xi_1) = M$;至少存在一点 $\xi_2 \in [a, b]$,使 $\forall x \in [a, b]$,有 $f(x) \geqslant f(\xi_2) = m$.从而 $\forall x \in [a, b]$,有 $m \leqslant f(x) \leqslant M$,因此,闭区间上的连续函数是有界的.如图 1-17 所示.

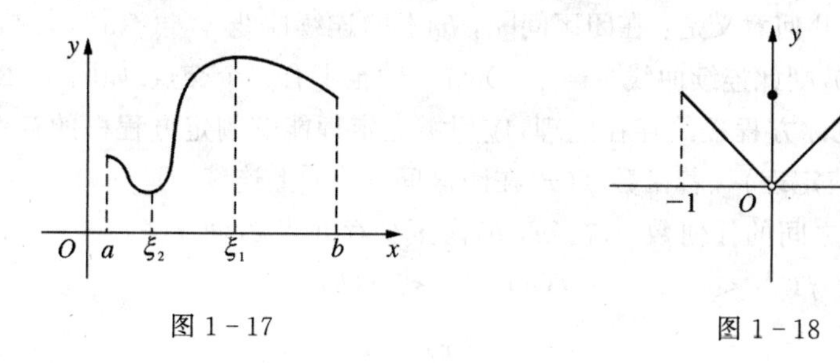

图 1-17　　图 1-18

注 (1) 定理中的连续条件不能去掉.例如,函数

$$f(x) = \begin{cases} -x, & -1 \leqslant x < 0, \\ 1, & x = 0, \\ x, & 0 < x \leqslant 1 \end{cases}$$

在闭区间 $[-1, 1]$ 上有定义,在点 $x = 0$ 不连续,有最大值1,但无最小值.如图 1-18 所示.

(2) 定理中的闭区间条件也不能去掉.例如,函数

$$f(x) = x \quad (x \in (0, 1))$$

在开区间 $(0, 1)$ 内连续,但无最大值和最小值.如图 1-19 所示.

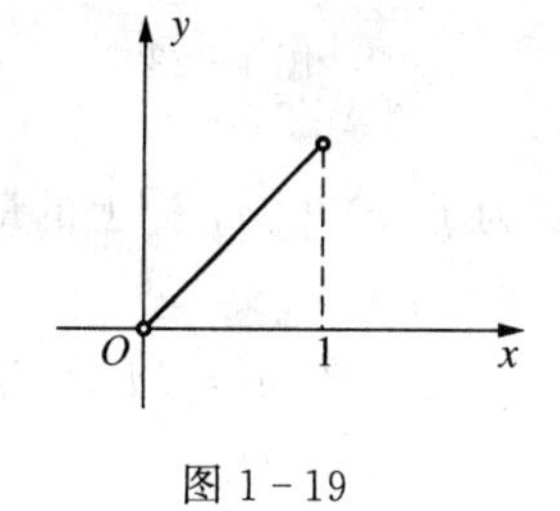

图 1-19

1.9.2 介值定理

定理2(零点定理) 若函数 $f(x)$ 在闭区间 $[a, b]$ 上连续,且 $f(a)$, $f(b)$ 异号,即 $f(a)f(b) < 0$,则至少存在一点 $\xi \in (a, b)$,使 $f(\xi) = 0$. ξ 称为函数 $f(x)$ 的**零点**,即 ξ 是方程 $f(x) = 0$ 的根.

注 (1) 连续条件不能去掉.如图 1-20 所示.

(2) 闭区间条件不能去掉.如图 1-21 所示.

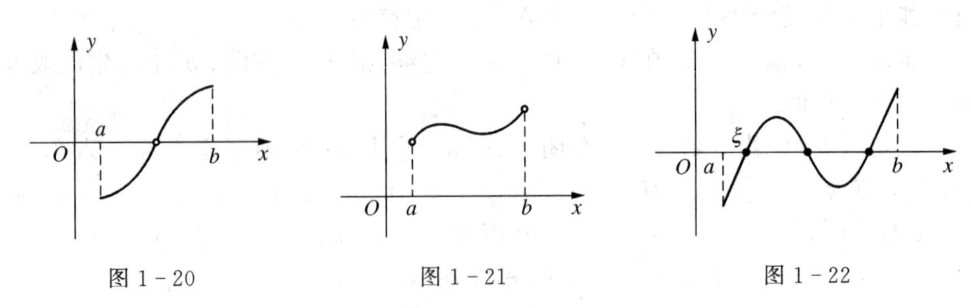

图 1-20　　图 1-21　　图 1-22

零点定理的几何意义是：在闭区间$[a, b]$上的连续曲线$y = f(x)$，若端点值异号$f(a)f(b) < 0$，则此连续曲线$y = f(x)$与x轴至少有一个交点. 如图 1-22 所示.

零点定理也称方程根的存在定理，应用零点定理能够判定方程根的存在性.

定理 3(介值定理)　若函数$f(x)$在闭区间$[a, b]$上连续，且$f(a) \neq f(b)$，则对$f(a)$与$f(b)$之间的任何数μ，在(a, b)内至少存在点ξ，使$f(\xi) = \mu$.

证　不妨设$f(a) < f(b)$，且$f(a) < \mu < f(b)$，令

$$F(x) = f(x) - \mu,$$

则$F(x)$在闭区间$[a, b]$上连续，且

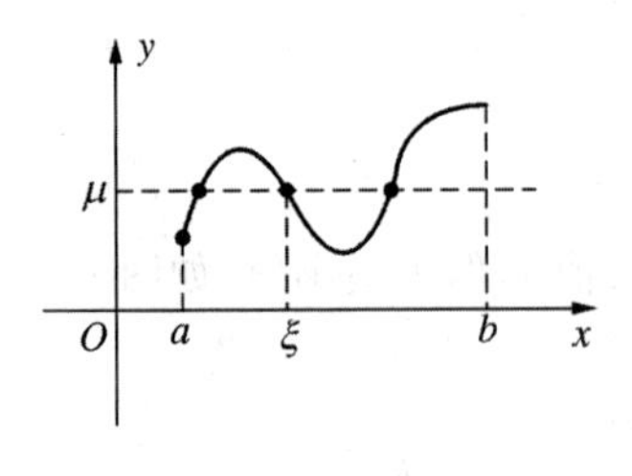

图 1-23

$$F(a) = f(a) - \mu < 0, \qquad F(b) = f(b) - \mu > 0.$$

由零点定理知，$\exists \xi \in (a, b)$，使$F(\xi) = 0$，即$f(\xi) = \mu$.

介值定理的几何意义是：在闭区间$[a, b]$上连续曲线$y = f(x)$，在$f(a)$与$f(b)$之间任意一条平行于x轴的直线$y = \mu$，必至少与连续曲线有一交点. 如图 1-23 所示.

推论　若函数$f(x)$在$[a, b]$上连续，m，M分别为$f(x)$在$[a, b]$上的最小值和最大值，则$\forall \mu\ (m \leqslant \mu \leqslant M)$，$\exists \xi \in [a, b]$，使$f(\xi) = \mu$.

证　当$m = M$时，$\forall x \in [a, b]$，$f(x) = \mu$，结论正确.

当$m \neq M$时，$\exists x_1, x_2 \in [a, b]$，且$x_1 \neq x_2$，使$f(x_1) = m$，$f(x_2) = M$. 在闭区间$[x_1, x_2]$(或$[x_2, x_1]$)上应用介值定理，则$\forall \mu\ (m \leqslant \mu \leqslant M)$，$\exists \xi \in [x_1, x_2]$(或$[x_2, x_1]$)$\subseteq [a, b]$，使$f(\xi) = \mu$.

例 1　证明：奇次多项式方程必有一个实根.

证　设奇次多项式

$$f(x) = x^{2k+1} + a_1 x^{2k} + \cdots + a_{2k+1},$$

则
$$\lim_{x \to -\infty} f(x) = \lim_{x \to -\infty} x^{2k+1}\left(1 + \frac{a_1}{x} + \cdots + \frac{a_{2k+1}}{x^{2k+1}}\right) = -\infty,$$

$$\lim_{x\to+\infty} f(x) = \lim_{x\to+\infty} x^{2k+1}\left(1+\frac{a_1}{x}+\cdots+\frac{a_{2k+1}}{x^{2k+1}}\right)=+\infty.$$

于是，$\exists a$ 与 b $(a<b)$，使 $f(a)<0$，$f(b)>0$，$f(x)$ 在 $[a, b]$ 上连续，由零点定理知，必存在 $\xi\in(a, b)$，使 $f(\xi)=0$，即奇次多项式方程必有一个实根.

例 2 证明：方程 $x^5-3x-1=0$ 在 $(1, 2)$ 内有实根.

证 令 $f(x)=x^5-3x-1$，则 $f(x)$ 在 $[1, 2]$ 上连续，且 $f(1)=-3<0$，$f(2)=25>0$. 由零点定理知，$\exists\xi\in(1, 2)$，使 $f(\xi)=0$，即 ξ 为原方程的根.

例 3 设 $f(x)$ 在 $[0, 2a]$ 上连续，且 $f(0)=f(2a)$. 证明：在 $[0, a]$ 上至少存在一点 ξ，使 $f(\xi)=f(\xi+a)$.

证 令 $F(x)=f(x)-f(x+a)$，则 $F(x)$ 在 $[0, a]$ 上连续，且有

$$F(0)=f(0)-f(a),\qquad F(a)=f(a)-f(2a)=f(a)-f(0).$$

当 $f(0)-f(a)=0$ 时，显然有 $\xi=0\in[0, a]$，使 $f(\xi)=f(\xi+a)$；当 $f(0)-f(a)\neq0$ 时，$F(0)F(a)<0$，即 $F(0)$ 与 $F(a)$ 异号. 由零点定理知，$\exists\xi\in(0, a)$，使 $F(\xi)=0$，即 $f(\xi)=f(\xi+a)$.

习 题 1.9

1. 证明：方程 $x=a\sin x+b$ $(a>0, b>0)$ 至少有一个正根，且它不超过 $a+b$.

2. 证明：若 $f(x)$ 在 $[a, b]$ 上连续，$x_1, x_2, \cdots, x_n\in(a, b)$，则 $\exists\xi\in(a, b)$，使

$$f(\xi)=\frac{f(x_1)+f(x_2)+\cdots+f(x_n)}{n}.$$

3. 证明：若函数 $f(x)$ 在 $[a, +\infty)$ 上连续，且 $\lim\limits_{x\to+\infty} f(x)=A$，则函数 $f(x)$ 在 $[a, +\infty)$ 上有界.

4. 设 $f(x)$ 在 $[0, 1]$ 上连续，且 $\forall x\in[0, 1]$ 有 $0\leqslant f(x)\leqslant 1$，证明：$\exists\xi\in[0, 1]$，使 $f(\xi)=\xi$，点 ξ 称为 $f(x)$ 的不动点.

5. 证明：

(1) $x^5-2x^2+x+1=0$ 在 $(-1, 1)$ 内至少有一个实根；

(2) $x-\lambda\sin x=0$ $(0<\lambda<1, b>0)$ 在 $[0, b+\lambda]$ 上有一个实根；

(3) $\dfrac{1}{x-1}+\dfrac{2}{x-2}+\dfrac{3}{x-3}=0$ 在 $(1, 2)$ 与 $(2, 3)$ 内各有一个实根；

(4) $x^2\cos x-\sin x=0$ 在 $\left(\pi, \dfrac{3}{2}\pi\right)$ 内至少有一个实根.

6. 证明：若函数 $f(x)$ 与 $g(x)$ 在 $[a, b]$ 上连续，且 $f(a)<g(a)$，$f(b)>g(b)$，则 $\exists\xi\in(a, b)$，使 $f(\xi)=g(\xi)$.

总习题1

1. 下列各题中的 f, g 是否表示同一函数？说明理由，并指出它们在哪一区间是相同的.

(1) $f(x)=\dfrac{x^2-1}{x-1}$, $g(x)=x+1$;

(2) $f(x)=\sqrt{x^2}$, $g(x)=(\sqrt{x})^2$;

(3) $f(x)=\sin^2 x+\cos^2 x$, $g(x)=1$;

(4) $f(x)=\ln x^3$, $g(x)=3\ln x$.

2. 求下列函数的定义域：

(1) $f(x)=\dfrac{1}{1-x^2}+\sqrt{x+2}$;

(2) $f(x)=\dfrac{1}{x^2-4}+\sqrt{2\log_{\frac{1}{2}}(x-1)}$.

3. 已知 $f(x)=e^{\sin x}$, $f[g(x)]=1-2x$，且 $g(x)\geqslant 0$，求 $g(x)$并写出它的定义域.

4. 指出下列函数由哪些基本初等函数复合而成：

(1) $y=\sin\dfrac{1}{\sqrt{x^2+1}}$;　　(2) $y=\sin\log_a \arctan\dfrac{1}{\sqrt{x}}$;

(3) $y=\tan\dfrac{1}{\sqrt{\cos^2\left(\sin\dfrac{1}{\sqrt[3]{x}}\right)}}$.

5. 在“充分”、“必要”和“充分必要”三者中选择一个正确的填入下列空格内.

(1) 数列$\{a_n\}$有界是数列$\{a_n\}$收敛的________条件；数列$\{a_n\}$收敛是数列$\{a_n\}$有界的________条件.

(2) $f(x)$在点 x_0 的某一去心邻域内有界是 $\lim\limits_{x\to x_0} f(x)$ 存在的________条件；$\lim\limits_{x\to x_0} f(x)$ 存在是 $f(x)$在点 x_0 的某一去心邻域内有界的________条件.

(3) $f(x)$在点 x_0 的某一去心邻域内无界是 $\lim\limits_{x\to x_0} f(x)=\infty$ 的________条件；$\lim\limits_{x\to x_0} f(x)=\infty$ 是 $f(x)$在点 x_0 的某一去心邻域内无界的________条件.

6. 思考题：

(1) 是否存在函数 f 和 g，使 $f(g)=g(f)$？

(2) f 为奇函数且存在反函数，那么 f 的单调性如何？

(3) 两个无界函数之和、积是否一定为无界函数？

(4) 两个严格单调的函数之和是否为严格单调函数？它们的复合是否为单调函数？

(5) 若函数 f, g 之和 $f+g$ 在点 x_0 有极限，那么 f, g 在点 x_0 一定有极限吗？若其中一个函数在点 x_0 有极限，另一个函数在点 x_0 一定有极限吗？

(6) 若 f 在点 x_0 的左、右极限均存在，那么 f 在点 x_0 的极限一定存在或一定不存在吗？

7. 求下列极限：

(1) $\lim\limits_{n\to\infty}\dfrac{\sqrt[3]{n^2}\sin n!}{n+1}$；　　(2) $\lim\limits_{n\to\infty}\sin^2(\pi\sqrt{n^2+n})$；

(3) $\lim\limits_{n\to\infty}\left(1+\dfrac{1}{1+2}+\dfrac{1}{1+2+3}+\cdots+\dfrac{1}{1+2+\cdots+n}\right)$；

(4) $\lim\limits_{n\to\infty}(1+x)(1+x^2)(1+x^4)\cdots(1+x^{2n})$；

(5) $\lim\limits_{x\to 0}\ln\dfrac{\sin x}{x}$；　　(6) $\lim\limits_{x\to\infty}\left(\dfrac{x^2+1}{x^2-1}\right)^{x^2}$；

(7) $\lim\limits_{x\to 1}(1-x)\tan\dfrac{\pi x}{2}$；　　(8) $\lim\limits_{x\to 1}\dfrac{x^m-1}{x^n-1}$；

(9) $\lim\limits_{x\to 0^+}\left(\sqrt{\dfrac{1}{x^2}+\dfrac{1}{x}}-\sqrt{\dfrac{1}{x^2}-\dfrac{2}{x}}\right)$；　　(10) $\lim\limits_{x\to 0^+}\dfrac{\tan x}{\sqrt{x+\sqrt{x+\sqrt{x}}}}$；

(11) $\lim\limits_{x\to\infty}\left(\dfrac{3x+1}{3x-2}\right)^x$；　　(12) $\lim\limits_{x\to 0}(1+3\tan^2 x)^{\cot x}$.

8. a 为何值时，函数 $f(x)=\begin{cases}\dfrac{\cos 2x-\cos 3x}{x^2}, & x\neq 0,\\ a, & x=0\end{cases}$ 在点 $x=0$ 处连续？

9. 求常数 a,b，使函数 $f(x)=\begin{cases}1+x^2, & x<0,\\ ax+b, & 0\leqslant x\leqslant 1,\\ x^3-1, & x>1\end{cases}$ 在 $(-\infty,+\infty)$ 内连续.

10. 指出下列函数间断点及其类型：

(1) $f(x)=e^{x+\frac{1}{x}}$；　　(2) $f(x)=\dfrac{\dfrac{1}{x}-\dfrac{1}{x+1}}{\dfrac{1}{x-1}-\dfrac{1}{x}}$；

(3) $f(x)=\dfrac{1}{1-e^{x-\frac{1}{x}}}$；　　(4) $f(x)=\lim\limits_{t\to+\infty}\dfrac{x+e^{tx}}{1+e^{tx}}$.

11. 已知对任意 x，y，有 $f(x+y)=f(x)+f(y)$，且 $f(x)$ 在点 $x=0$ 处连续，证明：$f(x)$ 在 $(-\infty,+\infty)$ 内连续.

12. 设 $f(x)=\sqrt{16-x}$，$g(x)=x^4$，求下列各函数的表达式和它们的定义域：

(1) $f\circ g$；　　(2) $g\circ f$；　　(3) $f+g$；　　(4) fg.

13. 设 $f(x)=\begin{cases}x\sin x, & x\leqslant 0,\\ \dfrac{\sin x}{x}, & x>0.\end{cases}$ 求：

(1) $\lim\limits_{x\to 0^-}f(x)$；　　(2) $\lim\limits_{x\to 0^+}f(x)$；

(3) $\lim\limits_{x\to+\infty}f(x)$；　　(4) $\lim\limits_{x\to -1}f(x)$.

14. 设 $f(x)$ 在 $[a,b]$ 上连续，且 $a<f(x)<b$，证明：在 (a,b) 内至少存在一点 ξ，使 $f(\xi)=\xi$.

15. 若 $f(x)$是奇函数，且在点 $x=0$ 处连续，证明 $f(0)=0$.

16. 证明：方程 $x^3\cos x+6\sin^5 x-3=0$ 在 0 与 2π 之间存在一个解.

实验 1　一元函数的绘图与极限的计算

一、实验内容

计算机绘制函数图形与极限计算.

二、实验目的

熟悉 Matlab 软件的基本操作，了解基本的绘图语言与极限计算方法.

三、预备知识

Matlab 软件的基本操作，Matlab 的符号计算.

Matlab 是当今国际上工程界与科学界最为流行的数学软件之一，Matlab 软件是以向量和矩阵为基本对象的用于科学工程计算的高级语言，其语言易学易用，编程效率高，功能强大. 它提供了强大的科学运算功能、灵活的程序设计流程、高质量的图形可视化与界面设计、便捷的与其他程序和语言接口的手段，几乎可以用于所有的科学与工程计算的各个方面，Matlab 语言在各国高校与研究单位日益普及，成为人们进行科学研究与工程计算的好帮手.

Matlab 语言由美国 The MathWorks 开发，2003 年推出了其 Matlab 6.5.1 正式版. 目前最新版本 Release 14 (Matlab 7.0) 的 Service Pack 1，于 2004 年 9 月正式推出. Matlab 语言的基本计算对象是向量和矩阵，而把数看成一维向量. 对于各种计算与变换，Matlab 是采用函数调用的形式实现的，因此，几个简单语句便能完成十分复杂的计算和实现各种功能.

运行 Matlab 以后，可直接在 command windows 窗口的提示符≫后面输入程序，对于行数比较多的程序建议在 M-file 编辑窗口编写，程序完成后，按 F5 键便可运行程序，运行结果显示在 command windows 窗口，如果是图形，则显示在图形窗口.

1. 向量的表示

对于行向量 $\boldsymbol{a}=(1,2,3,4,5)$，在提示符≫后键入

```
a= [1 2 3 4 5]
```

或

```
a= [1,2,3,4,5]
```

回车后屏幕输出

```
a =
     1   2   3   4   5
```

对于列向量 $\boldsymbol{b}=\begin{pmatrix}2\\4\\6\\8\\10\end{pmatrix}$，键入

```
b= [2;4;6;8;10]
```

中间用分号隔开,或键入

```
≫ b= [2
      4
      6
      8
     10]
```

回车后显示为

```
b =
     2
     4
     6
     8
    10
```

行向量加转置符“ ' ”,就变成列向量;列向量加转置符“ ' ”,就变成行向量.例如,

```
≫a'
ans =
      1
      2
      3
      4
      5
≫c= b'
  c=
     2   4   6   8   10
```

还可以用生成的方法表示向量:

```
≫d= 1:2:10
```

上式生成以 1 开头,以 2 为步长,一直到小于等于 10 的最大整数.

结果为

```
d =
    1   3   5   7   9
```

一般地,d=a:c:b 生成向量[a,a+c,a+2c,…,a+Nc],其中 N 为整数,使得 b 在 a+Nc 与 a+(N+1)c 之间.

例如,d=3:-0.1:2.53,生成 [3,2.9, 2.8, 2.7, 2.6, 2.5].

2. 向量的运算

同维行向量可以进行加减运算.例如,上例中

```
a+c
ans =
      3   6   9   12   15
```

数乘运算为

```
≫ 3*a
ans =
      3   6   9   12   15
```

当向量的运算符号为矩阵运算符号 +，-，*，/，^前面加点而成，即.+，.-，.*，./，.^，其运算结果为两向量对应的分量运算结果构成的同维向量.

```
≫a./c
ans =
      0.5000  0.5000  0.5000  0.5000   0.5000
≫ a.^c
ans =
      1   16   729   65536   9765625
```

3. 向量的函数运算

一个函数作用于一个向量上，相当于函数作用在每个分量上. 例如，

sin(a)=[sin(1), sin(2), sin(3), sin(4), sin(5)]=[0.845 0.909 0.141 -0.756 -0.958]

Matlab 提供的主要函数有：

abs(绝对值或复数模)　　sqrt(开平方)
round(四舍五入到最接近的整数)　　fix(朝零的方向取整)
floor(朝负无穷方向取整)　　ceil(朝正无穷方向取整)
sing(符号函数)　　rem(除后余数)
exp(以 e 为底的指数)　　log(自然对数)
log10(以 10 为底的对数)　　sin(正弦)　　cos(余弦)
tan(正切)　　cot(余切)　　asin(反正弦)　　acos(反余弦)
atan(反正切)　　acot(反余切)　　sinh(双曲正弦)　　cosh(双曲余弦)
asinh(反双曲正弦)　　acosh(反双曲余弦)

4. 函数的作图

函数 $f(x)$的计算机作图所用的方法是描点法，它只能描绘出有限区间里面的图像. 首先对区间$[a, b]$取出一定数量的分点，一般取等长分点，再对这些点算出函数值，并画出这些点$(x, f(x))$，然后依 x 的大小从小到大把所有的点用直线段连接起来成为一条曲线(实际上是一条折线)，当我们把分点取得足够多时(一般取到 500～2000 个即可)，连线看起来就像一条曲线了.

Matlab 函数作图的方法：

(1) 确定作图区间[a, b]；

(2) 取分点 x=a：0.01：b，步长取为 0.01，也可根据实际需要调整；

(3) 计算分点的函数值 y=f(x)；

(4) 绘图命令为 plot(x, y).

例 1　作出 $y = \sin x$ 在区间$[-\pi, \pi]$内的图形.

```
x= -pi:0.01:pi;     %语句后面加分号，则计算的结果不被显示
y= sin(x);
plot(x,y)
```

显示结果如图 1-24 所示.

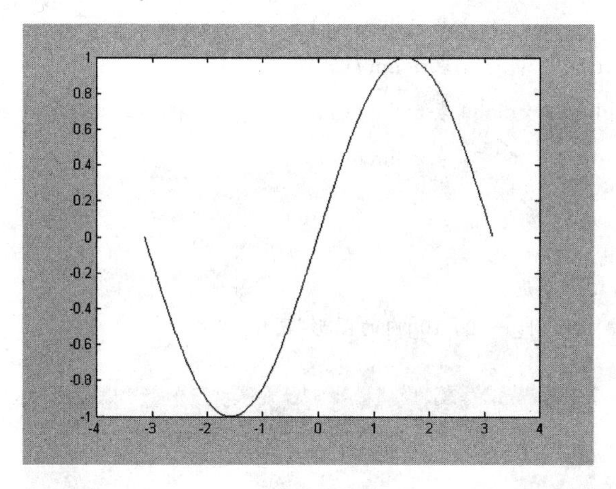

图 1 - 24

5. Matlab 的符号计算

符号计算的特点是运算对象可以是非数值的符号变量，Matlab 软件的特长是数值计算. 它的符号计算功能是调用另一个著名的数学软件 Maple 的符号计算模块.

在数值计算中，任何一个变量必须首先赋值后才能进行运算，而符号运算变量不需要赋值，其运算结果仍然包含有变量.

在运算中如果要把变量 x，y，a，b 视为符号，首先需要用下列语句将它们定义为符号：

```
syms   x   y   a   b
```

设一个函数变量 s：

```
syms x
s= (x-1)^2+2*x-2+(x-1)*x+(x^2-1);
factor(s)              %对 s 因式分解
expand(s)              %将 s 展开
simplify(s)            %将式子 s 化简
solve(s)               %求代数方程 s=0 的根
```

运算结果为

```
ans=(3*x+2)*(x-1)
ans=3*x^2-x-2
ans=3*x^2-x-2
ans=
     [ -2/3]
     [    1]
```

符号运算的结果都是精确值.

6. 极限计算

求极限的基本语句是 limit().

limit(f(x),x,a)　　　　　　表示 $\lim\limits_{x\to a}f(x)$

limit(f(x)) 表示 $\lim\limits_{x \to 0} f(x)$

limit(f,x,a,'left') 表示 $\lim\limits_{x \to a^-} f(x)$

limit(f,x,a,'right') 表示 $\lim\limits_{x \to a^+} f(x)$

limit(f,x,inf) 表示 $\lim\limits_{x \to \infty} f(x)$

四、实验题目

1. 作出下列函数的图形：

(1) $y = x^2 + 3$ 在区间$[-10, 10]$内的图形(图 1－25).

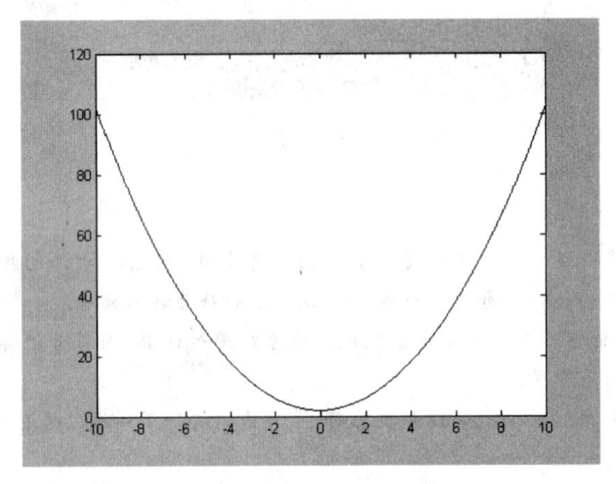

图 1－25

```
x=-10:0.01:10;
y= x.^2+2;
plot(x,y)
```

(2) $y = (x^2 - x)\sin x$ 在区间$[0, 20]$内的图形(图 1－26).

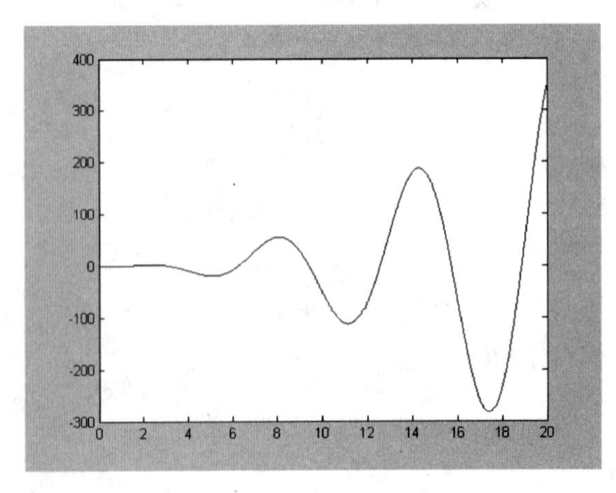

图 1－26

```
x=0:0.01:20;
y=(x.^2-x).*sin(x);
plot(x,y)
```

(3) $f(x)=\dfrac{\sin x^2}{x^2}$ 在区间[-5，5]内的图形(图 1-27).

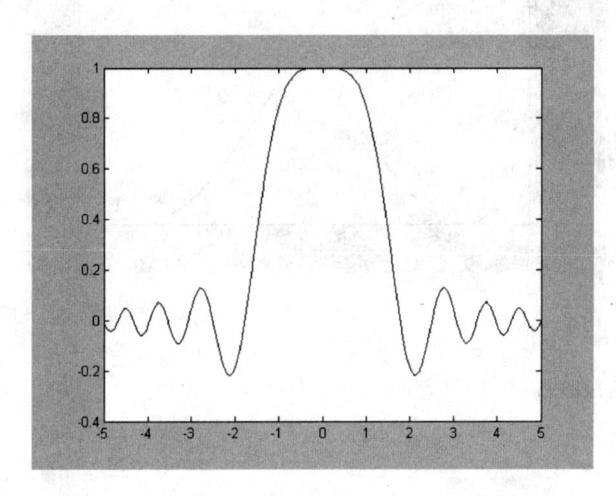

图 1-27

```
x=-5:0.01:5;
y=sin(x.*x)./(x.*x);
plot(x,y)
```

其结果出现了一个警告：

```
Warning: Divide by zero.
```

因为 x 的分点有零值，为了避免这个情况，步长可选为 0.0011，便绕开了零点.

```
x=-5:0.011:5;
y=sin(x.*x)./(x.*x);
plot(x,y)
```

(4) 参数方程 $\begin{cases} x=\sin t, \\ y=\sin 2t \end{cases}$ 在区间[0，2π]内的图形(图 1-28).

```
t= 0:0.01:2*pi;
x=sin(t);
y=sin(2*t);
plot(x,y)
```

2. 求下列极限：

(1)求 $\lim\limits_{x\to 0}\dfrac{\sin x}{x}$；

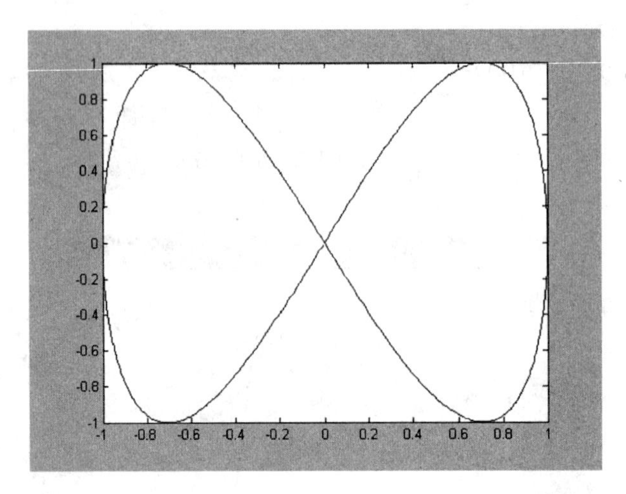

图 1-28

```
limit(sin(x)/x)
ans= 1
```

(2) 求$\lim\limits_{x\to 0}(1+x)^{\frac{1}{x}}$；

```
limit((1+ x)^(1/x))
ans= exp(1)
```

(3) 求$\lim\limits_{x\to\infty}\left(\dfrac{2x+5}{2x-1}\right)^{x+1}$；

```
limit(((2*x+5)/(2*x-1))^(x+1),x,inf)
ans= exp(3)
```

(4) 求$\lim\limits_{x\to 0}\dfrac{\tan x-\sin x}{x^3}$.

```
limit(((tan(x)- sin(x))/x^3))
ans= 1/2
```

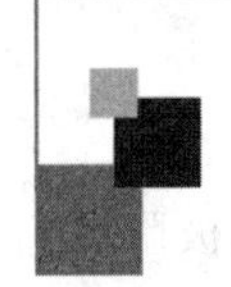

第2章

导数与微分

第1章讨论了函数随自变量变化而变化的趋势,即极限问题.但实际生活中,还需要讨论函数关于自变量变化的快慢程度,即变化率问题.例如,物体运动的速度、劳动生产率、切线的斜率等.为了更好更系统地解决这类问题,必须学习微分学.微分学是微积分的重要组成部分,其基本概念是导数与微分.本章主要介绍导数与微分的概念以及它们的计算方法.

2.1 导数概念

2.1.1 引例及定义

1. 变速直线运动的速度

当物体作匀速直线运动时,它在任何时刻的速度都相同,可以用比值

$$\frac{\text{经过的路程}}{\text{所用的时间}}$$

来计算.如果物体在作变速直线运动,其运动方程为 $s = s(t)$,物体在时间区间 $[t_0, t_0 + \Delta t]$ 上经过的路程为 $\Delta s = s(t_0 + \Delta t) - s(t_0)$,所用的时间为 $(t_0 + \Delta t) - t_0 = \Delta t$. 比值

$$\frac{\text{经过的路程}}{\text{所用的时间}} = \frac{s(t_0 + \Delta t) - s(t_0)}{\Delta t}$$

是 Δt 的函数,与 Δt 的大小有关,它表示的仅仅是物体在时间段 $[t_0, t_0 + \Delta t]$ 上的平均速度,而不是该时间段上任一时刻的速度.如何求得物体在某一时刻 t_0 的瞬时速度呢?基本想法是:对于变速直线运动来说,虽然整体看来速度是变的,但如果时间的改变量 Δt 很小,即在一个微小的时间段 $[t_0, t_0 + \Delta t]$ 内(不妨设 $\Delta t > 0$),速度的变化微小,可以近似视为匀速运动.因而这段时间内的平均速度就可以看成物体在时刻 t_0 的速度的近似值.即

$$v(t_0) \approx \bar{v} = \frac{s(t_0+\Delta t)-s(t_0)}{\Delta t} = \frac{\Delta s}{\Delta t}.$$

显然,当 Δt 越小时,近似程度越好. 于是很自然地将 $\Delta t \to 0$ 时 $\bar{v} = \frac{\Delta s}{\Delta t}$ 的极限(若存在)定义为物体在时刻 t_0 的速度. 即

$$v(t_0) = \lim_{\Delta t \to 0} \frac{\Delta s}{\Delta t} = \lim_{\Delta t \to 0} \frac{s(t_0+\Delta t)-s(t_0)}{\Delta t}.$$

2. 平面曲线的切线斜率

圆的切线可定义为"与圆只有一个交点的直线",而一般曲线的切线,用"与曲线只有一个交点的直线"来定义显然不合适. 如图 2-1 所示,直线 l 与曲线 C 只交于点 P,但 l 不是 C 的切线;而直线 l_1 与曲线 C 交于两点 Q, R,但该直线却是曲线 C 在点 R 处的切线. 对于任一曲线的切线,可以用割线的极限位置来定义.

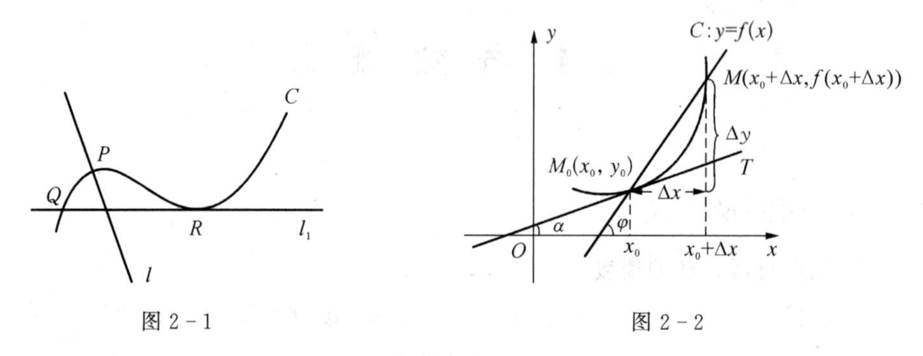

图 2-1　　　　图 2-2

如图 2-2 所示,设 $M_0(x_0, y_0)$ 是曲线 C: $y=f(x)$ 上一定点,$M(x_0+\Delta x, f(x_0+\Delta x))$ 为 C 上另一点,作割线 M_0M,当点 M 沿曲线 C 趋近于点 M_0 时,割线 M_0M 绕点 M_0 转动而趋于一极限位置 M_0T,称 M_0T 为曲线 C 在点 M_0 处的切线.

显然,割线 M_0M 的斜率为

$$\tan\varphi = \frac{\Delta y}{\Delta x} = \frac{f(x_0+\Delta x)-f(x_0)}{\Delta x}.$$

当点 M 沿曲线 C 趋近于定点 M_0(即 $\Delta x \to 0$)时,割线的倾角 φ 趋近于切线 M_0T 的倾角 α(即 $\varphi \to \alpha$). 若 $\lim\limits_{\varphi \to \alpha} \tan\varphi$ 存在,则曲线 C 在点 M_0 处的切线斜率

$$k = \tan\alpha = \lim_{\varphi \to \alpha} \tan\varphi = \lim_{\Delta x \to 0} \frac{\Delta y}{\Delta x} = \lim_{\Delta x \to 0} \frac{f(x_0+\Delta x)-f(x_0)}{\Delta x}.$$

以上两例的具体含义不同,但从数学结构上看却是一样的,都是函数增量与自变量增量之比当自变量增量趋于 0 时的极限,称这种极限为导数.

3. 导数定义

定义1　设函数 $y=f(x)$ 在点 x_0 的某邻域 $U(x_0)$ 内有定义，当 x 在点 x_0 处有增量 $\Delta x(x_0+\Delta x\in U(x_0))$ 时，函数 y 有相应的增量 $\Delta y=f(x_0+\Delta x)-f(x_0)$. 若

$$\lim_{\Delta x\to 0}\frac{\Delta y}{\Delta x}=\lim_{\Delta x\to 0}\frac{f(x_0+\Delta x)-f(x_0)}{\Delta x}$$

存在，则称函数 $y=f(x)$ 在点 x_0 处**可导**；并称上述极限值为函数 $y=f(x)$ 在点 x_0 处的**导数**，记为 $f'(x_0)$ 或 $y'|_{x=x_0}$，也可记为 $\left.\frac{dy}{dx}\right|_{x=x_0}$ 或 $\left.\frac{df(x)}{dx}\right|_{x=x_0}$. 即

$$f'(x_0)=\lim_{\Delta x\to 0}\frac{\Delta y}{\Delta x}=\lim_{\Delta x\to 0}\frac{f(x_0+\Delta x)-f(x_0)}{\Delta x}. \tag{2.1.1}$$

如果当 $\Delta x\to 0$ 时，函数增量与自变量增量之比 $\frac{\Delta y}{\Delta x}$ 的极限不存在，则称函数 $f(x)$ 在点 x_0 处**不可导**，或 $f(x)$ 在点 x_0 处的导数不存在.

式(2.1.1)中的增量 Δx 可以换成其他符号或解析式. 这样，函数 $f(x)$ 在点 x_0 处的导数定义也可取不同的形式. 例如，

$$f'(x_0)=\lim_{h\to 0}\frac{f(x_0+h)-f(x_0)}{h}=\lim_{t\to 0}\frac{f(x_0-2t)-f(x_0)}{-2t}.$$

在式(2.1.1)中，若令 $x=x_0+\Delta x$，此时 $\Delta x\to 0$ 等价于 $x\to x_0$，于是得到导数的另一种常见形式：

$$f'(x_0)=\lim_{x\to x_0}\frac{f(x)-f(x_0)}{x-x_0}. \tag{2.1.2}$$

如果函数 $y=f(x)$ 在开区间 (a,b) 内的每一点都可导，则称函数 $y=f(x)$ 在区间 (a,b) 内可导. 此时，对于该区间内的每一个点 x，都对应一个确定的导数值 $f'(x)$. $f'(x)$ 随 x 的变化而变化，是 x 的函数，称为函数 $y=f(x)$ 的**导函数**，简称为**导数**. 记为

$$y',\quad f'(x),\quad \frac{dy}{dx}\quad 或\quad \frac{df(x)}{dx}.$$

把式(2.1.1)中的 x_0 换作 x，就可得到导函数的定义式：

$$f'(x)=\lim_{\Delta x\to 0}\frac{f(x+\Delta x)-f(x)}{\Delta x}. \tag{2.1.3}$$

显然，函数 $f(x)$ 在点 x_0 处的导数 $f'(x_0)$ 就是导函数 $f'(x)$ 在点 x_0 处的函数值.

函数增量与自变量增量之比 $\frac{\Delta y}{\Delta x}=\frac{f(x+\Delta x)-f(x)}{\Delta x}$，表示函数在以 x，

$x+\Delta x$ 为端点的区间上随自变量变化而变化的平均快慢程度,称为函数的**平均变化率**;导数 $f'(x)$ 是函数 $f(x)$ 的平均变化率 $\frac{\Delta y}{\Delta x}$ 当 $\Delta x \to 0$ 时的极限,因此也称导数为函数在点 x 处的**变化率**. 它反映了函数随自变量变化而变化的快慢程度. 当函数有不同的实际意义时,其变化率就有各种各样的实际意义.

例如,质点作变速运动时,其瞬时速度就是路程函数 $s=s(t)$ 对时间 t 的导数,即 $v(t)=\frac{\mathrm{d}s}{\mathrm{d}t}$;曲线 $y=f(x)$ 在其上点 $(x_0, f(x_0))$ 处的切线斜率,就是函数 $f(x)$ 在点 x_0 处的导数,即 $k=f'(x_0)$.

2.1.2 求导举例

下面根据导数定义求一些简单函数的导数.

例 1 求常数函数 $y=C$ 的导数.

解
$$y'=\lim_{\Delta x \to 0}\frac{f(x+\Delta x)-f(x)}{\Delta x}=\lim_{\Delta x \to 0}\frac{C-C}{\Delta x}=0,$$
即
$$C'=0.$$
也就是说,常数的导数等于 0.

例 2 求函数 $y=x^3$ 的导数.

解
$$\begin{aligned} y'&=\lim_{\Delta x \to 0}\frac{f(x+\Delta x)-f(x)}{\Delta x}=\lim_{\Delta x \to 0}\frac{(x+\Delta x)^3-x^3}{\Delta x} \\ &=\lim_{\Delta x \to 0}\frac{3x^2\Delta x+3x\Delta x^2+\Delta x^3}{\Delta x}=\lim_{\Delta x \to 0}(3x^2+3x\Delta x+\Delta x^2) \\ &=3x^2. \end{aligned}$$
所以
$$(x^3)'=3x^2.$$
上述结果可以推广得 $(x^n)'=nx^{n-1}$.

事实上,对于任一幂函数 $y=x^\alpha(\alpha \in \mathbf{R})$,都有 $(x^\alpha)'=\alpha x^{\alpha-1}$. 这一公式将在下节证明. 特别地,分别取 $\alpha=1, \frac{1}{2}, -1$,得
$$x'=1, \quad (\sqrt{x})'=\frac{1}{2\sqrt{x}}, \quad \left(\frac{1}{x}\right)'=-\frac{1}{x^2}.$$

例 3 求函数 $f(x)=\sin x$ 的导数.

解
$$f'(x)=\lim_{h \to 0}\frac{f(x+h)-f(x)}{h}=\lim_{h \to 0}\frac{\sin(x+h)-\sin x}{h}$$

$$= \lim_{h \to 0} \frac{2\cos\left(x + \frac{h}{2}\right)\sin\frac{h}{2}}{h} = \lim_{h \to 0} \frac{\sin\frac{h}{2}}{\frac{h}{2}}\cos\left(x + \frac{h}{2}\right)$$

$$= \cos x.$$

即
$$(\sin x)' = \cos x.$$

用同样的方法可推出：$(\cos x)' = -\sin x$.

例 4 求函数 $y = a^x$ $(a > 0, a \neq 1)$ 的导数.

解 $y' = \lim\limits_{h \to 0} \frac{f(x+h) - f(x)}{h} = \lim\limits_{h \to 0} \frac{a^{x+h} - a^x}{h} = a^x \lim\limits_{h \to 0} \frac{a^h - 1}{h}$.

而 $a^h = e^{h\ln a}$，当 $h \to 0$ 时，$h\ln a \to 0$，$e^{h\ln a} - 1 \sim h\ln a$，所以

$$y' = a^x \lim_{h \to 0} \frac{e^{h\ln a} - 1}{h} = a^x \lim_{h \to 0} \frac{h\ln a}{h} = a^x \ln a.$$

即
$$(a^x)' = a^x \ln a.$$

特别地，当 $a = e$ 时，有

$$(e^x)' = e^x.$$

例 5 求函数 $y = \ln x$ 的导数.

解
$$y' = \lim_{h \to 0} \frac{f(x+h) - f(x)}{h} = \lim_{h \to 0} \frac{\ln(x+h) - \ln x}{h}$$

$$= \lim_{h \to 0} \frac{\ln\left(1 + \frac{h}{x}\right)}{h} = \lim_{h \to 0} \frac{\frac{h}{x}}{h} = \frac{1}{x}.$$

即
$$(\ln x)' = \frac{1}{x}.$$

一般地，当 $a > 0$ 且 $a \neq 1$ 时，有

$$(\log_a x)' = \frac{1}{x\ln a}.$$

根据定义，导数

$$f'(x_0) = \lim_{\Delta x \to 0} \frac{\Delta y}{\Delta x} = \lim_{\Delta x \to 0} \frac{f(x_0 + \Delta x) - f(x_0)}{\Delta x}$$

是比值 $\frac{\Delta y}{\Delta x}$ 当 $\Delta x \to 0$ 时的极限. 由函数在一点的极限与左、右极限的关系知道：$f'(x_0)$存在的充分必要条件是 $\lim\limits_{\Delta x \to 0^-} \frac{\Delta y}{\Delta x}$ 与 $\lim\limits_{\Delta x \to 0^+} \frac{\Delta y}{\Delta x}$ 都存在且相等. 这两个极限

分别称为函数 $f(x)$ 在点 x_0 处的**左导数**与**右导数**,依次记为 $f'_-(x_0)$ 和 $f'_+(x_0)$,即

$$f'_-(x_0)=\lim_{\Delta x\to 0^-}\frac{\Delta y}{\Delta x}=\lim_{\Delta x\to 0^-}\frac{f(x_0+\Delta x)-f(x_0)}{\Delta x}=\lim_{x\to x_0^-}\frac{f(x)-f(x_0)}{x-x_0},$$

$$f'_+(x_0)=\lim_{\Delta x\to 0^+}\frac{\Delta y}{\Delta x}=\lim_{\Delta x\to 0^+}\frac{f(x_0+\Delta x)-f(x_0)}{\Delta x}=\lim_{x\to x_0^+}\frac{f(x)-f(x_0)}{x-x_0}.$$

左导数与右导数统称为**单侧导数**.显然,$f'(x_0)$ 存在的充分必要条件是 $f'_-(x_0)$ 与 $f'_+(x_0)$ 都存在,且 $f'_-(x_0)=f'_+(x_0)$.此时 $f'(x_0)=f'_-(x_0)=f'_+(x_0)$.

如果函数 $f(x)$ 在开区间 (a,b) 内可导,且 $f'_+(a)$ 及 $f'_-(b)$ 存在,则称函数 $f(x)$ 在闭区间 $[a,b]$ 上可导.

例 6 讨论分段函数

$$f(x)=\begin{cases}3x, & x<0,\\ x^2, & 0\leqslant x<1,\\ 2x-1, & x\geqslant 1\end{cases}$$

在点 $x=0$, $x=1$ 处的可导性.

解 当 $x=0$ 时,$f(0)=0$,

$$f'_-(0)=\lim_{x\to 0^-}\frac{f(x)-f(0)}{x-0}=\lim_{x\to 0^-}\frac{3x-0}{x}=3,$$

$$f'_+(0)=\lim_{x\to 0^+}\frac{f(x)-f(0)}{x-0}=\lim_{x\to 0^+}\frac{x^2-0}{x}=0,$$

由于 $f'_-(0)\neq f'_+(0)$,所以 $f(x)$ 在点 $x=0$ 处不可导.

当 $x=1$ 时,$f(1)=2\cdot 1-1=1$,

$$f'_-(1)=\lim_{x\to 1^-}\frac{f(x)-f(1)}{x-1}=\lim_{x\to 1^-}\frac{x^2-1}{x-1}=\lim_{x\to 1}(x+1)=2,$$

$$f'_+(1)=\lim_{x\to 1^+}\frac{f(x)-f(1)}{x-1}=\lim_{x\to 1^+}\frac{(2x-1)-1}{x-1}=2,$$

$f'_-(1)=f'_+(1)$,所以 $f(x)$ 在点 $x=1$ 处可导,且 $f'(1)=2$.

注 前面提到,$f'(x_0)$ 是导函数 $f'(x)$ 在点 $x=x_0$ 处的函数值.对于普通初等函数而言,往往是先求导函数 $f'(x)$,再将 $x=x_0$ 代入得 $f'(x_0)$;但如果是求分段函数在分段点的导数,则必须按导数的定义讨论.

2.1.3 导数的几何意义

由引例及导数定义可知:函数 $y=f(x)$ 在点 $x=x_0$ 的导数 $f'(x_0)$ 在几何上表示曲线 $y=f(x)$ 在相应点 $(x_0, f(x_0))$ 处的切线斜率 k.即

$$k = f'(x_0).$$

若 $f'(x_0)$ 存在，根据直线的点斜式方程知，曲线 $y = f(x)$ 在点 $(x_0, f(x_0))$ 处的切线方程为

$$y - f(x_0) = f'(x_0)(x - x_0).$$

过切点 $(x_0, f(x_0))$ 且与切线垂直的直线称为曲线在该点处的法线. 如果 $f'(x_0) \neq 0$，则法线斜率为 $-\dfrac{1}{f'(x_0)}$，因而法线方程为

$$y - f(x_0) = -\frac{1}{f'(x_0)}(x - x_0).$$

例 7　求曲线 $y = \ln x$ 在点 $(\mathrm{e}, 1)$ 处的切线方程与法线方程.

解　因为 $y' = \dfrac{1}{x}$，所以，在点 $(\mathrm{e}, 1)$ 处，切线的斜率为

$$k = y'\big|_{x=\mathrm{e}} = \frac{1}{\mathrm{e}},$$

切线方程为

$$y - 1 = \frac{1}{\mathrm{e}}(x - \mathrm{e}),$$

即

$$x - \mathrm{e}y = 0.$$

所求法线的斜率为 $k' = -\mathrm{e}$，法线方程为

$$y - 1 = -\mathrm{e}(x - \mathrm{e}),$$

即

$$\mathrm{e}x + y - \mathrm{e}^2 - 1 = 0.$$

2.1.4　可导性与连续性之间的关系

定理 1　如果函数 $y = f(x)$ 在点 x_0 处可导，那么函数 $y = f(x)$ 在点 x_0 处一定连续.

证　因为 $f'(x_0) = \lim\limits_{\Delta x \to 0} \dfrac{\Delta y}{\Delta x}$ 存在，当 $\Delta x \neq 0$ 时，$\Delta y = \dfrac{\Delta y}{\Delta x} \cdot \Delta x$. 所以

$$\lim_{\Delta x \to 0} \Delta y = \lim_{\Delta x \to 0}\left(\frac{\Delta y}{\Delta x} \cdot \Delta x\right) = \lim_{\Delta x \to 0} \frac{\Delta y}{\Delta x} \cdot \lim_{\Delta x \to 0} \Delta x = f'(x_0) \cdot 0 = 0,$$

故函数 $y = f(x)$ 在点 x_0 处连续.

注　函数 $y = f(x)$ 在一点连续是它在该点可导的必要条件，但不是充分条件. 即上述定理的逆命题不成立.

例 8 讨论函数 $f(x)=|x|$ 在点 $x=0$ 处的连续性与可导性.

解 (1) 连续性. 因为

$$\lim_{x\to 0} f(x)=\lim_{x\to 0}|x|=0=f(0),$$

所以 $f(x)$ 在点 $x=0$ 处连续.

(2) 可导性. 因为

$$f'_-(0)=\lim_{x\to 0^-}\frac{f(x)-f(0)}{x-0}=\lim_{x\to 0^-}\frac{|x|-0}{x-0}=\lim_{x\to 0^-}\frac{-x}{x}=-1,$$

$$f'_+(0)=\lim_{x\to 0^+}\frac{f(x)-f(0)}{x-0}=\lim_{x\to 0^+}\frac{|x|-0}{x}=\lim_{x\to 0^+}\frac{x}{x}=1,$$

所以，$f'_-(0)\neq f'_+(0)$，故 $f(x)=|x|$ 在点 $x=0$ 处不可导.

如图 2-3 所示，曲线 $y=|x|$ 在点 $x=0$ 处没有切线.

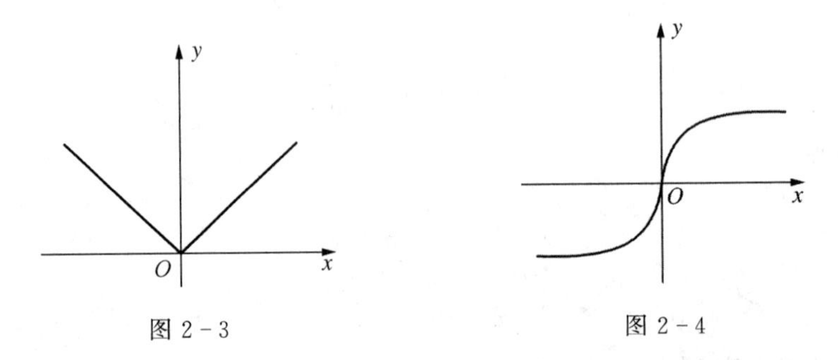

图 2-3　　　　图 2-4

例 9 讨论函数 $f(x)=\sqrt[3]{x}$ 在点 $x=0$ 处的连续性与可导性.

解 $f(x)=\sqrt[3]{x}$ 为初等函数，在其定义区间内连续，所以在点 $x=0$ 处连续. 但

$$\lim_{x\to 0}\frac{f(x)-f(0)}{x-0}=\lim_{x\to 0}\frac{\sqrt[3]{x}-0}{x}=\lim_{x\to 0}\frac{1}{\sqrt[3]{x^2}}=\infty,$$

所以，$f(x)=\sqrt[3]{x}$ 在点 $x=0$ 处不可导，如图 2-4 所示.

如果函数 $y=f(x)$ 在点 x_0 处连续不可导，但 $\lim\limits_{x\to x_0}\dfrac{\Delta y}{\Delta x}=\infty$，这时可以写成 $f'(x_0)=\infty$. 此时，曲线 $y=f(x)$ 在对应点 $(x_0, f(x_0))$ 处有垂直于 x 轴的切线(图 2-4).

习　题　2.1

1. 一个球从桥上被掷向空中，t 秒后它相对于地面的高度 y(单位：m)为

$$y=f(t)=-5t^2+15t+12.$$

(1) 球在第 1 s 内的平均速度是多少?

(2) 计算球在 $t = 1$ s 时的速度.

(3) 画出 $y = f(t)$ 的图像,求球所能达到的最大高度. 当球在最大高度时,其速度为多少?

2. 当物体的温度高于周围介质的温度时,物体就不断冷却. 若物体的温度 T 与时间 t 的关系为 $T = T(t)$,应怎样确定该物体在时刻 t 的冷却速度?

3. 已知 $f(x) = 6x^2 - 2x + 3$,求 $f'(2)$,$f'(-1)$及$[f(-1)]'$.

4. 利用定义求下列函数的导数.

(1) $y = mx + b$;　　(2) $y = \dfrac{1}{x^2}$;　　(3) $y = x^2 + 3x - 1$.

5. 求曲线 $y = \ln x$ 在点$(\mathrm{e}, 1)$处的切线方程与法线方程.

6. 求抛物线 $y = x^2$ 上的点,使过该点的切线平行于直线 $y = 4x - 2$.

7. 设 $f(x)$为奇函数,且 $f'(x_0) = 3$,求 $f'(-x_0)$.

8. 证明:

(1) 可导的偶函数的导函数是奇函数;

(2) 可导的奇函数的导函数是偶函数.

9. 设 $f(x)$在点 x_0 和点 $2x_0$ 处可导. 求下列极限:

(1) $\lim\limits_{x \to x_0} \dfrac{f(2x) - f(2x_0)}{x - x_0}$;　　(2) $\lim\limits_{\Delta x \to 0} \dfrac{f(x_0 - \Delta x) - f(x_0)}{\Delta x}$;

(3) $\lim\limits_{h \to 0} \dfrac{f(x_0 + mh) - f(x_0 - nh)}{h}$ (m, n 为常数);

(4) $\lim\limits_{\Delta x \to 0} \dfrac{f^2(x_0 + \Delta x) - f^2(x_0)}{\Delta x}$.

10. 讨论下列函数在指定点处的连续性与可导性:

(1) $y = |\sin x|$ 在点 $x = 0$ 处;

(2) $y = \begin{cases} x^2 \sin \dfrac{1}{x}, & x \neq 0, \\ 0, & x = 0 \end{cases}$ 在点 $x = 0$ 处;

(3) $y = \begin{cases} x^2, & x \leqslant 0, \\ x\mathrm{e}^x, & x > 0 \end{cases}$ 在点 $x = 0$ 处;

(4) $y = \begin{cases} 2x + 1, & x \leqslant 1, \\ x^2 + 2, & x > 1 \end{cases}$ 在点 $x = 1$ 处.

11. 设 $f(x)$是定义在$(-\infty, +\infty)$内的函数,且对任意 x_1, $x_2 \in \mathbf{R}$,有

$$f(x_1 + x_2) = f(x_1) f(x_2),$$

若 $f'(0) = 1$,证明:对任意 $x \in (-\infty, +\infty)$,有 $f'(x) = f(x)$.

12. 证明:曲线 $xy = 1$ 上任一点处的切线与两坐标轴构成的三角形的面积等于 2.

13. 若函数 $f(x)$在点 $x = 0$ 处连续,且 $\lim\limits_{x \to 0} \dfrac{f(x)}{x}$ 存在,证明:$f(x)$在点 $x = 0$ 处可导.

2.2 求导法则

上一节利用导数定义,求出了几个基本初等函数的导数,但是对于比较复杂的函数,如果根据定义来求它们的导数往往非常麻烦.由于初等函数是常见的函数,而初等函数是由基本初等函数通过有限次四则运算和复合运算构成的,因此这一节将给出函数四则运算和复合运算的求导法则.

2.2.1 四则求导法则

定理 1 如果函数 $u=u(x)$, $v=v(x)$ 都在点 x 处可导,那么它们的和、差、积、商(分母为 0 的点除外)在点 x 处也可导,且

(1) $(u\pm v)'=u'\pm v'$;

(2) $(uv)'=u'v+uv'$;

(3) $\left(\dfrac{u}{v}\right)'=\dfrac{u'v-uv'}{v^2}$ $(v\neq 0)$.

证 这里只证乘积的求导法则(2).因为 $uv=u(x)v(x)$,

$$\begin{aligned}\frac{\Delta(uv)}{\Delta x}&=\frac{u(x+\Delta x)v(x+\Delta x)-u(x)v(x)}{\Delta x}\\&=\frac{[u(x+\Delta x)v(x+\Delta x)-u(x)v(x+\Delta x)]+[u(x)v(x+\Delta x)-u(x)v(x)]}{\Delta x}\\&=\frac{u(x+\Delta x)-u(x)}{\Delta x}v(x+\Delta x)+u(x)\frac{v(x+\Delta x)-v(x)}{\Delta x}\end{aligned}\tag{2.2.1}$$

由于 $v(x)$在点 x 处可导,从而 $v(x)$在点 x 处连续,于是有

$$\lim_{\Delta x\to 0}v(x+\Delta x)=v(x).$$

再由 $u(x)$, $v(x)$均在点 x 处可导及导数定义,知

$$\lim_{\Delta x\to 0}\frac{u(x+\Delta x)-u(x)}{\Delta x}=u'(x),\quad \lim_{\Delta x\to 0}\frac{v(x+\Delta x)-v(x)}{\Delta x}=v'(x).$$

在式(2.2.1)两边取极限,得

$$(uv)'=\lim_{\Delta x\to 0}\frac{\Delta(uv)}{\Delta x}=u'(x)v(x)+u(x)v'(x)=u'v+uv'.$$

同理可证法则(1)与(3).

容易看出，定理中函数和、积的求导法则可以推广到有限多个函数和与积的情形.

推论 1　设 $u_1, u_2, \cdots, u_n$ 都是可导函数，则有

(1) $(u_1 \pm u_2 \pm \cdots \pm u_n)' = u_1' \pm u_2' \pm \cdots \pm u_n'$；

(2) $(u_1 u_2 \cdots u_n)' = u_1' u_2 \cdots u_n + u_1 u_2' \cdots u_n + \cdots + u_1 u_2 \cdots u_n'$.

在定理 1 的法则(2)中，令 $u(x) = k$，就得到推论 2.

推论 2　设 $u = u(x)$ 可导，k 为任一常数，则 ku 可导，且

$$(ku)' = ku'.$$

例 1　求函数 $y = 3x^2 - x + \ln 2$ 的导数.

解

$$\begin{aligned} y' &= (3x^2 - x + \ln 2)' = (3x^2)' - (x)' + (\ln 2)' \\ &= 3(x^2)' - 1 - 0 = 6x - 1. \end{aligned}$$

例 2　已知 $y = 2e^x - \dfrac{1}{x} + 3\sqrt[3]{x} + \cos\dfrac{\pi}{5}$，求 y' 及 $y'|_{x=1}$.

解

$$\begin{aligned} y' &= \left(2e^x - \frac{1}{x} + 3\sqrt[3]{x} + \cos\frac{\pi}{5}\right)' \\ &= (2e^x)' - \left(\frac{1}{x}\right)' + (3\sqrt[3]{x})' + \left(\cos\frac{\pi}{5}\right)' \\ &= 2e^x + \frac{1}{x^2} + 3 \cdot \frac{1}{3}x^{-\frac{2}{3}} + 0 = 2e^x + \frac{1}{x^2} + \frac{1}{\sqrt[3]{x^2}}, \end{aligned}$$

$$y'|_{x=1} = 2e^1 + \frac{1}{1^2} + \frac{1}{\sqrt[3]{1^2}} = 2e + 2.$$

例 3　求函数 $y = 2^x \sin x$ 的导数.

解

$$\begin{aligned} y' &= (2^x \sin x)' = (2^x)' \sin x + 2^x (\sin x)' \\ &= 2^x \ln 2 \cdot \sin x + 2^x \cos x. \end{aligned}$$

例 4　求函数 $y = \dfrac{\cos x}{1 + \sin x}$ 的导数.

解

$$\begin{aligned} y' &= \left(\frac{\cos x}{1 + \sin x}\right)' = \frac{(\cos x)'(1 + \sin x) - \cos x(1 + \sin x)'}{(1 + \sin x)^2} \\ &= \frac{-\sin x(1 + \sin x) - \cos x \cos x}{(1 + \sin x)^2} = -\frac{1}{1 + \sin x}. \end{aligned}$$

例 5　求 $y = \tan x$ 的导数.

解

$$\begin{aligned} y' &= (\tan x)' = \left(\frac{\sin x}{\cos x}\right)' = \frac{(\sin x)' \cos x - \sin x(\cos x)'}{\cos^2 x} \\ &= \frac{\cos^2 x + \sin^2 x}{\cos^2 x} = \frac{1}{\cos^2 x} = \sec^2 x. \end{aligned}$$

即 $$(\tan x)' = \sec^2 x.$$

例 6 求 $y = \sec x$ 的导数.

解 $$y' = (\sec x)' = \left(\frac{1}{\cos x}\right)' = \frac{1'\cos x - 1 \cdot (\cos x)'}{\cos^2 x}$$
$$= \frac{\sin x}{\cos^2 x} = \sec x \tan x,$$

即 $$(\sec x)' = \sec x \tan x.$$

类似可以得到

$$(\cot x)' = -\csc^2 x, \quad (\csc x)' = -\csc x \cot x.$$

2.2.2 反函数的求导法则

定理 2 设函数 $y = f(x)$ 在点 x 的某邻域内连续且严格单调,若函数 $y = f(x)$ 在点 x 处可导,且 $f'(x) \neq 0$,则其反函数 $x = \varphi(y)$ 在对应点 $y = f(x)$ 处可导,且

$$[\varphi(y)]' = \frac{1}{f'(x)} \quad 或 \quad \frac{\mathrm{d}x}{\mathrm{d}y} = \frac{1}{\frac{\mathrm{d}y}{\mathrm{d}x}}.$$

证 因为 $y = f(x)$ 在点 x 处连续,让 x 取得增量 Δx ($\Delta x \neq 0$),所以当 $\Delta x \to 0$ 时,有 $\Delta y = f(x + \Delta x) - f(x) \to 0$.

由于 $y = f(x)$ 连续且严格单调,故其反函数 $x = \varphi(y)$ 在相应点 y 处连续且严格单调. 当 $\Delta y \neq 0$ 时,有 $\Delta x \neq 0$; 当 $\Delta y \to 0$ 时,有 $\Delta x \to 0$. 从而

$$\frac{\Delta x}{\Delta y} = \frac{1}{\frac{\Delta y}{\Delta x}}.$$

又 $y = f(x)$ 在点 x 处可导,且 $f'(x) \neq 0$. 所以有

$$\lim_{\Delta y \to 0} \frac{\Delta x}{\Delta y} = \lim_{\Delta y \to 0} \frac{1}{\frac{\Delta y}{\Delta x}} = \frac{1}{\lim\limits_{\Delta x \to 0} \frac{\Delta y}{\Delta x}} = \frac{1}{f'(x)}.$$

即 $$\varphi'(y) = \frac{1}{f'(x)}.$$

说明反函数的导数等于直接函数导数的倒数.

例 7 求函数 $y = \arcsin x$ $(-1 < x < 1)$ 的导数.

解 因为 $y = \arcsin x$ $(-1 < x < 1)$ 的反函数为 $x = \sin y$ $\left(-\frac{\pi}{2} < y < \frac{\pi}{2}\right)$.

显然

$$\frac{\mathrm{d}x}{\mathrm{d}y}=(\sin y)'=\cos y>0.$$

由定理 2 知

$$\frac{\mathrm{d}y}{\mathrm{d}x}=\frac{1}{\frac{\mathrm{d}x}{\mathrm{d}y}}=\frac{1}{\cos y}=\frac{1}{\sqrt{1-x^2}},$$

即
$$(\arcsin x)'=\frac{1}{\sqrt{1-x^2}}.$$

用类似的方法可得

$$(\arccos x)'=-\frac{1}{\sqrt{1-x^2}}.$$

例 8　求函数 $y=\arctan x$ 的导数.

解　因为 $y=\arctan x$ 是函数 $x=\tan y$ 的反函数,而

$$\frac{\mathrm{d}x}{\mathrm{d}y}=(\tan y)'=\sec^2 y=1+\tan^2 y=1+x^2,$$

由定理 2 得

$$\frac{\mathrm{d}y}{\mathrm{d}x}=\frac{1}{\frac{\mathrm{d}x}{\mathrm{d}y}}=\frac{1}{1+x^2},$$

即
$$(\arctan x)'=\frac{1}{1+x^2}.$$

类似地,有

$$(\operatorname{arccot} x)'=-\frac{1}{1+x^2}.$$

2.2.3　复合函数的求导法则

如何求复合函数的导数,有下面的链锁法则:

定理 3　如果函数 $u=\varphi(x)$ 在点 x 处可导,而 $y=f(u)$ 在点 $u=\varphi(x)$ 处可导,那么复合函数 $y=f[\varphi(x)]$ 在点 x 处可导,且

$$\{f[\varphi(x)]\}'=f'(u)\varphi'(x)\quad 或\quad \frac{\mathrm{d}y}{\mathrm{d}x}=\frac{\mathrm{d}y}{\mathrm{d}u}\frac{\mathrm{d}u}{\mathrm{d}x}.$$

证 设 x 取得增量 Δx 时,u 取得相应增量 Δu,从而 y 取得相应增量 Δy.

当 $\Delta u \neq 0$ 时,有

$$\frac{\Delta y}{\Delta x} = \frac{\Delta y}{\Delta u}\frac{\Delta u}{\Delta x},$$

因为 $u = \varphi(x)$ 可导,所以连续,因此当 $\Delta x \to 0$ 时,$\Delta u \to 0$. 于是

$$\lim_{\Delta x \to 0}\frac{\Delta y}{\Delta x} = \lim_{\Delta x \to 0}\left(\frac{\Delta y}{\Delta u}\frac{\Delta u}{\Delta x}\right) = \lim_{\Delta x \to 0}\frac{\Delta y}{\Delta u}\lim_{\Delta x \to 0}\frac{\Delta u}{\Delta x}$$

$$= \lim_{\Delta u \to 0}\frac{\Delta y}{\Delta u}\varphi'(x) = f'(u)\varphi'(x).$$

即 $$\{f[\varphi(x)]\}' = f'(u)\varphi'(x) \quad 或 \quad \frac{\mathrm{d}y}{\mathrm{d}x} = \frac{\mathrm{d}y}{\mathrm{d}u}\frac{\mathrm{d}u}{\mathrm{d}x}.$$

当 $\Delta u = 0$ 时,可以证明上式仍然成立.

定理 3 表明,复合函数 y 的导数,等于 y 对中间变量 u 的导数乘以中间变量 u 对自变量 x 的导数.

当复合层次较多时,也有类似的链锁法则. 例如,若 $y = f(u)$, $u = \varphi(v)$, $v = \psi(x)$ 均可导,则复合函数 $y = f\{\varphi[\psi(x)]\}$ 可导,且$\dfrac{\mathrm{d}y}{\mathrm{d}x} = \dfrac{\mathrm{d}y}{\mathrm{d}u}\dfrac{\mathrm{d}u}{\mathrm{d}v}\dfrac{\mathrm{d}v}{\mathrm{d}x}$.

例 9 求函数 $y = \ln\cos x$ 的导数.

解 $y = \ln\cos x$ 可以视为由函数 $y = \ln u$, $u = \cos x$ 复合而成. 由链锁法则,得

$$\frac{\mathrm{d}y}{\mathrm{d}x} = \frac{\mathrm{d}y}{\mathrm{d}u}\frac{\mathrm{d}u}{\mathrm{d}x} = (\ln u)'(\cos x)' = \frac{1}{u}(-\sin x)$$

$$= \frac{1}{\cos x}(-\sin x) = -\tan x.$$

例 10 求函数 $y = \mathrm{e}^{x^2-4x}$ 的导数.

解 $y = \mathrm{e}^{x^2-4x}$ 可以视为由 $y = \mathrm{e}^u$, $u = x^2 - 4x$ 复合而成. 根据链锁法则,有

$$\frac{\mathrm{d}y}{\mathrm{d}x} = \frac{\mathrm{d}y}{\mathrm{d}u}\frac{\mathrm{d}u}{\mathrm{d}x} = (\mathrm{e}^u)'(x^2-4x)' = \mathrm{e}^u(2x-4) = (2x-4)\mathrm{e}^{x^2-4x}.$$

例 11 求函数 $y = \sin^2 x$ 的导数.

解 $y = \sin^2 x$ 可以视为由 $y = u^2$, $u = \sin x$ 复合而成,所以

$$\frac{\mathrm{d}y}{\mathrm{d}x} = \frac{\mathrm{d}y}{\mathrm{d}u}\frac{\mathrm{d}u}{\mathrm{d}x} = (u^2)'(\sin x)' = 2u\cos x = 2\sin x\cos x = \sin 2x.$$

对复合函数的分解比较熟练后，中间变量可以不写出来，直接使用链锁法则，将函数的导数写成函数对中间变量的求导结果乘以中间变量的导数.

例 12　求函数 $y=\tan\dfrac{1}{x}$ 的导数.

解
$$y'=\left(\tan\frac{1}{x}\right)'=\sec^2\frac{1}{x}\cdot\left(\frac{1}{x}\right)'=-\frac{1}{x^2}\sec^2\frac{1}{x}.$$

例 13　求函数 $y=\sqrt[3]{x^2-5}$ 的导数.

解
$$y'=[(x^2-5)^{\frac{1}{3}}]'=\frac{1}{3}(x^2-5)^{-\frac{2}{3}}(x^2-5)'$$
$$=\frac{1}{3}(x^2-5)^{-\frac{2}{3}}\cdot 2x=\frac{2}{3}x(x^2-5)^{-\frac{2}{3}}.$$

例 14　设 $y=\arctan\dfrac{1-x}{1+x}$，求 y'.

解
$$y'=\left(\arctan\frac{1-x}{1+x}\right)'=\frac{1}{1+\left(\dfrac{1-x}{1+x}\right)^2}\left(\frac{1-x}{1+x}\right)'$$
$$=\frac{(1+x)^2}{(1+x)^2+(1-x)^2}\,\frac{(1-x)'(1+x)-(1-x)(1+x)'}{(1+x)^2}$$
$$=\frac{-2}{2+2x^2}=-\frac{1}{1+x^2}.$$

如果复合函数的中间变量不止一个，即多层复合的情形. 使用链锁法则时，同样不需要写出中间变量，只需从外层向内层逐层求导，不要遗漏，也不能重复，直到对自变量求导为止.

例 15　设 $y=\ln\cos x^2$，求 y'.

解
$$y'=(\ln\cos x^2)'=\frac{1}{\cos x^2}(\cos x^2)'=\frac{1}{\cos x^2}(-\sin x^2)(x^2)'$$
$$=-\tan x^2\cdot 2x=-2x\tan x^2.$$

例 16　已知 $y=\mathrm{e}^{\arcsin\sqrt{x}}$，求 y'.

解
$$y'=(\mathrm{e}^{\arcsin\sqrt{x}})'=\mathrm{e}^{\arcsin\sqrt{x}}(\arcsin\sqrt{x})'$$
$$=\mathrm{e}^{\arcsin\sqrt{x}}\,\frac{1}{\sqrt{1-x}}(\sqrt{x})'=\mathrm{e}^{\arcsin\sqrt{x}}\,\frac{1}{\sqrt{1-x}}\,\frac{1}{2\sqrt{x}}$$
$$=\frac{1}{2\sqrt{x}\,\sqrt{1-x}}\mathrm{e}^{\arcsin\sqrt{x}}.$$

例 17　设 $y=\ln(x+\sqrt{1+x^2})$，求 y'.

解
$$\begin{aligned} y' &= \frac{1}{x+\sqrt{1+x^2}}(x+\sqrt{1+x^2})' \\ &= \frac{1}{x+\sqrt{1+x^2}}[x'+(\sqrt{1+x^2})'] \\ &= \frac{1}{x+\sqrt{1+x^2}}\left[1+\frac{1}{2\sqrt{1+x^2}}(1+x^2)'\right] \\ &= \frac{1}{x+\sqrt{1+x^2}}\left(1+\frac{x}{\sqrt{1+x^2}}\right) = \frac{1}{\sqrt{1+x^2}}. \end{aligned}$$

例 18 设 $f(u)$可导,且 $y=[xf(x^2)]^2$,求$\frac{\mathrm{d}y}{\mathrm{d}x}$.

解
$$\begin{aligned} \frac{\mathrm{d}y}{\mathrm{d}x} &= 2[xf(x^2)]\cdot[xf(x^2)]' \\ &= 2[xf(x^2)]\{x'f(x^2)+x[f(x^2)]'\} \\ &= 2xf(x^2)[f(x^2)+xf'(x^2)\cdot 2x] \\ &= 2xf^2(x^2)+4x^3f(x^2)f'(x^2). \end{aligned}$$

2.2.4 基本求导公式

为了方便记忆,现将基本初等函数的求导公式归纳如下:

(1) $(C')=0$ (C为常数); (2) $(x^\alpha)'=\alpha x^{\alpha-1}$ (α为任一实数);

(3) $(a^x)'=a^x\ln a$ ($a>0$, $a\neq 1$); (4) $(\mathrm{e}^x)'=\mathrm{e}^x$;

(5) $(\log_a x)'=\frac{1}{x\ln a}$ ($a>0$, $a\neq 1$); (6) $(\ln x)'=\frac{1}{x}$;

(7) $(\sin x)'=\cos x$; (8) $(\cos x)'=-\sin x$;

(9) $(\tan x)'=\sec^2 x$; (10) $(\cot x)'=-\csc^2 x$;

(11) $(\sec x)'=\sec x\tan x$; (12) $(\csc x)'=-\csc x\cot x$;

(13) $(\arcsin x)'=\frac{1}{\sqrt{1-x^2}}$ $(-1<x<1)$;

(14) $(\arccos x)'=-\frac{1}{\sqrt{1-x^2}}$ $(-1<x<1)$;

(15) $(\arctan x)'=\frac{1}{1+x^2}$; (16) $(\mathrm{arccot}\, x)'=-\frac{1}{1+x^2}$.

注 (1) 当 $x>0$ 时,因为 $x^\alpha=(\mathrm{e}^{\ln x})^\alpha=\mathrm{e}^{\alpha\ln x}$,所以

$$(x^\alpha)'=(\mathrm{e}^{\alpha\ln x})'=\mathrm{e}^{\alpha\ln x}(\alpha\ln x)'=x^\alpha\cdot\alpha\cdot\frac{1}{x}=\alpha x^{\alpha-1}.$$

(2) 公式(6)可推广为 $(\ln|x|)'=\frac{1}{x}$. 请读者自己证明.

习 题 2.2

1. 求下列各函数的导数:

(1) $y=2\sqrt{x}-\frac{1}{x}+4\sqrt{3}$;

(2) $y=\frac{1-x^2}{\sqrt{x}}$;

(3) $y=2^x(x^2-3x+1)$;

(4) $y=t^a-a^t+\ln t-\sin t$;

(5) $y=\sqrt{x\sqrt{x\sqrt{x}}}$;

(6) $y=\frac{1+x-x^2}{1-x+x^2}$;

(7) $y=\frac{1+\sin t}{1+\cos t}$;

(8) $y=\frac{1}{\csc x+\cot x}$;

(9) $y=\frac{\sin x}{x}+\frac{x}{\sin x}$;

(10) $y=xe^x\cos x$.

2. 求下列各函数在给定点处的导数:

(1) $f(x)=\frac{x}{\cos x}$,求 $f'(0)$, $f'(\pi)$;

(2) $y=t^2-3\sin t+\tan\frac{\pi}{5}$,求 $y'|_{t=\frac{\pi}{3}}$.

3. 曲线 $y=x^{\frac{3}{2}}$ 在哪一点的切线与直线 $y=3x-1$ 平行?

4. 设 $x=\varphi(y)$ 与 $y=f(x)$ 互为反函数,$\varphi(2)=1$,且 $f'(1)=3$,求 $\varphi'(2)$.

5. 求下列函数的导数:

(1) $y=\cos\ln x$;

(2) $y=(1-x^2)^{100}$;

(3) $y=\sqrt[3]{4-3x}$;

(4) $y=e^{-x^2+2x}$;

(5) $y=x^2\sin\frac{1}{x}$;

(6) $y=\ln\sqrt{x}+\sqrt{\ln x}$;

(7) $y=\frac{x}{\sqrt{1-x^2}}$;

(8) $y=\sin nx\cos^n x$;

(9) $y=\arctan e^x$;

(10) $y=\sqrt{\arccos x}$.

6. 求下列函数的导数:

(1) $y=\ln\tan\frac{x}{2}$;

(2) $y=\sqrt{1+\ln^2\frac{x}{2}}$;

(3) $y=2^{\frac{x}{\ln x}}$;

(4) $y=\cos^2(x^3)$;

(5) $y=\sin\cos\frac{1}{x}$;

(6) $y=\arcsin x^2-xe^{x^2}$;

(7) $y=x\arctan\frac{x}{2}$;

(8) $y=x\sqrt{1-x^2}+\arcsin x$.

7. 设 $f(x)$可导,求下列函数的导数:

(1) $y = f(e^x + x^e)$;　　(2) $y = f\left(\arcsin \frac{1}{x}\right)$;

(3) $y = f(\ln x) + \ln f(x)$;　　(4) $y = f(\sin^2 x) + f(\cos^2 x)$.

8. 已知 $y = f\left(\frac{3x-2}{3x+2}\right)$, $f'(x) = \arctan x^2$,求$\left.\frac{dy}{dx}\right|_{x=0}$.

9. 求函数 $f(x) = \begin{cases} e^{2x} - 1, & x \geqslant 0, \\ \sin^2 x, & x < 0 \end{cases}$ 的导数.

10. 一长方形两边长分别用 x 与 y 表示,若 x 边以 0.01 m/s 的速度减少,y 边以 0.02 m/s 的速度增加,求在 $x = 20$ m, $y = 15$ m 时长方形面积的变化速度及对角线的变化速度.

11. 已知 $g(x) = a^{f^2(x)}$,且 $f'(x) = \frac{1}{f(x)\ln a}$,证明: $g'(x) = 2g(x)$.

2.3 高 阶 导 数

物体运动的瞬时速度 v 是路程函数 $s = s(t)$ 对时间的变化率:

$$v = v(t) = s'(t) = \frac{ds}{dt}.$$

而物体运动的加速度 $a(t)$则是速度函数 $v(t)$对时间 t 的变化率,即

$$a = a(t) = v'(t) = [s'(t)]',$$

也就是说,加速度是路程函数 $s = s(t)$ 的导数的导数,称为 s 对 t 的**二阶导数**.

一般地,若函数 $y = f(x)$ 的导数 $f'(x)$在点 x 处可导,则称 $y' = f'(x)$ 在点 x 处的导数$[f'(x)]'$为函数 $y = f(x)$ 在点 x 处的二阶导数. 记为

$$y'', \quad f''(x), \quad \frac{d^2 y}{dx^2} \quad 或 \quad \frac{d^2 f(x)}{dx^2}.$$

即

$$f''(x) = \lim_{\Delta x \to 0} \frac{f'(x+\Delta x) - f'(x)}{\Delta x}.$$

类似地,函数 $f(x)$的二阶导数的导数称为 $f(x)$的**三阶导数**;三阶导数的导数称为**四阶导数**;…;$n-1$ 阶导数的导数称为 ***n* 阶导数**,分别记为

$$y''', y^{(4)}, \cdots, y^{(n)} \quad 或 \quad f'''(x), f^{(4)}(x), \cdots, f^{(n)}(x).$$

也可记为

$$\frac{d^3 y}{dx^3}, \quad \frac{d^4 y}{dx^4}, \quad \cdots, \quad \frac{d^n y}{dx^n}.$$

二阶和二阶以上的导数统称为**高阶导数**.

当函数 $y=f(x)$ 具有 n 阶导数时,也可说成 $f(x)$ 为 n 阶可导.如果函数 $f(x)$ 在点 x 处 n 阶可导,那么 $f(x)$ 在点 x 的某邻域内具有一切低于 n 阶的导数.

由高阶导数的定义可知,要想求函数的 n 阶导数,只需应用前面的求导方法对函数依次求 n 次导数就可以了.

例 1　设 $y=e^{2x}$,求 $\frac{d^2y}{dx^2}$.

解
$$y'=2e^{2x},\qquad y''=(y')'=(2e^{2x})'=4e^{2x}.$$

例 2　已知 $y=\sin^2 x$,求 $y''|_{x=\frac{\pi}{4}}$.

解
$$y'=2\sin x\cdot(\sin x)'=2\sin x\cos x=\sin 2x,$$
$$y''=(y')'=(\sin 2x)'=2\cos 2x,$$

所以
$$y''|_{x=\frac{\pi}{4}}=2\cos\frac{\pi}{2}=0.$$

例 3　求 $y=e^x$ 的 n 阶导数.

解
$$y'=e^x,\qquad y''=e^x,\qquad y'''=e^x,$$

由数学归纳法知
$$y^{(n)}=(e^x)^{(n)}=e^x.$$

例 4　求 $y=\sin x$ 的 n 阶导数.

解
$$y'=\cos x=\sin\left(x+\frac{\pi}{2}\right),$$
$$y''=\cos\left(x+\frac{\pi}{2}\right)=\sin\left(x+2\cdot\frac{\pi}{2}\right),$$
$$y'''=\cos\left(x+2\cdot\frac{\pi}{2}\right)=\sin\left(x+3\cdot\frac{\pi}{2}\right),$$
$$y^{(4)}=\cos\left(x+3\cdot\frac{\pi}{2}\right)=\sin\left(x+4\cdot\frac{\pi}{2}\right),$$
$$\cdots\cdots$$
$$y^{(n)}=\sin\left(x+n\cdot\frac{\pi}{2}\right).$$

即
$$(\sin x)^{(n)}=\sin\left(x+n\cdot\frac{\pi}{2}\right).$$

例 5　求 $y=\ln(1+x)$ 的 n 阶导数.

解
$$y'=\frac{1}{1+x},$$
$$y''=[(1+x)^{-1}]'=-\frac{1}{(1+x)^2},$$

$$y''' = -[(1+x)^{-2}]' = (-1)\cdot(-2)\cdot\frac{1}{(1+x)^3},$$

由数学归纳法知

$$y^{(n)} = (-1)^{n-1}\frac{(n-1)!}{(1+x)^n}.$$

例 6 设 $x = \varphi(y)$ 是函数 $y = x^4 + x - 1$ 的反函数. 求 $\frac{d^2x}{dy^2}$.

解 因为 $y' = 4x^3 + 1$, 所以

$$\frac{dx}{dy} = \frac{1}{y'} = \frac{1}{4x^3+1},$$

$$\frac{d^2x}{dy^2} = \frac{d}{dy}\left(\frac{1}{4x^3+1}\right) = \left(\frac{1}{4x^3+1}\right)'_x \frac{dx}{dy}$$

$$= \frac{-12x^2}{(4x^3+1)^2}\,\frac{1}{4x^3+1} = -\frac{12x^2}{(4x^3+1)^3}.$$

根据高阶导数的定义,容易得到高阶导数有如下求导法则:

如果函数 $u = u(x)$ 和 $v = v(x)$ 都在 x 处 n 阶可导,那么,

(1) $(u \pm v)^{(n)} = u^{(n)} \pm v^{(n)}$;

(2) $(cu)^{(n)} = cu^{(n)}$ (c 为常数);

(3) $(u\cdot v)^{(n)} = \sum_{k=0}^{n} C_n^k u^{(k)} v^{(n-k)}$.

其中(3)式称为莱布尼茨公式.

例 7 设 $y=x^2e^{2x}$,求 $y^{(20)}$.

解 设$u=x^2$,$v=e^{2x}$,则

$$v^{(k)}=2^k e^{2x} \quad (k=0,1,2,\cdots,20),$$

$$u'=2x,\quad u''=2,\quad u^{(k)}=0 \quad (k=3,4,\cdots,20),$$

于是

$$y^{(20)}=x^2(e^{2x})^{(20)}+20(x^2)'(e^{2x})^{(19)}+\frac{20\times 19}{2!}(x^2)''(e^{2x})^{(18)}$$

$$=2^{20}e^{2x}(x^2+20x+95).$$

习 题 2.3

1. 求下列函数的二阶导数:

(1) $y = \ln(1+5x^2)$; (2) $y = x\ln x$;

(3) $y = (1+x^2)\arctan x$; (4) $y = \ln(x+\sqrt{1+x^2})$;

(5) $y = \cos x + \tan x$; (6) $y = xe^{x^2}$.

2. 求下列函数的二阶导数值：

(1) $f(x)=(x^3+10)^4$，求 $f''(0)$；　　(2) $y=\dfrac{\arcsin x}{\sqrt{1-x^2}}$，求 $y''|_{x=0}$；

(3) $y=\dfrac{\ln x}{x}$，求 $y''(\mathrm{e})$.

3. 设 $y=\mathrm{e}^{-x^2}$，求 y'''.

4. 求下列函数的 n 阶导数：

(1) $y=x\ln x$；　　(2) $y=x\mathrm{e}^x$；

(3) $y=\dfrac{1-x}{1+x}$；　　(4) $y=\cos^2 x$.

5. 设 $f(x)$ 二阶可导，求下列函数的二阶导数 $\dfrac{\mathrm{d}^2y}{\mathrm{d}x^2}$.

(1) $y=f(x^n)$；　　(2) $y=f(\ln x)$；

(3) $y=f(\mathrm{e}^{-x^2})$；　　(4) $y=f[f(x)]$.

6. 设函数 $y=f(x)$ 在点 x 处有三阶导数，且 $y'=f'(x)\neq 0$. 若 $f(x)$ 存在反函数 $x=f^{-1}(y)$. 试从 $\dfrac{\mathrm{d}x}{\mathrm{d}y}=\dfrac{1}{y'}$，导出：

(1) $\dfrac{\mathrm{d}^2x}{\mathrm{d}y^2}=\dfrac{-y''}{(y')^3}$；　　(2) $\dfrac{\mathrm{d}^3x}{\mathrm{d}y^3}=\dfrac{3(y'')^2-y'y'''}{(y')^5}$.

7. 验证 $y=C_1\mathrm{e}^{2x}+C_2\mathrm{e}^{-x}$ (C_1，C_2 是常数) 满足关系式

$$y''-y'-2y=0.$$

8. 验证函数 $y=\mathrm{e}^{2x}(\sin x+\cos x)$ 满足下列方程：

$$y''-4y'+5y=0.$$

2.4　隐函数及参数方程所确定的函数的导数

2.4.1　隐函数的导数

设 y 是 x 的函数，如果因变量 y 是用自变量 x 的数学解析式直接表示出来的，则称 y 是 x 的显函数，如 $y=\sin x$，$y=x^3+\ln x-\mathrm{e}^{2x}$ 等；如果因变量 y 与自变量 x 间的函数关系由方程 $F(x, y)=0$ 来确定，即当 x 取某集合 I 上的任一值时，相应地总有满足方程 $F(x, y)=0$ 的唯一的 y 值与之对应，这时称 y 是 x 的隐函数，如 $x^3-4y=0$，$\mathrm{e}^{x+y}+xy-1=0$ 等.

把一个隐函数化成显函数，称为隐函数的显化. 例如，从方程 $x^3-4y=0$ 解出

$y=\frac{1}{4}x^3$，就把隐函数化成了显函数.但隐函数的显化往往很困难，甚至不可能，例如，由方程 $e^{x+y}+xy-1=0$ 确定的隐函数 $y=f(x)$ 就不能显化.如何求隐函数的导数呢？

事实上，对于由方程 $F(x, y)=0$ 所确定的隐函数 $y=f(x)$，要求 $\frac{dy}{dx}$，只要注意方程中 y 是 x 的函数，利用复合函数的求导法则，将方程两边同时对 x 求导，从中解出 $\frac{dy}{dx}$ 即可.下面通过例子来介绍这一方法.

例 1 求由方程 $e^y+xy-e=0$ 所确定的隐函数 y 的导数 y' 及 $y'|_{x=0}$.

解 注意到 y 是 x 的函数 $y=y(x)$，那么 e^y 是 x 的复合函数.把 $y=y(x)$ 代入方程后就得到一个关于 x 的恒等式，这表示等式两端的两个函数为同一函数，因此它们的导数相等.为此，在方程两边同时对 x 求导，得

$$(e^y+xy-e)'=0',$$

即

$$e^y y'+1\cdot y+xy'-0=0,$$

所以

$$y'=-\frac{y}{e^y+x}.$$

当 $x=0$ 时，由原方程知 $y=1$，因此

$$y'|_{x=0}=-\frac{1}{e^1+0}=-\frac{1}{e}.$$

例 2 设 $\sin(x+y)+y^2-x^2=0$，求 $\frac{dy}{dx}$.

解 由于 y 是 x 的函数，所以 $\sin(x+y)$，y^2 都是 x 的复合函数，在原方程两边同时对 x 求导，得

$$\cos(x+y)(x+y)'+2y\cdot y'-2x=0,$$

即

$$\cos(x+y)(1+y')+2yy'-2x=0.$$

所以

$$y'=\frac{2x-\cos(x+y)}{2y+\cos(x+y)}.$$

例 3 求曲线 $(5y+2)^3=(2x+1)^5$ 在点 $\left(0,-\frac{1}{5}\right)$ 处的切线与法线方程.

解 在方程两边同时对 x 求导，得

$$3(5y+2)^2(5y+2)'=5(2x+1)^4(2x+1)',$$

即
$$15(5y+2)^2 y' = 10(2x+1)^4.$$

解得
$$y' = \frac{2(2x+1)^4}{3(5y+2)^2}.$$

在点$\left(0, -\frac{1}{5}\right)$处，切线与法线斜率分别为

$$k = y'\big|_{\left(0,-\frac{1}{5}\right)} = \frac{2}{3}, \qquad k_1 = -\frac{1}{k} = -\frac{3}{2},$$

所以，所求切线方程为 $y + \frac{1}{5} = \frac{2}{3}x$，即

$$10x - 15y - 3 = 0.$$

法线方程为 $y + \frac{1}{5} = -\frac{3}{2}x$，即

$$15x + 10y + 2 = 0.$$

例 4 已知 $y - xe^y = 1$，求 $y''|_{x=0}$.

解 在方程两边同时对 x 求导，得

$$y' - e^y - xe^y y' = 0. \tag{2.4.1}$$

解得
$$y' = \frac{e^y}{1 - xe^y}. \tag{2.4.2}$$

在式(2.4.1)两边同时对 x 求导，得

$$y'' - e^y y' - e^y y' - xe^y (y')^2 - xe^y y'' = 0,$$

即
$$y'' = \frac{2e^y y' + xe^y (y')^2}{1 - xe^y}. \tag{2.4.3}$$

又当 $x = 0$ 时，$y = 1$，代入式(2.4.2)得

$$y'\big|_{x=0} = e.$$

再将 $x = 0$，$y = 1$，$y'\big|_{x=0} = e$ 代入式(2.4.3)得

$$y''\big|_{x=0} = 2e^2.$$

注 此题若要求的是 y''，则需将式(2.4.3)中的 y'用式(2.4.2)代入，再化简.

有些函数直接求导很麻烦，往往需要利用对数的性质先变形，再用隐函数的求导法，这样就产生了对数求导法.

所谓**对数求导法**，就是在原等式两边同时取对数，再用对数的性质将原式化简，然后利用隐函数的求导法求导. 这一方法常用于以下两种情形：

(1) 幂指函数 $y=u^v(u=u(x),v=v(x))$,求 $\frac{\mathrm{d}y}{\mathrm{d}x}$;

(2) $y=f(x)$ 由若干因式通过乘、除、乘方、开方构成,求 $\frac{\mathrm{d}y}{\mathrm{d}x}$.

例 5 设 $y=(1+x^2)^{\sin x}$,求 y'.

解 在原方程两边取对数并化简,得

$$\ln y=\ln(1+x^2)^{\sin x}=\sin x\ln(1+x^2),$$

将上式两边对 x 求导,得

$$\frac{1}{y}\cdot y'=\cos x\ln(1+x^2)+\frac{2x\sin x}{1+x^2},$$

所以

$$\begin{aligned} y'&=y\left[\cos x\ln(1+x^2)+\frac{2x\sin x}{1+x^2}\right]\\ &=(1+x^2)^{\sin x}\left[\cos x\ln(1+x^2)+\frac{2x\sin x}{1+x^2}\right]. \end{aligned}$$

如果函数由幂指函数 u^v 与其他函数的和构成,就不能两边取对数.为方便起见,这时可用对数恒等式将 u^v 变形为复合函数 $\mathrm{e}^{v\ln u}$ 后再求导.

例 6 求函数 $y=x^x+\mathrm{e}^x+x^{\mathrm{e}^x}$ 的导数.

解 函数 y 的右端由三项相加构成.其中第一项和第三项均为幂指函数,但此题不能直接将两端取对数,可用对数恒等式变形后求导.

$$\begin{aligned} y'&=(x^x+\mathrm{e}^x+x^{\mathrm{e}^x})'=(x^x)'+(\mathrm{e}^x)'+(x^{\mathrm{e}^x})'\\ &=(\mathrm{e}^{x\ln x})'+\mathrm{e}^x+(\mathrm{e}^{\mathrm{e}^x\ln x})'\\ &=\mathrm{e}^{x\ln x}(x\ln x)'+\mathrm{e}^x+\mathrm{e}^{\mathrm{e}^x\ln x}(\mathrm{e}^x\ln x)'\\ &=x^x(\ln x+1)+\mathrm{e}^x+x^{\mathrm{e}^x}\left(\mathrm{e}^x\ln x+\frac{\mathrm{e}^x}{x}\right). \end{aligned}$$

例 7 求 $y=\frac{(2x-1)^2\sqrt[3]{x+3}}{(x^2+1)\sqrt{5-x}}$ 的导数.

解 将等式两边取绝对值后,再取对数,化简得

$$\ln|y|=2\ln|2x-1|+\frac{1}{3}\ln|x+3|-\ln(x^2+1)-\frac{1}{2}\ln|5-x|,$$

将上式两边对 x 求导,由于 $(\ln|u|)'=\frac{1}{u}$,所以有

$$\frac{1}{y}\cdot y'=\frac{4}{2x-1}+\frac{1}{3(x+3)}-\frac{2x}{x^2+1}+\frac{1}{2(5-x)},$$

因此

$$y'=y\left[\frac{4}{2x-1}+\frac{1}{3(x+3)}-\frac{2x}{x^2+1}+\frac{1}{2(5-x)}\right]$$

$$=\frac{(2x-1)^2\sqrt[3]{x+3}}{(x^2+1)\sqrt{5-x}}\left[\frac{4}{2x-1}+\frac{1}{3(x+3)}-\frac{2x}{x^2+1}+\frac{1}{2(5-x)}\right].$$

注　以后遇到类似问题用对数求导法时,为省篇幅,可省略取绝对值这一步.

2.4.2　参数方程所确定的函数的导数

在解析几何中,常用参数方程表示曲线. 例如,椭圆 $\frac{x^2}{a^2}+\frac{y^2}{b^2}=1$ 的参数方程为

$$\begin{cases}x=a\cos t,\\ y=b\sin t\end{cases}\quad(0\leqslant t\leqslant 2\pi).$$

这里 x 与 y 之间的关系是通过参变量 t 建立的.

一般地,若参数方程

$$\begin{cases}x=\varphi(t),\\ y=\psi(t)\end{cases}\quad(\alpha\leqslant t\leqslant\beta)\tag{2.4.4}$$

确定了 y 与 x 间的函数关系,则称此关系所表达的函数为由参数方程(2.4.4)所确定的函数.

如何求由参数方程所确定的函数的导数呢? 最直接的想法是,通过消去参变量而得到 y 的表达式 $y=f(x)$,再求导数 $\frac{\mathrm{d}y}{\mathrm{d}x}$. 但从参数方程(2.4.4)中消去参数 t 有时会很困难. 因此,希望能通过参数方程本身直接计算它所确定的函数的导数.

在式(2.4.4)中,假设 $x=\varphi(t)$, $y=\psi(t)$ 都可导, $\varphi'(t)\neq 0$,且 $x=\varphi(t)$ 具有严格单调的反函数 $t=\varphi^{-1}(x)$,则由反函数的求导法,知

$$\frac{\mathrm{d}t}{\mathrm{d}x}=\frac{1}{\frac{\mathrm{d}x}{\mathrm{d}t}}=\frac{1}{\varphi'(t)}.$$

将 $t=\varphi^{-1}(x)$ 代入 $y=\psi(t)$,则式(2.4.4)所确定的函数为复合函数 $y=$

$\psi[\varphi^{-1}(x)]$. 根据链锁法则,得

$$\frac{dy}{dx}=\frac{dy}{dt}\frac{dt}{dx}=\psi'(t)\frac{1}{\varphi'(t)}=\frac{\psi'(t)}{\varphi'(t)},$$

或

$$\frac{dy}{dx}=\frac{y_t'}{x_t'}. \tag{2.4.5}$$

式(2.4.5)即为参数方程(2.4.4)所确定的函数的求导公式.

例 8 星形线(图 2-5)的参数方程为

$$\begin{cases}x=a\cos^3 t,\\ y=a\sin^3 t\end{cases}\quad (a>0).$$

求$\dfrac{dy}{dx}$.

解 因为

$$x_t'=(a\cos^3 t)'=-3a\cos^2 t\sin t,$$

$$y_t'=(a\sin^3 t)'=3a\sin^2 t\cos t,$$

所以

$$\frac{dy}{dx}=\frac{y_t'}{x_t'}=\frac{3a\sin^2 t\cos t}{-3a\cos^2 t\sin t}=-\tan t.$$

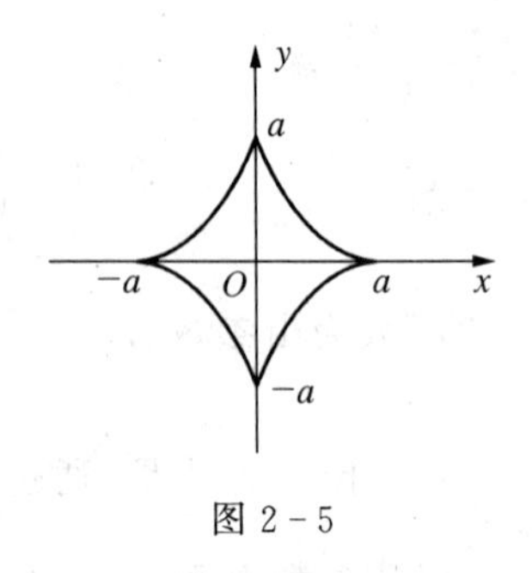

图 2-5

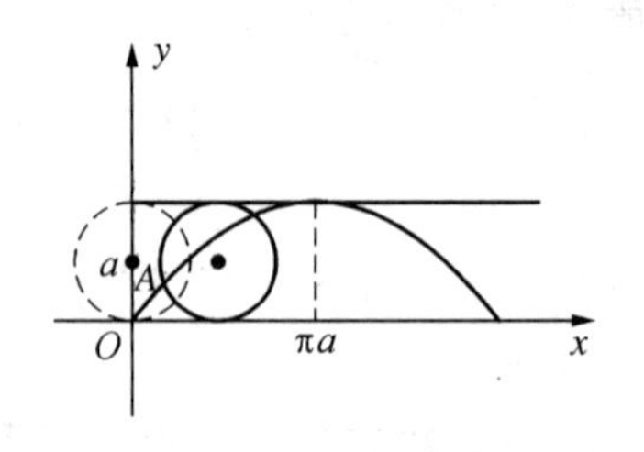

图 2-6

例 9 设有一半径为 a 的轮子,A 是轮子上的一定点. 让轮子沿直线 Ox 轴滚动,开始时 A 点正好在原点(图 2-6). A 的轨迹称为摆线. 其方程为

$$\begin{cases}x=a(t-\sin t),\\ y=a(1-\cos t).\end{cases}$$

求摆线在 $t=\dfrac{\pi}{2}$ 处的切线方程.

解 摆线在其上任意点 $M(x, y)$处切线的斜率为

$$k=\frac{dy}{dx}=\frac{y_t'}{x_t'}=\frac{a\sin t}{a(1-\cos t)}=\frac{\sin t}{1-\cos t},$$

当 $t=\dfrac{\pi}{2}$ 时，摆线上对应点 A 的坐标为$\left(a\left(\dfrac{\pi}{2}-1\right),a\right)$，且

$$k=\frac{\sin\dfrac{\pi}{2}}{1-\cos\dfrac{\pi}{2}}=1.$$

故所求切线方程为

$$y-a=x-\left(\frac{\pi}{2}-1\right)a,$$

即
$$x-y+\left(2-\frac{\pi}{2}\right)a=0.$$

例 10　求由参数方程

$$\begin{cases}x=\ln(1+t^2),\\ y=t-\arctan t\end{cases}$$

所确定的函数 $y=y(x)$ 的二阶导数$\dfrac{\mathrm{d}^2y}{\mathrm{d}x^2}$.

解
$$\frac{\mathrm{d}y}{\mathrm{d}x}=\frac{y'_t}{x'_t}=\frac{1-\dfrac{1}{t^2+1}}{\dfrac{2t}{1+t^2}}=\frac{t}{2},$$

$$\frac{\mathrm{d}^2y}{\mathrm{d}x^2}=\frac{\mathrm{d}}{\mathrm{d}x}\left(\frac{\mathrm{d}y}{\mathrm{d}x}\right)=\frac{\mathrm{d}}{\mathrm{d}x}\left(\frac{t}{2}\right)=\left(\frac{t}{2}\right)'_t\frac{\mathrm{d}t}{\mathrm{d}x}=\frac{1}{2}\frac{1}{x'_t}=\frac{1+t^2}{4t}.$$

2.4.3　相关变化率

设 $x=\varphi(t)$，$y=\psi(t)$ 都是可导函数，且变量 x 与 y 间存在某种关系，那么它们对 t 的导数(变化率)$\dfrac{\mathrm{d}x}{\mathrm{d}t}$与$\dfrac{\mathrm{d}y}{\mathrm{d}t}$间也存在一定关系. 称这两个相互依存的变化率为**相关变化率**. 生活中，往往需要根据其中一个变化率求另一个变化率.

例 11　注水入深 8 m，上顶直径 8 m 的正圆锥形容器中，其速率为4 m^3/min. 当水深为 5 m 时，其表面上升的速率为多少(图 2－7)?

解　设注水 t min 时的水深为 h m，注水量为 V m^3，显然有

$$V=\frac{1}{3}\pi r^2h=\frac{1}{3}\pi\left(\frac{h}{2}\right)^2h=\frac{1}{12}\pi h^3.$$

这里V，h都是t的函数，在上式两边对t求导，得

$$\frac{dV}{dt}=\frac{1}{4}\pi h^2\frac{dh}{dt}.$$

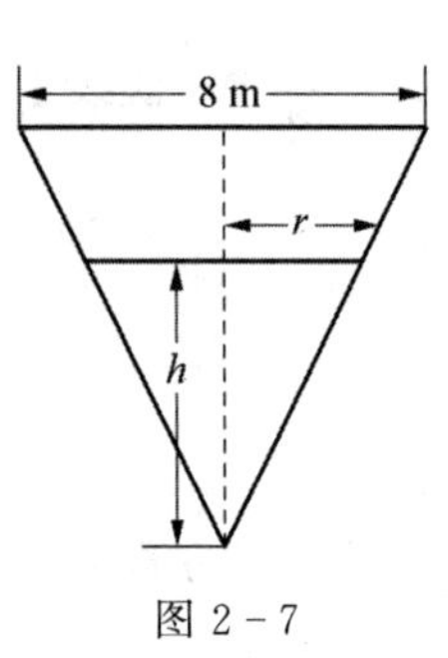

图 2-7

已知$\frac{dV}{dt}=4\ m^3/min$，所以当$h=5$ m时，表面上升的速率为

$$\frac{dh}{dt}=4\frac{\frac{dV}{dt}}{\pi h^2}=4\cdot\frac{4}{\pi 5^2}=\frac{16}{25\pi}\ (m/min).$$

习　题　2.4

1. 求下列方程所确定的隐函数y的导数.

(1) $x^2+xy=1$；　　(2) $e^{x+y}+\cos(xy)=0$；

(3) $x^3+y^3-3axy=0$；　　(4) $\arctan\frac{x}{y}=\ln(x^2+y^2)$.

2. 求由方程$\sin(xy)+\ln(y-x)=x$所确定的隐函数y在点$x=0$处的导数$\left.\frac{dy}{dx}\right|_{x=0}$.

3. 已知$xy-\sin(\pi y^2)=0$，求$\left.\frac{d^2y}{dx^2}\right|_{\substack{x=0\\y=1}}$.

4. 求由下列方程所确定的隐函数y的二阶导数$\frac{d^2y}{dx^2}$.

(1) $x^2-y^2=1$；　　(2) $y=\tan(x+y)$.

5. 利用对数求导法求下列函数的导数.

(1) $y=(\sin x)^{\cos x}$；　　(2) $y=\left(\frac{x}{1+x}\right)^x$；

(3) $y=\sqrt[3]{\frac{x(x-1)}{(x-2)(x+3)}}$；　　(4) $y=(x-a_1)^{a_1}(x-a_2)^{a_2}\cdots(x-a_n)^{a_n}$.

6. 已知$x^y+y^x=3$，求$\left.\frac{dy}{dx}\right|_{x=1}$.

7. 求下列参数方程所确定的函数的导数$\frac{dy}{dx}$.

(1) $\begin{cases}x=\theta(1-\sin\theta),\\y=\theta\cos\theta;\end{cases}$　　(2) $\begin{cases}x=2t-t^2,\\y=3t-t^3;\end{cases}$

(3) $\begin{cases}x=e^t\sin t,\\y=e^t(\sin t-\cos t).\end{cases}$

8. 求由参数方程$\begin{cases}x=\cos^4 t,\\y=\sin^4 t\end{cases}$所确定的函数$y=f(x)$在$t=0$，$t=\frac{\pi}{4}$处的导数.

9. 求曲线 $\begin{cases} x = 1 - t^2, \\ y = t - t^2 \end{cases}$ 在 $t = 1$ 处的切线方程与法线方程.

10. 求下列参数方程所确定的函数 $y = f(x)$ 的二阶导数 $\dfrac{\mathrm{d}^2 y}{\mathrm{d}x^2}$.

(1) $\begin{cases} x = 2t - t^2, \\ y = 3t - t^3; \end{cases}$　　(2) $\begin{cases} x = a\cos t, \\ y = b\sin t. \end{cases}$

11. 验证由参数方程 $\begin{cases} x = \mathrm{e}^t \sin t, \\ y = \mathrm{e}^t \cos t \end{cases}$ 所确定的函数 $y = f(x)$ 满足关系式

$$(x + y)^2 \frac{\mathrm{d}^2 y}{\mathrm{d}x^2} = 2\left(x \frac{\mathrm{d}y}{\mathrm{d}x} - y\right).$$

12. 设 $y = y(x)$ 由 $\begin{cases} x = \arctan t, \\ 2y - ty^2 + \mathrm{e}^t = 5 \end{cases}$ 所确定,求 $\dfrac{\mathrm{d}y}{\mathrm{d}x}$.

13. 设 $f''(t)$ 存在,且 $f''(t) \neq 0$. 函数 $y = y(x)$ 由方程组 $\begin{cases} x = f'(t), \\ y = tf'(t) - f(t) \end{cases}$ 确定,求 $\dfrac{\mathrm{d}^2 y}{\mathrm{d}x^2}$.

14. 落在平静水面上的物体产生同心波纹,若最外一圈波半径的增大率总是6 m/s,问在 2 s 末扰动水面面积的增大率是多少?

2.5　函数的微分

2.5.1　微分的概念

为了研究函数在点 x 处变化的快慢程度(变化率),前面引出了导数的概念. 有时,需要计算当自变量 x 取得一个微小增量 Δx 时,函数 y 的相应增量 Δy 的值. 一般情况下,要计算 Δy 的精确值非常困难,而且很多时候只要知道 Δy 的近似值就行了. 那么,能否既简单又比较准确地计算 Δy 的近似值呢? 换句话说,能否用一个关于 Δx 的简单函数(如 Δx 的一次函数)近似表示 Δy? 这就产生了微分的概念.

先考察一个具体问题.

正方形的面积 S 是边长 x 的函数:

$$S = x^2 \quad (x > 0).$$

当边长有一个增量 Δx 时,面积 S 有相应的增量

$$\Delta S = (x + \Delta x)^2 - x^2 = 2x\Delta x + \Delta x^2.$$

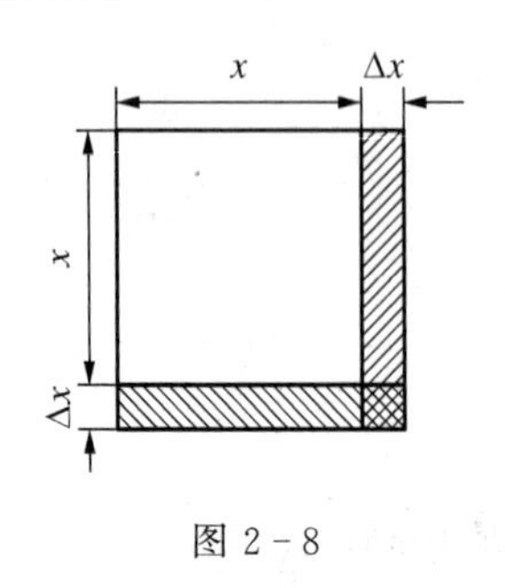

图 2-8

上式包含两部分：第一部分 $2x\Delta x$ 是 Δx 的线性函数，即图 2-8 中带斜线的两个矩形面积之和；第二部分 $(\Delta x)^2$ 是比 Δx 高阶的无穷小量. 因此，当 Δx 很小时，$(\Delta x)^2$ 可以忽略不计，这时可以用第一部分 $2x\Delta x$ 近似地表示 ΔS，所产生的误差仅是 Δx 的高阶无穷小. 把 $2x\Delta x$ 称为正方形面积 S 的微分，记为 $\mathrm{d}S$. 可见，当 $\Delta x\to 0$ 时，有

$$\Delta S\approx \mathrm{d}S=2x\Delta x.$$

定义 1 设函数 $y=f(x)$ 在点 x 的某邻域 $U(x)$ 内有定义，且 $x+\Delta x\in U(x)$，如果函数的增量 $\Delta y=f(x+\Delta x)-f(x)$ 可以表示为

$$\Delta y=A\Delta x+o(\Delta x),$$

其中 A 与 Δx 无关，$o(\Delta x)$ 是 Δx 的高阶无穷小. 则称函数 $y=f(x)$ 在点 x 处**可微**，并称 $A\Delta x$ 为函数 $y=f(x)$ 在点 x 处的**微分**，记为 $\mathrm{d}y$ 或 $\mathrm{d}f(x)$，即

$$\mathrm{d}y=A\Delta x. \tag{2.5.1}$$

可以看出，函数的微分 $\mathrm{d}y$ 是 Δx 的线性函数. 当 $A\neq 0$ 且 $\Delta x\to 0$ 时，可用 $\mathrm{d}y$ 作为 Δy 的近似值，即 $\mathrm{d}y$ 是 Δy 的主要部分，因此，微分 $\mathrm{d}y$ 也称为 Δy 的线性主部.

下面需要讨论：什么样的函数可微？如何确定微分式(2.5.1)中的 A 值？

在前面的具体问题中，已经知道正方形面积 S 的微分

$$\mathrm{d}S=2x\Delta x.$$

这里，$A=2x=(x^2)'=S'$，即微分式中的 A 等于函数在点 x 处的导数. 一般有

定理 1 函数 $y=f(x)$ 在点 x 处可微的充要条件是 $f(x)$ 在点 x 处可导，并且

$$\mathrm{d}y=f'(x)\Delta x.$$

证 设 $y=f(x)$ 在点 x 处可微，由定义知

$$\Delta y=A\Delta x+o(\Delta x),$$

上式两边同时除以 Δx，得

$$\frac{\Delta y}{\Delta x}=A+\frac{o(\Delta x)}{\Delta x},$$

于是有

$$f'(x)=\lim_{\Delta x\to 0}\frac{\Delta y}{\Delta x}=A+0=A.$$

即 $f(x)$ 在点 x 处可导，且 $A=f'(x)$.

反过来，如果 $y=f(x)$ 在点 x 处可导，即

$$\lim_{\Delta x \to 0} \frac{\Delta y}{\Delta x} = f'(x)$$

存在，根据极限与无穷小量的关系，知

$$\frac{\Delta y}{\Delta x} = f'(x) + \alpha \quad \left(\lim_{\Delta x \to 0} \alpha = 0\right),$$

所以
$$\Delta y = f'(x)\Delta x + \alpha \Delta x.$$

$f'(x)$与 Δx 无关，$f'(x)\Delta x$ 是 Δx 的线性函数，$\alpha \Delta x = o(\Delta x)$，因此 $f(x)$在点 x 处可微，且

$$\mathrm{d}y = f'(x)\Delta x.$$

如果 $y = x$，则 $\mathrm{d}y = \mathrm{d}x = (x)'\Delta x = \Delta x$，即自变量的微分就是自变量的增量. 于是函数的微分又可表示成

$$\mathrm{d}y = f'(x)\mathrm{d}x, \tag{2.5.2}$$

从而
$$\frac{\mathrm{d}y}{\mathrm{d}x} = f'(x).$$

即函数的微分与自变量的微分之商等于函数的导数，因此导数也称为“微商”. 求导数与求微分的方法统称为微分法.

例 1　求函数 $y = x^3$ 在 $x = 1$，$\Delta x = 0.01$ 时的增量与微分.

解　$$\Delta y = f(x + \Delta x) - f(x) = 1.01^3 - 1^3 = 0.030\,301,$$
$$y' = 3x^2, \qquad \mathrm{d}y = y'\mathrm{d}x = 3x^2\mathrm{d}x.$$

由于 $x = 1$，$\Delta x = 0.01$，所以

$$\mathrm{d}y = 3 \times 1^2 \times 0.01 = 0.03.$$

可以看到：$|\Delta y - \mathrm{d}y| = 0.000\,301$ 很小，即 $\Delta y \approx \mathrm{d}y$.

例 2　求函数 $y = \ln(1 + x)$ 在 $x = 1$，$x = 2$ 处的微分.

解　因为 $\mathrm{d}y = y'\mathrm{d}x = \dfrac{1}{1+x}\mathrm{d}x$，所以有

$$\mathrm{d}y\,\big|_{x=1} = \frac{1}{1+1}\mathrm{d}x = \frac{1}{2}\mathrm{d}x,$$

$$\mathrm{d}y\,\big|_{x=2} = \frac{1}{1+2}\mathrm{d}x = \frac{1}{3}\mathrm{d}x.$$

为了对微分概念有比较直观的理解，下面来探讨微分的几何意义.

作可微函数 $y = f(x)$ 的图形（图 2-9），在曲线上取一点 $M(x, y)$，过点 M 作

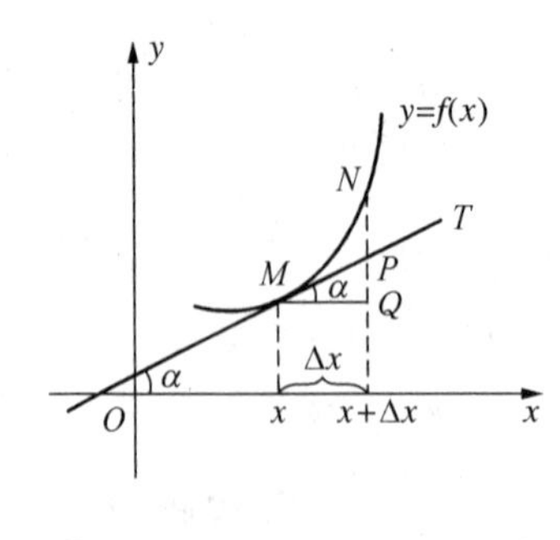

图 2-9

曲线的切线 MT,其倾角为 α,由图可知

$$dy = f'(x)dx = \tan\alpha \cdot \Delta x = \frac{PQ}{MQ} \cdot MQ = PQ,$$

即函数在点 x 处的微分 dy 正好为曲线在相应点处的切线上点的纵坐标的增量. 从图中还可以看到,当 $|\Delta x|$ 很小时,$|\Delta y - dy| = NQ - PQ = NP$ 很小,与 Δy 相比可以忽略,因而在点 M 邻近,可以用切线段来近似代替曲线段.

2.5.2 微分公式与微分法则

公式 $dy = f'(x)dx$ 说明,求函数的微分,只要求出函数的导数,再乘以自变量的微分即可. 因此,每一个求导公式,都对应一个微分公式.

1. 基本初等函数的微分公式

(1) $dc = 0$;

(2) $dx^\alpha = \alpha x^{\alpha-1}dx$ (α 为实数);

(3) $da^x = a^x \ln a dx$ ($a > 0$, $a \neq 1$);

(4) $de^x = e^x dx$;

(5) $d(\log_a x) = \frac{1}{x\ln a}dx$ ($a > 0$, $a \neq 1$);

(6) $d(\ln x) = \frac{1}{x}dx$;

(7) $d(\sin x) = \cos x dx$;

(8) $d(\cos x) = -\sin x dx$;

(9) $d(\tan x) = \sec^2 x dx$;

(10) $d(\cot x) = -\csc^2 x dx$;

(11) $d(\sec x) = \sec x \cdot \tan x dx$;

(12) $d(\csc x) = -\csc x \cot x dx$;

(13) $d(\arcsin x) = \frac{1}{\sqrt{1-x^2}}dx$;

(14) $d(\arccos x) = -\frac{1}{\sqrt{1-x^2}}dx$;

(15) $d(\arctan x) = \frac{1}{1+x^2}dx$;

(16) $d(\text{arccot}\, x) = -\frac{1}{1+x^2}dx$.

2. 函数和、差、积、商的微分法则

设 $u = u(x)$, $v = v(x)$ 都可微,则有

(1) $d(u \pm v) = du \pm dv$;

(2) $d(uv) = vdu + udv$;

(3) $d\left(\frac{u}{v}\right) = \frac{vdu - udv}{v^2}$ ($v \neq 0$).

3. 复合函数的微分法则

假设 $y = f(u)$ 可导,则

(1) 当 u 是自变量时,函数的微分

$$dy = f'(u)du;$$

(2) 当 u 不是自变量，而是关于 x 的可导函数 $u=\varphi(x)$，此时 y 是 x 的复合函数 $y=f[\varphi(x)]$，u 为中间变量，由链锁法则，得

$$\mathrm{d}y=f'(u)\varphi'(x)\mathrm{d}x=f'(u)\mathrm{d}u.$$

可见，对函数 $y=f(u)$ 可言，无论 u 是自变量，还是作为复合函数的中间变量，微分

$$\mathrm{d}y=f'(u)\mathrm{d}u$$

保持不变. 这一性质称为一阶微分形式的不变性.

例 3　设 $y=\ln(x^2+2x-3)$，求 $\mathrm{d}y$.

解　令 $u=x^2+2x-3$，由微分法则，得

$$\begin{aligned}\mathrm{d}y&=\mathrm{d}\ln u=\frac{1}{u}\mathrm{d}u=\frac{1}{x^2+2x-3}\mathrm{d}(x^2+2x-3)\\&=\frac{1}{x^2+2x-3}(\mathrm{d}x^2+\mathrm{d}2x-\mathrm{d}3)\\&=\frac{1}{x^2+2x-3}(2x\mathrm{d}x+2\mathrm{d}x)=\frac{2x+2}{x^2+2x-3}\mathrm{d}x.\end{aligned}$$

例 4　设 $y=\mathrm{e}^{\sin^2 x}$，求 $\mathrm{d}y$.

解　先把 $\sin^2 x$ 看成中间变量 u，应用微分形式的不变性，得

$$\begin{aligned}\mathrm{d}y&=\mathrm{d}\mathrm{e}^u=\mathrm{e}^u\mathrm{d}u=\mathrm{e}^{\sin^2 x}\mathrm{d}\sin^2 x\xlongequal{\text{再令}\sin x=v}\mathrm{e}^{\sin^2 x}\mathrm{d}v^2\\&=\mathrm{e}^{\sin 2x}\cdot 2v\mathrm{d}v=\mathrm{e}^{\sin^2 x}2\sin x\,\mathrm{d}\sin x\\&=\mathrm{e}^{\sin^2 x}2\sin x\cos x\mathrm{d}x=\sin 2x\cdot\mathrm{e}^{\sin 2x}\mathrm{d}x.\end{aligned}$$

例 5　求由方程 $x\mathrm{e}^y-\ln y+5=0$ 所确定的隐函数 y 的微分.

解　在方程两边同时求微分，得

$$\mathrm{d}(x\mathrm{e}^y)-\mathrm{d}(\ln y)+\mathrm{d}5=0.$$

即

$$\mathrm{e}^y\mathrm{d}x+x\mathrm{d}\mathrm{e}^y-\frac{1}{y}\mathrm{d}y=0,$$

也就是

$$\mathrm{e}^y\mathrm{d}x+x\mathrm{e}^y\mathrm{d}y-\frac{1}{y}\mathrm{d}y=0,$$

所以

$$\mathrm{d}y=\frac{\mathrm{e}^y}{\frac{1}{y}-x\mathrm{e}^y}\mathrm{d}x=\frac{y\mathrm{e}^y}{1-xy\mathrm{e}^y}\mathrm{d}x.$$

注　以上三例都可以直接先求 y'，再利用公式 $\mathrm{d}y=y'\mathrm{d}x$ 得出.

例 6 在下列括号中填入适当的函数,使等式成立.

(1) $\mathrm{d}(\quad) = \mathrm{e}^{-x}\mathrm{d}x$;　　(2) $\mathrm{d}(\quad) = \dfrac{1}{x\ln x}\mathrm{d}x$.

解 (1) 因为

$$(\mathrm{e}^{-x})' = -\mathrm{e}^{-x}, \qquad \mathrm{d}(\mathrm{e}^{-x}) = -\mathrm{e}^{-x}\mathrm{d}x,$$

所以
$$\mathrm{e}^{-x}\mathrm{d}x = -\mathrm{d}(\mathrm{e}^{-x}) = \mathrm{d}(-\mathrm{e}^{-x}),$$

即
$$\mathrm{d}(-\mathrm{e}^{-x}) = \mathrm{e}^{-x}\mathrm{d}x.$$

(2) 因为

$$\frac{1}{x\ln x}\mathrm{d}x = \frac{1}{\ln x}\frac{1}{x}\mathrm{d}x = \frac{1}{\ln x}(\ln x)'\mathrm{d}x = \frac{1}{\ln x}\mathrm{d}(\ln x),$$

令 $u = \ln x$,则

$$\frac{1}{\ln x}\mathrm{d}\ln x = \frac{1}{u}\mathrm{d}u = (\ln u)'\mathrm{d}u = \mathrm{d}\ln u,$$

所以
$$\frac{1}{x\ln x}\mathrm{d}x = \mathrm{d}\ln u = \mathrm{d}\ln\ln x,$$

即
$$\mathrm{d}(\ln\ln x) = \frac{1}{x\ln x}\mathrm{d}x.$$

显然,所填结果加上 C 后仍成立.

2.5.3 微分在近似计算中的应用

当 $f'(x_0) \neq 0$ 时,函数 $y = f(x)$ 在点 x_0 处的微分 $\mathrm{d}y = f'(x_0)\mathrm{d}x$ 是增量 $\Delta y = f(x_0 + \Delta x) - f(x_0)$ 的线性主部.当 $|\Delta x|$ 很小时,可用 $\mathrm{d}y$ 作为 Δy 的近似值,即

$$\Delta y \approx \mathrm{d}y = f'(x_0)\Delta x. \tag{2.5.3}$$

例 7 一种金属圆片,半径为 10 cm,加热后半径增大了 0.05 cm.试估计圆片面积的增量.

解 设圆的面积为 S,半径为 r,则

$$S = \pi r^2, \qquad \mathrm{d}S = 2\pi r\mathrm{d}r.$$

当 $r = 10$, $\Delta r = \mathrm{d}r = 0.05$ 时,由式(2.5.3)得

$$\Delta S \approx \mathrm{d}S = 2\pi \times 10 \times 0.05 = \pi(\mathrm{cm}^2).$$

式(2.5.3)也可表示为

$$f(x_0+\Delta x)-f(x_0)\approx f'(x_0)\Delta x,$$

即

$$f(x_0+\Delta x)\approx f(x_0)+f'(x_0)\Delta x. \tag{2.5.4}$$

式(2.5.4)表明,若要计算 $f(x_0+\Delta x)$ 的近似值,可以找一个邻近于 $x_0+\Delta x$ 的点 x_0,使 $f(x_0)$ 与 $f'(x_0)$ 都易于计算,然后用近似公式(2.5.4)即可.

例 8　求 $\sqrt[3]{8.02}$ 的近似值.

解　设 $f(x)=\sqrt[3]{x}$,则 $f'(x)=\dfrac{1}{3}x^{-\frac{2}{3}}$.取 $x_0=8$, $\Delta x=0.02$,由式(2.5.4)得

$$\begin{aligned}\sqrt[3]{8.02}&=f(x_0+0.02)\approx f(x_0)+f'(x_0)\Delta x=\sqrt[3]{8}+f'(8)\cdot 0.02\\&=2+\frac{1}{3\times 4}\times 0.02\approx 2.00167.\end{aligned}$$

例 9　求 $\sin 29^\circ$ 的近似值.

解　先把角度 29° 化为弧度,即 $29^\circ=\dfrac{\pi}{6}-\dfrac{\pi}{180}$. 令 $f(x)=\sin x$,取 $x_0=\dfrac{\pi}{6}$, $\Delta x=-\dfrac{\pi}{180}$,由式(2.5.4)得

$$\begin{aligned}\sin 29^\circ&=f\left(\frac{\pi}{6}-\frac{\pi}{180}\right)=f(x_0+\Delta x)\approx f(x_0)+f'(x_0)\Delta x\\&=\sin\frac{\pi}{6}+\cos\frac{\pi}{6}\cdot\left(-\frac{\pi}{180}\right)=\frac{1}{2}-\frac{\sqrt{3}}{2}\times 0.0175\approx 0.485.\end{aligned}$$

在式(2.5.4)中,令 $x_0+\Delta x=x$,则 $\Delta x=x-x_0$, $\Delta x\to 0$,即 $x\to x_0$,于是得到式(2.5.4)的等价形式:

$$f(x)\approx f(x_0)+f'(x_0)(x-x_0).$$

上式说明,当 x 充分靠近 x_0 时,$f(x)$ 可用一个关于 $x-x_0$ 的线性函数来近似表示.

特别地,取 $x_0=0$,当 $x\to 0$ 时,有近似公式

$$f(x)\approx f(0)+f'(0)x. \tag{2.5.5}$$

当 $|x|$ 很小时,应用式(2.5.5),容易推得以下几个常用的近似公式:

(1) $\sin x\approx x$;　　(2) $\tan x\approx x$;

(3) $e^x\approx 1+x$;　　(4) $\ln(1+x)\approx x$;

(5) $\sqrt[n]{1+x}\approx 1+\dfrac{1}{n}x$.

习 题 2.5

1. 设函数 $f(x)=x^2-3x+5$,当 $x=0$ 时,求 $\Delta x=0.1$, $\Delta x=0.01$, $\Delta x=0.001$ 时函数的增量与微分,并加以比较.是否能得出结论:当 Δx 愈小时,二者愈近似?

2. 设函数 $y=f(x)$ 的图形分别如图 2-10 中(a)、(b)、(c)、(d)所示时,在图中标出点 x_0 处的 $\mathrm{d}y$, Δy 及 $\Delta y-\mathrm{d}y$,并说明 $\Delta y-\mathrm{d}y$ 的正负号.

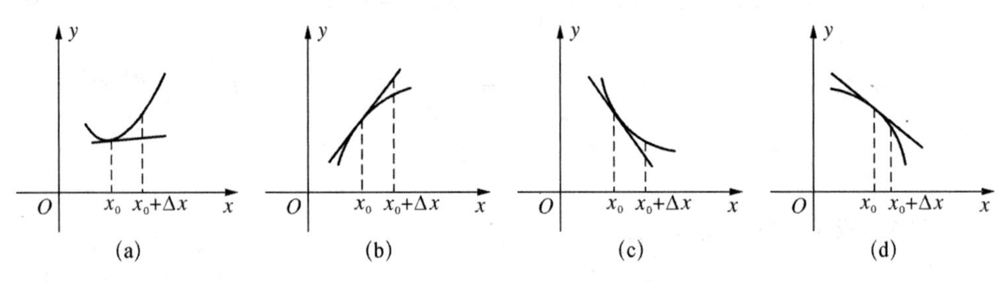

图 2-10

3. 求下列函数的微分:

(1) $y=x\ln x-x$;

(2) $y=\dfrac{x}{\sqrt{x^2+1}}$;

(3) $y=\ln\tan\dfrac{x}{2}$;

(4) $y=\mathrm{e}^{-5x}\cos 2x$;

(5) $y=\arcsin\sqrt{1-x^2}$;

(6) $y=\mathrm{e}^{\sin^2\frac{1}{x}}$.

4. 求下列方程所确定的函数 y 的微分.

(1) $y=\mathrm{e}^{-\frac{x}{y}}$;

(2) $x^3+y^2\sin x-y=6$.

5. 正立方体的棱长 $x=10\ \mathrm{m}$,如果棱长增加 $0.1\ \mathrm{m}$,求此正立方体的体积增加的精确值与近似值.

6. 有一批半径为 1 cm 的球,为了提高球面的光洁度,要镀上一层铜,厚度为 0.01 cm.试估计每只球需用多少克铜(铜的密度为 $8.9\ \mathrm{g/cm^3}$).

7. 计算下列各式的近似值.

(1) $\cos 60°20'$;

(2) $\arctan 1.02$;

(3) $\mathrm{e}^{0.2}$;

(4) $\sqrt[5]{31.9}$.

8. 设 $\varphi(t)$处处可微,$y=y(x)$ 由方程 $\varphi(\sin x)+\sin\varphi(y)=\varphi(x+y)$ 所确定.求 $\mathrm{d}y$.

9. 将适当的函数填入括号内,使下列各式成立.

(1) $x\mathrm{d}x=\mathrm{d}(\qquad)$;

(2) $\sin x\mathrm{d}x=\mathrm{d}(\qquad)$;

(3) $\dfrac{1}{\sqrt{x}}\mathrm{d}x=\mathrm{d}(\qquad)$;

(4) $\mathrm{e}^{-3x}\mathrm{d}x=\mathrm{d}(\qquad)$;

(5) $\dfrac{1}{1+x}\mathrm{d}x=\mathrm{d}(\qquad)$;

(6) $\dfrac{1}{1+4x^2}\mathrm{d}x=\mathrm{d}(\qquad)$;

(7) $\sec^2 \frac{1}{2}x\mathrm{d}x = \mathrm{d}(\qquad)$；　　(8) $\frac{1}{\sqrt{1-2x^2}}\mathrm{d}x = \mathrm{d}(\qquad)$.

总习题2

1. 在“充分”、“必要”和“充分必要”三者中选择一个正确的填入下列空格内.

函数 $f(x)$ 在点 x_0 可导是 $f(x)$ 在点 x_0 连续的________条件，$f(x)$ 在点 x_0 连续是 $f(x)$ 在点 x_0 可导的________条件，$f(x)$ 在点 x_0 可导是 $f(x)$ 在点 x_0 可微的________条件.

2. 选择题.

(1) 设 $a > 0$，a 为常数，$x > 0$，则下列运算中正确的是(　　).

A. $(x^x)' = xx^{x-1}$　　B. $(x^x)' = x^x \ln x$

C. $(a^x)' = a^x \ln a$　　D. $(a^x)' = a^x \ln x$

(2) 设 $y = f(x)$，$f'(x_0) = \frac{1}{2}$，在 $\Delta x \to 0$ 时，在点 $x = x_0$ 处，微分 $\mathrm{d}y$ 为(　　).

A. 与 Δy 等价的无穷小　　B. 比 Δy 高阶的无穷小

C. 比 Δy 低阶的无穷小　　D. 与 Δy 同阶不等价的无穷小

3. 讨论下列函数在点 $x = 0$ 处的连续性与可导性.

(1) $f(x) = |x|^k\ (k > 0)$；　　(2) $f(x) = \begin{cases} \dfrac{x}{1+\mathrm{e}^{\frac{1}{x}}}, & x \neq 0, \\ 0, & x = 0. \end{cases}$

4. 求下列函数的导数：

(1) $y = \arcsin(\sin^2 x)$；　　(2) $y = \frac{1}{4}\ln\frac{1+x}{1-x} - \frac{1}{2}\arctan x$；

(3) $y = \sqrt{x^2 - a^2} - \arccos\frac{a}{x}\ (a > 0)$；　　(4) $y = \ln(\mathrm{e}^x + \sqrt{1+\mathrm{e}^{2x}})$.

5. 求下列函数的微分：

(1) $y = \operatorname{arccot}\frac{1-x^2}{1+x^2}$；　　(2) $y = x[\sin(\ln x) - \cos(\ln x)]$.

6. 设 y 的 $n-2$ 阶导数 $y^{(n-2)} = \frac{x}{\ln x}$，求 y 的 n 阶导数 $y^{(n)}$.

7. 设函数 $y = y(x)$ 由方程 $x^2y^2 - \cos(xy) = 0$ 所确定，求 $\frac{\mathrm{d}y}{\mathrm{d}x}$ 及 $\mathrm{d}y$.

8. 设函数 $y = y(x)$ 由方程 $\mathrm{e}^y + xy = \mathrm{e}$ 所确定，求 $y''(0)$.

9. 求由下列参数方程所确定的函数 y 的一阶导数 $\frac{\mathrm{d}y}{\mathrm{d}x}$ 及二阶导数 $\frac{\mathrm{d}^2y}{\mathrm{d}x^2}$.

(1) $\begin{cases} x = \theta - \sin\theta, \\ y = 1 - \cos\theta; \end{cases}$　　(2) $\begin{cases} x = \ln\sqrt{1+t^2}, \\ y = \arctan t. \end{cases}$

10. 求曲线 $x^2 + 2xy^2 + 3y^4 = 6$ 在点 $M(1, -1)$ 处的切线方程与法线方程.

11. 设函数 $y=y(x)$ 由参数方程 $\begin{cases} x=f(2\sin t), \\ y=f(\cos t+1)+f(t-\pi) \end{cases}$ 所确定，其中 $f(u)$ 可微，且 $f'(0)\neq 0$，求 $\left.\dfrac{\mathrm{d}y}{\mathrm{d}x}\right|_{t=\pi}$.

12. 若 $\lim\limits_{x\to 0}\dfrac{x[f(x)-f(0)]}{1-\cos x}=1$，求 $f'(0)$.

13. 假设有一半径为 r 的雪球，其融化时体积 V 对时间 t 的变化率与雪球的表面积成正比，比例常数 $k>0$，即 $\dfrac{\mathrm{d}V}{\mathrm{d}t}=-k\cdot 4\pi r^2$. 已知前 3 个小时内雪球融化了其体积的 $\dfrac{7}{8}$，问雪球全部融化需多长时间？

14. 设 $f(x)$ 可导，且满足 $af(x)+bf\left(\dfrac{1}{x}\right)=\dfrac{c}{x}$，其中 a,b,c 为常数，$|a|\neq|b|$，求 $f'(x)$.

15. 已知 $f(x)$ 是周期为 5 的连续函数，它在点 $x=0$ 的某个邻域内满足

$$f(1+\sin x)-3f(1-\sin x)=8x+\alpha(x),$$

其中 $\alpha(x)$ 是当 $x\to 0$ 时比 x 高阶的无穷小，且 $f(x)$ 在点 $x=1$ 处可导，求曲线 $y=f(x)$ 在点 $(6,f(6))$ 处的切线方程.

16. 设 $u=f[\varphi(x)+y^2]$，其中 x,y 满足方程 $y+\mathrm{e}^y=x$，且 $f(x)$ 及 $\varphi(x)$ 二阶可导，求 $\dfrac{\mathrm{d}u}{\mathrm{d}x}$，$\dfrac{\mathrm{d}^2u}{\mathrm{d}x^2}$.

实验 2　导数与微分

一、实验内容

数的求导，参数方程的求导.

二、实验目的

(1) 求导和微分运算.

(2) 熟悉 Matlab 的控制语句.

(3) 学会用牛顿法求解方程的根.

三、预备知识

1. 符号求导和数值求导

符号求导的指令为 diff(f,x,n)，相当于 $\dfrac{\mathrm{d}^n f(x)}{\mathrm{d}x^n}$.

对一元函数 $f(x)$ 求 n 阶导数可简写为 diff(f(x),n).

例如，求 $\dfrac{\mathrm{d}^4\mathrm{e}^{3x}}{\mathrm{d}x^4}$，输入 diff(exp(3 * x),4)，得 ans =81 * exp(3 * x).

如果要求某一点 $x=1$ 的值,可使用变量替换指令 subs().

```
syms x
f= diff(exp(3 * x),4)
x=1;
a=subs(f)
x=1:0.5:3;              %x取一组数
b=subs(f)               %f的一组值
a=1.626928e+003         %x=1时,f求四阶导数的值
b=1.0e+005 * 0.016269 0.072913 0.3267773 1.4645143 6.5634979
                        %x取一位数时,f的四阶导数对应的值
```

注 符号%后面的语句为注释语句,它不参加程序的编译.

对于参数方程 $\begin{cases} x=\varphi(t), \\ y=\psi(t) \end{cases}$ 所确定的函数求导,由公式 $\dfrac{\mathrm{d}y}{\mathrm{d}x}=\dfrac{\psi'(t)}{\varphi'(t)}$ 计算.

例1 $\begin{cases} x=a\cos t, \\ y=b\sin t. \end{cases}$ 求 $\dfrac{\mathrm{d}y}{\mathrm{d}x}$.

```
syms t x y a b dy dx
x=a * cos(t);
y=b * sin(t);
dy=diff(y,t,1);
dx=diff(x,t,1);
dydx=dy/dx
t=pi/4;                  %求t=pi/4的导数值
subs(dydx)
```

运行结果:

```
dydx=-b * cos(t)/a/sin(t)
ans=-b/a
```

2. 牛顿迭代法

牛顿迭代法用于求方程 $f(x)=0$ 根的数值解.牛顿迭代法的基本公式为

$$x_n=x_{n-1}-\frac{f(x_{n-1})}{f'(x_{n-1})},$$

指定一个初始值 x_0,则 x_n 收敛于最靠近 x_0 的根.

迭代的计算需要用到Matlab的循环语句,其基本结构为

```
x=x0                    % 赋初值
for i=1:100             % 迭代100次
   x=x+f/f';
end
```

则x最终值就是 x_n.

例2 求方程 $x^3-3x^2+6x-1=0$ 在区间(0, 1)内的实根的近似值:

$$f(x)=x^3-3x^2+6x-1,\qquad f'(x)=3x^2-6x+6.$$

牛顿迭代法程序如下：

```
x=0.5
n=4                              %迭代次数
for i=1:n;
x=x-(x.^3-3*x.^2+6*x-1)./(3*x.^2-6*x+6);
end
x
x=0.18226832611296               %方程的根
当 n=50;
x=0.18226832611318
```

可见迭代 4 次已经很精确了.

四、实验题目

例 3 求下列函数的导数：

(1) $y=x^2\ln x$.

```
syms x
f=diff(x^2*log(x))
f=2*x*log(x)+x
```

(2) $y=\mathrm{e}^{-\frac{x}{2}}\cos 3x$.

```
syms x
f=diff(exp(-x/2)*cos(3*x))
f=-1/2*exp(-1/2*x)*cos(3*x)-3*exp(-1/2*x)*sin(3*x)
```

(3) $y=\dfrac{1}{x^3+1}$，求 y''.

```
syms x
f=diff(1/(x^3+1),x,2)
f=18/(x^3+1)^3*x^4-6/(x^3+1)^2*x
```

(4) 求 $y=\mathrm{e}^x\cos 3x$，求 $y^{(4)}$.

```
syms x
f=diff(exp(x)*cos(3*x),x,4)
f=28*exp(x)*cos(3*x)+96*exp(x)*sin(3*x)
```

(5) $y=x^2\sin 2x$，求 $y^{(50)}$.

```
syms x
f=diff(x^2*sin(2*x),x,50)
f=689613692941107200*sin(2*x)+562949953421312000*x*cos(2*x)
   -1125899906842624*x^2*sin(2*x)
```

(6) $\begin{cases}x=at^2,\\ y=bt^3,\end{cases}$ 求 $\dfrac{\mathrm{d}y}{\mathrm{d}x}$.

```
syms t a b x y
dx=diff(a * t^2,t);
dy=diff(b * t^3,t);
dydx=dy/dx
dydx=3/2 * b * t/a
```

例 4　用牛顿迭代法求方程 $x^3 - 5x - 2 = 0$ 的实根的近似值.

先作图(图 2-11),估计实根的大致位置:

```
x=-50:  0.01:  50;
y=x.^3-5 * x-2;
plot(x,y)
```

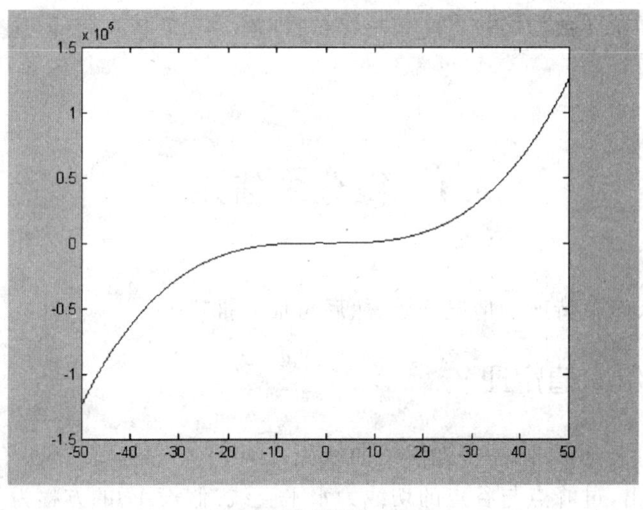

图 2-11

从图中可看出实根大致在 0 的附近.

```
y=x.^3-5 * x-2
y'=3 * x^2-5
```

牛顿迭代法程序如下:

```
x=0;
n=10          %迭代次数
for i=1:n;
x=x-( x.^3-5 * x-2)./( 3 * x^2-5);
end
x
x=-0.414213
```

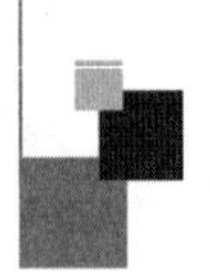

第3章

微分中值定理与导数的应用

上一章介绍了导数概念及其计算方法，了解了导数是函数在一点处的变化率.本章将利用导数来研究函数在某区间上的整体性态，并利用导数解决一些实际问题.为此，需要在导数与函数之间架一座桥，即需要一个联系局部与整体的纽带，这就是中值定理.

3.1　微分中值定理

下面先从简单特殊的情况开始，然后再加以推广.

3.1.1　罗尔中值定理

先从几何上分析.画一条光滑的曲线弧$\overset{\frown}{AB}$(图3－1)，弧$\overset{\frown}{AB}$上有峰点C和谷点D.可以看出，过峰点与谷点的切线为水平直线.假设$\overset{\frown}{AB}$的方程为$y=f(x)$，C，D对应的横坐标分别为ξ_1，ξ_2，则

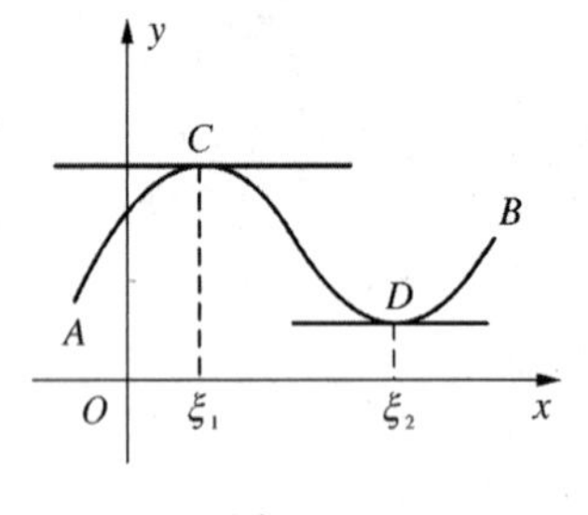

图3－1

$$f'(\xi_1)=f'(\xi_2)=0.$$

就是说，可导函数在峰点和谷点处的导数为0.此即费马引理.

费马引理　设函数$f(x)$在点x_0的某邻域$U(x_0)$内有定义，且$f'(x_0)$存在，若对任意$x\in U(x_0)$，有

$$f(x)\leqslant f(x_0)\qquad(\text{或}\ f(x)\geqslant f(x_0)),$$

则

$$f'(x_0)=0.$$

证　不妨设$x\in U(x_0)$时，$f(x)\leqslant f(x_0)$（如果$f(x)\geqslant f(x_0)$，可仿此证明）.即

$$f(x)-f(x_0)\leqslant 0.$$

当 $x < x_0$ 时，

$$\frac{f(x)-f(x_0)}{x-x_0} \geqslant 0;$$

当 $x > x_0$ 时，

$$\frac{f(x)-f(x_0)}{x-x_0} \leqslant 0.$$

由左、右导数的定义及极限的保号性，得

$$f'_-(x_0) = \lim_{x \to x_0^-} \frac{f(x)-f(x_0)}{x-x_0} \geqslant 0,$$

$$f'_+(x_0) = \lim_{x \to x_0^+} \frac{f(x)-f(x_0)}{x-x_0} \leqslant 0.$$

又 $f'(x_0)$存在，所以 $f'_-(x_0) = f'_+(x_0) = 0$，从而 $f'(x_0) = 0$.

通常称导数为零的点为函数的驻点或稳定点.

罗尔定理　如果函数 $f(x)$同时满足下列条件：

(1) 在闭区间$[a, b]$上连续；

(2) 在开区间(a, b)内可导；

(3) 在区间端点处的函数值相等，即 $f(a) = f(b)$. 那么至少存在一点 $\xi \in (a, b)$，使得 $f'(\xi) = 0$.

证　由于 $f(x)$在$[a, b]$上连续，根据闭区间上连续函数的性质知，$f(x)$在$[a, b]$上一定取得最大值 M 和最小值 m.

若 $M = m$，则在$[a, b]$上，$f(x)$为常数，即 $f(x) \equiv M$. 这时，$\forall x \in (a, b)$，有 $f'(x) = 0$.

若 $M > m$，因为 $f(a) = f(b)$，所以，M 与 m 中至少有一个不等于端点的函数值，即 M 和 m 中至少有一个(不妨设为 M)是在(a, b)内部一点 ξ 处取得，即 $f(\xi) = M$. 因此，$\forall x \in [a, b]$，有

$$f(x) \leqslant f(\xi) = M,$$

由费马引理知 $f'(\xi) = 0$.

注　定理中三个条件缺少其中任意一个，定理的结论将不一定成立. 如图 3-2 所示.

图 3-2(a)中，$f(x)$在端点 b 处不连续；图 3-2(b)中，$f(x)$在(a, b)内的某点 c 处不可导；图 3-2(c)中，$f(x)$在端点处的函数值不相等. 这三个函数的导数 $f'(x)$在(a, b)内没有等于 0 的点，即罗尔定理的结论不成立.

例 1　验证函数 $f(x) = x^3 - 3x^2 + 2$ 在区间$[0, 3]$上满足罗尔定理的条件，并

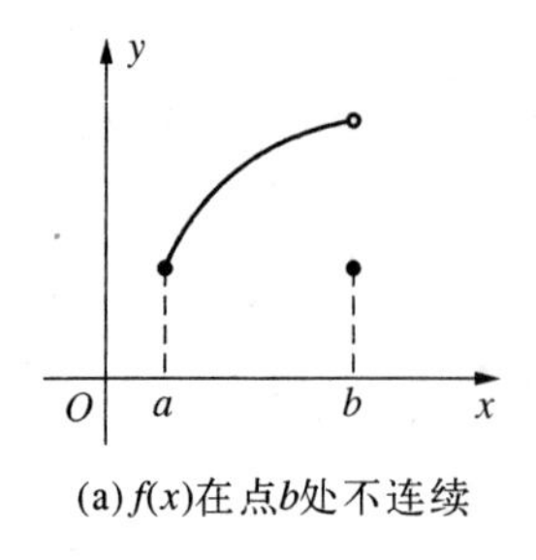

(a) $f(x)$在点b处不连续

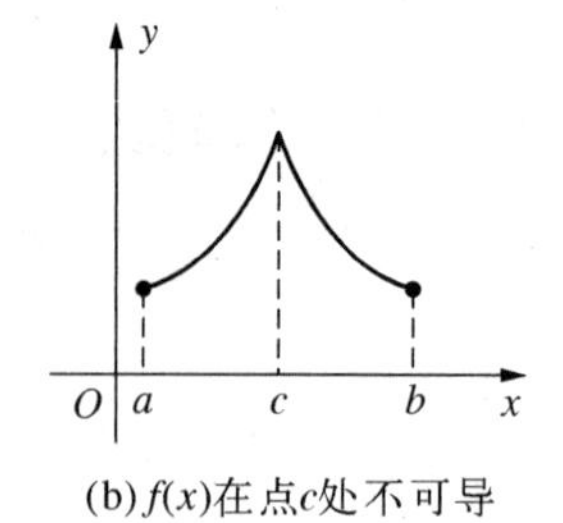

(b) $f(x)$在点c处不可导

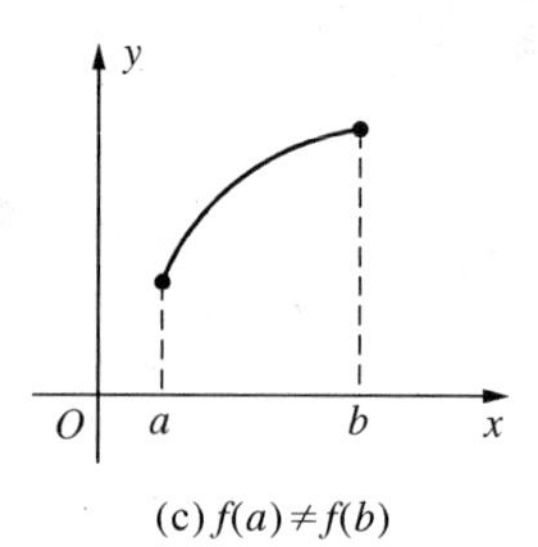

(c) $f(a)\neq f(b)$

图 3－2

求出符合定理结论的 ξ 值.

解 因为 $f(x)$为初等函数，在其定义区间 $\mathbf{R}$ 内连续，在$[0,\ 3]$上连续；又

$$f'(x)=3x^2-6x,$$

$\forall x\in\mathbf{R}$，$f'(x)$存在，所以 $f(x)$在$(0,\ 3)$内可导；容易计算

$$f(0)=f(3)=2.$$

因此，$f(x)$在$[0,\ 3]$上满足罗尔定理的条件.

令 $f'(x)=3x^2-6x=0$，得

$$x_1=0,\qquad x_2=2.$$

显然 $x_1\overline{\in}(0,\ 3)$，应舍去；而 $x_2\in(0,\ 3)$，故取 $\xi=x_2=2$，就有

$$f'(\xi)=0.$$

例 2 已知函数 $f(x)=(x-1)(x-2)(x-3)$，判断 $f'(x)=0$ 有几个实根，并指出它们所在的区间.

解 显然，$f(x)$在 $\mathbf{R}$ 内连续，可导，且

$$f(1)=f(2)=f(3),$$

所以 $f(x)$在$[1,\ 2]$及$[2,\ 3]$上满足罗尔定理的条件，因此在$(1,\ 2)$内，至少存在一点 ξ_1，使 $f'(\xi_1)=0$；在$(2,\ 3)$内，至少存在一点 ξ_2，使 $f'(\xi_2)=0$.

另一方面，$f'(x)=0$ 是二次方程，最多有两个实根.

综合以上两方面知，$f'(x)=0$ 有两个实根，分别在$(1,\ 2)$与$(2,\ 3)$内.

3.1.2 拉格朗日中值定理 >>>

罗尔定理的几何意义是：连续、光滑的曲线弧$\overset{\frown}{AB}$，若两端点高度一致，那么弧上至少有一点 C 处的切线平行于 x 轴，也就是平行于弦 AB(图 3－3(a)).

将图 3－3(a)中的曲线旋转一个角度后，端点 A，B 高度发生了变化，但曲线仍然连续光滑，这时点 C 处的切线还是平行于弦 AB(图 3－3(b)). 用分析语言叙

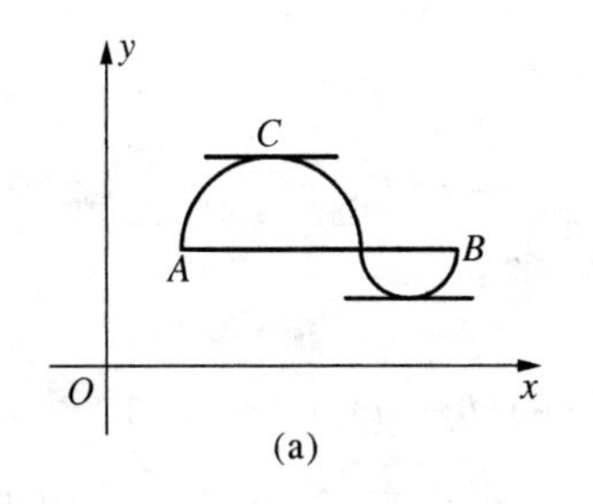

(a)

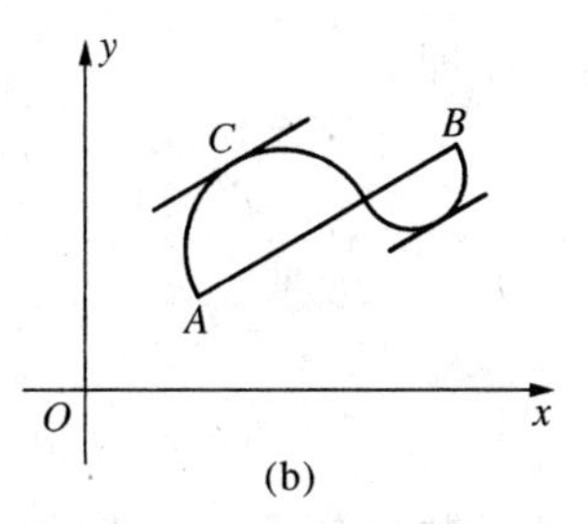

(b)

图 3-3

述，就得到拉格朗日中值定理.

拉格朗日中值定理　若函数 $y=f(x)$ 满足以下条件：

(1) 在闭区间 $[a, b]$ 上连续；

(2) 在开区间 (a, b) 内可导.

则在 (a, b) 内至少存在一点 ξ，使

$$f'(\xi)=\frac{f(b)-f(a)}{b-a} \tag{3.1.1}$$

或

$$f(b)-f(a)=f'(\xi)(b-a). \tag{3.1.2}$$

为了证明该定理，先分析其结论，将式(3.1.1)变形为

$$f'(\xi)-\frac{f(b)-f(a)}{b-a}=0, \tag{3.1.3}$$

该式左端为函数

$$\varphi(x)=f(x)-\frac{f(b)-f(a)}{b-a}x$$

在点 ξ 处的导数值，式(3.1.3)即 $\varphi'(\xi)=0$. 它正好与罗尔定理的结论吻合，于是可以借助罗尔定理给出拉格朗日中值定理的证明.

证　作辅助函数(图 3-4)：

$$\varphi(x)=f(x)-\frac{f(b)-f(a)}{b-a}x.$$

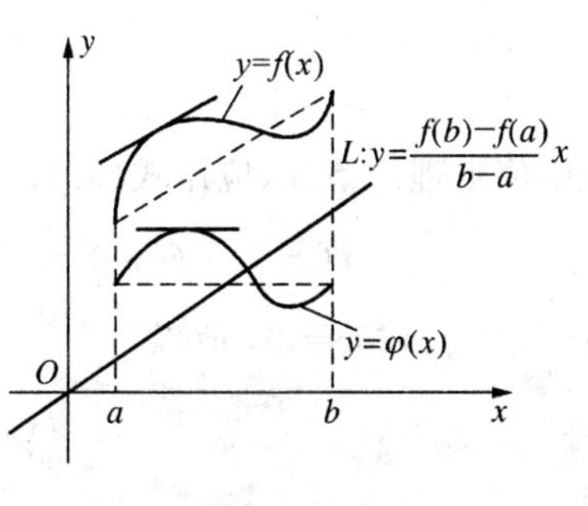

图 3-4

因为 $f(x)$ 在 $[a, b]$ 上连续，在 (a, b) 内可导，所以 $\varphi(x)$ 在 $[a, b]$ 上连续，在 (a, b) 内可导，容易计算得

$$\varphi(a)=\varphi(b)=\frac{bf(a)-af(b)}{b-a},$$

故 $\varphi(x)$ 在 $[a, b]$ 上满足罗尔定理的条件. 由罗尔定理知，在 (a, b) 内至少存在一点

ξ,使 $\varphi'(\xi)=0$,即

$$f'(\xi)-\frac{f(b)-f(a)}{b-a}=0,$$

也就是

$$f(b)-f(a)=f'(\xi)(b-a).$$

式(3.1.2)称为**拉格朗日中值公式**,对于 $b<a$ 也成立. 它在微分学中占有极其重要的地位.

当 $f(x)$在(a, b)内可导时,若 $x, x+\Delta x\in(a, b)$,由拉格朗日中值定理,存在 ξ 介于 $x, x+\Delta x$ 之间,使得

$$f(x+\Delta x)-f(x)=f'(\xi)\Delta x. \tag{3.1.4}$$

由于 ξ 可表示为

$$\xi=x+\theta\Delta x \quad (0<\theta<1),$$

因此式(3.1.4)可表示成

$$f(x+\Delta x)-f(x)=f'(x+\theta\Delta x)\Delta x,$$

即

$$\Delta y=f'(x+\theta\Delta x)\Delta x \quad (0<\theta<1). \tag{3.1.5}$$

式(3.1.5)称为**有限增量公式**.

当$|\Delta x|$很小时,可用微分 $\mathrm{d}y$ 作为 Δy 的近似表达式,即

$$\Delta y\approx f'(x)\mathrm{d}x.$$

与式(3.1.5)相比,前者简单便于计算,需要$|\Delta x|$很小,得出的是 Δy 的近似值;而后者是一个精确的表达式,对 Δx 的大小没有限制,主要用于理论研究.

由拉格朗日中值定理可以导出两个在积分学中很有用的结论.

推论 1 如果函数 $f(x)$在区间(a, b)内任一点的导数为零,那么 $f(x)$在(a, b)内是一常数.

证 设 $\forall x_1, x_2\in(a, b)$,且 $x_1<x_2$. 显然, $f(x)$在$[x_1, x_2]$上满足拉格朗日中值定理的条件,应用式(3.1.2)得

$$f(x_2)-f(x_1)=f'(\xi)(x_2-x_1) \quad (x_1<\xi<x_2).$$

由已知, $f'(\xi)=0$, 所以

$$f(x_2)-f(x_1)=0,$$

即

$$f(x_2)=f(x_1).$$

就是说,在(a, b)内任意两点的函数值相等,所以, $f(x)$在(a, b)内是一常数.

推论 2 如果函数 $f(x)$与 $g(x)$在(a, b)内每一点的导数相等,则存在常数

C,使得 $f(x)-g(x)=C$,即 $f(x)=g(x)+C$.

证　由条件知, $\forall x\in(a,b)$, $f'(x)=g'(x)$. 令

$$F(x)=f(x)-g(x),$$

则 $\forall x\in(a,b)$, $F'(x)=0$. 由推论 1 得,$F(x)$在(a,b)内是一常数,设此常数为 C,即

$$F(x)=f(x)-g(x)=C.$$

例 3　证明:当 $x>0$ 时, $\ln(1+x)<x$.

证　设 $f(x)=x-\ln(1+x)$. 显然,当 $x>0$ 时, $f(x)$在$[0,x]$上满足拉格朗日中值定理的条件,于是存在一点 $\xi\in(0,x)$, 使

$$f'(\xi)=\frac{f(x)-f(0)}{x-0}=\frac{x-\ln(1+x)}{x},$$

而
$$f'(\xi)=1-\frac{1}{1+\xi}=\frac{\xi}{1+\xi}>0.$$

因此
$$\frac{x-\ln(1+x)}{x}>0,$$

所以当 $x>0$ 时,有 $\ln(1+x)<x$.

3.1.3　柯西中值定理

由拉格朗日中值定理的几何意义可知,连续光滑的曲线弧$\overset{\frown}{AB}$上一定有一点 C 处的切线平行于弦 AB(图 3-5). 设$\overset{\frown}{AB}$的参数方程为

$$\begin{cases}X=g(x),\\ Y=f(x)\end{cases}\quad(a\leqslant x\leqslant b),$$

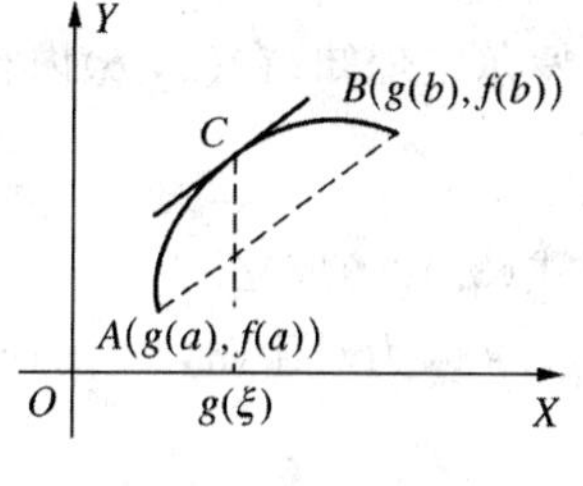

图 3-5

点 C 处对应的参数为 ξ,点 C 处切线的斜率为

$$\left.\frac{\mathrm{d}Y}{\mathrm{d}X}\right|_{x=\xi}=\frac{f'(\xi)}{g'(\xi)},$$

弦 AB 的斜率为

$$\frac{f(b)-f(a)}{g(b)-g(a)}.$$

于是,点 C 处的切线平行于弦 AB 可表示为

$$\frac{f'(\xi)}{g'(\xi)}=\frac{f(b)-f(a)}{g(b)-g(a)}.$$

这样就得到拉格朗日中值定理的推广定理：

柯西定理 若函数 $f(x)$，$g(x)$满足：

(1) 在闭区间$[a, b]$上连续；

(2) 在开区间(a, b)内可导；

(3) 对于(a, b)内任一点 x，$g'(x)\neq 0$.

则在(a, b)内至少存在一点 ξ,使

$$\frac{f(b)-f(a)}{g(b)-g(a)}=\frac{f'(\xi)}{g'(\xi)} \tag{3.1.6}$$

成立.

分析 当 $g(b)\neq g(a)$，$g'(\xi)\neq 0$ 时,式(3.1.6)等价于

$$[f(b)-f(a)]g'(\xi)-[g(b)-g(a)]f'(\xi)=0. \tag{3.1.7}$$

该方程左端是函数

$$F(x)=[f(b)-f(a)]g(x)-[g(b)-g(a)]f(x)$$

在 ξ 处的导数值.式(3.1.7)即是 $F'(\xi)=0$，它与罗尔定理的结论一致,用罗尔定理证明.

证 作辅助函数

$$F(x)=[f(b)-f(a)]g(x)-[g(b)-g(a)]f(x),$$

由定理的条件知，$F(x)$在$[a, b]$上连续,在(a, b)内可导,且

$$F(a)=F(b)=f(b)g(a)-f(a)g(b),$$

由罗尔定理知,在(a, b)内至少存在一点 ξ,使

$$F'(\xi)=0,$$

即式(3.1.7)成立.

又因为对于(a, b)内任一点，$g'(x)\neq 0$,所以 $g(b)\neq g(a)$，于是得到

$$\frac{f(b)-f(a)}{g(b)-g(a)}=\frac{f'(\xi)}{g'(\xi)}$$

成立.

在柯西定理中,令 $g(x)=x$，就得到拉格朗日中值定理.因此,拉格朗日中值定理是柯西定理的特殊情况.

注 式(3.1.6)不能由式(3.1.2)用除法直接推出,因为把式(3.1.2)分别用于 $f(x)$，$g(x)$时出现的两个 ξ 不一定相同,而式(3.1.6)中分子、分母里的 ξ 为同一值.

习　题　3.1

1. 下列函数在给定区间上是否满足罗尔定理的所有条件？如满足，试求出定理中的 ξ 值.

(1) $f(x)=\dfrac{1}{1+x^2}$，$x\in[-2,2]$；

(2) $f(x)=\ln\sin x$，$x\in\left[\dfrac{\pi}{6},\dfrac{5\pi}{6}\right]$；

(3) $f(x)=\begin{cases}x, & x\in\left[0,\dfrac{1}{2}\right),\\ 1-x, & x\in\left[\dfrac{1}{2},1\right];\end{cases}$

(4) $f(x)=\begin{cases}\left(x-\dfrac{1}{2}\right)^2, & x\in[0,1),\\ \dfrac{1}{4x}, & x=1.\end{cases}$

2. 验证拉格朗日中值定理对函数 $f(x)=x^3-3x^2+x-2$ 在区间 $[-1,0]$ 上的正确性.

3. 验证柯西定理对函数 $f(x)=\sin x$ 与 $g(x)=x+\cos x$ 在 $\left[0,\dfrac{\pi}{2}\right]$ 上的正确性.

4. 函数 $f(x)=x(x-1)(x-2)(x+1)(x+2)$ 的导函数有几个零点？且各位于哪个区间？

5. 证明：在 $[-1,1]$ 上，$\arcsin x+\arccos x=\dfrac{\pi}{2}$ 恒成立.

6. 证明：方程 $x^5+x-1=0$ 仅有一个正实数根.

7. 设 $y=f(x)$ 二阶可导，且 $f(x_1)=f(x_2)=f(x_3)$，其中 $x_1<x_2<x_3$. 证明：至少存在一点 $\xi\in(x_1,x_3)$，使 $f''(\xi)=0$.

8. 证明下列不等式.

(1) 当 $x>0$ 时，$\dfrac{x}{1+x}<\ln(1+x)<x$；

(2) $|\arctan x-\arctan y|\leqslant|x-y|$；

(3) 当 $x>1$ 时，$e^x>ex$.

9. 若 $\lim\limits_{x\to0^+}f(x)=f(0)=0$，且当 $x>0$ 时，$f'(x)>0$，证明：当 $x>0$ 时，$f(x)>0$.

10. 若函数 $f(x)$ 在区间 $[x_0,x_0+\delta]$ 上连续，在 $(x_0,x_0+\delta)$ 内可导，且

$$\lim_{x\to x_0^+}f'(x)=A.$$

证明：$f(x)$ 在点 x_0 处的右导数存在且等于 A.

11. 设 $f(x)$，$g(x)$ 都可导，证明：在 $f(x)$ 的任意两个零点之间，必有方程

$$f'(x)+g'(x)f(x)=0$$

的实根.

12. 设 $f(x)$ 在 $[a,b]$ 上连续，在 (a,b) 内可导，$a>0$. 证明：存在点 $\xi\in(a,b)$，使得

$$f(b)-f(a)=\xi f'(\xi)\ln\frac{b}{a}.$$

3.2 洛必达法则

在极限部分已经知道：当自变量 x 有某一变化趋势(如 $x \to x_0$)时，如果 $f(x)$，$g(x)$ 都是无穷小量(或无穷大量)，那么极限 $\lim\limits_{x \to x_0} \dfrac{f(x)}{g(x)}$ 可能存在，也可能不存在．通常称这种极限为未定式，记为"$\dfrac{0}{0}$"$\left(\text{或"}\dfrac{\infty}{\infty}\text{"}\right)$型．关于未定式的定值法，在第 1 章里已介绍过一些，公式 $\lim\limits_{x \to 0} \dfrac{\sin x}{x} = 1$ 就是"$\dfrac{0}{0}$"型定值法的一个例子．本节将介绍一种利用导数来解决这类问题的新方法——洛必达法则．

定理 1 设 $f(x)$ 与 $g(x)$ 满足条件：

(1) $\lim\limits_{x \to x_0} f(x) = \lim\limits_{x \to x_0} g(x) = 0$；

(2) 在点 x_0 的某去心邻域 $\mathring{U}(x_0)$ 内可导，且 $g'(x) \neq 0$；

(3) $\lim\limits_{x \to x_0} \dfrac{f'(x)}{g'(x)} = A(\infty)$.

则有
$$\lim_{x \to x_0} \frac{f(x)}{g(x)} = \lim_{x \to x_0} \frac{f'(x)}{g'(x)} = A(\infty).$$

证 因为在一点的极限值与函数值无关，所以可以补充定义 $f(x_0) = g(x_0) = 0$. 这样，$f(x)$，$g(x)$ 在点 x_0 处连续．设任一 $x \in \mathring{U}(x_0)$，在以 x_0，x 为端点的区间上，$f(x)$，$g(x)$ 满足柯西中值定理的条件，因此有
$$\frac{f(x)}{g(x)} = \frac{f(x) - f(x_0)}{g(x) - g(x_0)} = \frac{f'(\xi)}{g'(\xi)} \quad (\xi \text{ 介于 } x_0,\ x \text{ 间}).$$

令 $x \to x_0$，此时 $\xi \to x_0$，对上式两边取极限，结合条件(3)，得
$$\lim_{x \to x_0} \frac{f(x)}{g(x)} = \lim_{x \to x_0} \frac{f'(\xi)}{g'(\xi)} = \lim_{x \to x_0} \frac{f'(x)}{g'(x)} = A(\infty).$$

定理 1 说明：如果 $\lim\limits_{x \to x_0} \dfrac{f(x)}{g(x)}$ 为"$\dfrac{0}{0}$"型未定式，若能求出 $\lim\limits_{x \to x_0} \dfrac{f'(x)}{g'(x)}$ 的值或能断定 $\lim\limits_{x \to x_0} \dfrac{f'(x)}{g'(x)}$ 为无穷大，那么未定式 $\lim\limits_{x \to x_0} \dfrac{f(x)}{g(x)}$ 的极限问题就解决了，此时，
$$\lim_{x \to x_0} \frac{f(x)}{g(x)} = \lim_{x \to x_0} \frac{f'(x)}{g'(x)}.$$

这种在一定条件下通过分别求分子、分母的导数后再求极限来确定未定式的值的方法称为**洛必达法则**.

若 $\lim\limits_{x \to x_0} \dfrac{f'(x)}{g'(x)}$ 还是“$\dfrac{0}{0}$”型，且 $f'(x)$，$g'(x)$能满足定理 1 中 $f(x)$，$g(x)$满足的条件，则可继续使用洛必达法则. 依此类推，即得

$$\lim_{x \to x_0} \frac{f(x)}{g(x)} \xlongequal{\text{“}\frac{0}{0}\text{”}} \lim_{x \to x_0} \frac{f'(x)}{g'(x)} \xlongequal{\text{“}\frac{0}{0}\text{”}} \lim_{x \to x_0} \frac{f''(x)}{g''(x)} = \cdots = A(\infty).$$

例 1　求 $\lim\limits_{x \to \pi} \dfrac{1+\cos x}{\tan^2 x}$.

解　此极限式为“$\dfrac{0}{0}$”型，应用洛必达法则，得

$$\lim_{x \to \pi} \frac{1+\cos x}{\tan^2 x} \xlongequal{\text{“}\frac{0}{0}\text{”}} \lim_{x \to \pi} \frac{(1+\cos x)'}{(\tan^2 x)'} = \lim_{x \to \pi} \frac{-\sin x}{2\tan x \sec^2 x}$$

$$= -\lim_{x \to \pi} \frac{\cos^3 x}{2} = -\frac{(-1)^3}{2} = \frac{1}{2}.$$

例 2　求 $\lim\limits_{x \to 0} \dfrac{\sin 2x + 3x}{\sin x - 2x}$.

解　此极限式为“$\dfrac{0}{0}$”型，应用洛必达法则，得

$$\lim_{x \to 0} \frac{\sin 2x + 3x}{\sin x - 2x} \xlongequal{\text{“}\frac{0}{0}\text{”}} \lim_{x \to 0} \frac{(\sin 2x + 3x)'}{(\sin x - 2x)'} = \lim_{x \to 0} \frac{2\cos 2x + 3}{\cos x - 2} = \frac{2 \times 1 + 3}{1 - 2} = -5.$$

注　上式中 $\lim\limits_{x \to 0} \dfrac{2\cos 2x + 3}{\cos x - 2}$ 已不是未定式，不能对它应用洛必达法则，否则会导致错误.

例 3　求 $\lim\limits_{x \to 0} \dfrac{e^x - \cos x}{x\ln(1+x)}$.

解　由于当 $x \to 0$ 时，$\ln(1+x) \sim x$，所以

$$\lim_{x \to 0} \frac{e^x - \cos x}{x\ln(1+x)} = \lim_{x \to 0} \frac{e^x - \cos x}{x^2} \xlongequal{\text{“}\frac{0}{0}\text{”}} \lim_{x \to 0} \frac{(e^x - \cos x)'}{(x^2)'} = \lim_{x \to 0} \frac{e^x + \sin x}{2x} = \infty.$$

例 4　求 $\lim\limits_{x \to 0} \dfrac{x - \sin x}{x^3}$.

解
$$\lim_{x\to 0}\frac{x-\sin x}{x^3}\xlongequal{\text{“}\frac{0}{0}\text{”}}\lim_{x\to 0}\frac{(x-\sin x)'}{(x^3)'}=\lim_{x\to 0}\frac{1-\cos x}{3x^2}$$
$$\xlongequal{\text{“}\frac{0}{0}\text{”}}\lim_{x\to 0}\frac{(1-\cos x)'}{(3x^2)'}=\lim_{x\to 0}\frac{\sin x}{6x}=\frac{1}{6}.$$

本题中,求 $\lim\limits_{x\to 0}\frac{1-\cos x}{3x^2}$ 时,可以不用洛必达法则,直接将分子 $1-\cos x$ 用其等价无穷小 $\frac{1}{2}x^2$ 替换,这样可以简化运算.

注 对于“$\frac{0}{0}$”型,洛必达法则只有在 $\lim\limits_{x\to x_0}\frac{f'(x)}{g'(x)}$ 存在或趋于无穷大时成立.如果无法确定 $\lim\limits_{x\to x_0}\frac{f'(x)}{g'(x)}$ 的极限状态或能断定它是振荡无极限,则洛必达法则失效.此时需要采用其他方法确定 $\lim\limits_{x\to x_0}\frac{f(x)}{g(x)}$.

例 5 求 $\lim\limits_{x\to 0}\dfrac{x^2\sin\frac{1}{x}}{\sin x}$.

解 此题属于“$\frac{0}{0}$”型,若用洛必达法则,得
$$\lim_{x\to 0}\frac{x^2\sin\frac{1}{x}}{\sin x}=\lim_{x\to 0}\frac{2x\sin\frac{1}{x}-\cos\frac{1}{x}}{\cos x}.$$
右式振荡无极限,说明法则在这里失效,等号不成立.事实上,
$$\lim_{x\to 0}\frac{x^2\sin\frac{1}{x}}{\sin x}=\lim_{x\to 0}\left(\frac{x}{\sin x}\cdot x\sin\frac{1}{x}\right)=1\times 0=0.$$

对于“$\frac{\infty}{\infty}$”型未定式,也有相应的洛必达法则.

定理 2 设函数 $f(x)$, $g(x)$满足:

(1) $\lim\limits_{x\to x_0}f(x)=\infty$, $\lim\limits_{x\to x_0}g(x)=\infty$;

(2) 在点 x_0 的某去心邻域$\mathring{U}(x_0)$ 内可导,且 $g'(x)\neq 0$;

(3) $\lim\limits_{x\to x_0}\frac{f'(x)}{g'(x)}=A(\infty)$.

则必有

$$\lim_{x\to x_0}\frac{f(x)}{g(x)}=\lim_{x\to x_0}\frac{f'(x)}{g'(x)}=A(\infty).$$

例 6　求 $\lim\limits_{x\to\frac{\pi}{2}}\dfrac{\tan x}{\tan 3x}$.

解　$$\lim_{x\to\frac{\pi}{2}}\frac{\tan x}{\tan 3x}\overset{\text{“}\frac{\infty}{\infty}\text{”}}{=\!=\!=}\lim_{x\to\frac{\pi}{2}}\frac{(\tan x)'}{(\tan 3x)'}=\lim_{x\to\frac{\pi}{2}}\frac{\sec^2 x}{3\sec^2 3x}=\lim_{x\to\frac{\pi}{2}}\frac{\cos^2 3x}{3\cos^2 x}$$

$$=\frac{1}{3}\left(\lim_{x\to\frac{\pi}{2}}\frac{\cos 3x}{\cos x}\right)^2\overset{\text{“}\frac{0}{0}\text{”}}{=\!=\!=}\frac{1}{3}\left(\lim_{x\to\frac{\pi}{2}}\frac{-3\sin 3x}{-\sin x}\right)^2$$

$$=\frac{1}{3}\left[\frac{3\cdot(-1)}{1}\right]^2=3.$$

将定理1、定理2中 $x\to x_0$ 换成 $x\to\infty$ 或其他任何一种变化趋势时，洛必达法则同样有效.

例 7　求 $\lim\limits_{x\to+\infty}\dfrac{x^\alpha}{\ln x}$ $(\alpha>0)$.

解　$$\lim_{x\to+\infty}\frac{x^\alpha}{\ln x}\overset{\text{“}\frac{\infty}{\infty}\text{”}}{=\!=\!=}\lim_{x\to+\infty}\frac{(x^\alpha)'}{(\ln x)'}=\lim_{x\to+\infty}\frac{\alpha x^{\alpha-1}}{\frac{1}{x}}=\lim_{x\to+\infty}\alpha x^\alpha=+\infty.$$

该结果表明当 $x\to+\infty$ 时，任何正幂函数都比自然对数趋于无穷大的速度要快得多.

例 8　求 $\lim\limits_{x\to+\infty}\dfrac{x^n}{e^{\lambda x}}$ $(n\in\mathbf{N},\lambda>0)$.

解　$$\lim_{x\to+\infty}\frac{x^n}{e^{\lambda x}}\overset{\text{“}\frac{\infty}{\infty}\text{”}}{=\!=\!=}\lim_{x\to+\infty}\frac{(x^n)'}{(e^{\lambda x})'}=\lim_{x\to+\infty}\frac{nx^{n-1}}{\lambda e^{\lambda x}}$$

$$=\lim_{x\to+\infty}\frac{n(n-1)x^{n-2}}{\lambda^2 e^{\lambda x}}=\cdots=\lim_{x\to+\infty}\frac{n!}{\lambda^n e^{\lambda x}}=0.$$

把该例中的 n 换成任一正数 α 后结论不变. 这说明，当 $x\to+\infty$ 时，指数函数 $e^{\lambda x}(\lambda>0)$ 比任何正幂函数 $x^\alpha(\alpha>0)$ 趋于无穷大的速度要快许多.

使用洛必达法则时应注意以下几点：

(1) 使用对象必须是“$\frac{0}{0}$”型或“$\frac{\infty}{\infty}$”型，否则不可用本法则；

(2) 使用法则时，需要分别求出分子、分母的导数，而不是整个分式的导数；

(3) 要及时化简极限符号后面的式子，在化简后检验是否仍为“$\frac{0}{0}$”型或“$\frac{\infty}{\infty}$”

型,若不是,应立即停止使用洛必达法则;

(4) 使用法则时,要尽可能与其他求极限的方法有效结合,使运算尽可能简化.

除了“$\frac{0}{0}$”型、“$\frac{\infty}{\infty}$”型,未定式还有“$0\cdot\infty$”型、“$\infty-\infty$”型、“1^{∞}”型、“0^{0}”型及“∞^{0}”型.这些未定式可以通过适当的变换转化为“$\frac{0}{0}$”型或“$\frac{\infty}{\infty}$”型来计算.

例 9 求 $\lim\limits_{x\to+\infty} x\left(\frac{\pi}{2}-\arctan x\right)$.

解 此极限为“$\infty\cdot 0$”型,变为“$\frac{0}{0}$”型后再用洛必达法则$\Big($某些“$\infty\cdot 0$”型可先变形为“$\frac{\infty}{\infty}$”型后再用法则$\Big)$.

$$\lim_{x\to+\infty} x\left(\frac{\pi}{2}-\arctan x\right)=\lim_{x\to+\infty}\frac{\frac{\pi}{2}-\arctan x}{\frac{1}{x}}$$

$$\overset{\text{“}\frac{0}{0}\text{”}}{=\!=}\lim_{x\to+\infty}\frac{\left(\frac{\pi}{2}-\arctan x\right)'}{\left(\frac{1}{x}\right)'}$$

$$=\lim_{x\to+\infty}\frac{-\frac{1}{1+x^2}}{-\frac{1}{x^2}}=\lim_{x\to+\infty}\frac{x^2}{1+x^2}=1.$$

例 10 求 $\lim\limits_{x\to 1}\left(\frac{1}{\ln x}-\frac{x}{x-1}\right)$.

解 此题属“$\infty-\infty$”型,先通分化为“$\frac{0}{0}$”型,再用洛必达法则.

$$\lim_{x\to 1}\left(\frac{1}{\ln x}-\frac{x}{x-1}\right)=\lim_{x\to 1}\frac{x-1-x\ln x}{(x-1)\ln x}\overset{\text{“}\frac{0}{0}\text{”}}{=\!=}\lim_{x\to 1}\frac{(x-1-x\ln x)'}{[(x-1)\ln x]'}$$

$$=\lim_{x\to 1}\frac{1-\ln x-1}{\ln x+\frac{x-1}{x}}=\lim_{x\to 1}\frac{-\ln x}{\ln x+1-\frac{1}{x}}$$

$$\xlongequal{\text{“}\frac{0}{0}\text{”}} \lim_{x\to 1}\frac{-\dfrac{1}{x}}{\dfrac{1}{x}+\dfrac{1}{x^2}}=\frac{-1}{1+1}=-\frac{1}{2}.$$

例 11 求 $\lim\limits_{x\to 0}(\cos x)^{\frac{1}{x^2}}$.

解 这是“1^{∞}”型,由于 $f^g = e^{g\ln f}$ $(f>0)$,所以有

$$\lim_{x\to 0}(\cos x)^{\frac{1}{x^2}}=\lim_{x\to 0}e^{\frac{1}{x^2}\ln\cos x}=e^{\lim\limits_{x\to 0}\frac{1}{x^2}\ln\cos x},$$

而
$$\lim_{x\to 0}\frac{1}{x^2}\ln\cos x \xlongequal{\text{“}\infty\cdot 0\text{”}} \lim_{x\to 0}\frac{\ln\cos x}{x^2} \xlongequal{\text{“}\frac{0}{0}\text{”}} \lim_{x\to 0}\frac{-\dfrac{\sin x}{\cos x}}{2x}$$

$$=\lim_{x\to 0}\left(-\frac{\sin x}{x}\frac{1}{2\cos x}\right)=-\frac{1}{2}.$$

所以
$$\lim_{x\to 0}(\cos x)^{\frac{1}{x^2}}=e^{-\frac{1}{2}}.$$

对于“∞^0”与“0^0”型未定式,其定值方法可以仿照例 11.

习 题 3.2

1. 下列求极限的过程中都应用了洛必达法则,解法有无错误?

(1) $\lim\limits_{x\to 0}\dfrac{x^2+1}{x-1}=\lim\limits_{x\to 0}\dfrac{(x^2+1)'}{(x-1)'}=\lim\limits_{x\to 0}\dfrac{2x}{1}=0$;

(2) $\lim\limits_{x\to\infty}\dfrac{\sin x+x}{x}=\lim\limits_{x\to\infty}\dfrac{(\sin x+x)'}{x'}=\lim\limits_{x\to\infty}\dfrac{\cos x+1}{1}$,极限不存在.

2. 用洛必达法则求下列极限.

(1) $\lim\limits_{x\to 0}\dfrac{e^x-e^{-x}}{x}$;

(2) $\lim\limits_{x\to 1}\dfrac{x^3-3x^2+2}{x^3-x^2-x+1}$;

(3) $\lim\limits_{x\to\frac{\pi}{2}}\dfrac{\ln\sin x}{(\pi-2x)^2}$;

(4) $\lim\limits_{x\to+\infty}\dfrac{\ln\left(1+\dfrac{1}{x}\right)}{\operatorname{arccot} x}$;

(5) $\lim\limits_{x\to\infty}\dfrac{\ln(x^4-x^3+1)}{\ln(x^2+2x+1)}$;

(6) $\lim\limits_{x\to 0}\left(\cot x-\dfrac{1}{x}\right)$;

(7) $\lim\limits_{x\to 0}\left(\dfrac{1}{x}-\dfrac{1}{e^x-1}\right)$;

(8) $\lim\limits_{x\to -1}\left[\dfrac{1}{x+1}-\dfrac{1}{\ln(x+2)}\right]$;

(9) $\lim\limits_{x\to\infty}x(e^{\frac{1}{x}}-1)$;

(10) $\lim\limits_{x\to 1}(1-x)\tan\dfrac{\pi x}{2}$;

(11) $\lim\limits_{x\to 0^+}\sin x\ln x$；　　(12) $\lim\limits_{x\to 0}(1+\sin x)^{\frac{1}{x}}$；

(13) $\lim\limits_{x\to 0^+}\left(\ln\dfrac{1}{x}\right)^x$；　　(14) $\lim\limits_{x\to \frac{\pi}{2}^-}(\cos x)^{\frac{\pi}{2}-x}$.

3. 验证极限 $\lim\limits_{x\to+\infty}\dfrac{e^x+e^{-x}}{e^x-e^{-x}}$ 存在，但不能用洛必达法则.

4. 讨论函数 $f(x)=\begin{cases}(\cos x)^{\frac{\pi}{2}-x}, & x<\dfrac{\pi}{2},\\ 1, & x\geqslant\dfrac{\pi}{2}\end{cases}$ 在 $x=\dfrac{\pi}{2}$ 处的连续性.

5. 设 $f(x)$ 二阶可导，证明：

$$\lim_{h\to 0}\frac{f(x+2h)-2f(x+h)+f(x)}{h^2}=f''(x).$$

6. 求极限 $\lim\limits_{x\to+\infty}\left[\dfrac{a_1^{\frac{1}{x}}+a_2^{\frac{1}{x}}+\cdots+a_n^{\frac{1}{x}}}{n}\right]^{nx}$，其中 $a_1,a_2,\cdots,a_n>0$.

7. 已知 $\lim\limits_{x\to 0}\dfrac{2\arctan x-\ln\dfrac{1+x}{1-x}}{x^P}=C\neq 0$，求 P 和 C 的值.

8. 设 $f(x)=\begin{cases}\dfrac{g(x)}{x}, & x\neq 0,\\ 0, & x=0,\end{cases}$ 且 $g(x)$ 二阶可导，$g(0)=g'(0)=0$，$g''(0)=17$，求 $f'(0)$.

3.3 泰勒公式

对于复杂的函数，人们总希望用一个简单函数来近似表达. 例如，在微分的应用中，当 $x\to x_0$ 时，就可用一个关于 $x-x_0$ 的线性函数近似代替函数 $f(x)$，即

$$f(x)\approx f(x_0)+f'(x_0)(x-x_0),$$

其误差是一个关于 $x-x_0$ 的高阶无穷小量. 上式虽然简单，但常常不能满足精度要求. 为了使近似函数既简便，又能与已知函数 $f(x)$ 的误差更小，如误差为 $(x-x_0)^n$ 的高阶无穷小，希望用一个关于 $x-x_0$ 的 n 次多项式 $P_n(x)$ 来近似表示函数 $f(x)$，或者说，在点 x_0 附近，寻求用一个多项式 $P_n(x)$ 来逼近函数 $f(x)$. 那么，这样的多项式 $P_n(x)$ 应满足什么条件呢？

从几何上看，曲线 $y=f(x)$ 与 $y=P_n(x)$ 在点 x_0 附近很接近. 首先，它们在点 x_0 处的函数值应相等，即

$$f(x_0)=P_n(x_0);$$

其次,它们在点 x_0 处有相同的切线,即

$$f'(x_0)=P_n'(x_0);$$

再者,它们在点 x_0 处有相同的弯曲程度,即

$$f''(x_0)=P_n''(x_0)\quad (参阅本章\ 3.6\ 节).$$

依此类推,应有 $f^{(n)}(x_0)=P_n^{(n)}(x_0)$,也就是 $P_n(x)$ 应满足:

$$f(x_0)=P_n(x_0),\ f'(x_0)=P_n'(x_0),\ \cdots,\ f^{(n)}(x_0)=P_n^{(n)}(x_0). \tag{3.3.1}$$

假设　$P_n(x)=a_0+a_1(x-x_0)+a_1(x-x_0)^2+\cdots+a_n(x-x_0)^n$,

易得　$P_n(x_0)=a_0,\ P_n'(x_0)=a_1,\ P_n''(x_0)=a_2\cdot 2!,\ \cdots,\ P_n^{(n)}(x_0)=a_n\cdot n!$,

结合式(3.3.1),即得

$$f(x_0)=a_0,\ f'(x_0)=a_1,\ f''(x_0)=a_2\cdot 2!,\ \cdots,\ f^{(n)}(x_0)=a_n\cdot n!,$$

即　$$a_0=f(x_0),\ a_1=f'(x_0),\ a_2=\frac{f''(x_0)}{2!},\ \cdots,\ a_n=\frac{f^{(n)}(x_0)}{n!}.$$

从而　$$P_n(x)=f(x_0)+f'(x_0)(x-x_0)+\frac{f''(x_0)}{2!}(x-x_0)^2+\cdots+\frac{f^{(n)}(x_0)}{n!}(x-x_0)^n. \tag{3.3.2}$$

式(3.3.2)称为函数 $f(x)$ 在点 x_0 处的 n 次**泰勒多项式**.

下面的定理说明可以用泰勒多项式 $P_n(x)$ 逼近函数 $f(x)$.

泰勒中值定理　设函数 $f(x)$ 在 (a,b) 内 $n+1$ 阶可导,$x_0\in(a,b)$,那么对任一 $x\in(a,b)$,有

$$f(x)=f(x_0)+f'(x_0)(x-x_0)+\frac{f''(x_0)}{2!}(x-x_0)^2+\cdots+\frac{f^{(n)}(x_0)}{n!}(x-x_0)^n+R_n(x), \tag{3.3.3}$$

其中　$$R_n(x)=\frac{f^{(n+1)}(\xi)}{(n+1)!}(x-x_0)^{n+1}, \tag{3.3.4}$$

ξ 为介于 x_0, x 间的某个值.

分析　要证明 $R_n(x)=\dfrac{f^{(n+1)}(\xi)}{(n+1)!}(x-x_0)^{n+1}$,即需证明存在一点 ξ 介于 x_0, x 间,使

$$\frac{R_n(x)}{(x-x_0)^{n+1}}=\frac{f^{(n+1)}(\xi)}{(n+1)!}.$$

上式左边为两个函数之比,右边为它们的 $n+1$ 阶导数之比,于是想到用柯西定理来证明.

证 因为 $f(x)$, $P_n(x)$都在(a, b)内 $n+1$ 阶可导,所以

$$R_n(x)=f(x)-P_n(x)$$

在(a, b)内 $n+1$ 阶可导.显然

$$R_n(x_0)=R_n'(x_0)=R_n''(x_0)=\cdots=R_n^{(n)}(x_0)=0.$$

对 $R_n(x)$及 $(x-x_0)^{n+1}$ 在以 x_0, x 为端点的区间上应用柯西中值定理,有

$$\frac{R_n(x)}{(x-x_0)^{n+1}}=\frac{R_n(x)-R_n(x_0)}{(x-x_0)^{n+1}-0}=\frac{R_n'(\xi_1)}{(n+1)(\xi_1-x_0)^n}\quad(\xi_1\text{ 在 }x_0,\ x\text{ 间});$$

再对 $R_n'(x)$及 $(n+1)(x-x_0)^n$ 在以 x_0, ξ_1 为端点的区间上应用柯西中值定理,得

$$\frac{R_n'(\xi_1)}{(n+1)(\xi_1-x_0)^n}=\frac{R_n'(\xi_1)-R_n'(x_0)}{(n+1)(\xi_1-x_0)^n-0}$$

$$=\frac{R_n''(\xi_2)}{(n+1)n(\xi_2-x_0)^{n-1}}\quad(\xi_2\text{ 在 }x_0,\ \xi_1\text{ 间});$$

如此下去,连续应用柯西中值定理 $n+1$ 次,得

$$\frac{R_n(x)}{(x-x_0)^{n+1}}=\frac{R_n^{(n+1)}(\xi)}{(n+1)!}\quad(\xi\text{ 在 }x_0,\ x\text{ 间}).$$

注意到 $P_n^{(n+1)}(x)=0$,即 $R_n^{(n+1)}(x)=f^{(n+1)}(x)$,所以由上式得

$$R_n(x)=\frac{f^{(n+1)}(\xi)}{(n+1)!}(x-x_0)^{n+1}\quad(\xi\text{ 在 }x_0,\ x\text{ 间}).$$

式(3.3.3)称为 $f(x)$在点 x_0 处带有拉格朗日型余项的 **n 阶泰勒公式**,而式(3.3.4)称为**拉格朗日型余项**.

由式(3.3.3)容易看出:

当 $n=0$ 时,泰勒公式就是拉格朗日中值公式,因此可以说,泰勒中值定理是拉格朗日中值定理的推广.

用泰勒多项式 $P_n(x)$近似表示 $f(x)$时,其误差为

$$|R_n(x)|=\frac{|f^{(n+1)}(\xi)|}{(n+1)!}|x-x_0|^{n+1}.$$

如果对任一 $x\in(a, b)$,有 $|f^{(n+1)}(x)|\leqslant M$,则

$$|R_n(x)| \leqslant \frac{M}{(n+1)!}|x-x_0|^{n+1}.$$

不等式右端是一个关于 $(x-x_0)^n$ 的高阶无穷小，当 n 固定时，只要 $|x-x_0|$ 适当地小，就可使 $|R_n(x)|$ 小于预先指定的数；当 x 固定时，由于

$$\lim_{n\to\infty}\frac{|x-x_0|^{n+1}}{(n+1)!}=0,$$

所以只要 n 适当地大，也可使 $|R_n(x)|$ 小于预先指定的数. 这样，用泰勒多项式 $P_n(x)$ 作为 $f(x)$ 的近似函数，同时达到了简单和精确度的要求.

在不需要估计误差的大小时，泰勒公式(3.3.3)也可表示为

$$f(x)=f(x_0)+f'(x_0)(x-x_0)+\frac{f''(x_0)}{2!}(x-x_0)^2+\cdots+\frac{f^{(n)}(x_0)}{n!}(x-x_0)^n+o((x-x_0)^n). \tag{3.3.5}$$

称上式为带**佩亚诺型余项**的 n 阶泰勒公式.

在泰勒公式(3.3.3)中，令 $x_0=0$，得

$$f(x)=f(0)+f'(0)x+\frac{f''(0)}{2!}x^2+\cdots+\frac{f^{(n)}(0)}{n!}x^n+\frac{f^{(n+1)}(\xi)}{(n+1)!}x^{n+1}$$

$$(\xi\text{介于 }0\text{ 与 }x\text{ 之间}). \tag{3.3.6}$$

称(3.3.6)式为带拉格朗日型余项的 n 阶**麦克劳林公式**.

在公式(3.3.5)中，令 $x_0=0$，得

$$f(x)=f(0)+f'(0)x+\frac{f''(0)}{2!}x^2+\cdots+\frac{f^{(n)}(0)}{n!}x^n+o(x^n). \tag{3.3.7}$$

称式(3.3.7)为带佩亚诺型余项的麦克劳林公式.

例1　写出函数 $f(x)=\mathrm{e}^x$ 的带有拉格朗日型余项的 n 阶麦克劳林公式.

解　因为

$$f'(x)=f''(x)=\cdots=f^{(n)}(x)=f^{(n+1)}(x)=\mathrm{e}^x,$$

所以 $f(0)=f'(0)=f''(0)=\cdots=f^{(n)}(0)=\mathrm{e}^0=1,\qquad f^{(n+1)}(\xi)=\mathrm{e}^\xi.$

将这些数值代入公式(3.3.6)，得

$$\mathrm{e}^x=1+x+\frac{x^2}{2!}+\cdots+\frac{x^n}{n!}+\frac{\mathrm{e}^\xi}{(n+1)!}x^{n+1}\quad(\xi\text{介于 }0\text{ 与 }x\text{ 之间}).$$

由这个公式可知，如果把 e^x 用它的 n 次泰勒多项式表达，即

$$e^x \approx 1 + x + \frac{x^2}{2!} + \cdots + \frac{x^n}{n!},$$

其误差为

$$|R_n(x)| = \left|\frac{e^{\xi}}{(n+1)!}x^{n+1}\right| < \frac{e^{|x|}}{(n+1)!}|x|^{n+1}.$$

当 $x = 1$ 时,得到无理数 e 的近似式为

$$e \approx 1 + 1 + \frac{1}{2!} + \cdots + \frac{1}{n!}.$$

例 2 求函数 $f(x) = \sin x$ 的带佩亚诺型余项的 n 阶麦克劳林公式.

解 因为 $f'(x) = \cos x$, $f''(x) = -\sin x$, $f'''(x) = -\cos x$, $f^{(4)}(x) = \sin x$, …, $f^{(n)}(x) = \sin\left(x + \frac{n\pi}{2}\right)$; 所以 $f^{(n)}(0)$ 随 $n = 0, 1, 2, 3, \cdots$ 依次循环地取 0, 1, 0, −1. 根据公式(3.3.7)得到 $\sin x$ 的 n 阶麦克劳林公式为

$$\sin x = x - \frac{x^3}{3!} + \frac{x^5}{5!} - \cdots + (-1)^{m-1}\frac{x^{2m-1}}{(2m-1)!} + o(x^{2m-1}).$$

这里 $n = \begin{cases} 2m, & n \text{ 为偶数}, \\ 2m-1, & n \text{ 为奇数}. \end{cases}$

类似地,可以得到

$$\cos x = 1 - \frac{x^2}{2!} + \frac{x^4}{4!} - \cdots + (-1)^m \frac{x^{2m}}{(2m)!} + o(x^{2m}),$$

$$\ln(1+x) = x - \frac{x^2}{2} + \frac{x^3}{3} - \cdots + (-1)^{n-1}\frac{x^n}{n} + o(x^n),$$

$$(1+x)^{\alpha} = 1 + \alpha x + \frac{\alpha(\alpha-1)}{2}x^2 + \cdots + \frac{\alpha(\alpha-1)\cdots(\alpha-n+1)}{n!}x^n + o(x^n).$$

例 3 求 $\lim\limits_{x\to 0}\dfrac{x - \sin x}{x^2(e^x - 1)}$.

解 当 $x \to 0$ 时, $x^2(e^x - 1) \sim x^3$, $\sin x$ 的 3 阶麦克劳林公式为

$$\sin x = x - \frac{x^3}{3!} + o(x^3),$$

所以

$$\lim_{x\to 0}\frac{x - \sin x}{x^2(e^x - 1)} = \lim_{x\to 0}\frac{x - \left[x - \frac{x^3}{3!} + o(x^3)\right]}{x^3}$$

$$= \lim_{x \to 0} \frac{\frac{1}{6}x^3 + o(x^3)}{x^3} = \frac{1}{6}.$$

例4 用泰勒公式计算 $\ln 1.2$ 的值,要求精确到小数点后四位.

解 因为

$$\ln(1+x) = x - \frac{x^2}{2} + \frac{x^3}{3} - \cdots + (-1)^{n-1} \cdot \frac{x^n}{n} + o(x^n),$$

它对应的拉格朗日型余项为

$$R_n(x) = \frac{f^{(n+1)}(\xi)}{(n+1)!} x^{n+1}.$$

而 $f^{(n+1)}(\xi) = \frac{(-1)^n n!}{(1+\xi)^{n+1}}$,所以

$$|R_n(x)| = \frac{n!}{(n+1)!} \left| \frac{x}{1+\xi} \right|^{n+1} = \frac{1}{n+1} \left| \frac{x}{1+\xi} \right|^{n+1}.$$

由于 $x = 0.2$, $0 < \xi < 0.2$,所以要使

$$|R_n(x)| \leqslant \frac{1}{n+1} 0.2^{n+1} < 0.000\,01,$$

通过计算知 $n = 5$,故

$$\ln 1.2 = \ln(1+0.2) \approx 0.2 - \frac{1}{2} \times 0.2^2 + \frac{0.2^3}{3} - \frac{0.2^4}{4} + \frac{0.2^5}{5} \approx 0.1823.$$

例5 设 $f(x) = \frac{x}{\sqrt{1+x^2}}$,求 $f^{(5)}(0)$.

解 因为

$$\frac{1}{\sqrt{1+x}} = (1+x)^{-\frac{1}{2}} = 1 - \frac{1}{2}x + \frac{\left(-\frac{1}{2}\right)\left(-\frac{1}{2}-1\right)}{2!} x^2 + o(x^2)$$

$$= 1 - \frac{1}{2}x + \frac{3}{8}x^2 + o(x^2),$$

所以 $$f(x) = \frac{x}{\sqrt{1+x^2}} = x(1+x^2)^{\frac{1}{2}} = x\left[1 - \frac{1}{2}x^2 + \frac{3}{8}x^4 + o(x^4)\right]$$

$$= x - \frac{1}{2}x^3 + \frac{3}{8}x^5 + o(x^5),$$

故有
$$\frac{f^{(5)}(0)}{5!}=\frac{3}{8},$$

从而
$$f^{(5)}(0)=\frac{3}{8}\cdot 5!=45.$$

习　题　3.3

1. 求一个二次三项式 $P(x)$，使得 $e^x=P(x)+o(x^3)$.

2. 按 $x+1$ 的幂展开多项式 $f(x)=x^3+3x^2-2x+4$.

3. 求函数 $f(x)=\frac{1}{x}$ 在点 $x=1$ 处的 n 阶泰勒展开式.

4. 求函数 $f(x)=\arcsin x$ 的三阶带佩亚诺型余项的麦克劳林展开式.

5. 利用泰勒公式求下列极限：

(1) $\lim\limits_{x\to 0}\frac{xe^x-x-x^2}{\sin x-x}$；　(2) $\lim\limits_{x\to 0}\frac{\ln(1+x)-\sin x}{\sqrt{1+x^2}-1}$；

(3) $\lim\limits_{x\to+\infty}(\sqrt[3]{x^3+3x^2}-\sqrt[4]{x^4-2x^3})$；　(4) $\lim\limits_{x\to 0}\frac{\ln(1+\sin^2 x)-x^2}{\sin^4 x}$.

6. 当 $x\to 0$ 时，下列各函数是 x 的几阶无穷小量？

(1) $x-\sin x$；　(2) $\sin x+x$；　(3) $e^x\sin x-x(1+x)$.

7. 设 $f(x)$在$[0, 1]$上有二阶导数，$|f(x)|\leqslant a$，$|f''(x)|\leqslant b$，其中 a，b 是非负数，$c\in(0, 1)$，求证：$|f'(c)|\leqslant 2a+\frac{1}{2}b$.

8. 设 $f(x)$在闭区间$[-1, 1]$上具有三阶连续导数，且 $f(-1)=0$，$f(1)=1$，$f'(0)=0$. 证明：在开区间$(-1, 1)$内至少存在一点 ξ，使 $f'''(\xi)=3$.

3.4　函数的单调性与极值

3.4.1　函数的单调性

第 1 章介绍了函数单调增减性的概念，但利用定义来确定函数的单调增减性往往很困难. 本小节将介绍一种简单易行的判别法.

从几何上看，如果函数 $y=f(x)$ 在$[a, b]$上单调增加(减少)，那么由左往右看，它的图形应为一条上升(下降)的曲线. 如图 3－6 所示，上升曲线上各点处的切线的倾角为锐角$\left(0<\alpha<\frac{\pi}{2}\right)$，即切线的斜率 $k=f'(x)=\tan\alpha>0$；反之，下降曲线上各点处切线的倾角为钝角 $\left(\frac{\pi}{2}<\alpha<\pi\right)$，即切线的斜率 $k=f'(x)=\tan\alpha<0$. 由此可见，函数的单调增减性与导数符号有关. 一般有如下定理：

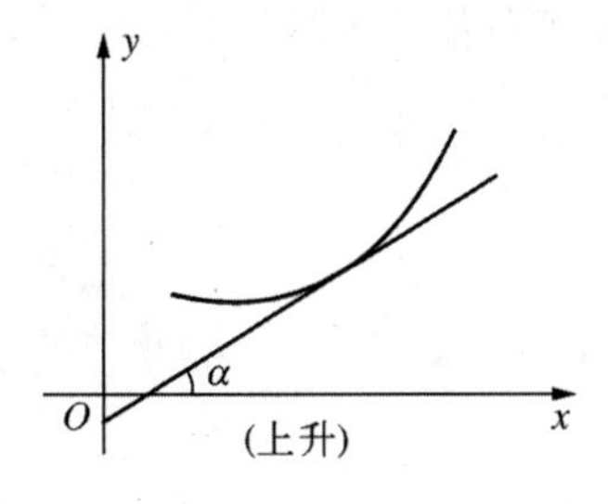

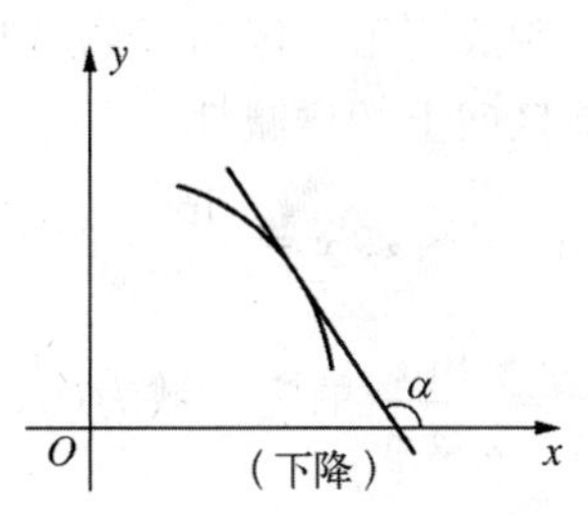

图 3-6

定理 1　设函数 $y=f(x)$ 在 $[a, b]$ 上连续，在 (a, b) 内可导.

(1) 如果对任一 $x\in(a, b)$ 有 $f'(x)>0$，那么 $f(x)$ 在 $[a, b]$ 上单调增加；

(2) 如果对任一 $x\in(a, b)$ 有 $f'(x)<0$，那么 $f(x)$ 在 $[a, b]$ 上单调减少.

证　只证 $f'(x)>0$ 的情形.

设 x_1, x_2 为 $[a, b]$ 上的任意两点，且 $x_1<x_2$，由已知条件知：$f(x)$ 在 $[x_1, x_2]$ 上满足拉格朗日中值定理的条件. 因此，存在一点 $\xi\in(x_1, x_2)$，使得

$$f(x_2)-f(x_1)=f'(\xi)(x_2-x_1).$$

因为 $\forall x\in(a, b)$，$f'(x)>0$，所以 $f'(\xi)>0$. 因此

$$f(x_2)-f(x_1)>0,$$

即

$$f(x_2)>f(x_1).$$

也就是说，函数 $f(x)$ 在 $[a, b]$ 上单调递增.

从上述证明过程可以看出，将定理中区间 $[a, b]$ 换成其他各种形式的区间(包括无限区间)，结论仍然成立.

例 1　判断函数 $y=x+\arctan x$ 的单调性.

解　因为 $y'=1+\frac{1}{1+x^2}>0$，所以 $y=x+\arctan x$ 在其定义域 $\mathbf{R}$ 内单调递增. 这时，也称该函数为单调递增函数.

例 2　讨论函数 $y=xe^x$ 的单调性.

解　显然，$y=xe^x$ 的定义域为 $(-\infty, +\infty)$. 在该区间内，$y=xe^x$ 连续、可导，且

$$y'=e^x+xe^x=(1+x)e^x.$$

当 $x\in(-\infty, -1)$ 时，$y'<0$，所以 $y=xe^x$ 在 $(-\infty, -1]$ 上单调减少；当 $x\in(-1, +\infty)$ 时，$y'>0$，所以 $y=xe^x$ 在 $[-1, +\infty)$ 上单调增加.

该例说明：同一函数 $f(x)$ 的导数符号随自变量的变化而变化，在某些小区间内为正号，在另外的区间内可能为负号. 一般地，为了确定 $f'(x)$ 的符号，可以先求出使 $f'(x)=0$ 的点(驻点)及导数不存在的点(如果有的话)，并用所求的这些点把定义域分割成若干子区间，再分别讨论 $f'(x)$ 在各子区间内的正负号，从而确定函数在相应区间上的增减性.

例 3 确定函数 $y=\dfrac{\ln x}{x}$ 的单调区间.

解 $y=\dfrac{\ln x}{x}$ 的定义域为 $(0,+\infty)$，且

$$y'=\frac{1-\ln x}{x^2}.$$

令 $y'=0$，得 $x=\mathrm{e}$. 用 $x=\mathrm{e}$ 将定义域分割，列表讨论如下：

x	$(0,\mathrm{e})$	e	$(\mathrm{e},+\infty)$
y'	+	0	−
y	↗		↘

注：记号“↗”表示单调增加；“↘”表示单调减少.

所以，$y=\dfrac{\ln x}{x}$ 在 $(0,\mathrm{e}]$ 上单调增加，在 $[\mathrm{e},+\infty)$ 内单调减少.

例 4 讨论函数 $f(x)=\dfrac{1}{3}x^3-x^2+\dfrac{1}{3}$ 的单调性.

解
$$f'(x)=x^2-2x=x(x-2).$$

令 $f'(x)=0$，得 $x_1=0$，$x_2=2$. 显然，$f(x)$ 没有不可导点. 用驻点 x_1，x_2 将函数的定义域 $\mathbf{R}$ 分成三个子区间，列表讨论如下：

x	$(-\infty,0)$	0	$(0,2)$	2	$(2,+\infty)$
$f'(x)$	+	0	−	0	+
$f(x)$	↗		↘		↗

由表可知，函数 $f(x)=\dfrac{1}{3}x^3-x^2+\dfrac{1}{3}$ 在 $(-\infty,0]$ 及 $[2,+\infty)$ 上单调增加，在 $[0,2]$ 上单调减少.

注 定理 1 中，任一 $x\in(a,b)$，$f'(x)>0\ (<0)$ 是 $f(x)$ 在 $[a,b]$ 上单调增加(减少)的充分条件，而非必要条件.

事实上，区间内个别点处，$f'(x)=0$ 并不影响函数在整个区间上的单调性，即在 (a,b) 内，若 $f'(x)\geqslant 0\ (\leqslant 0)$，等号只在个别点处成立，则 $f(x)$ 在 (a,b) 内

仍单调增加(减少).

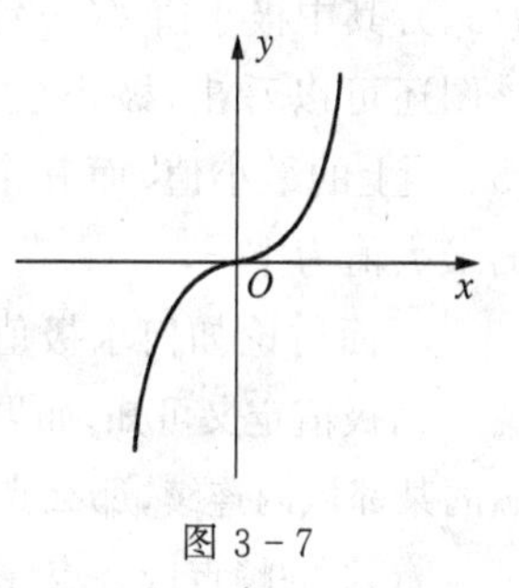

图 3-7

例如,函数 $y=x^3$(图3-7),$y'=3x^2\geqslant 0$,当 $x\neq 0$ 时,$y'>0$,所以 $y=x^3$ 在 $(-\infty, 0]$ 及 $[0, +\infty)$ 上单调递增,从而在其定义域 $\mathbf{R}$ 内单调增加.

例 5 证明:当 $x>0$ 时,$x-\dfrac{x^2}{2}<\ln(1+x)$.

证 设 $f(x)=x-\dfrac{x^2}{2}-\ln(1+x)$. 当 $x>0$ 时,

$$f'(x)=1-x-\frac{1}{1+x}=\frac{-x^2}{1+x}<0,$$

所以 $f(x)$ 在 $[0, +\infty)$ 上单调递减. 由于 $f(0)=0$,因此

$$f(x)<f(0)=0,$$

即

$$x-\frac{x^2}{2}-\ln(1+x)<0,$$

从而,当 $x>0$ 时,

$$x-\frac{x^2}{2}<\ln(1+x).$$

3.4.2 函数的极值

如图 3-8 所示,连续曲线 $y=f(x)$ 在峰点 M 处的纵坐标 $f(x_0)$ 比它附近点的纵坐标 $f(x)$ 都大. 就是说,在点 x_0 的某邻域 $U(x_0)$ 内,$f(x_0)$ 为函数的最大值,称这种局部范围内的最值为函数 $f(x)$ 的极值. 一般有如下定义:

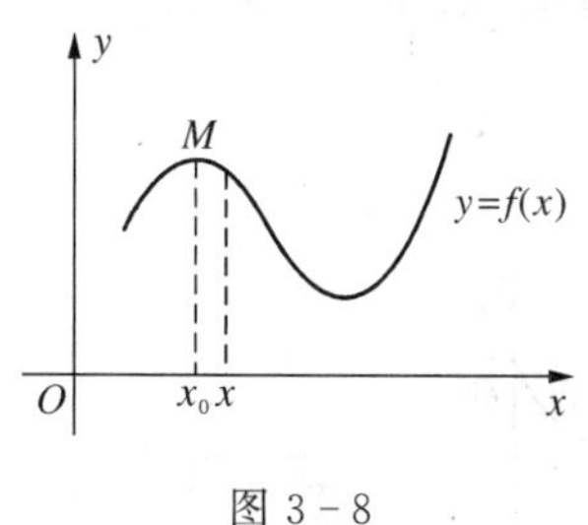

图 3-8

定义 1 设函数 $f(x)$ 在点 x_0 的某邻域 $U(x_0)$ 内有定义,如果对于任一 $x\in \mathring{U}(x_0)$,有

(1) $f(x)<f(x_0)$,则称 $f(x_0)$ 为函数 $f(x)$ 的**极大值**,x_0 为 $f(x)$ 的**极大值点**;

(2) $f(x)>f(x_0)$,则称 $f(x_0)$ 为函数 $f(x)$ 的**极小值**,x_0 为 $f(x)$ 的**极小值点**.

函数的极大值与极小值统称为**极值**;极大值点与极小值点统称为**极值点**.

注 极值概念是局部性的,与最值的含义不同. 如图 3-9 所示,闭区间 $[a, b]$ 上的连续函数 $y=f(x)$ 有两个极大值 $f(x_2)$,$f(x_4)$,三个极小值 $f(x_1)$,$f(x_3)$,

$f(x_5)$. 其中极小值 $f(x_1)$ 比极大值 $f(x_4)$ 还大. 从该图还可以看出,极小值 $f(x_3)$ 也是函数 $f(x)$ 在 $[a, b]$ 上的最小值,而其余极值都不是最值, $f(x)$ 的最大值为 $f(a)$.

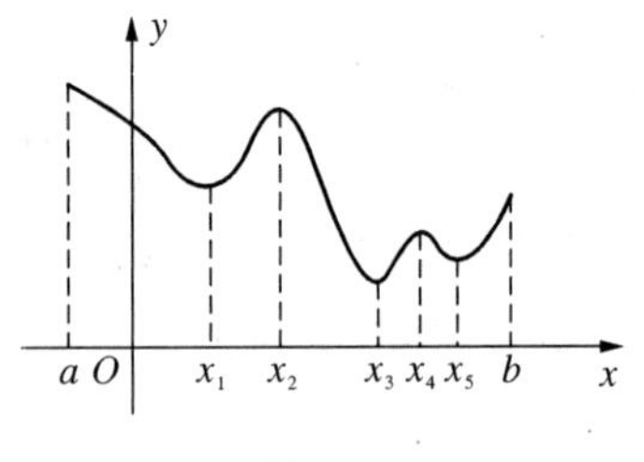

图 3-9

下面讨论如何求极值.

由极值定义可知,如果函数 $y = f(x)$ 在极值点 x_0 的某邻域内连续,那么点 $(x_0, f(x_0))$ 一定是曲线 $y = f(x)$ 的峰点或谷点(图 3-10 和图 3-11).

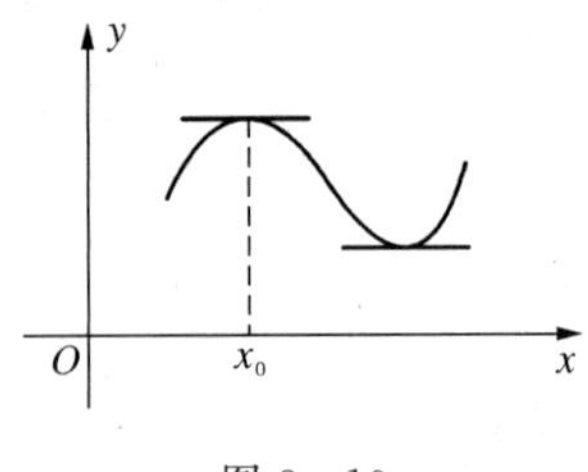

图 3-10

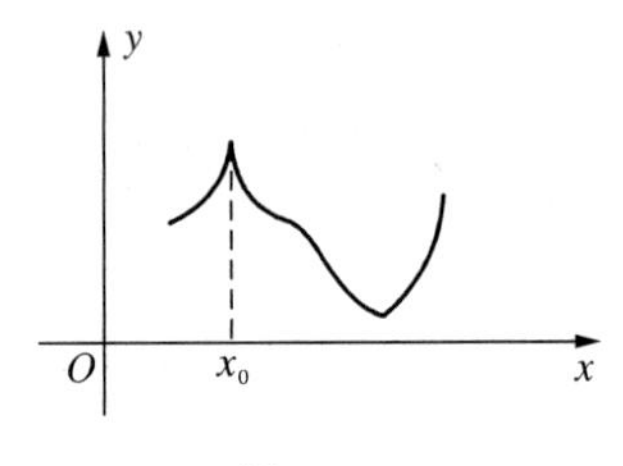

图 3-11

若 $f'(x_0)$ 存在,则 $y = f(x)$ 在点 $(x_0, f(x_0))$ 处有水平的切线(图 3-10),由费马引理知, $f'(x_0) = 0$.

若峰(谷)点处不光滑(图 3-11),即 $y = f(x)$ 在点 $(x_0, f(x_0))$ 处没有切线或仅有垂直于 x 轴的切线,此时,函数在极值点 x_0 处的导数 $f'(x_0)$ 不存在.

这样,得到了极值存在的必要条件:极值点一定是驻点或不可导点.

定理 2 设函数 $f(x)$ 在点 x_0 处可导,且 $f(x_0)$ 为极值,则 $f'(x_0) = 0$.

该定理的逆命题不成立. 就是说,驻点不一定是极值点. 例如, $y = x^3$ 有驻点 $x = 0$, 显然 $f(0)$ 不是函数 $y = x^3$ 的极值. 同样,导数不存在的点也不一定为极值点. 如 $y = \sqrt[3]{x}$, $f'(0)$ 不存在, $f(0)$ 也不是 $y = \sqrt[3]{x}$ 的极值(图 3-12).

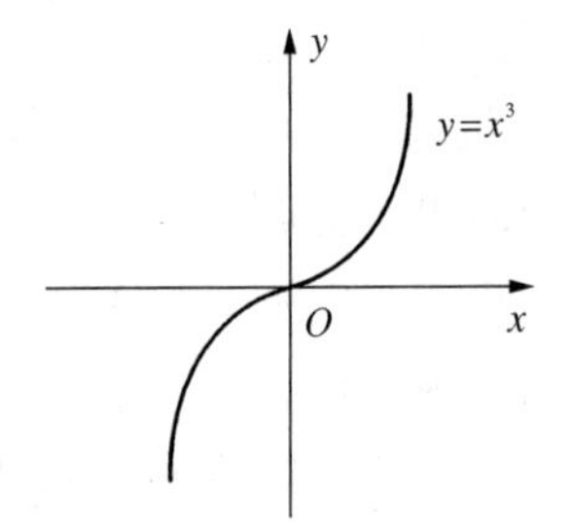

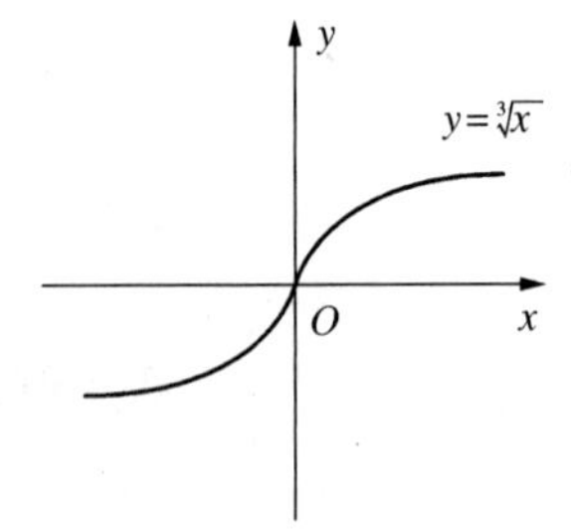

图 3-12

那么,什么样的驻点和不可导点才是极值点呢? 观察图 3-10 与图 3-11 可见,连续函数在峰点(对应极大值)的左邻是上升的,右邻是下降的,即由左往右经

过极大值点 x_0 时，$f'(x)$ 由正号变为负号；同样，经过极小值点 x_0 时，$f'(x)$ 由负号变为正号.

定理3（第一充分条件）　设函数 $f(x)$ 在点 x_0 的某邻域 $U(x_0)$ 内连续，在 $\mathring{U}(x_0, \delta)$ 内可导.

(1) 若当 $x \in (x_0-\delta, x_0)$ 时 $f'(x)>0$，当 $x \in (x_0, x_0+\delta)$ 时 $f'(x)<0$，则 $f(x)$ 在点 x_0 处取得极大值；

(2) 若当 $x \in (x_0-\delta, x_0)$ 时 $f'(x)<0$，当 $x \in (x_0, x_0+\delta)$ 时 $f'(x)>0$，则 $f(x)$ 在点 x_0 处取得极小值；

(3) 若当 $x \in \mathring{U}(x_0, \delta)$ 时，$f'(x)$ 的符号保持不变，则 $f(x)$ 在点 x_0 处无极值.

证　(1) 由条件及函数单调性的判定法知：$f(x)$ 在 $(x_0-\delta, x_0]$ 上递增，在 $[x_0, x_0+\delta)$ 上递减，故对任意 $x \in \mathring{U}(x_0, \delta)$，有 $f(x)<f(x_0)$，所以 $f(x_0)$ 为函数 $f(x)$ 的极大值.

(2)、(3)的证明可以类似进行.

根据定理2、定理3，将函数 $f(x)$ 的极值求法归纳为下列步骤：

第一步：求函数 $y=f(x)$ 的定义域 $D(f)$；

第二步：求导数 $f'(x)$；

第三步：求函数 $f(x)$ 的驻点及不可导点 $x_1, x_2, \cdots, x_n$；

第四步：用 $x_1, x_2, \cdots, x_n$ 将定义域 $D(f)$ 划分成若干子区间，讨论 $f'(x)$ 在各子区间内的符号；

第五步：由定理3确定哪些点是极值点，若是极值点，确定是极大值点还是极小值点，进一步求出极值点的函数值——极值.

例6　求函数 $f(x)=(x-1)^3(2x+3)^2$ 的极值.

解　$f(x)$ 在其定义域 $\mathbf{R}$ 内处处可导，且

$$\begin{aligned} f'(x) &= 3(x-1)^2(2x+3)^2+4(x-1)^3(2x+3) \\ &= (x-1)^2(2x+3)(10x+5). \end{aligned}$$

令 $f'(x)=0$，得驻点 $x_1=-\dfrac{3}{2}$，$x_2=-\dfrac{1}{2}$，$x_3=1$.

用 x_1, x_2, x_3 将定义域划分成4个小区间，列表讨论如下：

x	$\left(-\infty, -\dfrac{3}{2}\right)$	$-\dfrac{3}{2}$	$\left(-\dfrac{3}{2}, -\dfrac{1}{2}\right)$	$-\dfrac{1}{2}$	$\left(-\dfrac{1}{2}, 1\right)$	1	$(1, +\infty)$
$f'(x)$	+	0	−	0	+	0	+
$f(x)$	↗	极大值	↘	极小值	↗	非极值	↗

所以，函数 $f(x)=(x-1)^3(2x+3)^2$ 在 $x=-\dfrac{3}{2}$ 处有极大值 $f\left(-\dfrac{3}{2}\right)=0$；

在 $x=-\dfrac{1}{2}$ 处有极小值 $f\left(-\dfrac{1}{2}\right)=-\dfrac{27}{2}$.

例 7 求函数 $f(x)=x-\dfrac{3}{2}x^{\frac{2}{3}}$ 的单调区间与极值.

解 $f(x)$的定义域 $D(f)=(-\infty,+\infty)$.

$$f'(x)=1-x^{-\frac{1}{3}}=\frac{\sqrt[3]{x}-1}{\sqrt[3]{x}}.$$

$f(x)$在点 $x=0$ 处不可导,令 $f'(x)=0$,得驻点 $x=1$.

用 $x=0$, $x=1$ 将定义域分成 3 个小区间,列表讨论:

x	$(-\infty, 0)$	0	$(0, 1)$	1	$(1, +\infty)$
$f'(x)$	+	不存在	−	0	+
$f(x)$	↗	极大值	↘	极小值	↗

所以,$f(x)=x-\dfrac{3}{2}x^{\frac{3}{2}}$ 在$(-\infty, 0]$及$[1, +\infty)$上递增,在$[0, 1]$上递减;且有极大值 $f(0)=1$,极小值 $f(1)=-\dfrac{1}{2}$.

当函数 $f(x)$在驻点处的二阶导数存在且不为 0 时,可用下面的方法判断该驻点是否为极值点.

定理 4(第二充分条件) 设函数 $f(x)$在点 x_0 处二阶可导,且 $f'(x_0)=0$, $f''(x_0)\neq 0$,那么

(1) 若 $f''(x_0)<0$,则 x_0 为 $f(x)$的极大值点;

(2) 若 $f''(x_0)>0$,则 x_0 为 $f(x)$的极小值点.

证 (1) 由于 $f''(x_0)<0$, $f'(x_0)=0$,根据二阶导数的定义有

$$f''(x_0)=\lim_{x\to x_0}\frac{f'(x)-f'(x_0)}{x-x_0}=\lim_{x\to x_0}\frac{f'(x)}{x-x_0}<0.$$

由函数极限的局部保号性知,存在点 x_0 的某去心邻域$\mathring{U}(x_0, \delta)$,当 $x\in\mathring{U}(x_0, \delta)$时,有

$$\frac{f'(x)}{x-x_0}<0.$$

从而得知:当 $x\in(x_0-\delta, x_0)$ 时,$f'(x)>0$;当 $x\in(x_0, x_0+\delta)$ 时,$f'(x)<0$. 根据定理 3 得出,$f(x)$在点 x_0处取得极大值.

同理可证,当 $f''(x_0)>0$, $f'(x_0)=0$ 时,$f(x_0)$为极小值.

例 8 求函数 $y=x^3-9x^2+15x+3$ 的极值.

解　　　$y' = 3x^2 - 18x + 15 = 3(x-1)(x-5).$

令 $y' = 0$,得驻点 $x_1 = 1$, $x_2 = 5$. 又因为

$$y'' = 6x - 18, \quad y''|_{x=1} = -12 < 0, \quad y''|_{x=5} = 12 > 0,$$

所以 $x_1 = 1$, $x_2 = 5$ 分别为函数的极大值点和极小值点,从而函数 $y = f(x)$ 有极大值 $y|_{x=1} = 10$,极小值 $y|_{x=5} = -22$.

用第二充分条件求极值的方法虽然简单,但可以适用的范围较窄. 如在点 x_0 处, $f'(x_0)$ 不存在,或在驻点处 $f''(x_0)$ 不存在,或驻点处 $f''(x_0)$ 存在但等于 0,这些情况都不能用定理 4,只能利用定理 3(第一充分条件)来判断 x_0 是否为极值点.

习　题　3.4

1. 证明:函数 $y = x - \ln(1+x^2)$ 单调递增.

2. 证明:函数 $y = \sin x - x$ 单调递减.

3. 求下列函数的增减区间:

(1) $y = x^4 - 2x^2 + 2$;　　(2) $y = 2x + \dfrac{8}{x}$;

(3) $y = \sqrt{2x - x^2}$;　　(4) $y = 2x^2 - \ln x$;

(5) $y = x^n e^{-x}$ $(n > 0, x \geqslant 0)$;　　(6) $y = 2x^2(x-1)^2$.

4. 证明下列不等式:

(1) 当 $x \geqslant 0$ 时, $\arctan x \leqslant x$;

(2) 当 $0 < x < \dfrac{\pi}{2}$ 时, $\dfrac{2}{\pi}x < \sin x < x$;

(3) 当 $x \geqslant 0$ 时, $\ln(1+x) \geqslant \dfrac{\arctan x}{1+x}$;

(4) 当 $0 < x < \dfrac{\pi}{2}$ 时, $\sin x + \tan x > 2x$;

(5) 当 $b > a > e$ 时, $a^b > b^a$.

5. 试证方程 $\sin x = x$ 只有一个实根.

6. 证明:函数 $f(x) = \left(1 + \dfrac{1}{x}\right)^x$ 在 $(0, +\infty)$ 内单调增加.

7. 设 $f(x)$ 在 $[0, a]$ 上二阶可微,且 $f(0) = 0$, $f''(x) < 0$,证明:当 $0 < x \leqslant a$ 时, $\dfrac{f(x)}{x}$ 单调减少.

8. 求下列各函数的极值:

(1) $y = 2x^3 - 3x^2 - 12x + 21$;　　(2) $y = x - \ln(1+x)$;

(3) $y = \dfrac{x}{1+x^2}$;　　(4) $y = (x-5)^2 \sqrt[3]{(x+1)^2}$;

(5) $y=2e^x+e^{-x}$;　　　　(6) $y=\dfrac{\ln^2 x}{x}$;

(7) $y=x^2e^{-x^2}$;　　　　(8) $y=|x|e^{-|x-1|}$.

9. a 为何值时,函数 $f(x)=a\sin x+\dfrac{1}{3}\sin 3x$ 在 $x=\dfrac{\pi}{3}$ 处取得极值?

10. 设 $f(x)=a\ln x+bx^2+x$ 在点 $x_1=1$, $x_2=2$ 处取得极值,求 a, b 的值.此时 $f(x)$在点 x_1 与 x_2 处取极大值还是极小值?

11. 如果函数 $f(x)=ax^3+bx^2+cx+d$ 满足条件 $b^2-3ac<0$,证明此函数没有极值.

12. 讨论方程 $\ln x=ax\ (a>0)$ 有几个实根.

13. 设函数

$$f(x)=\begin{cases}x^4\sin^2\dfrac{1}{x}, & x\neq 0,\\ 0, & x=0.\end{cases}$$

(1) 证明:$x=0$ 是函数的极小值点;

(2) 函数 $f(x)$在点 $x=0$ 处是否满足极值存在的第一充分条件和第二充分条件?

14. 设 $f(x)=(x-x_0)^n g(x)\ (n\in\mathbf{N})$,且 $g(x)$在点 x_0 处连续,$g(x_0)\neq 0$,问 $f(x)$在点 x_0 处是否有极值?

3.5　函数的最值及其应用

实际问题中,经常需要求的不是函数的极值,而是函数的最大值、最小值.例如,在一定条件下,怎样使"用料最省"、"利润最大"、"平均成本最低"等问题.

假设函数 $y=f(x)$ 在$[a, b]$上连续,根据闭区间上连续函数的性质可知,$f(x)$在$[a, b]$上一定有最大值 M 与最小值 m. $M(m)$可能在(a, b)内取得,此时它一定是曲线 $y=f(x)$ 上某个峰(谷)点处的纵坐标,即某一极大(小)值;也可能在$[a, b]$的端点处取得(图 3-9).因此,求闭区间$[a, b]$上连续函数 $f(x)$的最值时,只需把(a, b)内所有可能取得极值的点的函数值以及端点的函数值进行比较即可.具体步骤如下:

(1) 求导数 $f'(x)$;

(2) 求出 $f(x)$在(a, b)内的全部驻点和不可导点:$x_1, x_2, \cdots, x_n$;

(3) 计算 $f(x_1), f(x_2), \cdots, f(x_n)$及 $f(a)$, $f(b)$;

(4) 比较(3)中函数值的大小,其中最大者为 $f(x)$在$[a, b]$上的最大值,最小者为 $f(x)$在$[a, b]$上的最小值.

例 1　求函数 $f(x)=x^5-5x^4+5x^3+1$ 在$[-1, 2]$上的最大值与最小值.

解　　$f'(x) = 5x^4 - 20x^3 + 15x^2 = 5x^2(x-1)(x-3).$

令 $f'(x)=0$,得驻点 $x=0, 1, 3$. 其中 $x=3 \overline{\in} (-1, 2)$,应舍去.将驻点和端点的值代入函数式计算,得

$$f(-1)=-10,\quad f(0)=1,\quad f(1)=2,\quad f(2)=-7.$$

比较知:$f(x)$在$[-1, 2]$上的最大值为2,最小值为-10.

求函数的最值时,有一种特殊情况值得注意:如果连续函数 $f(x)$在一个区间 I(有限或无限,开或闭)内有且仅有一个极值 $f(x_0)$,那么该极值 $f(x_0)$就是 $f(x)$在 I 上的最值.若 $f(x_0)$为极大值,则 $f(x_0)$就是 $f(x)$在 I 上的最大值;若 $f(x_0)$为极小值,则 $f(x_0)$就是 $f(x)$在 I 上的最小值(图 3-13).实际问题一般属于这种情形.

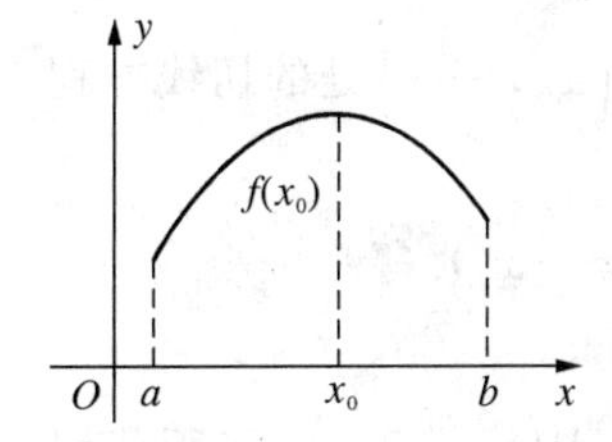

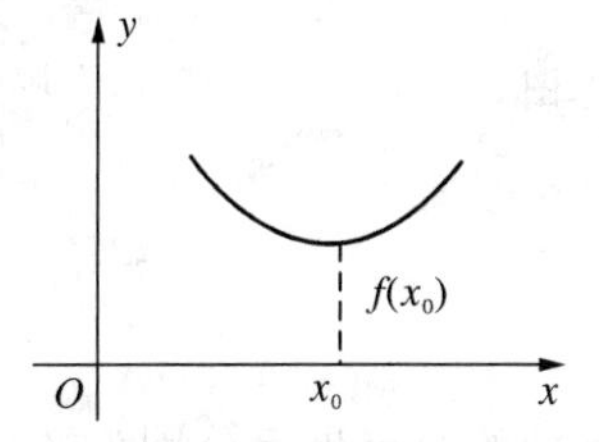

图 3-13

例 2　将边长为 a 的一块正方形铁皮(图 3-14)的四角各剪去大小相同的小正方形后折成一个无盖的方盒子,问剪掉的小正方形边长为多大时,可使方盒的容积最大?

解　设剪去的小正方形的边长为 x,那么方盒的底边长为 $a-2x$,高为 x,所以方盒的体积为

$$V = x(a-2x)^2 \quad \left(x \in \left(0, \frac{a}{2}\right)\right),$$

$$V' = (a-2x)(a-6x),$$

图 3-14

令 $V'=0$,得 $x_1 = \frac{a}{6}$, $x_2 = \frac{a}{2} \overline{\in} \left(0, \frac{a}{2}\right)$ 舍去.

当 $x \in \left(0, \frac{a}{6}\right)$时,$V'>0$;当 $x \in \left(\frac{a}{6}, \frac{a}{2}\right)$时,$V'<0$. 因此函数 V 在 $x=\frac{a}{6}$ 处取得极大值,这唯一的极大值就是 V 的最大值.就是说,剪掉的小正方形边长为$\frac{a}{6}$时,可使盒子的体积最大.

例 3 过曲线 $y=\dfrac{1}{x^2}$ 上的点作切线,求切线被两坐标轴所截线段的最短长度.

解 如图 3-15 所示,双曲线 $y=\dfrac{1}{x^2}$ 的图形关于 y 轴对称,从而只需讨论 $x>0$ 的情形.

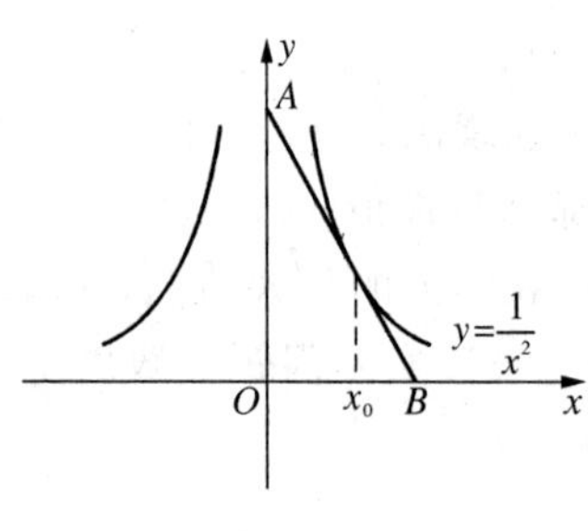

图 3-15

设 $x_0>0$, $y=\dfrac{1}{x^2}$ 在点$\left(x_0,\dfrac{1}{x_0^2}\right)$处的切线斜率为

$$k=y'\Big|_{x=x_0}=-\frac{2}{x_0^3},$$

所以曲线在点$\left(x_0,\dfrac{1}{x_0^2}\right)$处的切线方程为

$$y-\frac{1}{x_0^2}=-\frac{2}{x_0^3}(x-x_0).$$

它与两坐标轴的交点坐标分别为 $A\left(0,\dfrac{3}{x_0^2}\right)$, $B\left(\dfrac{3}{2}x_0,0\right)$. 将所截切线段 AB 的长度 d 表示为 x_0 的函数,有

$$d=\sqrt{\frac{9}{x_0^4}+\frac{9}{4}x_0^2}.$$

显然,d 与 d^2 同时达到最小,而

$$d^2=f(x_0)=\frac{9}{x_0^4}+\frac{9}{4}x_0^2,$$

$$f'(x_0)=-\frac{36}{x_0^5}+\frac{9}{2}x_0.$$

令 $f'(x_0)=0$,得驻点 $x_0=\sqrt{2}$, 又

$$f''(x_0)=\frac{180}{x_0^6}+\frac{9}{2}>0,$$

因此当 $x_0=\sqrt{2}$ 时,d^2 有唯一的极小值,也就是最小值,因此 $d^2=\dfrac{27}{4}$, $d=\dfrac{3\sqrt{3}}{2}$.

故曲线 $y=\dfrac{1}{x^2}$ 上点的切线被坐标轴所截线段的最短长度为$\dfrac{3\sqrt{3}}{2}$.

一般地，在解决实际问题时，如果根据问题的性质就可断定函数 $f(x)$ 确有最大(小)值，而且这个最大(小)值一定在定义区间内部取得；另一方面，$f(x)$ 在定义区间内部只有唯一驻点 x_0，那么就不必讨论 $f(x_0)$ 是否为极值，可以断定 $f(x_0)$ 就是所求最大(小)值.

例 4　一张 1.4 m 高的图片挂在墙上，它的底边高于观察者的眼睛 1.8 m. 问观察者应站在距离墙多远处看图才能最清楚(即视角最大)？

解　设观察者与墙的距离为 x m，视角为 α，如图 3－16 所示，将 α 表示为 x 的函数，即

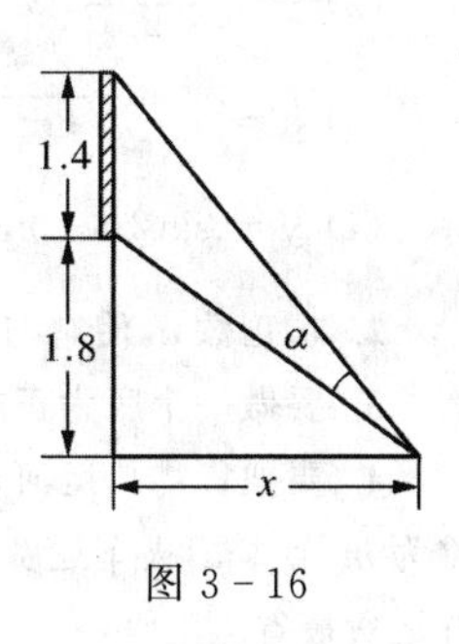

图 3－16

$$\alpha = f(x) = \arctan \frac{1.4+1.8}{x} - \arctan \frac{1.8}{x} = \arctan \frac{3.2}{x} - \arctan \frac{1.8}{x},$$

$$f'(x) = -\frac{3.2}{x^2+3.2^2} + \frac{1.8}{x^2+1.8^2}.$$

令 $f'(x)=0$，得唯一驻点 $x=2.4$.

又由常识知，观察者距墙太近或太远看图都不清楚，因此 α 的最大值应在 $(0, +\infty)$ 内，故观察者站在距墙 2.4 m 时看图最清楚.

例 5　图 3－17 为一稳压电源回路，电动势为 E，内阻为 r，设负载电阻为 R，问 R 为多大时，输出功率最大？最大功率为多少？

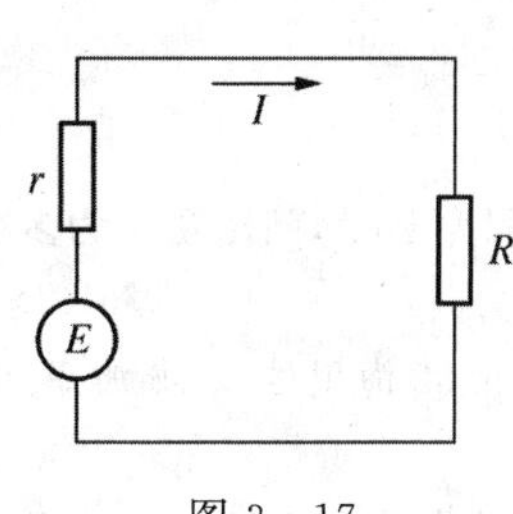

图 3－17

解　由物理学知，输出功率

$$P = I^2 R,$$

其中 I 为回路电流.

又由欧姆定律，有

$$I = \frac{E}{r+R},$$

所以，输出功率 P 为负载电阻 R 的函数：

$$P = \frac{E^2 R}{(r+R)^2} \quad (R>0),$$

$$P' = E^2 \cdot \frac{(r+R)^2 - 2R(r+R)}{(r+R)^4} = \frac{E^2(r-R)}{(r+R)^3}.$$

令 $P'=0$，得唯一驻点 $R=r$.

结合实际含义知，当负载电阻 R 等于电源内阻 r 时，输出功率最大，其值为

$$P_{\max} = \frac{E^2 r}{(2r)^2} = \frac{E^2}{4r}.$$

习　题　3.5

1. 求下列函数在给定区间上的最大值与最小值.

(1) $y=x^4-2x^2+5$, $x\in[-2, 2]$;

(2) $y=\dfrac{x-1}{x+1}$, $x\in[0, 4]$;

(3) $y=x+\sqrt{1-x}$, $x\in[-3, 1]$;

(4) $y=\sin 2x-x$, $x\in\left[-\dfrac{\pi}{2}, \dfrac{\pi}{2}\right]$.

2. 求正数 a,使它与其倒数之和最小.

3. 要做一个底为正方形,容积为 108 m^3 的长方体开口容器,怎样做可使用料最省?

4. 要把货物从运河边上 A 城运往与河相距为 $BC=a$ km 的 B 城(图 3-18).轮船运费的单价为 m 元/km,火车运费是 n 元/km ($m<n$). 试在运河边上找一点 D,修建铁路 BD,使货物的总运费最省.

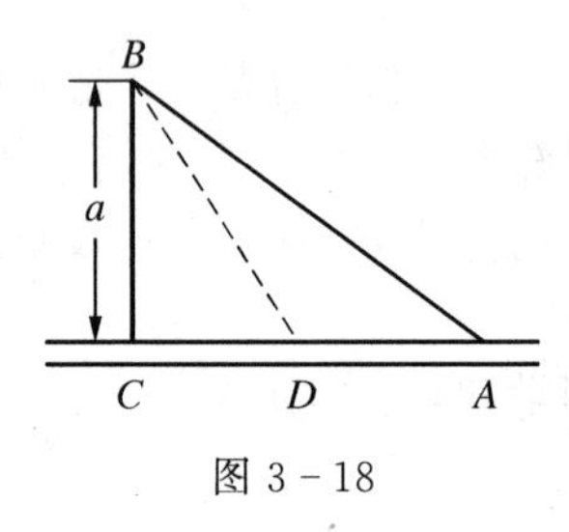

图 3-18

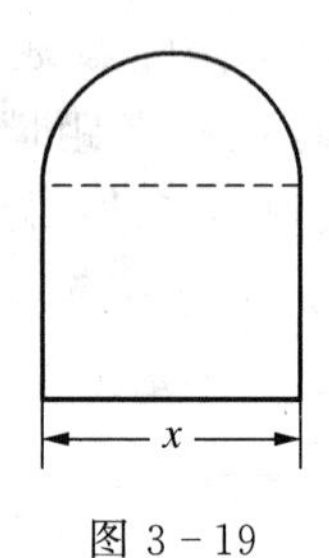

图 3-19

5. 某地区防空洞的截面拟建成矩形加半圆(图 3-19),截面面积为 5 m^2,问底宽 x 为多少时才能使截面的周长最小?

6. 甲船以 20 海里/时的速度向东行驶,同一时间乙船在甲船正北 82 海里处以 16 海里/时的速度向南行驶,问经过多长时间两船距离最近?

7. 一房地产公司有 50 套公寓要出租,当月租金定为 1000 元时,公寓会全部租出去;当月租金每增加 50 元时,就会多一套公寓租不出去,而租出去的公寓每月需花费 100 元的维修费. 试问房租定为多少时可获得最大利润?

8. 在数列 $1, \sqrt{2}, \sqrt[3]{3}, \cdots, \sqrt[n]{n}, \cdots$ 中求出最大的一个数.

9. 在抛物线 $y^2=4x$ 上找一点 $A(x_0, f(x_0))$,使过点 A 的法线被抛物线所截线段最短.

10. 设 $0\leqslant x\leqslant 1$, $p>1$,证明:

$$\frac{1}{2^{p-1}}\leqslant x^p+(1-x)^p\leqslant 1.$$

3.6　曲线的凹凸性及拐点

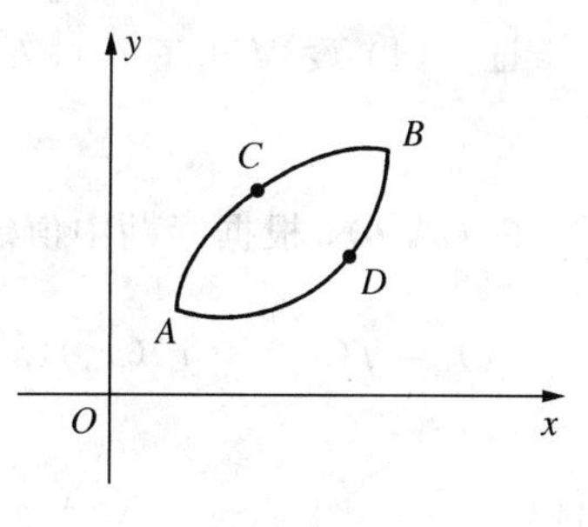

图 3-20

单调递增函数的图形是一条上升的曲线.但上升的过程中,还存在一个弯曲方向的问题.例如,图 3-20 中有两条曲线弧$\overset{\frown}{ACB}$与$\overset{\frown}{ADB}$,它们都是上升的,但弧$\overset{\frown}{ACB}$是向上凸的曲线弧,而$\overset{\frown}{ADB}$却是凹(下凸)的.为了更准确地描绘函数的图形,下面从几何上给出曲线凹凸性的概念,并研究其判断法.

可直观地看到:图 3-21(a)中曲线是凹的,其特点是其上任一弦 MN 总在对应弧$\overset{\frown}{MN}$的上方,此时弦 MN 的中点位于弧上相应点之上;而图 3-20(b)中曲线则正好相反.于是有下面的定义:

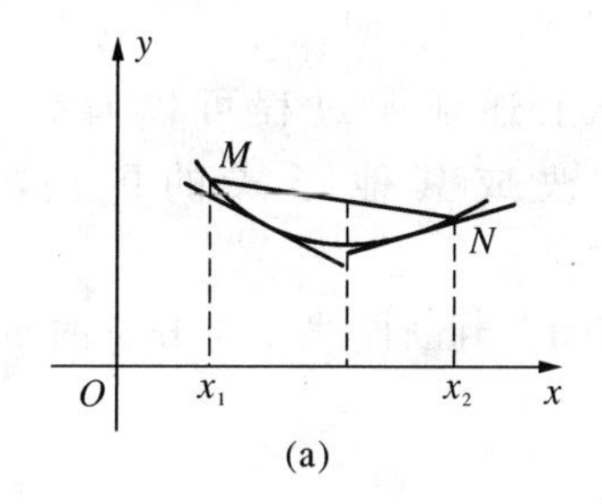

(a)

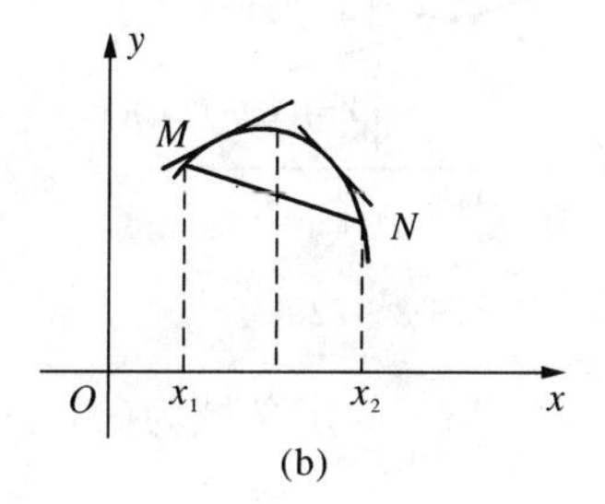

(b)

图 3-21

定义 1　设函数 $f(x)$在区间 I 上连续,$\forall x_1, x_2 \in I, x_1 \neq x_2$.

(1) 若 $f\left(\dfrac{x_1+x_2}{2}\right) < \dfrac{1}{2}[f(x_1)+f(x_2)]$,则称 $f(x)$在 I 上是**凹函数**;

(2) 若 $f\left(\dfrac{x_1+x_2}{2}\right) > \dfrac{1}{2}[f(x_1)+f(x_2)]$,则称 $f(x)$在 I 上是**凸函数**.

如果曲线弧是光滑的,即各点处切线存在,那么也可以用弧与切线的位置关系来定义凹凸性.

定义 2　如果在某区间内,曲线弧上处处有切线,且曲线弧位于其上任意一点切线的上方,则称曲线在这个区间内是凹的(或凹弧);如果曲线弧位于其上任一点切线的下方,则称曲线在这个区间内是凸的(或凸弧).

观察图 3-21 会发现:随着 x 的增大,凹弧上各点处的切线斜率 $k=f'(x)$ 为递增函数,即 $[f'(x)]'>0$,凸弧则相反,这就说明可通过二阶导数的符号来确定曲线的凹凸性.

定理 1 设 $f(x)$在$[a, b]$上连续,在(a, b)内具有二阶导数.

(1) 若 $\forall x \in (a, b)$, $f''(x) > 0$,则曲线 $y = f(x)$ 在$[a, b]$上是凹的;

(2) 若 $\forall x \in (a, b)$, $f''(x) < 0$,则曲线 $y = f(x)$ 在$[a, b]$上是凸的.

证 (1) 设 $\forall x_0 \in (a, b)$,则过点$(x_0, f(x_0))$的切线方程为

$$Y = f(x_0) + f'(x_0)(x - x_0).$$

$\forall x \in (a, b)$,根据泰勒中值定理,$f(x)$在点 x_0处的一阶展开式为

$$f(x) = f(x_0) + f'(x_0)(x - x_0) + \frac{f''(\xi)}{2!}(x - x_0)^2 \quad (\xi \text{介于} x_0, x \text{间}),$$

所以
$$f(x) - Y = \frac{f''(\xi)}{2!}(x - x_0)^2 > 0.$$

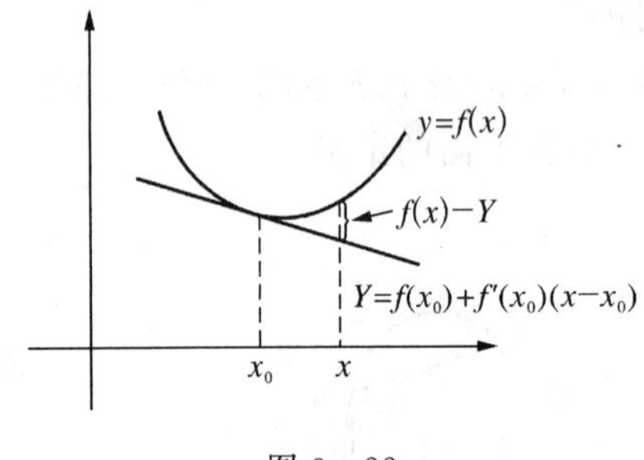

图 3-22

即 $f(x) > Y$. 也就是曲线弧位于其上任一点处切线的上方(图 3-22). 由定义 3.6.2 知,曲线在$[a, b]$上是凹的.

同理可以证明(2).

从上述证明过程可以看到,把区间$[a, b]$改成其他形式的区间,定理仍然成立.

例 1 判断曲线 $y = \ln x$ 的凹凸性.

解 $y = \ln x$ 的定义域为$(0, +\infty)$.

$$y' = \frac{1}{x}, \qquad y'' = -\frac{1}{x^2} < 0,$$

所以 $y = \ln x$ 在$(0, +\infty)$内是凸的.

例 2 求函数 $y = x^{\frac{1}{3}}$ 的凹凸区间.

解 $y = x^{\frac{1}{3}}$ 的定义域为$(-\infty, +\infty)$.

$$y' = \frac{1}{3}x^{-\frac{2}{3}}, \qquad y'' = -\frac{2}{9}x^{-\frac{5}{3}}.$$

当 $x\in(-\infty, 0)$时, $y'' > 0$,所以 $y = x^{\frac{1}{3}}$ 在$(-\infty, 0]$上是凹的;当 $x\in(0, +\infty)$时, $y'' < 0$,所以 $y = x^{\frac{1}{3}}$ 在$[0, +\infty)$上是凸的.

一般地,若连续曲线弧 $y = f(x)$ 经过其上某点 $M(x_0, f(x_0))$时凹凸性发生改变,即曲线由凸变为凹或者由凹变为凸,则称点 $M(x_0, f(x_0))$为该曲线的拐点,例 2 中,原点$(0, 0)$就是 $y = x^{\frac{1}{3}}$ 的拐点.

同用一阶导数 $f'(x)$确定单调区间与极值一样,用二阶导数 $f''(x)$求函数的凹凸区间与拐点,关键是要确定 $f''(x)$的正负号.为此,首先应求出使 $f''(x)=0$ 的点和 $f''(x)$不存在的点(即可能取得拐点的地方),并用这些点将定义域划分成若干小区间,再分别讨论 $f''(x)$在各小区间内的符号.具体步骤如下:

(1) 求 $f(x)$的定义域 $D(f)$.

(2) 求 $f(x)$的二阶导数 $f''(x)$.

(3) 求满足 $f''(x)=0$ 的点及 $f''(x)$不存在的点(若有).

(4) 用(3)中求出的所有点将 $D(f)$划分成小区间,并确定 $f''(x)$在各小区间内的符号.若 $f''(x)$在点 x_0的左、右邻域内符号相反,则$(x_0,\ f(x_0))$是拐点;若 $f(x)$在点 x_0的左、右邻域内符号相同,则点$(x_0,\ f(x_0))$不是拐点.

例 3　讨论函数 $y=(x-1)\sqrt[3]{x^5}$ 的凹凸性,并求拐点.

解　$y=(x-1)\sqrt[3]{x^5}$ 在其定义域 $\mathbf{R}$ 内连续.

$$y'=x^{\frac{5}{3}}+(x-1)\frac{5}{3}x^{\frac{2}{3}}=\frac{8}{3}x^{\frac{5}{3}}-\frac{5}{3}x^{\frac{2}{3}},$$

$$y''=\frac{40}{9}x^{\frac{2}{3}}-\frac{10}{9}x^{-\frac{1}{3}}=\frac{10}{9}\frac{4x-1}{\sqrt[3]{x}}.$$

令 $y''=0$,得 $x=\frac{1}{4}$;而 $x=0$ 时,y''不存在.

用 $x=0,\ \frac{1}{4}$将 $\mathbf{R}$ 分成三个小区间,列表讨论:

x	$(-\infty,0)$	0	$\left(0,\frac{1}{4}\right)$	$\frac{1}{4}$	$\left(\frac{1}{4},+\infty\right)$
y''	+	不存在	−	0	+
y	◡	(拐点)	◠	(拐点)	◡

注:记号"◡"表示"凹";"◠"表示"凸";下例中,"↘"表示"凹且减","↓"表示"凸且减";而"↑"表示"凹且增".

所以,$y=(x-1)\sqrt[3]{x^2}$ 在$(-\infty,0]$及$\left[\frac{1}{4},+\infty\right)$上是凹的,在$\left[0,\frac{1}{4}\right]$上是凸的;且有拐点$(0,0)$和$\left(\frac{1}{4},-\frac{3}{32\sqrt[3]{2}}\right)$.

注　拐点$(x_0,\ f(x_0))$处,$f''(x_0)=0$ 或 $f''(x_0)$不存在;但反过来不成立.例如,$y=x^4$ 在点 $x=0$ 处,$y''=0$,但由于 y'' 经过 $x=0$ 时符号不变,故点$(0,0)$不是 $y=x^4$ 的拐点.

例 4　求函数 $f(x)=x^4-2x^3+2$ 的单调区间、极值、凹凸区间与拐点.

解
$$f'(x)=4x^3-6x^2=2x^2(2x-3),$$
$$f''(x)=12x^2-12x=12x(x-1).$$

令 $f'(x)=0$,得驻点 $x=0,\ \dfrac{3}{2}$;令 $f''(x)=0$,得 $x=0,\ 1$.

用 $x=0,\ 1,\ \dfrac{3}{2}$将 $f(x)$的定义域 **R** 划分成小区间,列表讨论如下:

x	$(-\infty,\ 0)$	0	$(0,\ 1)$	1	$\left(1,\ \frac{3}{2}\right)$	$\frac{3}{2}$	$\left(\frac{3}{2},\ +\infty\right)$
$f'(x)$	$-$	0	$-$	$-$	$-$	0	$+$
$f''(x)$	$+$	0	$-$	0	$+$	$+$	$+$
$f(x)$	↘	(拐点)	↘	(拐点)	↘	(极小值)	↗

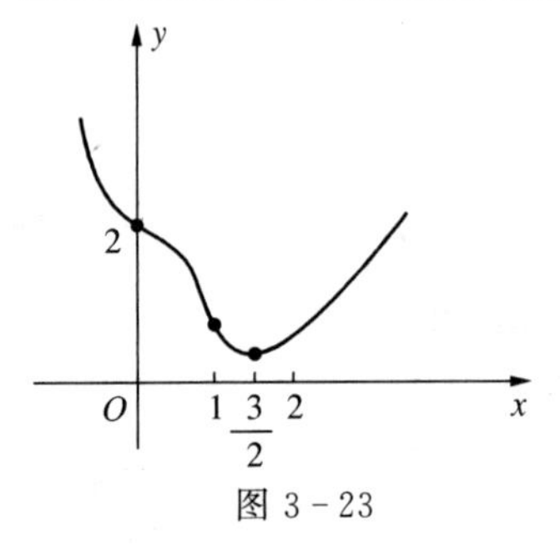

图 3-23

所以 $f(x)=x^4-2x^3+2$ 在$\left(-\infty,\ \dfrac{3}{2}\right]$上递减;在$\left[\dfrac{3}{2},\ +\infty\right)$内递增,有极小值 $f\left(\dfrac{3}{2}\right)=\dfrac{5}{16}$;凹区间为$(-\infty,\ 0]$及$[1,\ +\infty)$,凸区间为$[0,\ 1]$,并有拐点$(0,\ 2)$及$(1,\ 1)$.

把以上结论在直角坐标系中描绘出来,就得到 $y=x^4-2x^3+2$ 的图形(图 3-23).

习 题 3.6

1. 证明:函数 $f(x)=x\arctan x$ 与 $g(x)=x\ln x$ 在其定义域内为凹函数.

2. 求下列函数的凹凸区间与拐点:

(1) $y=3x^2-x^3$;　　(2) $y=\ln(1+x^2)$;

(3) $y=x^2+\dfrac{1}{x}$;　　(4) $y=\dfrac{2x}{1+x^2}$;

(5) $y=xe^{-x}$;　　(6) $y=x+(1-x)^{\frac{5}{3}}$.

3. 问 a 与 b 为何值时,点$(1,\ 3)$是曲线 $y=ax^3+bx^2$ 的拐点?

4. 已知 $f(x)=x^3+ax^2+bx$ 在点 $x=1$ 处有极值-2.试确定系数 a 与 b,并求出 $f(x)$的所有极值及曲线 $y=f(x)$ 的拐点.

5. 证明:曲线 $y=\dfrac{x-1}{x^2+1}$ 有三个拐点位于同一直线上.

6. 试确定函数 $f(x)=k(x^2-3)^2$ 中的 k 值,使曲线的拐点处的法线通过原点.

7. 设 $y=f(x)$ 在点 $x=x_0$ 的某邻域内具有三阶连续导数,如果 $f''(x_0)=0$,$f'''(x_0)\neq 0$.试问$(x_0,\ f(x_0))$是否为拐点?为什么?

8. 若在(a,b)内，$f''(x)>0$，且$f(x_0)$为函数$f(x)$的极小值（$x_0\in(a,b)$），证明：$f(x_0)$是函数$f(x)$在(a,b)内的最小值.

9. 证明下列不等式：

(1) 当$x,y>0$，$x\neq y$，$n>1$时，$\frac{1}{2}(x^n+y^n)>\left(\frac{x+y}{2}\right)^n$；

(2) 当$x\neq y$时，$\frac{e^x+e^y}{2}>e^{\frac{x+y}{2}}$；

(3) 当$x,y>0$时，$2\arctan\frac{x+y}{2}\geqslant\arctan x+\arctan y$.

3.7　函数图形的描绘

3.7.1　曲线的渐近线

1. 水平渐近线

若$\lim\limits_{x\to+\infty}f(x)=a$或$\lim\limits_{x\to-\infty}f(x)=a$，则称直线$y=a$为曲线$y=f(x)$的**水平渐近线**.

例如，图3－24所给出的三种情况都表明$y=a$为曲线$y=f(x)$的水平渐近线.

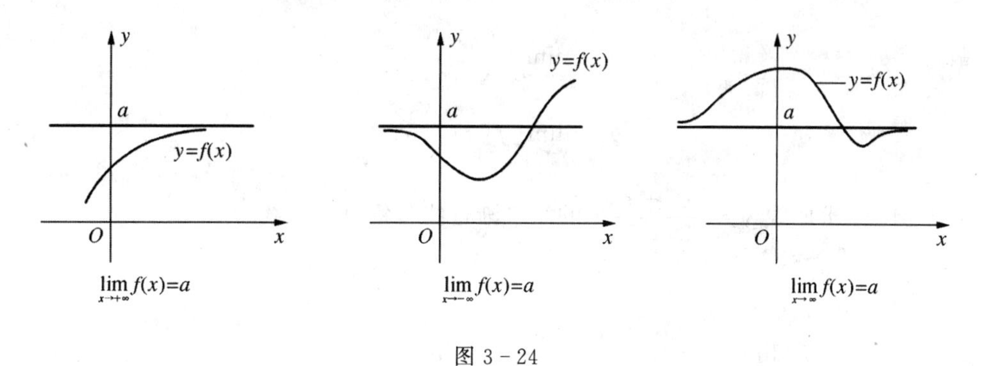

图3－24

2. 铅直渐近线

若$\lim\limits_{x\to c^+}f(x)=\infty$或$\lim\limits_{x\to c^-}f(x)=\infty$，则称直线$x=c$为曲线$y=f(x)$的**铅直渐近线**.

如图3－25所示，直线$x=c$，$x=d$都是曲线$y=f(x)$的铅直渐近线. 此时，$x=c$，$x=d$也是函数$y=f(x)$的无穷间断点.

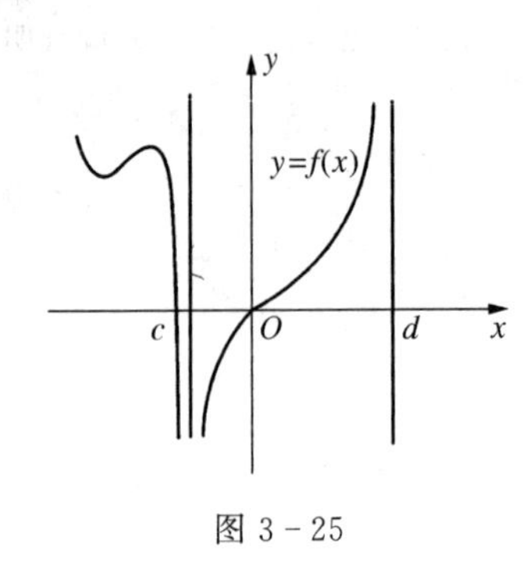

图 3-25

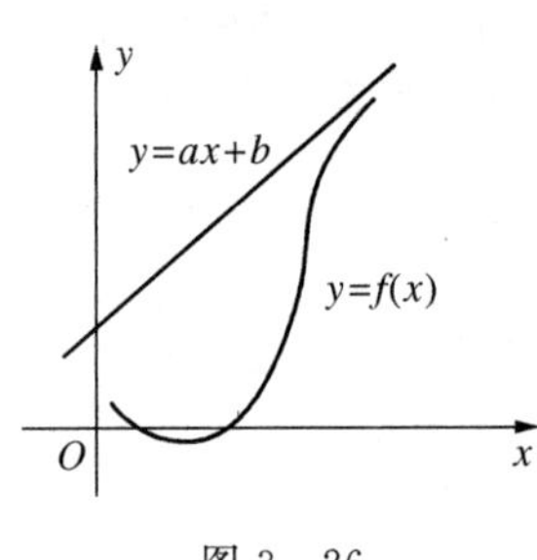

图 3-26

***3. 斜渐近线**

对于曲线 $y=f(x)$ 和直线 $y=ax+b(a\neq 0)$，若

$$\lim_{x\to+\infty}[f(x)-(ax+b)]=0 \quad 或 \quad \lim_{x\to-\infty}[f(x)-(ax+b)]=0,$$

即曲线纵坐标与直线纵坐标之差随 $x\to\infty$ 而趋于 0，则称直线 $y=ax+b$ 是曲线 $y=f(x)$ 的**斜渐近线**，如图 3-26 所示.

如何确定斜渐近线中的 a，b 呢？

由于
$$\lim_{x\to\infty}[f(x)-(ax+b)]=0,$$
所以
$$\lim_{x\to\infty}[f(x)-ax]=b,$$
从而
$$\lim_{x\to\infty}\frac{f(x)-ax}{x}=\lim_{x\to\infty}\left[\frac{f(x)}{x}-a\right]=0,$$
故
$$a=\lim_{x\to\infty}\frac{f(x)}{x},$$
$$b=\lim_{x\to\infty}[f(x)-ax].$$

例 1 求曲线 $y=\dfrac{e^x+e^{-x}}{e^x-e^{-x}}$ 的水平渐近线与铅直渐近线.

解 因为

$$\lim_{x\to+\infty}y=\lim_{x\to+\infty}\frac{e^x+e^{-x}}{e^x-e^{-x}}=\lim_{x\to+\infty}\frac{e^{2x}+1}{e^{2x}-1}=1,$$

$$\lim_{x\to-\infty}y=\lim_{x\to-\infty}\frac{e^x+e^{-x}}{e^x-e^{-x}}=\lim_{x\to-\infty}\frac{1+e^{-2x}}{1-e^{-2x}}=-1,$$

所以曲线有两条水平渐近线 $y=1$ 与 $y=-1$.

另一方面，函数 $y=\dfrac{e^x+e^{-x}}{e^x-e^{-x}}$ 有间断点 $x=0$，且

$$\lim_{x \to 0} \frac{e^x + e^{-x}}{e^x - e^{-x}} = \infty,$$

从而曲线有铅直渐近线 $x = 0$.

例 2　求曲线 $f(x) = \dfrac{x^2 + 2x - 1}{x}$ 的渐近线.

解　因为 $\lim\limits_{x \to \infty} f(x) = \infty$，故曲线 $y = f(x)$ 没有水平渐近线；又

$$\lim_{x \to 0} f(x) = \lim_{x \to 0} \frac{x^2 + 2x - 1}{x} = \infty,$$

所以该曲线有铅直渐近线 $x = 0$.

另外，因

$$a = \lim_{x \to \infty} \frac{f(x)}{x} = \lim_{x \to \infty} \frac{x^2 + 2x - 1}{x^2} = 1,$$

$$b = \lim_{x \to \infty}[f(x) - ax] = \lim_{x \to \infty}\left(\frac{x^2 + 2x - 1}{x} - x\right) = \lim_{x \to \infty} \frac{2x - 1}{x} = 2,$$

故 $y = x + 2$ 是该曲线的斜渐近线.

3.7.2　函数图形的描绘

以前常用描点法绘制函数的图形. 描点作图法工作量大，而且得到的图形比较粗糙. 现在，可以利用微分法确定函数的主要特征（如函数在哪个区间上上升，哪个区间上下降；在哪个区间上为凸，哪个区间上为凹；在什么地方有极值，极值是多少；拐点的坐标是什么等），根据这些特征描几个关键点，就能比较准确地画出函数的图形，一般按如下步骤进行：

(1) 求函数 $y = f(x)$ 的定义域，并考察其奇偶性（对称性）、周期性；

(2) 求函数的一阶导数 $f'(x)$ 与二阶导数 $f''(x)$，并求 $f'(x)$ 和 $f''(x)$ 等于 0 的点和不存在的点；

(3) 列表讨论，确定单调区间、极值、凹凸区间及拐点；

(4) 考察函数的渐近线；

(5) 求函数的某些特殊点，如与坐标轴的交点、不可导点，或根据需要补充若干点；

(6) 综合以上讨论结果描画出函数图形.

例 3　描绘函数 $y = \dfrac{1}{\sqrt{2\pi}} e^{-\frac{x^2}{2}}$ 的图形.

解　$y = \dfrac{1}{\sqrt{2\pi}} e^{-\frac{x^2}{2}}$ 的定义域为 $(-\infty, +\infty)$，值域为 $y > 0$；显然该函数没

有周期性,但图形关于 y 轴对称,可以只讨论 $x \geqslant 0$ 的部分.

$$y' = \frac{-x}{\sqrt{2\pi}} e^{-\frac{x^2}{2}}, \qquad y'' = \frac{1}{\sqrt{2\pi}}(x^2-1)e^{-\frac{x^2}{2}}.$$

令 $y'=0$,得驻点 $x=0$;令 $y''=0$,得 $x=\pm 1$. 列表讨论:

x	$(-\infty, -1)$	-1	$(-1, 0)$	0	$(0, 1)$	1	$(1, +\infty)$
y'	+	+	+	0	−	−	−
y''	+	0	−	−	−	0	+
y	↑	(拐点)	↗	极大值	↓	(拐点)	↘

由表可知,曲线有一个峰点 $\left(0, \frac{1}{\sqrt{2\pi}}\right)$,两个拐点 $\left(\pm 1, \frac{1}{\sqrt{2\pi}}e^{-\frac{1}{2}}\right)$.

显然,函数无间断点,没有铅直渐近线,但由于

$$\lim_{x\to\infty} f(x) = \lim_{x\to\infty} \frac{1}{\sqrt{2\pi}} e^{-\frac{x^2}{2}} = 0,$$

所以有水平渐近线 $y=0$.

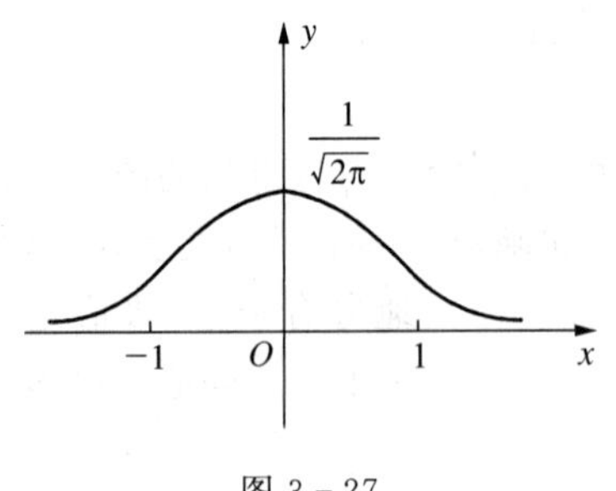

图 3-27

把以上结果在直角坐标系中描绘出来,就得到 $y = \frac{1}{\sqrt{2\pi}} e^{-\frac{x^2}{2}}$ 的图形(图 3-27).

例 4 描绘 $f(x) = \frac{(x-3)^2}{4(x-1)}$ 的图形.

解 $f(x)$ 的定义域为 $(-\infty, 1) \cup (1, +\infty)$. 因为

$$\lim_{x\to 1} \frac{(x-3)^2}{4(x-1)} = \infty,$$

所以 $x=1$ 为 $y=f(x)$ 的铅直渐近线. 又

$$a = \lim_{x\to\infty} \frac{f(x)}{x} = \lim_{x\to\infty} \frac{(x-1)^2}{4x(x-1)} = \frac{1}{4},$$

$$b = \lim_{x\to\infty}(f(x)-ax) = \lim_{x\to\infty}\left[\frac{(x-3)^2}{4(x-1)} - \frac{1}{4}x\right] = \lim_{x\to\infty} \frac{-5x+9}{4(x-1)} = -\frac{5}{4},$$

故曲线有斜渐近线 $y = \frac{1}{4}x - \frac{5}{4}$. 又因为

$$f'(x) = \frac{(x+1)(x-3)}{4(x-1)^2}, \qquad f''(x) = \frac{2}{(x-1)^3}.$$

令 $f'(x)=0$,得驻点 $x=-1$, $x=3$;在 $f(x)$的定义域内 $f''(x)$存在,且 $f''(x)\neq 0$,从而曲线无拐点.列表讨论如下:

x	$(-\infty, -1)$	-1	$(-1, 1)$	$(1, 3)$	3	$(3, +\infty)$
$f'(x)$	+	0	−	−	0	+
$f''(x)$	−	−	−	+	+	+
$f(x)$	↗	极大值	↘	↘	极小值	↗

函数的极大值 $f(-1)=-2$,极小值$f(3)=0$.

另外,曲线与坐标轴的交点为 $\left(0, -\dfrac{9}{4}\right)$, $(3, 0)$,再令 $x=2$,得 $f(2)=\dfrac{1}{4}$.

描点,连线得此函数的图形(图 3-28).

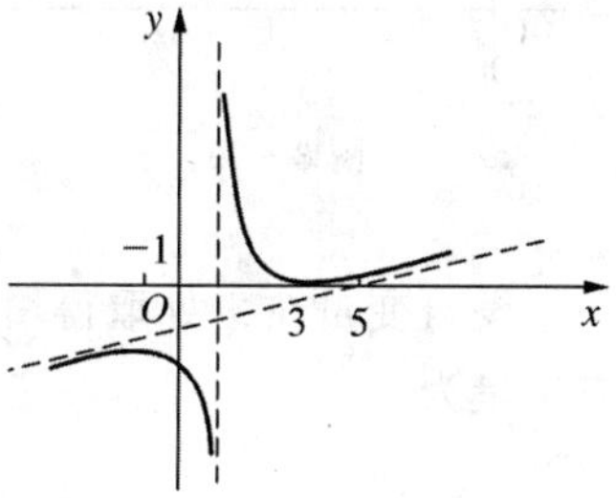

图 3-28

习　题　3.7

1. 求下列函数的渐近线:

(1) $y=e^{\frac{1}{x}}$;　　(2) $y=\dfrac{1}{x^2-4x+5}$;

(3) $y=x+e^{-x}$;　　(4) $y=\dfrac{e^x}{1+x}$;

(5) $y=xe^{-2x}$;　　(6) $y=x-\ln(x+1)$.

2. 作下列函数的图形:

(1) $y=3x-x^3$;　　(2) $y=xe^{-x}$;

(3) $y=\dfrac{2x}{1+x^2}$;　　(4) $y=\ln(1+x^2)$.

3.8　曲　　率

3.8.1　弧微分

曲率以及以后的几个问题都与弧微分有关系,为此先介绍弧微分.

设有连续、光滑的曲线弧 C: $y=f(x)$ (图 3-29).在 C 上取定一点 $M_0(x_0, y_0)$

作为度量弧长的基准点，$M(x, y)$为 C 上任一点. 规定有向弧段$\overset{\frown}{M_0M}$的值 s（简称弧 s）如下：s 的绝对值为弧段$\overset{\frown}{M_0M}$的长度，当 $x > x_0$ 时，s 为正值；当 $x < x_0$ 时，s 为负值. 显然弧 s 是关于 x 的一个（递增）函数，即 $s = s(x)$. 该函数的微分称为**弧微分**. 由微分学知：$ds = s'dx$，而

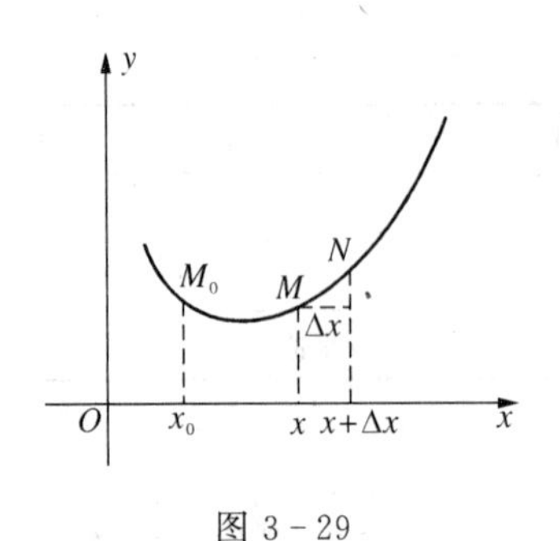

图 3－29

$$s' = \frac{ds}{dx} = \lim_{\Delta x \to 0} \frac{\Delta s}{\Delta x},$$

因此把问题转化为如何根据已知曲线 C 的方程 $y = f(x)$，求 $\lim\limits_{\Delta x \to 0} \dfrac{\Delta s}{\Delta x}$.

设自变量在 x 处取得增量 Δx 时，曲线 C 上对应点为 N，弧函数 $s = s(x)$ 的相应增量为

$$\Delta s = s(x + \Delta x) - s(x) = \overset{\frown}{MN}.$$

当 $\Delta x \to 0$ 时，$N \to M$，可用弦 MN 的长度作为弧$\overset{\frown}{MN}$长的近似值，即

$$\lim_{\Delta x \to 0} \left| \frac{\overset{\frown}{MN}}{MN} \right| = 1.$$

又由于
$$|MN|^2 = \Delta x^2 + \Delta y^2,$$

所以
$$\lim_{\Delta x \to 0} \left(\frac{\Delta s}{\Delta x} \right)^2 = \lim_{\Delta x \to 0} \left(\frac{\Delta s}{|MN|} \right)^2 \left(\frac{|MN|}{\Delta x} \right)^2$$
$$= \lim_{\Delta x \to 0} \left(\frac{|\overset{\frown}{MN}|}{|MN|} \right)^2 \frac{\Delta x^2 + \Delta y^2}{\Delta x^2}$$
$$= \lim_{\Delta x \to 0} \left[1 + \left(\frac{\Delta y}{\Delta x} \right)^2 \right] = 1 + \left(\frac{dy}{dx} \right)^2 = 1 + y'^2.$$

即
$$\left(\frac{ds}{dx} \right)^2 = 1 + y'^2,$$

故有
$$\frac{ds}{dx} = \pm \sqrt{1 + y'^2}.$$

由于 $s = s(x)$ 是 x 的单调递增函数，所以根号前取正号，于是得到**弧微分公式**：

$$ds = \sqrt{1 + y'^2}\,dx. \tag{3.8.1}$$

3.8.2 曲率

大家都有这样的经验：乘坐汽车转弯时，弯越急离心力越大；建筑中（如桥梁）的弯曲程度太大，就会造成断裂等. 因此，工程设计中，必须考虑弯曲度.

如何用数量来刻画曲线的弯曲程度呢？首先分析曲线的弯曲程度与哪些因素有关.

图3－30中有两段曲线弧$\overset{\frown}{MN}$与$\overset{\frown}{M_1N_1}$. 假设它们的弧长相同，当动点沿曲线弧$\overset{\frown}{MN}$由端点M移到N时，曲线的切线转过的角度为$\Delta\alpha$；当动点沿曲线弧$\overset{\frown}{M_1N_1}$由端点M_1移动到N_1时，切线转过的角度为$\Delta\beta$. 可以看出：弧$\overset{\frown}{M_1N_1}$比$\overset{\frown}{MN}$更弯曲，这时$\Delta\beta > \Delta\alpha$. 说明曲线的弯曲程度与切线转过的角度成正比.

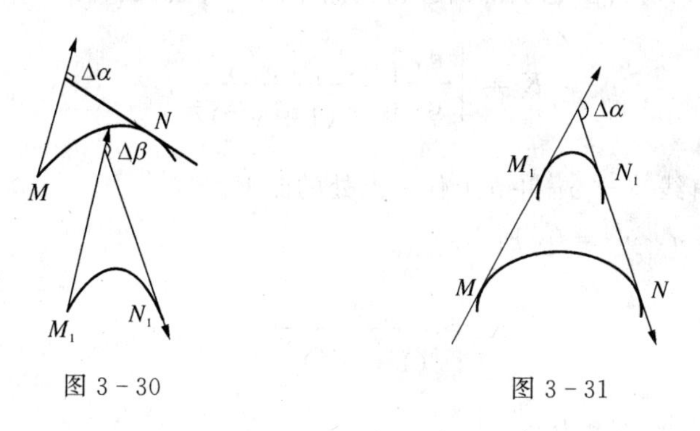

图3－30　　　　图3－31

但是，切线转过的角度大小还不能完全反映曲线的弯曲程度. 图3－31中，曲线弧$\overset{\frown}{MN}$与$\overset{\frown}{M_1N_1}$上的切线转过的角度相同，都是$\Delta\alpha$，但明显地，短弧$\overset{\frown}{M_1N_1}$比长弧$\overset{\frown}{MN}$更弯曲. 这表明，曲线的弯曲程度与弧长成反比.

基于上面的分析，现在可以用一个数量来描述曲线的弯曲度，这个数量就是曲率，即曲线的方向对弧长的变化率.

定义1　假设光滑曲线弧$\overset{\frown}{MN}$的弧长为$|\Delta s|$，动点沿曲线由M移至N时，曲线的切线转过的角度为$|\Delta\alpha|$，称

$$\overline{K} = \left|\frac{\Delta\alpha}{\Delta s}\right|$$

为曲线弧$\overset{\frown}{MN}$的**平均曲率**(单位弧段上切线转过的角度).

令$\Delta s \to 0$，即$N \to M$，若$\lim\limits_{\Delta s \to 0}\dfrac{\Delta\alpha}{\Delta s}$存在，则称平均曲率的极限为曲线在点$M$处的**曲率**，记为$K$，即

$$K = \lim_{\Delta s \to 0}\left|\frac{\Delta\alpha}{\Delta s}\right| = \left|\frac{d\alpha}{ds}\right|. \tag{3.8.2}$$

假设曲线C的方程为$y = f(x)$，且$f(x)$二阶可导，M为C上任一点，过点M的切线倾角为α，那么切线的斜率为

$$y' = \tan\alpha.$$

即$\alpha = \arctan y'$，它是x的复合函数.

$$\frac{\mathrm{d}\alpha}{\mathrm{d}x}=\frac{1}{1+(y')^2}\cdot(y')'=\frac{y''}{1+y'^2},$$

于是
$$\mathrm{d}\alpha=\frac{y''}{1+y'^2}\mathrm{d}x. \tag{3.8.3}$$

由式(3.8.1)、式(3.8.2)、式(3.8.3)得到曲率的计算公式：

$$K=\left|\frac{\mathrm{d}\alpha}{\mathrm{d}s}\right|=\frac{|y''|}{(1+y'^2)^{\frac{3}{2}}}. \tag{3.8.4}$$

例 1 求直线 $y=ax+b$ 上任一点处的曲率.

解 $y'=a,\ y''=0$，所以

$$K=\frac{|y''|}{(1+y'^2)^{\frac{3}{2}}}=0.$$

即直线上任一点的曲率为 0.

例 2 抛物线 $y=ax^2+bx+c$ 上哪点处的曲率最大？

解 $y'=2ax+b,\ y''=2a$，所以

$$K=\frac{|y''|}{(1+y'^2)^{\frac{3}{2}}}=\frac{2|a|}{[1+(2ax+b)^2]^{\frac{3}{2}}}.$$

上式中，分子为常数，分母越小，K 就越大，故当 $2ax+b=0$，也就是 $x=-\frac{b}{2a}$ 时，K 最大. 而 $x=-\frac{b}{2a}$ 对应抛物线的顶点，因此，抛物线上、顶点处的曲率最大.

假设曲线 C 用参数方程 $\begin{cases}x=\varphi(t),\\ y=\psi(t)\end{cases}$ 表示. 由于

$$\frac{\mathrm{d}y}{\mathrm{d}x}=\frac{\psi'(t)}{\varphi'(t)},\qquad \frac{\mathrm{d}^2y}{\mathrm{d}x^2}=\frac{\psi''(t)\varphi'(t)-\psi'(t)\varphi''(t)}{\varphi'^3(t)}.$$

代入式(3.8.4)得

$$K=\frac{|\varphi'(t)\psi''(t)-\varphi''(t)\psi'(t)|}{[\varphi'^2(t)+\psi'^2(t)]^{\frac{3}{2}}}. \tag{3.8.5}$$

例 3 求椭圆 $\begin{cases}x=a\cos t,\\ y=b\sin t\end{cases}$ $(a,\ b>0)$ 在点$(a,\ 0)$处的曲率.

解 $\varphi'=-a\sin t,\ \psi'=b\cos t;\ \varphi''=-a\cos t,\ \psi''=-b\sin t$. 由式(3.8.5)得

$$K=\frac{|-a\sin t\cdot(-b\sin t)+a\cos t\cdot b\cos t|}{(a^2\sin^2 t+b^2\cos^2 t)^{\frac{3}{2}}}=\frac{ab}{(a^2\sin^2 t+b^2\cos^2 t)^{\frac{3}{2}}}. \tag{3.8.6}$$

在点 $(a, 0)$ 处，$t=0$，所以 $K=\frac{a}{b^2}$.

在式(3.8.6)中，令 $a=b=R$，得到半径为 R 的圆的曲率为

$$K=\frac{R^2}{(R^2\cos^2 t+R^2\sin^2 t)^{\frac{3}{2}}}=\frac{1}{R}.$$

即圆上任一点处的曲率都是圆半径的倒数. 圆半径越小，弯曲程度越大.

3.8.3　曲率圆与曲率半径

曲率从数量上刻画了曲线的弯曲程度. 能否根据曲率的大小从直观上感知曲线到底弯曲到什么程度呢？例如，抛物线 $y=x^2$ 在原点处的曲率为 2，那么它在原点处的弯曲度与半径为 $\frac{1}{2}$ 的圆的弯曲度相同. 这样就产生了曲率圆的概念.

设曲线 $y=f(x)$ 在点 M 处的曲率为 $K(\neq 0)$. 在点 M 处的法线上(位于曲线凹的一侧)取一点 D，使 $|MN|=\frac{1}{K}=r$，以 D 为圆心，r 为半径作圆(图 3 - 32)，称该圆为曲线在点 M 处的**曲率圆**；该圆的半径 $r=\frac{1}{K}$ 为曲线在点 M 处的**曲率半径**；圆心 D 称为曲线在点 M 处的**曲率中心**.

可见，曲线在 M 处的曲率圆与曲线在该点有相同的切线，相同的曲率，相同的弯曲方向. 因此，实际问题中，为使问题简化，常用曲率圆的圆弧来近似替代复杂的曲线弧.

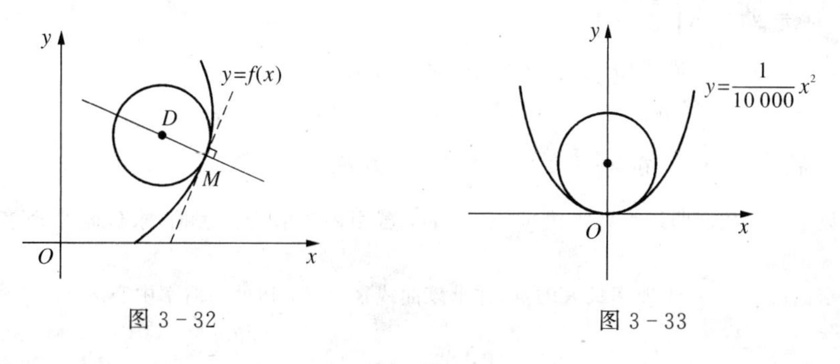

图 3 - 32　　　　图 3 - 33

例 4　如图 3 - 33 所示，飞机沿抛物线路径 $y=\frac{1}{10\,000}x^2$ 作俯冲飞行. 在坐标原点 O 处飞机的速度为 $v=200\,\mathrm{m/s}$，飞行员体重 $G=70\,\mathrm{kg}$，求飞机冲至最低点

时座椅对飞行员的反作用力.

解 因为

$$y=\frac{1}{10\,000}x^2,\qquad y'=\frac{1}{5000}x,\qquad y''=\frac{1}{5000};$$

$$y'(0)=0,\qquad y''(0)=\frac{1}{5000}.$$

所以抛物线在原点的曲率为

$$K=\frac{|y''|}{(1+y'^2)^{\frac{3}{2}}}=\frac{1}{5000},$$

在原点的曲率半径为 $r=5000$，向心力

$$F=\frac{mv^2}{r}=\frac{70\times 200^2}{5000}=560(\mathrm{N}).$$

飞行员的离心力及他本身重量对座椅的压力为

$$560+70\times 9.8=1246(\mathrm{N}).$$

此即坐椅对飞行员的反作用力.

习 题 3.8

1. 求下列曲线在指定点的曲率：

(1) $xy=1$ 在点(1, 1)；

(2) $y=\ln x$ 在点(1, 0)；

(3) $\begin{cases}x=a(t-\sin t),\\ y=a(1-\cos t)\end{cases}$ $(a>0)$ 在 $t=\dfrac{\pi}{2}$ 处；

(4) $8x=y^2$ 在点 $\left(\dfrac{9}{8},\ 3\right)$处.

2. 求 $y=\ln\sec x$ 在点$(x,\ y)$处的曲率及曲率半径.

3. 求曲线 $y=\sqrt{x}$ 在点(1, 1)处的曲率半径，曲率中心及曲率圆方程.

4. 求曲线 $y=\tan x$ 在点 $\left(\dfrac{\pi}{4},\ 1\right)$处的曲率圆方程.

5. 设某工件截面曲线为抛物线 $y=0.4x^2$，若用砂轮磨光其表面，求砂轮半径多大时最合适？

6. 求曲线 $y=\mathrm{e}^x$ 上曲率最大的点，并求该曲线在点(0, 1)处的曲率中心.

总 习 题 3

1. 在“充分”、“必要”和“充分必要”三者中选择一个正确的填入下列空格内.

(1) 若 $f(x)$ 在 $[a, b]$ 上可导，则在 (a, b) 内，$f'(x) \equiv 0$ 是在 $[a, b]$ 上 $f(x) \equiv f(a)$ 的________条件.

(2) $f'(x_0)=0$ 或 $f'(x_0)$ 不存在是函数 $f(x)$ 在点 x_0 处取得极值的________条件.

2. 选择题.

(1) 设 $y=f(x)$ 满足 $f(0)=1$，$f'(0)=0$，当 $x \neq 0$ 时 $f'(x)>0$，当 $x<0$ 时 $f''(x)<0$，当 $x>0$ 时 $f''(x)>0$，则其图形为(　　).

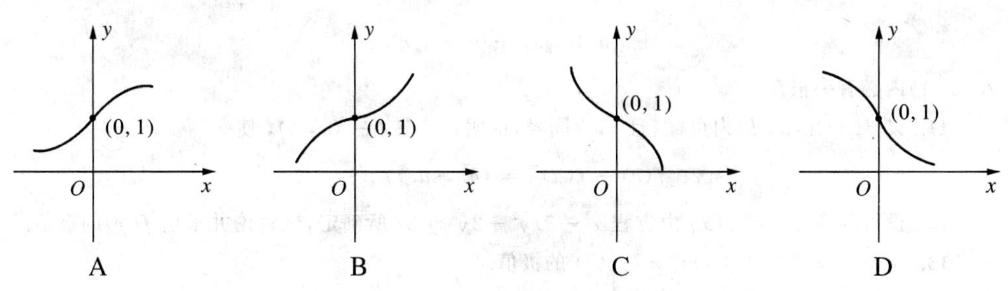

(2) 设在 $[0, 1]$ 上，$f''(x)>0$，则 $f'(0)$，$f'(1)$，$f(1)-f(0)$ 及 $f(0)-f(1)$ 几个数的大小顺序为(　　).

A. $f'(1)>f'(0)>f(1)-f(0)$　　B. $f'(1)>f(1)-f(0)>f'(0)$

C. $f(1)-f(0)>f'(1)>f'(0)$　　D. $f'(1)>f(0)-f(1)>f'(0)$

3. 设函数 $f(x)=\begin{cases} 3-x^2, & 0 \leqslant x \leqslant 1, \\ \dfrac{x}{2}, & 1<x \leqslant 2 \end{cases}$ 在区间 $[0, 2]$ 上，$f(x)$ 是否满足拉格朗日中值定理的条件？满足等式

$$f(2)-f(0)=f'(\xi)(2-0)$$

的 ξ 共有几个？

4. 设 $k>0$，试问 k 为何值时，方程 $\arctan x-kx=0$ 存在正根.

5. 求下列各极限：

(1) $\lim\limits_{x \to \pi} \dfrac{\sin 3x}{\tan 5x}$；　　(2) $\lim\limits_{x \to \frac{\pi}{2}^+} \dfrac{\tan x}{\ln\left(x-\dfrac{\pi}{2}\right)}$；

(3) $\lim\limits_{x \to \pi}(\pi-x)\tan \dfrac{x}{2}$；　　(4) $\lim\limits_{x \to 0} \dfrac{(1+x)^{\frac{1}{x}}-\mathrm{e}}{x}$；

(5) $\lim\limits_{x \to \infty}\left[x-x^2 \ln\left(1+\dfrac{1}{x}\right)\right]$；　　(6) $\lim\limits_{x \to \infty}\left(\sin \dfrac{2}{x}+\cos \dfrac{1}{x}\right)^x$.

6. 求下列函数的单调区间与极值：

(1) $y=\arctan x-\dfrac{1}{2}\ln(1+x^2)$；　　(2) $y=x^{\frac{1}{x}}$.

7. 证明下列不等式：

(1) 当 $x>0$ 时，$\dfrac{x}{1+x^2}<\arctan x$；

(2) 当 $x>0$ 时，$\ln\left(1+\frac{1}{x}\right)>\frac{1}{1+x}$.

8. 确定 a, b, c 的值，使函数 $y=x^3+3ax^2+3bx+c$ 在点 $x=-1$ 处有极大值，点 $(0, 3)$ 是拐点.

9. 曲线弧 $y=\sin x\ (0<x<\pi)$ 上哪一点处的曲率半径最小？求出该点处的曲率半径.

10. 设 $a_0+\frac{a_1}{2}+\frac{a_2}{3}+\cdots+\frac{a_n}{n+1}=0$，证明：方程

$$a_0+a_1x+a_2x^2+\cdots+a_nx^n=0$$

在 $(0, 1)$ 内必有一根.

11. 设 $f(x)$ 在 (a, b) 内可微，且 a, b 同号，证明：存在 $\xi\in(a, b)$，使

$$2\xi[f(b)-f(a)]=(b^2-a^2)f'(\xi).$$

12. 设可导函数 $y=f(x)$ 由方程 $x^3-3xy^2+2y^3=32$ 所确定，试讨论并求出 $f(x)$ 的极值.

13. 求 $y=x^m(1-x)^n\ (m, n\in\mathbf{Z}^+)$ 的极值.

14. 设 $f(x)=nx(1-x)^n\ (n\in\mathbf{Z}^+)$，求：

(1) $f(x)$ 在 $0\leqslant x\leqslant 1$ 上的最大值 $M(n)$；

(2) 求 $\lim\limits_{n\to\infty}M(n)$.

15. 求下列极限：

(1) $\lim\limits_{n\to\infty}\frac{n^2}{a^n}\ (a>1)$；　　(2) $\lim\limits_{n\to\infty}\left(\cos\frac{t}{n}\right)^n$.

16. 试确定当 $x\to 0$ 时，$\frac{2}{3}(\cos x-\cos 2x)$ 是 x 的几阶无穷小量.

17. 设 $f(x), g(x)$ 在 $[a, b]$ 上存在二阶导数，且

$$f(a)=f(b)=0,\qquad f'(a)f'(b)>0.$$

证明：存在 $\xi\in(a, b)$ 和 $\tau\in(a, b)$，使 $f(\xi)=0$，$f''(\tau)=0$.

18. 设 $f(x), g(x)$ 在 $[a, b]$ 上存在二阶导数，且

$$g''(x)\neq 0,\qquad f(a)=f(b)=g(a)=g(b)=0.$$

证明：(1) 在 (a, b) 内，$g(x)\neq 0$；

(2) 存在 $\xi\in(a, b)$，使 $\frac{f(\xi)}{g(\xi)}=\frac{f''(\xi)}{g''(\xi)}$.

19. 设函数 $f(x)$ 在点 $x=0$ 的某邻域内有二阶导数，且 $\lim\limits_{x\to 0}\left(1+x+\frac{f(x)}{x}\right)^{\frac{1}{x}}=\mathrm{e}^3$，求 $f(0)$，$f'(0)$，$f''(0)$ 及 $\lim\limits_{x\to 0}\left(1+\frac{f(x)}{x}\right)^{\frac{1}{x}}$.

20. 设

$$f(x)=\begin{cases}\dfrac{\varphi(x)-\cos x}{x}, & x\neq 0,\\ a, & x=0.\end{cases}$$

其中 $\varphi(x)$ 二阶可导，且 $\varphi(0)=1$，$\varphi'(0)=0$.

(1) 确定 a，使 $f(x)$ 在 $x=0$ 处连续；

(2) 求 $f'(x)$；

(3) 讨论 $f'(x)$ 在点 $x=0$ 处的连续性.

实验 3　导数的应用

一、实验内容

函数的泰勒公式，求函数的最小值和最大值.

二、实验目的

(1) 会将函数用泰勒公式展开.

(2) 会求闭区间内函数的最小值和最大值.

三、预备知识

1. 泰勒展式

泰勒展式的基本指令为 taylor(f, n)，即将 $f(x)$ 展开为最后一项是 x 的 n 阶无穷小量. 将 $\sin x$ 展开为 n 阶泰勒展式：

```
syms x y f f1
y=sin(x);
f=taylor(y,6)                  %在 x=0 处展开
f1=taylor(y,10,1)              %在 x=1 处展开
f=x-1/6*x^3+1/120*x^5
f1=sin(1)+cos(1)*(x-1)-1/2*sin(1)*(x-1)^2-1/6*cos(1)*(x-1)^3
   +1/24*sin(1)*(x-1)^4+1/120*cos(1)*(x-1)^5-1/720*sin(1)*(x-1)
   ^6-1/5040*cos(1)*(x-1)^7+1/40320*sin(1)*(x-1)^8
   +1/362880*cos(1)*(x-1)^9
x=pi/2;                        %计算 Taylor 展式 x=pi/2 的值
subs(f)
ans=1.004524
```

2. 函数的极值点

Matlab 只有处理函数 $y=f(x)$ 的局部极小值的指令，对于 $f(x)$ 极大值问题可转换为 $-f(x)$ 的极小值问题.

求极小值的基本指令：fminbnd(f,x1,x2)，指令返回 f 在 x1，x2 之间的极小值.

f 为字符串表达式，可先定义.

例 1　求 $y=2x^3-6x^2-18x+7$ 在 $[-2,4]$ 内的极小值，极大值.

```
y='2*x^3-6*x^2-18*x+7';
z='-(2*x^3-6*x^2-18*x+7)';
a1=fminbnd(y,-2,4)
a2=fminbnd(z,-2,4)
a1=2.99998415455004    (极小值)
a2=-0.99998415455000   (极大值)
```

四、实验题目

1. 求 $y=\tan x$ 的五阶麦可劳林展式.

```
syms x
taylor(tan(x),6)
ans=x+1/3*x^3+2/15*x^5
```

2. 求 $y=x^4-8x^2+2$ 在$[-1,3]$内的最大值与最小值.

```
y='x^4-8*x^2+2';
z='-(x^4-8*x^2+2)';
a1=fminbnd(y,-1,3)
a2=fminbnd(z,-1,3)
a1=1.99999        %取最小值的点
a2=3              %取最大值的点
ans=-13.99999     %最小值
ans=11            %最大值
```

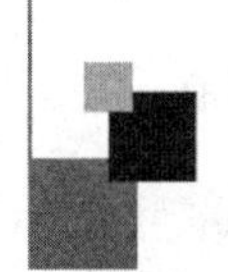

第4章

不定积分

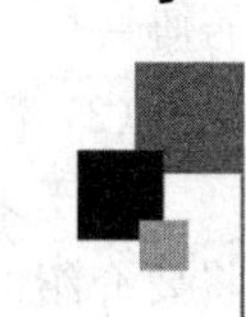

第2章讨论了如何求已知函数的导数或微分的问题,现在要考虑与微分运算相反的问题:已知函数 $f(x)$,需要求出另一函数 $F(x)$,使得 $F(x)$的导数恰好等于 $f(x)$,即 $F'(x)=f(x)$. 这便是本章所要讨论的不定积分问题.

本章先介绍不定积分的概念和性质,接着讨论求不定积分的方法.求不定积分是积分学的基本问题之一.

4.1 不定积分的概念与性质

4.1.1 原函数与不定积分

由微分学知道:若已知曲线方程 $y=f(x)$,则该曲线在任一点$(x, f(x))$处切线(如果有的话)的斜率 $K=f'(x)$. 例如,曲线 $y=x^2$ 在点$(x, f(x))$处切线的斜率为 $K=2x$. 现在要解决相反的问题:已知曲线上任一点处切线的斜率,如何求出该曲线的方程.为此,引进原函数的概念.

定义1 如果 $F(x)$是区间 I 上的可导函数,并且对任意的 $x\in I$,有

$$F'(x)=f(x) \quad 或 \quad \mathrm{d}F(x)=f(x)\mathrm{d}x,$$

则称 $F(x)$是 $f(x)$在区间 I 上的一个**原函数**.

例如,$\forall x\in(-\infty, +\infty)$,$(\sin x)'=\cos x$,故 $\sin x$ 是 $\cos x$ 在区间$(-\infty, +\infty)$上的一个原函数.

又如,当 $x\in(-\infty, +\infty)$ 时,

$$[\ln(x+\sqrt{1+x^2})]'=\frac{1}{x+\sqrt{1+x^2}}\left(1+\frac{x}{\sqrt{1+x^2}}\right)=\frac{1}{\sqrt{1+x^2}}.$$

故 $\ln(x+\sqrt{1+x^2})$ 是$\frac{1}{\sqrt{1+x^2}}$ 在区间$(-\infty, +\infty)$上的一个原函数.

研究原函数,需要解决以下两个问题:

(1) 函数 $f(x)$满足什么条件时它的原函数一定存在?如果原函数存在,它是否唯一?

(2) 若已知某个函数的原函数存在,那么如何求出原函数?

关于第一个问题,用下面两个定理来回答;至于第二个问题,其回答就是本章将要介绍的各种积分方法.

定理 1(原函数存在定理) 如果函数 $f(x)$在区间 I 上连续,那么 $f(x)$在区间 I 上一定有原函数,即存在可导函数 $F(x)$,使得

$$F'(x)=f(x)\quad(x\in I).$$

简单地说就是:**连续函数一定有原函数**.由于初等函数在其定义区间内是连续的,因此初等函数在其定义区间内一定有原函数.

这个定理将在 5.2 节给出证明.

定理 2 设 $F(x)$是 $f(x)$在区间 I 上的一个原函数,则

(1) $F(x)+C$ 也是 $f(x)$在 I 上的原函数,其中 C 是任意常数;

(2) $f(x)$在 I 上的任意两个原函数之间只相差一个常数.

证 (1) 由 $F'(x)=f(x)$,得

$$[F(x)+C]'=F'(x)+C'=f(x)\quad(x\in I).$$

因此 $F(x)+C$ 也是 $f(x)$在 I 上的原函数.

(2) 设 $F(x)$和 $\Phi(x)$是 $f(x)$在 I 上的任意两个原函数,则有

$$[\Phi(x)-F(x)]'=\Phi'(x)-F'(x)=f(x)-f(x)=0.$$

由拉格朗日中值定理的推论,可知

$$\Phi(x)-F(x)=C\quad(C\text{ 为常数}),$$

即

$$\Phi(x)=F(x)+C.$$

定理 2 表明,如果一个函数有原函数,那么它就有无穷多个原函数;如果 $F(x)$是 $f(x)$的一个原函数,那么函数族 $F(x)+C$ 就是 $f(x)$的全体原函数.

定义 2 设 $F(x)$是 $f(x)$在区间 I 上的一个原函数,那么 $f(x)$的全体原函数 $F(x)+C$ 称为 $f(x)$在区间 I 上的**不定积分**,记为 $\int f(x)\mathrm{d}x$,即

$$\int f(x)\mathrm{d}x=F(x)+C.$$

其中记号 $\int$ 称为**积分号**,$f(x)$称为**被积函数**,$f(x)\mathrm{d}x$ 称为**被积表达式**,x 称为**积分变量**,C 称为**积分常数**.

由定义 2，本节开头所举的两个例子可以表示为

$$\int \cos x \mathrm{d}x = \sin x + C,$$

$$\int \frac{1}{\sqrt{1+x^2}} \mathrm{d}x = \ln(x + \sqrt{1+x^2}) + C.$$

例 1　求 $\int \frac{1}{1+x^2} \mathrm{d}x$.

解　由于 $(\arctan x)' = \frac{1}{1+x^2}$，所以 $\arctan x$ 是 $\frac{1}{1+x^2}$ 的一个原函数，因此

$$\int \frac{1}{1+x^2} \mathrm{d}x = \arctan x + C.$$

例 2　求 $\int \frac{1}{x} \mathrm{d}x$.

解　当 $x > 0$ 时，$(\ln x)' = \frac{1}{x}$，所以，在 $(0, +\infty)$ 内，有

$$\int \frac{1}{x} \mathrm{d}x = \ln x + C.$$

当 $x < 0$ 时，$[\ln(-x)]' = \frac{1}{-x} \cdot (-x)' = \frac{1}{x}$，所以在 $(-\infty, 0)$ 内，有

$$\int \frac{1}{x} \mathrm{d}x = \ln(-x) + C.$$

综合以上结果，可写为

$$\int \frac{1}{x} \mathrm{d}x = \ln |x| + C.$$

例 3　设曲线通过点 $(1, 0)$，且曲线上任意点 (x, y) 处的切线斜率等于该点横坐标的两倍，求此曲线的方程.

解　设所求曲线方程为 $y = f(x)$，由题意，有

$$\frac{\mathrm{d}y}{\mathrm{d}x} = 2x.$$

即 $f(x)$ 是 $2x$ 的一个原函数.

又因为 $\int 2x \mathrm{d}x = x^2 + C$，所以曲线方程为

$$y = x^2 + C.$$

由于曲线过点(1, 0),所以 $0 = 1 + C$,从而 $C = -1$. 于是所求曲线方程为

$$y = x^2 - 1.$$

函数 $f(x)$ 的原函数的图形称为 $f(x)$ 的**积分曲线**. 例 3 所求的就是函数 $2x$ 的通过点(1, 0)的那条积分曲线. 显然,这条积分曲线可由另一条积分曲线(如 $y = x^2$)沿 y 轴方向平移得到(图 4-1).

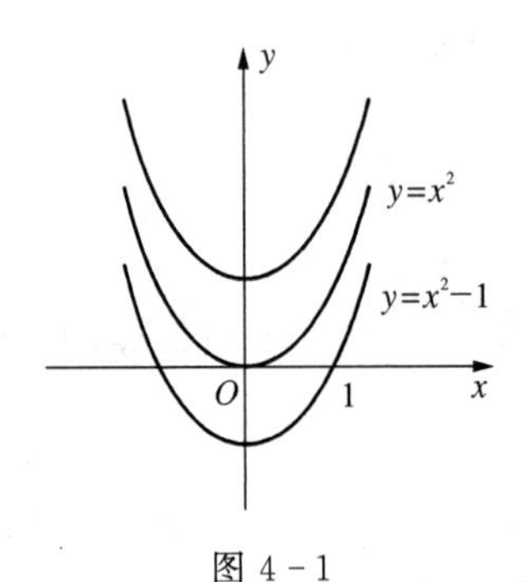

图 4-1

根据不定积分的定义,可以得到下述关系:

由于 $\int f(x)\mathrm{d}x$ 是 $f(x)$ 的原函数,所以

$$\frac{\mathrm{d}}{\mathrm{d}x}\int f(x)\mathrm{d}x = f(x) \quad 或 \quad \mathrm{d}\int f(x)\mathrm{d}x = f(x)\mathrm{d}x.$$

即先积分,后求导,两种运算相互抵消.

又由于 $F(x)$ 是 $F'(x)$ 的原函数,所以

$$\int F'(x)\mathrm{d}x = F(x) + C \quad 或 \quad \int \mathrm{d}F(x) = F(x) + C.$$

即先求导,后积分,两种运算抵消后还要加上一个任意常数.

因此,求不定积分的运算"$\int$"就是微分运算"d"的逆运算,当记号"$\int$"和"d"连在一起时,或者抵消,或者抵消后相差一个常数.

4.1.2 不定积分的性质

利用微分运算法则和不定积分的定义,可得下列运算性质:

性质 1 设函数 $f(x)$ 和 $g(x)$ 存在原函数,则

$$\int [f(x) \pm g(x)]\mathrm{d}x = \int f(x)\mathrm{d}x \pm \int g(x)\mathrm{d}x. \tag{4.1.1}$$

证 将式(4.1.1)右端求导,得

$$\left[\int f(x)\mathrm{d}x \pm \int g(x)\mathrm{d}x\right]' = \left[\int f(x)\mathrm{d}x\right]' \pm \left[\int g(x)\mathrm{d}x\right]' = f(x) \pm g(x).$$

这表示,式(4.1.1)右端是 $f(x) \pm g(x)$ 的原函数. 又式(4.1.1)右端有两个积分记号,形式上含有两个任意常数,由于任意常数的和差仍为任意常数,故实际上是含有一个任意常数,因此式(4.1.1)右端是 $f(x) \pm g(x)$ 的不定积分.

性质 1 可推广到有限多个函数之和的情形.

类似地可以证明,求不定积分时,非零常数因子可以提到积分号的外面. 即

性质 2 设函数 $f(x)$ 存在原函数,k 为非零常数,则

$$\int kf(x)\mathrm{d}x = k\int f(x)\mathrm{d}x. \tag{4.1.2}$$

4.1.3 基本积分公式

既然积分运算是微分运算的逆运算，就很自然地可以从导数公式得到相应的积分公式. 把一些基本的积分公式列成一个表，即基本积分表. 请读者务必熟记基本积分表，在计算不定积分时最终将归结为应用这些基本积分公式.

(1) $\int k\mathrm{d}x = kx + C$ (k 是常数)；

(2) $\int x^{\mu}\mathrm{d}x = \frac{x^{\mu+1}}{\mu+1} + C$ ($\mu \neq -1$)；

(3) $\int \frac{\mathrm{d}x}{x} = \ln|x| + C$；

(4) $\int \frac{\mathrm{d}x}{1+x^2} = \arctan x + C$；

(5) $\int \frac{\mathrm{d}x}{\sqrt{1-x^2}} = \arcsin x + C$；

(6) $\int \cos x\mathrm{d}x = \sin x + C$；

(7) $\int \sin x\mathrm{d}x = -\cos x + C$；

(8) $\int \frac{\mathrm{d}x}{\cos^2 x} = \int \sec^2 x\mathrm{d}x = \tan x + C$；

(9) $\int \frac{\mathrm{d}x}{\sin^2 x} = \int \csc^2 x\mathrm{d}x = -\cot x + C$；

(10) $\int \sec x\tan x\mathrm{d}x = \sec x + C$；

(11) $\int \csc x\cot x\mathrm{d}x = -\csc x + C$；

(12) $\int \mathrm{e}^x\mathrm{d}x = \mathrm{e}^x + C$；

(13) $\int a^x\mathrm{d}x = \frac{a^x}{\ln a} + C$；

(14) $\int \mathrm{sh}\, x\mathrm{d}x = \mathrm{ch}\, x + C$；

(15) $\int \mathrm{ch}\, x\mathrm{d}x = \mathrm{sh}\, x + C$.

4.1.4 直接积分法

利用不定积分的性质和基本积分公式，可以直接求出一些函数的不定积分.

例 4 求 $\int \frac{1}{x\sqrt[3]{x}}\mathrm{d}x$.

解 被积函数虽然用分式和根式表示，但它实际上是一个幂函数.

$$\int \frac{\mathrm{d}x}{x\sqrt[3]{x}} = \int x^{-\frac{4}{3}}\mathrm{d}x = \frac{1}{-\frac{4}{3}+1}x^{-\frac{4}{3}+1} + C = -3x^{-\frac{1}{3}} + C = -\frac{3}{\sqrt[3]{x}} + C.$$

注 要检验积分结果是否正确，可以对其结果求导，如果它的导数等于被积函数，积分结果就是正确的，否则结果是错误的.

例 5 求$\int\frac{(x-1)^3}{x^2}\mathrm{d}x$.

解
$$\begin{aligned}\int\frac{(x-1)^3}{x^2}\mathrm{d}x&=\int\frac{x^3-3x^2+3x-1}{x^2}\mathrm{d}x\\&=\int\left(x-3+\frac{3}{x}-\frac{1}{x^2}\right)\mathrm{d}x\\&=\int x\mathrm{d}x-3\int\mathrm{d}x+3\int\frac{1}{x}\mathrm{d}x-\int\frac{1}{x^2}\mathrm{d}x\\&=\frac{x^2}{2}-3x+3\ln|x|+\frac{1}{x}+C.\end{aligned}$$

例 6 求$\int(2^x\mathrm{e}^x-3\sin x)\mathrm{d}x$.

解
$$\begin{aligned}\int(2^x\mathrm{e}^x-3\sin x)\mathrm{d}x&=\int(2\mathrm{e})^x\mathrm{d}x-3\int\sin x\mathrm{d}x\\&=\frac{(2\mathrm{e})^x}{\ln(2\mathrm{e})}+3\cos x+C\\&=\frac{2^x\mathrm{e}^x}{1+\ln 2}+3\cos x+C.\end{aligned}$$

例 7 求$\int\frac{x^4+1}{x^2+1}\mathrm{d}x$.

解 基本积分表中没有这种类型的积分,可以先把被积函数恒等变形,使之能够使用积分表中的公式.

$$\begin{aligned}\int\frac{x^4+1}{x^2+1}\mathrm{d}x&=\int\frac{x^4-1+2}{x^2+1}\mathrm{d}x=\int\left(x^2-1+\frac{2}{x^2+1}\right)\mathrm{d}x\\&=\frac{1}{3}x^3-x+2\arctan x+C.\end{aligned}$$

例 8 求$\int\frac{1}{\sin^2x\cos^2x}\mathrm{d}x$.

解
$$\begin{aligned}\int\frac{1}{\sin^2x\cos^2x}\mathrm{d}x&=\int\frac{\sin^2x+\cos^2x}{\sin^2x\cos^2x}\mathrm{d}x\\&=\int\frac{1}{\cos^2x}\mathrm{d}x+\int\frac{1}{\sin^2x}\mathrm{d}x\\&=\tan x-\cot x+C.\end{aligned}$$

例 9 求下列不定积分:

(1) $\int\tan^2x\mathrm{d}x$;　　　　(2) $\int\sin^2\frac{x}{2}\mathrm{d}x$.

解　(1) $$\int \tan^2 x\mathrm{d}x=\int(\sec^2 x-1)\mathrm{d}x=\int\sec^2 x\mathrm{d}x-\int\mathrm{d}x=\tan x-x+C.$$

(2) $$\int\sin^2\frac{x}{2}\mathrm{d}x=\int\frac{1}{2}(1-\cos x)\mathrm{d}x=\frac{1}{2}\int\mathrm{d}x-\frac{1}{2}\int\cos x\mathrm{d}x=\frac{1}{2}x-\frac{1}{2}\sin x+C.$$

例 10　求 $\int f(x)\mathrm{d}x$,其中 $f(x)=\begin{cases}x^2, & x\leqslant 0,\\ \sin x, & x>0.\end{cases}$

解 $$F(x)=\int f(x)\mathrm{d}x=\begin{cases}\dfrac{x^3}{3}+C_1, & x\leqslant 0,\\ -\cos x+C_2, & x>0.\end{cases}$$

由于 $F(x)$在点 $x=0$ 处连续,故

$$\lim_{x\to 0^-}F(x)=\lim_{x\to 0^+}F(x)=F(0),$$

得 $-1+C_2=C_1$. 取 $C=C_2$, 所以

$$\int f(x)\mathrm{d}x=\begin{cases}\dfrac{x^3}{3}-1+C, & x\leqslant 0,\\ -\cos x+C, & x>0.\end{cases}$$

例 11　已知 $f'(\sin x)=\cos 2x$, 求 $f(x)$.

解　因为 $f'(\sin x)=\cos 2x=1-2\sin^2 x$, 所以

$$f'(x)=1-2x^2.$$

故 $$f(x)=\int f'(x)\mathrm{d}x=\int(1-2x^2)\mathrm{d}x=x-\frac{2}{3}x^3+C.$$

习　题　4.1

1. 求下列不定积分:

(1) $\int 3x\sqrt[3]{x}\mathrm{d}x$;　(2) $\int\dfrac{1}{x^3\sqrt{x}}\mathrm{d}x$;

(3) $\int(x^3+2x-1)\mathrm{d}x$;　(4) $\int\dfrac{(1-x)^2}{\sqrt{x}}\mathrm{d}x$;

(5) $\int(\sqrt{x}+1)(\sqrt[3]{x^2}-1)\mathrm{d}x$;　(6) $\int\dfrac{3x^4+3x^2+1}{x^2+1}\mathrm{d}x$;

(7) $\int\sec x(\sec x-\tan x)\mathrm{d}x$;　(8) $\int\cos\theta(\tan\theta+\sec\theta)\mathrm{d}\theta$;

(9) $\int e^x\left(1-\dfrac{e^{-x}}{\sqrt{x}}\right)dx$； (10) $\int \dfrac{x^2}{1+x^2}dx$；

(11) $\int\left(\dfrac{3}{1+x^2}+\dfrac{2}{\sqrt{1-x^2}}\right)dx$； (12) $\int \dfrac{2\cdot 3^x-3\cdot 4^x}{5^x}dx$；

(13) $\int(t^2-2\sin t)dt$； (14) $\int\cos^2\dfrac{x}{2}dx$；

(15) $\int\cot^2 x dx$； (16) $\int\dfrac{dx}{1+\cos 2x}$；

(17) $\int\dfrac{\cos 2x}{\cos x-\sin x}dx$； (18) $\int\dfrac{\cos 2x}{\cos^2 x\sin^2 x}dx$.

2. 一曲线通过点$(e^2,3)$，且在任一点处的切线斜率等于该点横坐标的倒数，求该曲线的方程.

3. 证明：$\int[f(x)g'(x)+g(x)f'(x)]dx=f(x)g(x)+C$.

4. 通过观察，求下列积分：

(1) $\int(e^x\sin x+e^x\cos x)dx$； (2) $\int(2x\cos x-x^2\sin x)dx$.

5. 一物体由静止开始运动，经 t(s)后的速度是 $3t^2$(m/s)，问：

(1) 在 3 s 后物体离开出发点的距离是多少？

(2) 物体走完 360 m 需要多少时间？

6. 证明函数 $\arcsin(2x-1)$，$\arccos(1-2x)$ 和 $2\arctan\sqrt{\dfrac{x}{1-x}}$ 都是$\dfrac{1}{\sqrt{x-x^2}}$的原函数.

4.2 换元积分法

在 4.1 节中计算不定积分时，最后都要套用基本积分公式，而且能用直接积分法计算的不定积分是非常有限的. 试问：如何求不定积分 $\int\cos 2x dx$ 呢？如果写成

$$\int\cos 2x dx=\sin 2x+C,$$

则结果是不正确的. 因为进行求导验证，有 $(\sin 2x+C)'=2\cos 2x\neq\cos 2x$. 但是，如果令 $u=2x$，即 $x=\dfrac{u}{2}$，那么

$$\int\cos 2x dx=\int\cos u d\frac{u}{2}=\frac{1}{2}\int\cos u du=\frac{1}{2}\sin u+C$$

$$= \frac{1}{2}\sin 2x + C.$$

这个结果无疑是正确的. 这种通过适当的变量代换(换元),把某些不定积分化为可利用基本积分公式积分的方法,称为**换元积分法**,简称**换元法**. 下面先介绍第一类换元法.

4.2.1 第一类换元法

如果不定积分 $\int g(x)\mathrm{d}x$ 不容易直接求出,但被积函数可分解为

$$g(x) = f[\varphi(x)]\varphi'(x).$$

作变量代换 $u = \varphi(x)$,并注意到 $\varphi'(x)\mathrm{d}x = \mathrm{d}\varphi(x)$,则可将变量 x 的积分转化为变量 u 的积分,于是有

$$\int g(x)\mathrm{d}x = \int f[\varphi(x)]\varphi'(x)\mathrm{d}x = \int f(u)\mathrm{d}u.$$

如果 $\int f(u)\mathrm{d}u$ 可以积出,则不定积分 $\int g(x)\mathrm{d}x$ 的计算问题就解决了,这就是**第一类换元法**. 第一类换元法其实就是将复合函数的微分法反过来用于求不定积分.

定理 1 设 $F(u)$ 是 $f(u)$ 的一个原函数, $u = \varphi(x)$ 可导,则有换元公式

$$\int f[\varphi(x)]\varphi'(x)\mathrm{d}x = \int f(u)\mathrm{d}u = F(u) + C = F[\varphi(x)] + C. \quad (4.2.1)$$

第一类换元法的积分过程可分解为

$$\int g(x)\mathrm{d}x \xlongequal{\text{调整}} \int f[\varphi(x)]\varphi'(x)\mathrm{d}x \xlongequal{\text{凑微分}} \int f[\varphi(x)]\mathrm{d}\varphi(x)$$

$$\xlongequal[u=\varphi(x)]{\text{换元}} \int f(u)\mathrm{d}u = F(u) + C \xlongequal{\text{回代}} F[\varphi(x)] + C.$$

第一类换元法的关键是将被积表达式凑成某个函数的微分,因此又称为**凑微分法**.

例 1 求 $\int \frac{1}{3x+2}\mathrm{d}x$.

解 通过凑微分, $\int \frac{1}{3x+2}\cdot\frac{1}{3}\mathrm{d}(3x+2)$,于是令 $u = 3x+2$,便有

$$\int \frac{1}{3x+2}\mathrm{d}x = \frac{1}{3}\int \frac{1}{u}\mathrm{d}u = \frac{1}{3}\ln|u| + C = \frac{1}{3}\ln|3x+2| + C.$$

一般地,有

$$\int f(ax+b)\mathrm{d}x=\int \frac{1}{a}f(ax+b)\mathrm{d}(ax+b)=\frac{1}{a}\left[\int f(u)\mathrm{d}u\right]_{u=\varphi(x)}.$$

例 2 求 $\int x\mathrm{e}^{x^2}\mathrm{d}x$.

解 设 $u=x^2$,则 $\mathrm{d}u=\mathrm{d}x^2=2x\mathrm{d}x$, 于是有

$$\int x\mathrm{e}^{x^2}\mathrm{d}x=\frac{1}{2}\int \mathrm{e}^{x^2}\cdot 2x\mathrm{d}x=\frac{1}{2}\int \mathrm{e}^{u}\mathrm{d}u=\frac{1}{2}\mathrm{e}^{u}+C=\frac{1}{2}\mathrm{e}^{x^2}+C.$$

一般地,有

$$\int x^{n-1}f(x^n)\mathrm{d}x=\frac{1}{n}\int f(u)\mathrm{d}u\Big|_{u=x^n}.$$

例 3 求 $\int \frac{x^2}{(x-4)^3}\mathrm{d}x$.

解 令 $u=x-4$,则 $x=u+4$, $\mathrm{d}x=\mathrm{d}u$. 于是

$$\begin{aligned}\int \frac{x^2}{(x-4)^3}\mathrm{d}x&=\int \frac{(u+4)^2}{u^3}\mathrm{d}u=\int (u^2+8u+16)u^{-3}\mathrm{d}u\\&=\int (u^{-1}+8u^{-2}+16u^{-3})\mathrm{d}u\\&=\ln|u|-8u^{-1}-8u^{-2}+C\\&=\ln|x-4|-\frac{8}{x-4}-\frac{8}{(x-4)^2}+C.\end{aligned}$$

例 4 求不定积分:

(1) $\int \frac{1}{a^2+x^2}\mathrm{d}x$;　　　　(2) $\int \frac{1}{\sqrt{a^2-x^2}}\mathrm{d}x\ (a>0)$.

解 (1)

$$\begin{aligned}\int \frac{1}{a^2+x^2}\mathrm{d}x&=\int \frac{1}{a^2}\frac{1}{1+\left(\frac{x}{a}\right)^2}\mathrm{d}x=\frac{1}{a}\int \frac{1}{1+\left(\frac{x}{a}\right)^2}\mathrm{d}\frac{x}{a}\\&\xlongequal{u=\frac{x}{a}}\frac{1}{a}\int \frac{1}{1+u^2}\mathrm{d}u=\frac{1}{a}\arctan u+C\\&=\frac{1}{a}\arctan\frac{x}{a}+C.\end{aligned}$$

(2) 解法与(1)类似,由读者做出,下面给出结果:

$$\int \frac{1}{\sqrt{a^2 - x^2}} dx = \arcsin \frac{x}{a} + C.$$

对变量代换比较熟练以后，可以省去书写中间变量的换元和回代过程. 常用的凑微分公式在表 4 - 1 中给出.

表 4 - 1

积分类型	换元公式
$\int f(ax+b)dx = \frac{1}{a}\int f(ax+b)d(ax+b)\ (a \neq 0)$	$u = ax+b$
$\int f(x^\mu)x^{\mu-1}dx = \frac{1}{\mu}\int f(x^\mu)d(x^\mu)\ (\mu \neq 0)$	$u = x^\mu$
$\int f(\ln x)\cdot\frac{1}{x}dx = \int f(\ln x)d(\ln x)$	$u = \ln x$
$\int f(e^x)\cdot e^x dx = \int f(e^x)de^x$	$u = e^x$
$\int f(a^x)\cdot a^x dx = \frac{1}{\ln a}\int f(a^x)da^x$	$u = a^x$
$\int f(\sin x)\cdot\cos x dx = \int f(\sin x)d\sin x$	$u = \sin x$
$\int f(\cos x)\cdot\sin x dx = -\int f(\cos x)d\cos x$	$u = \cos x$
$\int f(\tan x)\sec^2 x dx = \int f(\tan x)d\tan x$	$u = \tan x$
$\int f(\cot x)\csc^2 x dx = -\int f(\cot x)d\cot x$	$u = \cot x$
$\int f(\arctan x)\frac{1}{1+x^2}dx = \int f(\arctan x)d\arctan x$	$u = \arctan x$
$\int f(\arcsin x)\frac{1}{\sqrt{1-x^2}}dx = \int f(\arcsin x)d\arcsin x$	$u = \arcsin x$

例 5　求不定积分：

(1) $\int \tan x dx$；　　(2) $\int \sin 2x dx$.

解　(1)

$$\int \tan x dx = \int \frac{\sin x}{\cos x} dx = -\int \frac{d\cos x}{\cos x} = -\ln|\cos x| + C.$$

类似可得

$$\int \cot x dx = \ln|\sin x| + C.$$

(2) **方法一**　原式 $= \frac{1}{2}\int \sin 2x d(2x) = -\frac{1}{2}\cos 2x + C$.

方法二 原式 $= 2\int \sin x \cos x \mathrm{d}x = 2\int \sin x \,\mathrm{d}\sin x = \sin^2 x + C.$

方法三 原式 $= 2\int \sin x \cos x \mathrm{d}x = -2\int \cos x \,\mathrm{d}\cos x = -\cos^2 x + C.$

上述结果表明,$-\frac{1}{2}\cos 2x$, $\sin^2 x$, $-\cos^2 x$ 均为 $\sin 2x$ 的原函数.

例 6 求 $\int \frac{\mathrm{e}^{3\sqrt{x}}}{\sqrt{x}}\mathrm{d}x$.

解 $\int \frac{\mathrm{e}^{3\sqrt{x}}}{\sqrt{x}}\mathrm{d}x = 2\int \mathrm{e}^{3\sqrt{x}}\mathrm{d}(\sqrt{x}) = \frac{2}{3}\int \mathrm{e}^{3\sqrt{x}}\mathrm{d}(3\sqrt{x}) = \frac{2}{3}\mathrm{e}^{3\sqrt{x}} + C.$

例 7 求 $\int \frac{1}{x(1+2\ln x)}\mathrm{d}x$.

解
$$\begin{aligned}\int \frac{1}{x(1+2\ln x)}\mathrm{d}x &= \int \frac{1}{1+2\ln x}\mathrm{d}(\ln x)\\ &= \frac{1}{2}\int \frac{1}{1+2\ln x}\mathrm{d}(1+2\ln x)\\ &= \frac{1}{2}\ln|1+2\ln x| + C.\end{aligned}$$

例 8 求 $\int \frac{1}{x^2-8x+25}\mathrm{d}x$.

解
$$\begin{aligned}\int \frac{1}{x^2-8x+25}\mathrm{d}x &= \int \frac{1}{(x-4)^2+9}\mathrm{d}x = \frac{1}{9}\int \frac{\mathrm{d}x}{1+\left(\frac{x-4}{3}\right)^2}\\ &= \frac{1}{3}\int \frac{1}{1+\left(\frac{x-4}{3}\right)^2}\mathrm{d}\left(\frac{x-4}{3}\right)\\ &= \frac{1}{3}\arctan\frac{x-4}{3} + C.\end{aligned}$$

例 9 求 $\int \frac{1}{x^2-a^2}\mathrm{d}x$.

解 由于

$$\frac{1}{x^2-a^2} = \frac{1}{2a}\left(\frac{1}{x-a} - \frac{1}{x+a}\right),$$

所以 $$\int \frac{1}{x^2-a^2}\mathrm{d}x = \frac{1}{2a}\int\left(\frac{1}{x-a} - \frac{1}{x+a}\right)\mathrm{d}x$$

$$= \frac{1}{2a}\left(\int \frac{1}{x-a}\mathrm{d}x - \int \frac{1}{x+a}\mathrm{d}x\right)$$

$$= \frac{1}{2a}\left[\int \frac{1}{x-a}\mathrm{d}(x-a) - \int \frac{1}{x+a}\mathrm{d}(x+a)\right]$$

$$= \frac{1}{2a}(\ln|x-a| - \ln|x+a|) + C$$

$$= \frac{1}{2a}\ln\left|\frac{x-a}{x+a}\right| + C.$$

例 10　求 $\int \sin^4 x\cos^5 x\mathrm{d}x$.

解

$$\int \sin^4 x\cos^5 x\mathrm{d}x = \int \sin^4 x\cos^4 x\,\mathrm{d}\sin x = \int \sin^4 x(1-\sin^2 x)^2\mathrm{d}\sin x$$

$$= \int (\sin^4 x - 2\sin^6 x + \sin^8 x)\mathrm{d}\sin x$$

$$= \frac{1}{5}\sin^5 x - \frac{2}{7}\sin^7 x + \frac{1}{9}\sin^9 x + C.$$

例 11　求 $\int \cos^2 x\mathrm{d}x$.

解

$$\int \cos^2 x\mathrm{d}x = \int \frac{1+\cos 2x}{2}\mathrm{d}x = \frac{1}{2}\left(\int \mathrm{d}x + \int \cos 2x\mathrm{d}x\right)$$

$$= \frac{1}{2}\int \mathrm{d}x + \frac{1}{4}\int \cos 2x\mathrm{d}(2x) = \frac{x}{2} + \frac{\sin 2x}{4} + C.$$

例 12　求 $\int \csc x\mathrm{d}x$.

解

$$\int \csc x\mathrm{d}x = \int \frac{1}{\sin x}\mathrm{d}x = \int \frac{1}{2\sin\frac{x}{2}\cos\frac{x}{2}}\mathrm{d}x$$

$$= \int \frac{1}{\tan\frac{x}{2}\cos^2\frac{x}{2}}\mathrm{d}\left(\frac{x}{2}\right) = \int \frac{1}{\tan\frac{x}{2}}\mathrm{d}\tan\frac{x}{2}$$

$$= \ln\left|\tan\frac{x}{2}\right| + C,$$

因为

$$\tan\frac{x}{2} = \frac{\sin\frac{x}{2}}{\cos\frac{x}{2}} = \frac{2\sin^2\frac{x}{2}}{\sin x} = \frac{1-\cos x}{\sin x} = \csc x - \cot x,$$

所以

$$\int \csc x\mathrm{d}x = \ln|\csc x - \cot x| + C.$$

例 13 求 $\int \sec x \mathrm{d}x$.

解 方法一
$$\int \sec x \mathrm{d}x = \int \frac{\mathrm{d}x}{\cos x} = \int \frac{\mathrm{d}\left(x+\frac{\pi}{2}\right)}{\sin\left(x+\frac{\pi}{2}\right)}$$
$$= \ln\left|\csc\left(x+\frac{\pi}{2}\right) - \cot\left(x+\frac{\pi}{2}\right)\right| + C$$
$$= \ln|\sec x + \tan x| + C.$$

方法二
$$\int \sec x \mathrm{d}x = \int \frac{\sec x(\sec x + \tan x)}{\sec x + \tan x}\mathrm{d}x$$
$$= \int \frac{\mathrm{d}(\sec x + \tan x)}{\sec x + \tan x}$$
$$= \ln|\sec x + \tan x| + C.$$

例 14 求 $\int \sec^6 x \mathrm{d}x$.

解
$$\int \sec^6 x \mathrm{d}x = \int (\sec^2 x)^2 \sec^2 x \mathrm{d}x = \int (1+\tan^2 x)^2 \mathrm{d}\tan x$$
$$= \int (1 + 2\tan^2 x + \tan^4 x)\mathrm{d}\tan x$$
$$= \tan x + \frac{2}{3}\tan^3 x + \frac{1}{5}\tan^5 x + C.$$

例 15 求 $\int \tan^5 x \sec^3 x \mathrm{d}x$.

解
$$\int \tan^5 x \sec^3 x \mathrm{d}x = \int \tan^4 x \sec^2 x \sec x \tan x \mathrm{d}x$$
$$= \int (\sec^2 x - 1)^2 \sec^2 x \, \mathrm{d}\sec x$$
$$= \int (\sec^6 x - 2\sec^4 x + \sec^2 x)\mathrm{d}\sec x$$
$$= \frac{1}{7}\sec^7 x - \frac{2}{5}\sec^5 x + \frac{1}{3}\sec^3 x + C.$$

例 16 求 $\int \frac{1}{1+\sin x}\mathrm{d}x$.

解 方法一
$$\int \frac{1}{1+\sin x}\mathrm{d}x = \int \frac{1-\sin x}{1-\sin^2 x}\mathrm{d}x$$
$$= \int \frac{1}{\cos^2 x}\mathrm{d}x + \int \frac{1}{\cos^2 x}\mathrm{d}\cos x$$

$$= \tan x - \frac{1}{\cos x} + C.$$

方法二　$\displaystyle\int \frac{1}{1+\sin x}dx = \int \frac{dx}{1+\cos\left(\frac{\pi}{2}-x\right)} = \int \frac{dx}{2\cos^2\left(\frac{\pi}{4}-\frac{x}{2}\right)}$

$$= -\int \frac{d\left(\frac{\pi}{4}-\frac{x}{2}\right)}{\cos^2\left(\frac{\pi}{4}-\frac{x}{2}\right)} = -\tan\left(\frac{\pi}{4}-\frac{x}{2}\right) + C.$$

例 17　求$\int \sin 3x \cos 2x dx$.

解　由

$$\sin\alpha\cos\beta = \frac{1}{2}[\sin(\alpha+\beta)+\sin(\alpha-\beta)],$$

得
$$\sin 3x \cos 2x = \frac{1}{2}(\sin 5x + \sin x).$$

于是

$$\begin{aligned}\int \sin 3x \cos 2x dx &= \frac{1}{2}\int (\sin 5x + \sin x) dx \\ &= \frac{1}{2}\left[\int \frac{1}{5}\sin 5x d(5x) + \int \sin x dx\right] \\ &= -\frac{1}{10}\cos 5x - \frac{1}{2}\cos x + C.\end{aligned}$$

例 18　求$\displaystyle\int \frac{x^2-1}{x^4+1}dx$.

解　因为

$$\frac{x^2-1}{x^4+1} = \frac{1-\frac{1}{x^2}}{x^2+\frac{1}{x^2}} = \frac{1-\frac{1}{x^2}}{\left(x+\frac{1}{x}\right)^2-2},$$

所以
$$\int \frac{x^2-1}{x^4+1}dx = \int \frac{1-\frac{1}{x^2}}{\left(x+\frac{1}{x}\right)^2-2}dx = \int \frac{d\left(x+\frac{1}{x}\right)}{\left(x+\frac{1}{x}\right)^2-2}$$

$$\xlongequal{t=x+\frac{1}{x}} \int \frac{dt}{t^2-2} \xlongequal{\text{例 9}} \frac{1}{2\sqrt{2}}\ln\left|\frac{t-\sqrt{2}}{t+\sqrt{2}}\right| + C$$

$$=\frac{1}{2\sqrt{2}}\ln\left|\frac{x+\frac{1}{x}-\sqrt{2}}{x+\frac{1}{x}+\sqrt{2}}\right|+C$$

$$=\frac{1}{2\sqrt{2}}\ln\left|\frac{x^2-\sqrt{2}x+1}{x^2+\sqrt{2}x+1}\right|+C.$$

虽然第一换元法是复合函数求微分的逆过程,但它一般却比求复合函数的微分要困难得多.因为其中需要一定的技巧,而且如何适当地选择变量代换 $u=\varphi(x)$ 没有一般规律可循,因此要掌握换元法,一方面要熟悉一些典型的例子,另一方面要通过多做习题来积累经验,方能做到运用自如.

4.2.2 第二类换元法

第一类换元法是通过变量代换 $u=\varphi(x)$,将积分 $\int f[\varphi(x)]\varphi'(x)\mathrm{d}x$ 化为 $\int f(u)\mathrm{d}u$. 但有些积分需要用到形如 $x=\psi(t)$ 的变量代换,将积分 $\int f(x)\mathrm{d}x$ 化为 $\int f[\psi(t)]\psi'(t)\mathrm{d}t$. 在求出后一个积分后,再以 $x=\psi(t)$ 的反函数 $t=\psi^{-1}(x)$ 代回去,这就是**第二类换元法**.

第二类换元法公式可表为

$$\int f(x)\mathrm{d}x=\left\{\int f[\psi(t)]\psi'(t)\mathrm{d}t\right\}_{t=\psi^{-1}(x)}.$$

为了保证上式成立,除被积函数应存在原函数外,还应有反函数 $t=\psi^{-1}(x)$ 存在的条件.给出下面的定理.

定理 2 设 $x=\psi(t)$ 是单调、可导的函数,并且 $\psi'(t)\neq 0$. 又设 $f[\psi(t)]\psi'(t)$ 具有原函数 $F(t)$,则

$$\int f(x)\mathrm{d}x=\int f[\psi(t)]\psi'(t)\mathrm{d}t=F(t)+C=F[\psi^{-1}(x)]+C, \quad (4.2.2)$$

其中 $\psi^{-1}(x)$是 $x=\psi(t)$ 的反函数.

证 因为 $F(t)$是 $f[\psi(t)]\psi'(t)$的原函数,令 $G(x)=F[\psi^{-1}(x)]$,则由复合函数及反函数求导法则,得

$$G'(x)=\frac{\mathrm{d}F}{\mathrm{d}t}\frac{\mathrm{d}t}{\mathrm{d}x}=f[\psi(t)]\psi'(t)\frac{1}{\psi'(t)}=f[\psi(t)]=f(x),$$

即 $G(x)$是 $f(x)$的原函数.从而结论得证.

由定理 2 可见,第二换元法与第一换元法的换元与回代过程正好相反.

例 19　求 $\int \sqrt{a^2-x^2}\mathrm{d}x\ (a>0)$.

解　求这个积分的困难在于有根式 $\sqrt{a^2-x^2}$，于是可以考虑借助三角公式 $\sin^2 t+\cos^2 t=1$ 来化去根式.

设 $x=a\sin t,\ t\in\left(-\dfrac{\pi}{2},\ \dfrac{\pi}{2}\right)$,那么 $\mathrm{d}x=a\cos t\mathrm{d}t$，且

$$\sqrt{a^2-x^2}=\sqrt{a^2-a^2\sin^2 t}=a\cos t.$$

于是积分化为

$$\begin{aligned}\int \sqrt{a^2-x^2}\mathrm{d}x&=\int a\cos t\cdot a\cos t\mathrm{d}t=a^2\int\cos^2 t\mathrm{d}t\\&=\frac{a^2}{2}\int(1+\cos 2t)\mathrm{d}t=\frac{a^2}{2}\left(t+\frac{1}{2}\sin 2t\right)+C\\&=\frac{a^2}{2}(t+\sin t\cos t)+C.\end{aligned}$$

为了将变量 t 还原到原来的变量 x,可以根据 $\sin t=\dfrac{x}{a}$ 作辅助三角形(图 4-2),便有

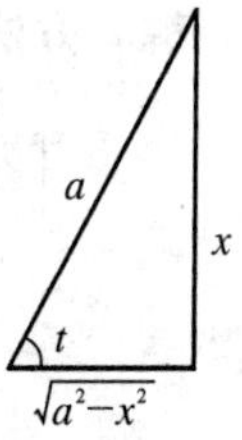

a
x
t
$\sqrt{a^2-x^2}$

图 4-2

$$\cos t=\frac{\sqrt{a^2-x^2}}{a},$$

于是

$$\begin{aligned}\int \sqrt{a^2-x^2}\mathrm{d}x&=\frac{a^2}{2}\left(\arcsin\frac{x}{a}+\frac{x}{a}\ \frac{\sqrt{a^2-x^2}}{a}\right)+C\\&=\frac{a^2}{2}\arcsin\frac{x}{a}+\frac{x}{2}\ \sqrt{a^2-x^2}+C.\end{aligned}$$

注　若令 $x=a\cos t$，同样可计算出结果.

例 20　求 $\int\dfrac{1}{\sqrt{x^2+a^2}}\mathrm{d}x\ (a>0)$.

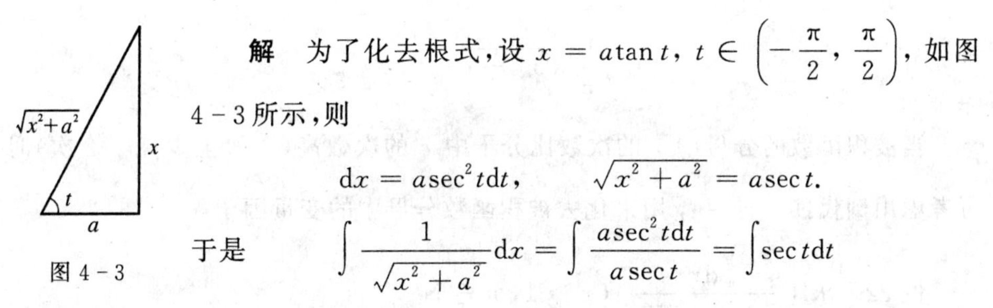

图 4-3

解　为了化去根式,设 $x=a\tan t,\ t\in\left(-\dfrac{\pi}{2},\ \dfrac{\pi}{2}\right)$，如图 4-3 所示,则

$$\mathrm{d}x=a\sec^2 t\mathrm{d}t,\qquad \sqrt{x^2+a^2}=a\sec t.$$

于是

$$\int\frac{1}{\sqrt{x^2+a^2}}\mathrm{d}x=\int\frac{a\sec^2 t\mathrm{d}t}{a\sec t}=\int\sec t\mathrm{d}t$$

$$= \ln|\sec t + \tan t| + C = \ln\left|\frac{\sqrt{x^2+a^2}}{a} + \frac{x}{a}\right| + C$$

$$= \ln(x + \sqrt{x^2+a^2}) + C_1,$$

其中 $C_1 = C - \ln a$.

以上两例所使用的代换均为**三角代换**,其目的是化掉根式,一般规律有

(1) 被积函数含有 $\sqrt{a^2-x^2}$,可令 $x = a\sin t$ 或 $x = a\cos t$;

(2) 被积函数含有 $\sqrt{a^2+x^2}$,可令 $x = a\tan t$ 或 $x = a\cot t$;

(3) 被积函数含有 $\sqrt{x^2-a^2}$,可令 $x = a\sec t$ 或 $x = a\csc t$.

有些不定积分可以采用两种换元法来计算.

例 21 求 $\int \frac{dx}{x^2\sqrt{x^2-1}}\ (x>1)$.

解 方法一 用第一类换元法:

$$\int \frac{dx}{x^2\sqrt{x^2-1}} = \int \frac{dx}{x^3\sqrt{1-\frac{1}{x^2}}} = \int \frac{1}{x}\frac{-1}{\sqrt{1-\frac{1}{x^2}}}d\left(\frac{1}{x}\right)$$

$$\xlongequal{u=\frac{1}{x}} \int \frac{-u}{\sqrt{1-u^2}}du = \sqrt{1-u^2} + C$$

$$= \frac{1}{x}\sqrt{x^2-1} + C.$$

方法二 用第二类换元法:令 $x = \sec t\ \left(0 < t < \frac{\pi}{2}\right)$,则

$$\int \frac{dx}{x^2\sqrt{x^2-1}} = \int \frac{\sec t\tan t}{\sec^2 t\tan t}dt = \int \cos t\,dt = \sin t + C$$

$$= \frac{1}{x}\sqrt{x^2-1} + C.$$

当被积函数的分母中 x 的次数比分子中 x 的次数高(一般至少高于 2 次)时,可考虑用**倒代换** $x = \frac{1}{t}$,用来化去被积函数分母中的变量因子 x.

例 22 求 $\int \frac{dx}{x\sqrt{x^{2n}-1}}\ (x>1,\ n\in \mathbf{N}^+)$.

解 令 $x=\dfrac{1}{t}$,则 $\mathrm{d}x=-\dfrac{1}{t^2}\mathrm{d}t$.

$$\int\frac{\mathrm{d}x}{x\sqrt{x^{2n}-1}}=\int\frac{1}{\dfrac{1}{t}\sqrt{\dfrac{1}{t^{2n}}-1}}\left(-\frac{1}{t^2}\mathrm{d}t\right)=-\int\frac{t^{n-1}}{\sqrt{1-t^{2n}}}\mathrm{d}t$$

$$=-\frac{1}{n}\int\frac{1}{\sqrt{1-(t^n)^2}}\mathrm{d}t^n=-\frac{1}{n}\arcsin t^n+C$$

$$=-\frac{1}{n}\arcsin\frac{1}{x^n}+C.$$

利用正切变换 $x=a\tan t$,还能消去被积函数分母中的(x^2+a^2)的高次幂.请看下例.

例 23 求 $\displaystyle\int\frac{x^3}{(x^2-2x+2)^2}\mathrm{d}x$.

解 分母是二次质因式的平方,把二次质因式配方成 $(x-1)^2+1$,令 $x-1=\tan t\left(-\dfrac{\pi}{2}<t<\dfrac{\pi}{2}\right)$,则

$$x^2-2x+2=\sec^2 t,\qquad \mathrm{d}x=\sec^2 t\mathrm{d}t.$$

于是
$$\int\frac{x^3}{(x^2-2x+2)^2}\mathrm{d}x=\int\frac{(\tan t+1)^3}{\sec^4 t}\cdot\sec^2 t\mathrm{d}t$$

$$=\int(\sin^3 t\cos^{-1}t+3\sin^2 t+3\sin t\cos t+\cos^2 t)\mathrm{d}t$$

$$=\int(\sin^2 t\cos^{-1}t+3\cos t)\sin t\,\mathrm{d}t+\int(3\sin^2 t+\cos^2 t)\mathrm{d}t$$

$$=\int[(1-\cos^2 t)\cos^{-1}t+3\cos t](-\mathrm{d}\cos t)+\int(2-\cos 2t)\mathrm{d}t$$

$$=-\int(\cos^{-1}t+2\cos t)\mathrm{d}\cos t+2t-\frac{1}{2}\sin 2t$$

$$=-\ln\cos t-\cos^2 t+2t-\sin t\cos t+C.$$

按照 $\tan t=x-1$ 作辅助三角形(图 4-4),便有

$$\cos t=\frac{1}{\sqrt{x^2-2x+2}},\qquad \sin t=\frac{x-1}{\sqrt{x^2-2x+2}},$$

于是 $$\int \frac{x^3}{(x^2-2x+2)^2}dx = \frac{1}{2}\ln(x^2-2x+2)+2\arctan(x-1)-\frac{x}{x^2-2x+2}+C.$$

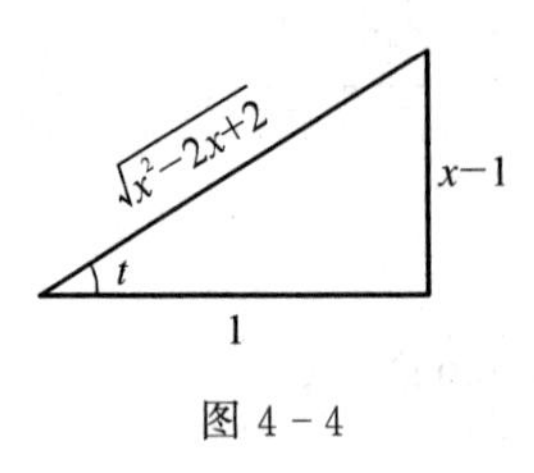

图 4-4

本节中有些例题的结果以后会经常遇到，所以它们通常也被当作公式使用. 这样，除了基本积分表中的公式，再补充下面几个常用的积分公式(其中常数 $a>0$)：

(16) $\int \tan x dx = -\ln|\cos x|+C$；

(17) $\int \cot x dx = \ln|\sin x|+C$；

(18) $\int \sec x dx = \ln|\sec x+\tan x|+C$；

(19) $\int \csc x dx = \ln|\csc x-\cot x|+C$；

(20) $\int \frac{dx}{a^2+x^2} = \frac{1}{a}\arctan\frac{x}{a}+C$；

(21) $\int \frac{dx}{x^2-a^2} = \frac{1}{2a}\ln\left|\frac{x-a}{x+a}\right|+C$；

(22) $\int \frac{dx}{\sqrt{a^2-x^2}} = \arcsin\frac{x}{a}+C$；

(23) $\int \frac{dx}{\sqrt{x^2+a^2}} = \ln(x+\sqrt{x^2+a^2})+C$；

(24) $\int \frac{dx}{\sqrt{x^2-a^2}} = \ln|x+\sqrt{x^2-a^2}|+C$.

例 24 求 $\int \frac{dx}{\sqrt{4x^2-9}}$.

解 $$\int \frac{dx}{\sqrt{4x^2-9}} = \int \frac{dx}{\sqrt{(2x)^2-3^2}} = \frac{1}{2}\int \frac{d(2x)}{\sqrt{(2x)^2-3^2}},$$

利用公式(24)，得

$$\int \frac{dx}{\sqrt{4x^2-9}} = \frac{1}{2}\ln|2x+\sqrt{4x^2-9}|+C.$$

例 25 求 $\int \frac{dx}{\sqrt{1+x-x^2}}$.

解 $$\int \frac{\mathrm{d}x}{\sqrt{1+x-x^2}} = \int \frac{\mathrm{d}\left(x-\frac{1}{2}\right)}{\sqrt{\left(\frac{\sqrt{5}}{2}\right)^2-\left(x-\frac{1}{2}\right)^2}},$$

利用公式(22),得

$$\int \frac{\mathrm{d}x}{\sqrt{1+x-x^2}} = \arcsin \frac{x-\frac{1}{2}}{\frac{\sqrt{5}}{2}} + C = \arcsin \frac{2x-1}{\sqrt{5}} + C.$$

习 题 4.2

1. 在下列各题等号右端的空白处填入适当的系数,使等式成立$\left(\text{例如}, \mathrm{d}x = \frac{1}{3}\mathrm{d}(3x-5)\right)$.

(1) $\mathrm{d}x = \quad \mathrm{d}(ax)$;

(2) $\mathrm{d}x = \quad \mathrm{d}(7x-3)$;

(3) $x\mathrm{d}x = \quad \mathrm{d}(x^2)$;

(4) $x\mathrm{d}x = \quad \mathrm{d}(5x^2)$;

(5) $x\mathrm{d}x = \quad \mathrm{d}(1-x^2)$;

(6) $x^3\mathrm{d}x = \quad \mathrm{d}(3x^4-2)$;

(7) $\mathrm{e}^{2x}\mathrm{d}x = \quad \mathrm{d}(\mathrm{e}^{2x})$;

(8) $\mathrm{e}^{-\frac{x}{2}}\mathrm{d}x = \quad \mathrm{d}(1+\mathrm{e}^{-\frac{x}{2}})$;

(9) $\sin \frac{3}{2}x\mathrm{d}x = \quad \mathrm{d}\left(\cos \frac{3}{2}x\right)$;

(10) $\frac{\mathrm{d}x}{x} = \quad \mathrm{d}(5\ln|x|)$;

(11) $\frac{\mathrm{d}x}{x} = \quad \mathrm{d}(3-5\ln|x|)$;

(12) $\frac{\mathrm{d}x}{1+9x^2} = \quad \mathrm{d}(\arctan 3x)$;

(13) $\frac{\mathrm{d}x}{\sqrt{1-x^2}} = \quad \mathrm{d}(1-\arcsin x)$;

(14) $\frac{x\mathrm{d}x}{\sqrt{1-x^2}} = \quad \mathrm{d}(\sqrt{1-x^2})$.

2. 求下列不定积分:

(1) $\int(3-2x)^3\mathrm{d}x$;

(2) $\int \sqrt{4+3x}\,\mathrm{d}x$;

(3) $\int \frac{\mathrm{d}x}{\sqrt{2x-1}}$;

(4) $\int(6-2x)^\alpha\mathrm{d}x\ (\alpha \neq -1)$;

(5) $\int \frac{\mathrm{d}x}{3x+1}$;

(6) $\int \frac{\mathrm{d}x}{1-3x}$;

(7) $\int \sin \frac{1}{2}x\mathrm{d}x$;

(8) $\int \sin^2 2x\mathrm{d}x$;

(9) $\int \cos^2 \alpha x\mathrm{d}x\ (\alpha \neq 0)$;

(10) $\int \mathrm{e}^{\sqrt{2}x}\mathrm{d}x$;

(11) $\int \frac{\mathrm{d}x}{\sqrt{4-x^2}}$;

(12) $\int \frac{\mathrm{d}x}{4+x^2}$;

(13) $\int (\sin ax - e^{2x})dx$； (14) $\int \cos^2(\omega t + \varphi)dt$；

(15) $\int \frac{\sin x}{\cos^3 x}dx$； (16) $\int \frac{\sin x + \cos x}{\sqrt[3]{\sin x - \cos x}}dx$；

(17) $\int \tan^{10} x \sec^2 x dx$； (18) $\int \frac{dx}{x\ln x \ln\ln x}$；

(19) $\int \frac{dx}{(\arcsin x)^2 \sqrt{1-x^2}}$； (20) $\int \frac{10^{2\arccos x}}{\sqrt{1-x^2}}dx$；

(21) $\int \tan \sqrt{1+x^2} \cdot \frac{x dx}{\sqrt{1+x^2}}$； (22) $\int \frac{\arctan \sqrt{x}}{\sqrt{x}(1+x)}dx$；

(23) $\int \frac{1+\ln x}{(x\ln x)^2}dx$； (24) $\int \frac{1}{\sin x \cos x}dx$；

(25) $\int \frac{\ln\tan x}{\cos x \sin x}dx$； (26) $\int \frac{dx}{e^x + e^{-x}}$；

(27) $\int \sin 2x \cos 3x dx$； (28) $\int \sin 5x \sin 7x dx$；

(29) $\int \tan^3 x \sec x dx$； (30) $\int \frac{x\ln(1+x^2)}{1+x^2}dx$；

(31) $\int \frac{1-x}{\sqrt{9-4x^2}}dx$； (32) $\int \frac{x^3}{9+x^2}dx$；

(33) $\int \frac{dx}{(x+1)(x-2)}$； (34) $\int \frac{x}{x^2-x-2}dx$；

(35) $\int \frac{x^2}{\sqrt{a^2-x^2}}dx \ (a>0)$； (36) $\int \frac{dx}{\sqrt{(x^2+1)^3}}$；

(37) $\int \frac{x-1}{x^2+2x+3}dx$； (38) $\int \frac{dx}{1+\sqrt{1+x}}$.

4.3 分部积分法

前面在复合函数微分法的基础上，得到了换元积分法；现在利用两个函数乘积的微分法，推得另一种求不定积分的基本方法——**分部积分法**.

设函数 $u = u(x)$，$v = v(x)$ 具有连续导数，由两个函数乘积的导数公式，有

$$(uv)' = u'v + uv',$$

移项，得

$$uv' = (uv)' - vu'.$$

对上式两边求不定积分，得

$$\int uv'\mathrm{d}x = uv - \int vu'\mathrm{d}x \tag{4.3.1}$$

或

$$\int u\mathrm{d}v = uv - \int v\mathrm{d}u. \tag{4.3.2}$$

式(4.3.1)或(4.3.2)称为**分部积分公式**. 如果求 $\int u\mathrm{d}v$ 有困难，而求 $\int v\mathrm{d}u$ 比较容易，那么分部积分公式就能显示它的作用.

例 1　求 $\int x\cos x\mathrm{d}x$.

解　现在尝试用分部积分法来求这个积分. 首先，把被积表达式划分为 u 和 $\mathrm{d}v$ 两部分，如果设 $u = x$，$\mathrm{d}v = \cos x\mathrm{d}x$，则 $\mathrm{d}u = \mathrm{d}x$，$v = \sin x$. 代入式(4.3.2)，得

$$\int x\cos x\mathrm{d}x = x\sin x - \int \sin x\mathrm{d}x,$$

而 $\int \sin x\mathrm{d}x$ 容易积出，所以

$$\int x\cos x\mathrm{d}x = x\sin x + \cos x + C.$$

求这个积分时，如果设 $u = \cos x$，$\mathrm{d}v = x\mathrm{d}x$，那么 $\mathrm{d}u = -\sin x\mathrm{d}x$，$v = \frac{x^2}{2}$. 于是

$$\int x\cos x\mathrm{d}x = \frac{x^2}{2}\cos x + \int \frac{x^2}{2}\sin x\mathrm{d}x.$$

上式右端的积分比原积分更不容易求出.

结论　应用分部积分法计算不定积分时，恰当选取 u 和 $\mathrm{d}v$ 是一个关键. 选取 u 和 $\mathrm{d}v$ 的原则是：

(1) 由 $\mathrm{d}v$ 容易求得 v；

(2) $\int v\mathrm{d}u$ 比 $\int u\mathrm{d}v$ 容易积出.

例 2　$\int x\mathrm{e}^{-x}\mathrm{d}x$.

解　设 $u = x$，$\mathrm{d}v = \mathrm{e}^{-x}\mathrm{d}x$，则 $\mathrm{d}u = \mathrm{d}x$，$v = -\mathrm{e}^{-x}$. 于是

$$\int x\mathrm{e}^{-x}\mathrm{d}x = -x\mathrm{e}^{-x} + \int \mathrm{e}^{-x}\mathrm{d}x = -x\mathrm{e}^{-x} - \mathrm{e}^{-x} + C.$$

有些函数的积分需要连续多次应用分部积分法.

例 3 求 $\int x^2 e^x dx$.

解
$$\int x^2 e^x dx = \int x^2 de^x = x^2 e^x - 2\int x e^x dx = x^2 e^x - 2\int x de^x$$
$$= x^2 e^x - 2\left(x e^x - \int e^x dx\right)$$
$$= e^x (x^2 - 2x + 2) + C.$$

注 若被积函数是幂函数(指数为正整数)与指数函数或正(余)弦函数的乘积,可设幂函数为 u,而将被积表达式的其余部分作为 dv,应用分部积分公式后,幂函数的幂次降低一次.

例 4 求 $\int x\arctan x dx$.

解 设 $u = \arctan x$, $dv = x dx = d\dfrac{x^2}{2}$,则
$$\int x\arctan x dx = \frac{x^2}{2}\arctan x - \int \frac{x^2}{2} d\arctan x$$
$$= \frac{x^2}{2}\arctan x - \frac{1}{2}\int \frac{x^2}{1+x^2} dx$$
$$= \frac{x^2}{2}\arctan x - \frac{1}{2}\int \left(1 - \frac{1}{1+x^2}\right) dx$$
$$= \frac{x^2}{2}\arctan x - \frac{1}{2}(x - \arctan x) + C.$$

例 5 求 $\int x^3 \ln x dx$.

解 设 $u = \ln x$, $dv = x^3 dx = d\left(\dfrac{x^4}{4}\right)$,则
$$\int x^3 \ln x dx = \frac{1}{4}x^4 \ln x - \frac{1}{4}\int x^4 \cdot \frac{1}{x} dx = \frac{1}{4}x^4 \ln x - \frac{1}{16}x^4 + C.$$

注 若被积函数是幂函数与对数函数或反三角函数的乘积,可设对数函数或反三角函数为 u,而设余下的被积表达式为 dv,应用分部积分公式后,对数函数或反三角函数消失.

例 6 求 $\int e^x \sin x dx$.

解
$$\int e^x \sin x dx = \int \sin x de^x = e^x \sin x - \int e^x d\sin x$$
$$= e^x \sin x - \int e^x \cos x dx = e^x \sin x - \int \cos x de^x$$

$$= e^x \sin x - e^x \cos x + \int e^x \mathrm{d}\cos x$$

$$= e^x \sin x - e^x \cos x - \int e^x \sin x \mathrm{d}x,$$

移项解得

$$\int e^x \sin x \mathrm{d}x = \frac{e^x}{2}(\sin x - \cos x) + C.$$

下面再举一些例子,请读者悉心体会其解题方法.

例7 求 $\int \sec^3 x \mathrm{d}x$.

解

$$\int \sec^3 x \mathrm{d}x = \int \sec x \sec^2 x \mathrm{d}x = \int \sec x \mathrm{d}\tan x$$

$$= \sec x \tan x - \int \sec x \tan^2 x \mathrm{d}x$$

$$= \sec x \tan x - \int \sec x (\sec^2 x - 1) \mathrm{d}x$$

$$= \sec x \tan x - \int \sec^3 x \mathrm{d}x + \int \sec x \mathrm{d}x$$

$$= \sec x \tan x + \ln|\sec x + \tan x| - \int \sec^3 x \mathrm{d}x,$$

移项得

$$\int \sec^3 x \mathrm{d}x = \frac{1}{2}(\sec x \tan x + \ln|\sec x + \tan x|) + C.$$

例8 求 $\int \ln(1+\sqrt{x})\mathrm{d}x$.

解 设 $t=\sqrt{x}$,则 $x=t^2$,

$$\int \ln(1+\sqrt{x})\mathrm{d}x = \int \ln(1+t)\mathrm{d}t^2 = t^2\ln(1+t) - \int t^2 \mathrm{d}\ln(1+t)$$

$$= t^2\ln(1+t) - \int \frac{t^2}{1+t}\mathrm{d}t$$

$$= t^2\ln(1+t) - \int \frac{t^2-1}{1+t}\mathrm{d}t - \int \frac{1}{1+t}\mathrm{d}t$$

$$= t^2\ln(1+t) - \int (t-1)\mathrm{d}t - \int \frac{1}{1+t}\mathrm{d}t$$

$$= t^2\ln(1+t) - \frac{t^2}{2} + t - \ln(1+t) + C$$

$$= (x-1)\ln(1+\sqrt{x}) + \sqrt{x} - \frac{x}{2} + C.$$

例 9 已知 $f(x)$ 的一个原函数是 e^{-x^2}，求 $\int xf'(x)dx$.

解 利用分部积分公式，得

$$\int xf'(x)dx = \int xdf(x) = xf(x) - \int f(x)dx,$$

根据题意

$$\int f(x)dx = e^{-x^2} + C,$$

上式两边同时对 x 求导，得

$$f(x) = -2xe^{-x^2},$$

所以
$$\int xf'(x)dx = xf(x) - \int f(x)dx = -2x^2e^{-x^2} - e^{-x^2} - C.$$

$$= -e^{-x^2}(2x^2+1) + C_1.$$

例 10 求 $\int \frac{x^2e^x}{(x+2)^2}dx$.

解 选 $u = x^2e^x$，则

$$dv = \frac{1}{(x+2)^2}dx = d\left(\frac{-1}{x+2}\right),$$

$$\int \frac{x^2e^x}{(x+2)^2}dx = \int x^2e^x d\left(\frac{-1}{x+2}\right) = x^2e^x\left(\frac{-1}{x+2}\right) - \int \frac{-1}{x+2}d(x^2e^x)$$

$$= -\frac{x^2e^x}{x+2} + \int \frac{2xe^x + x^2e^x}{x+2}dx = -\frac{x^2e^x}{x+2} + \int xe^x dx$$

$$= -\frac{x^2e^x}{x+2} + xe^x - \int e^x dx$$

$$= -\frac{x^2e^x}{x+2} + xe^x - e^x + C.$$

习 题 4.3

1. 求下列不定积分：

(1) $\int x\sin x dx$；　　(2) $\int x^2\cos x dx$；

(3) $\int x2^{-x}dx$；　　(4) $\int x^2\ln x dx$；

(5) $\int (x+1)\ln x\mathrm{d}x$；

(6) $\int \arcsin x\mathrm{d}x$；

(7) $\int \frac{\ln x}{\sqrt{x}}\mathrm{d}x$；

(8) $\int x\ln(x-1)\mathrm{d}x$；

(9) $\int \ln^2 x\mathrm{d}x$；

(10) $\int \mathrm{e}^{\sqrt{x}}\mathrm{d}x$；

(11) $\int x\sin x\cos x\mathrm{d}x$；

(12) $\int x\tan^2 x\mathrm{d}x$；

(13) $\int \frac{\ln\sin x}{\cos^2 x}\mathrm{d}x$；

(14) $\int \frac{\arcsin x}{x^2}\mathrm{d}x$；

(15) $\int \frac{x}{\cos^2 x}\mathrm{d}x$；

(16) $\int \frac{\arctan x}{x^2}\mathrm{d}x$；

(17) $\int \cos(\ln x)\mathrm{d}x$；

(18) $\int \sin x\ln\tan x\mathrm{d}x$；

(19) $\int \frac{\ln\cos x}{\cos^2 x}\mathrm{d}x$；

(20) $\int \ln(x+\sqrt{1+x^2})\mathrm{d}x$.

2. 设 $f'(\mathrm{e}^x)=2x$，求 $f(x)$.

3. 已知 $f(x)$的一个原函数为 $\frac{\sin x}{x}$，求$\int xf'(x)\mathrm{d}x$.

4. 已知 $f'(x)$的一个原函数为 $x\ln x$，求 $\int f'(\sqrt{x})\mathrm{d}x$.

5. 证明：若 $I_n=\int \tan^n x\mathrm{d}x\ (n=2,3,\cdots)$，则

$$I_n=\frac{1}{n-1}\tan^{n-1}x-I_{n-2}.$$

4.4 有理函数和可化为有理函数的积分

本节将简要介绍一些特殊类型函数的不定积分，包括有理函数的积分和可化为有理函数的积分(如三角函数有理式、简单无理函数的积分等)，最后介绍积分表的使用.

4.4.1 有理函数的积分

由两个多项式 $P(x)$和 $Q(x)$的商所表示的函数，即

$$\frac{P(x)}{Q(x)}=\frac{a_0x^n+a_1x^{n-1}+\cdots+a_{n-1}x+a_n}{b_0x^m+b_1x^{m-1}+\cdots+b_{m-1}x+b_m}$$

称为**有理函数**，又称**有理分式**，其中 m 和 n 都是非负整数，分子、分母各项的系数

都是实数,且 $a_0 \neq 0$, $b_0 \neq 0$, $P(x)$与 $Q(x)$之间没有公因式.

当 $n < m$ 时,称为真分式;当 $n \geqslant m$ 时,称为假分式. 假分式总可以用多项式的除法化为一个多项式与一个真分式之和. 例如,

$$\frac{x^4}{x^2+1} = x^2 - 1 + \frac{1}{x^2+1},$$

由于多项式的积分是容易求得的,所以有理函数的积分问题只需要讨论有理真分式的积分.

对于真分式 $\frac{P(x)}{Q(x)}$,如果分母可分解为两个多项式的乘积

$$Q(x) = Q_1(x)Q_2(x),$$

且 $Q_1(x)$与 $Q_2(x)$没有公因式,那么它可拆分成两个真分式之和:

$$\frac{P(x)}{Q(x)} = \frac{P_1(x)}{Q_1(x)} + \frac{P_2(x)}{Q_2(x)},$$

上述步骤称为把真分式化成**部分分式**之和. 如果 $Q_1(x)$或 $Q_2(x)$还能再分解成两个没有公因式的多项式的乘积,那么就可再分拆成更简单的部分分式. 由此可知,真分式在分解过程中只会出现形如 $\frac{P_1(x)}{(x-a)^k}$ 和 $\frac{P_2(x)}{(x^2+px+q)^l}$ 两类真分式,其中 $p^2 - 4q < 0$, $P_1(x)$为次数小于 k 的多项式, $P_2(x)$为次数小于 $2l$ 的多项式. 对于真分式 $\frac{P_1(x)}{(x-a)^k}$ 的积分,可按照 4.2 节例 3 的方法求出结果,对于真分式 $\frac{P_2(x)}{(x^2+px+q)^l}$ 的积分,则可仿照 4.2 节例 23 的方法讨论求解.

下面举几个真分式积分的例子.

例 1 求 $\int \frac{3x+1}{x^2-x-6}\mathrm{d}x$.

解 $$Q(x) = x^2 - x - 6 = (x+2)(x-3),$$

于是可设

$$\frac{3x+1}{x^2-x-6} = \frac{A}{x+2} + \frac{B}{x-3},$$

其中 A, B 为待定系数. 上式两端去分母后,得

$$A(x-3) + B(x+2) = 3x + 1.$$

比较上式两端同次幂的系数,有

$$\begin{cases}A+B=3,\\ -3A+2B=1\end{cases}\Rightarrow A=1,\ B=2.$$

于是
$$\int\frac{3x+1}{x^2-x-6}\mathrm{d}x=\int\left(\frac{1}{x+2}+\frac{2}{x-3}\right)\mathrm{d}x$$
$$=\ln|x+2|+2\ln|x-3|+C.$$

例 2　求 $\int\frac{x^3+2x^2-3x+2}{(x-1)^2(1+x^2)}\mathrm{d}x$.

解　真分式可分解为以下形式:

$$\frac{x^3+2x^2-3x+2}{(x-1)^2(1+x^2)}=\frac{Ax+B}{(x-1)^2}+\frac{Cx+D}{1+x^2},$$

两端去分母,得

$$(Ax+B)(1+x^2)+(Cx+D)(x-1)^2=x^3+2x^2-3x+2,$$

即
$$(A+C)x^3+(B-2C+D)x^2+(A+C-2D)x+B+D$$
$$=x^3+2x^2-3x+2.$$

比较两端系数,得方程组

$$\begin{cases}A+C=1,\\ B-2C+D=2,\\ A+C-2D=-3,\\ B+D=2\end{cases}\Rightarrow A=1,\ B=0,\ C=0,\ D=2.$$

于是
$$\frac{x^3+2x^2-3x+2}{(x-1)^2(1+x^2)}=\frac{x}{(x-1)^2}+\frac{2}{1+x^2}=\frac{x-1+1}{(x-1)^2}+\frac{2}{1+x^2}$$
$$=\frac{1}{x-1}+\frac{1}{(x-1)^2}+\frac{2}{1+x^2}.$$

所以
$$\int\frac{x^3+2x^2-3x+2}{(x-1)^2(1+x^2)}\mathrm{d}x=\int\frac{\mathrm{d}x}{x-1}+\int\frac{\mathrm{d}x}{(x-1)^2}+2\int\frac{\mathrm{d}x}{1+x^2}$$
$$=\ln|x-1|-\frac{1}{x-1}+2\arctan x+C.$$

例 3　求 $\int\frac{x-2}{x^2+2x+3}\mathrm{d}x$.

解　分母已是二次质因式,不能再分解因式. 由于 $(x^2+2x+3)'=2x+2$ 与分子 $x-2$ 都是一次式,这时可考虑将分子拆成如下两项:

$$x-2=\frac{1}{2}(x^2+2x+3)'-3=\frac{1}{2}(2x+2)-3.$$

因此
$$\begin{aligned}\int\frac{x-2}{x^2+2x+3}\mathrm{d}x&=\int\frac{\frac{1}{2}(2x+2)-3}{x^2+2x+3}\mathrm{d}x\\&=\frac{1}{2}\int\frac{2x+2}{x^2+2x+3}\mathrm{d}x-3\int\frac{\mathrm{d}x}{x^2+2x+3}\\&=\frac{1}{2}\int\frac{\mathrm{d}(x^2+2x+3)}{x^2+2x+3}-3\int\frac{\mathrm{d}(x+1)}{(x+1)^2+(\sqrt{2})^2}\\&=\frac{1}{2}\ln(x^2+2x+3)-\frac{3}{\sqrt{2}}\arctan\frac{x+1}{\sqrt{2}}+C.\end{aligned}$$

例 4 求 $\int\frac{x-3}{(x-1)(x^2-1)}\mathrm{d}x$.

解 被积函数分母的两个因式 $x-1$ 与 x^2-1 有公因式,故需再分解成 $(x-1)^2(x+1)$. 于是设

$$\frac{x-3}{(x-1)^2(x+1)}=\frac{Ax+B}{(x-1)^2}+\frac{C}{x+1},$$

去分母,得

$$x-3=(Ax+B)(x+1)+C(x-1)^2,$$

即
$$x-3=(A+C)x^2+(A+B-2C)x+B+C,$$

有
$$\begin{cases}A+C=0,\\A+B-2C=1,\\B+C=-3\end{cases}\Rightarrow A=1,\ B=-2,\ C=-1.$$

所以
$$\begin{aligned}\int\frac{x-3}{(x-1)(x^2-1)}\mathrm{d}x&=\int\frac{x-3}{(x-1)^2(x+1)}\mathrm{d}x\\&=\int\left[\frac{x-2}{(x-1)^2}-\frac{1}{x+1}\right]\mathrm{d}x\\&=\int\frac{x-1-1}{(x-1)^2}\mathrm{d}x-\ln|x+1|\\&=\ln|x-1|+\frac{1}{x-1}-\ln|x+1|+C.\end{aligned}$$

4.4.2　三角函数有理式的积分

由 $\sin x$, $\cos x$ 和常数经过有限次四则运算构成的函数称为**三角有理函数**，记为 $R(\sin x, \cos x)$.

三角有理函数的积分比较灵活，方法很多. 在换元积分法和分部积分法中曾介绍过一些方法，这里要介绍的方法是，通过适当的变换将三角函数有理式的积分化为有理函数的积分.

由三角公式知道，$\sin x$ 和 $\cos x$ 都可以用 $\tan\frac{x}{2}$ 的有理式来表示，即

$$\sin x = 2\sin\frac{x}{2}\cos\frac{x}{2} = \frac{2\tan\frac{x}{2}}{\sec^2\frac{x}{2}} = \frac{2\tan\frac{x}{2}}{1+\tan^2\frac{x}{2}},$$

$$\cos x = \cos^2\frac{x}{2} - \sin^2\frac{x}{2} = \frac{1-\tan^2\frac{x}{2}}{\sec^2\frac{x}{2}} = \frac{1-\tan^2\frac{x}{2}}{1+\tan^2\frac{x}{2}}.$$

所以，如果作变换 $u = \tan\frac{x}{2}$，则 $x = 2\arctan u$，从而有

$$\sin x = \frac{2u}{1+u^2},\qquad \cos x = \frac{1-u^2}{1+u^2},\qquad \mathrm{d}x = \frac{2\mathrm{d}u}{1+u^2}.$$

三角函数有理式的积分就可以化为有理函数的积分，即

$$\int R(\sin x, \cos x)\mathrm{d}x = \int R\left(\frac{2u}{1+u^2}, \frac{1-u^2}{1+u^2}\right)\frac{2}{1+u^2}\mathrm{d}u.$$

上述变换称为万能置换.

有些情况下(如三角函数有理式中 $\sin x$ 和 $\cos x$ 的幂次均为偶数时)，也常用变换 $u = \tan x$，此时易推出

$$\sin x = \frac{u}{\sqrt{1+u^2}},\qquad \cos x = \frac{1}{\sqrt{1+u^2}},\qquad \mathrm{d}x = \frac{1}{1+u^2}\mathrm{d}u.$$

这个变换常称为修改的万能置换.

例 5　求 $\int\frac{\cot x}{1+\sin x+\cos x}\mathrm{d}x$.

解　令 $u = \tan\frac{x}{2}$，则有

$$\mathrm{d}x=\frac{2}{1+u^2}\mathrm{d}u,\quad \sin x=\frac{2u}{1+u^2},\quad \cos x=\frac{1-u^2}{1+u^2},\quad \cot x=\frac{1-u^2}{2u}.$$

从而
$$\int\frac{\cot x}{1+\sin x+\cos x}\mathrm{d}x=\int\frac{\frac{1-u^2}{2u}}{1+\frac{2u}{1+u^2}+\frac{1-u^2}{1+u^2}}\frac{2}{1+u^2}\mathrm{d}u$$

$$=\int\frac{1-u}{2u}\mathrm{d}u=\frac{1}{2}\int\frac{\mathrm{d}u}{u}-\frac{1}{2}\int\mathrm{d}u$$

$$=\frac{1}{2}\ln|u|-\frac{1}{2}u+C$$

$$=\frac{1}{2}\ln\left|\tan\frac{x}{2}\right|-\frac{1}{2}\tan\frac{x}{2}+C.$$

例 6 求 $\int\frac{1}{\sin^4 x}\mathrm{d}x$.

解 **方法一** 用万能置换公式,令 $u=\tan\frac{x}{2}$,则

$$\int\frac{1}{\sin^4 x}\mathrm{d}x=\int\frac{1}{\left(\frac{2u}{1+u^2}\right)^4}\frac{2}{1+u^2}\mathrm{d}u=\int\frac{1+3u^2+3u^4+u^6}{8u^4}\mathrm{d}u$$

$$=\frac{1}{8}\int(u^{-4}+3u^{-2}+3+u^2)\mathrm{d}u=\frac{1}{8}\left(-\frac{1}{3u^3}-\frac{3}{u}+3u+\frac{u^3}{3}\right)+C$$

$$=-\frac{1}{24}\cot^3\frac{x}{2}-\frac{3}{8}\cot\frac{x}{2}+\frac{3}{8}\tan\frac{x}{2}+\frac{1}{24}\tan^3\frac{x}{2}+C.$$

方法二 利用修改的万能置换公式,令 $u=\tan x$,则

$$\int\frac{1}{\sin^4 x}\mathrm{d}x=\int\frac{1}{\left(\frac{u}{\sqrt{1+u^2}}\right)^4}\frac{1}{1+u^2}\mathrm{d}u=\int\frac{1+u^2}{u^4}\mathrm{d}u$$

$$=-\frac{1}{3u^3}-\frac{1}{u}+C=-\frac{1}{3}\cot^3 x-\cot x+C.$$

方法三 不用万能置换公式:

$$\int\frac{1}{\sin^4 x}\mathrm{d}x=\int\csc^2 x(1+\cot^2 x)\mathrm{d}x=\int\csc^2 x\mathrm{d}x+\int\cot^2 x\csc^2 x\mathrm{d}x$$

$$=-\cot x-\frac{1}{3}\cot^3 x+C.$$

注　比较以上三种解法可知，万能置换不一定是最佳方法，故在计算三角函数有理式积分的时候，应先考虑其他手段，不得已才用万能置换.

4.4.3　简单无理函数的积分

求简单无理函数的积分，其基本思想是利用适当的变换将其有理化，转化为有理函数的积分. 下面通过例子来说明.

例 7　求 $\int \frac{x}{\sqrt[3]{3x+1}}\mathrm{d}x$.

解　为了去掉根号，可设 $u=\sqrt[3]{3x+1}$，于是 $x=\frac{u^3-1}{3}$，$\mathrm{d}x=u^2\mathrm{d}u$，所以

$$\int \frac{x}{\sqrt[3]{3x+1}}\mathrm{d}x=\int \frac{u^3-1}{3u}\cdot u^2\mathrm{d}u=\frac{1}{3}\int (u^4-u)\mathrm{d}u=\frac{1}{3}\left(\frac{u^5}{5}-\frac{u^2}{2}\right)+C$$

$$=\frac{1}{15}(3x+1)^{\frac{5}{3}}-\frac{1}{6}(3x+1)^{\frac{2}{3}}+C.$$

例 8　求 $\int \frac{1}{\sqrt{x}(1+\sqrt[3]{x})}\mathrm{d}x$.

解　为了同时消去两个根式，可令 $\sqrt[6]{x}=t$，即 $x=t^6$，则 $\mathrm{d}x=6t^5\mathrm{d}t$，从而

$$\int \frac{1}{\sqrt{x}(1+\sqrt[3]{x})}\mathrm{d}x=\int \frac{6t^5}{t^3(1+t^2)}\mathrm{d}t=\int \frac{6t^2}{1+t^2}\mathrm{d}t=6\int \frac{t^2+1-1}{1+t^2}\mathrm{d}t$$

$$=6\int\left(1-\frac{1}{1+t^2}\right)\mathrm{d}t=6(t-\arctan t)+C$$

$$=6(\sqrt[6]{x}-\arctan \sqrt[6]{x})+C.$$

例 9　求 $\int \frac{1}{x}\sqrt{\frac{1+x}{x}}\mathrm{d}x$.

解　为了去掉根号，令 $\sqrt{\frac{1+x}{x}}=t$，于是

$$\frac{1+x}{x}=t^2,\qquad x=\frac{1}{t^2-1},\qquad \mathrm{d}x=-\frac{2t\mathrm{d}t}{(t^2-1)^2}.$$

因此

$$\int \frac{1}{x}\sqrt{\frac{1+x}{x}}\mathrm{d}x=\int (t^2-1)t\cdot\frac{-2t}{(t^2-1)^2}\mathrm{d}t=-2\int \frac{t^2}{t^2-1}\mathrm{d}t$$

$$=-2\int\left(1+\frac{1}{t^2-1}\right)\mathrm{d}t=-2t-\ln\left|\frac{t-1}{t+1}\right|+C$$

$$=-2t+2\ln(t+1)-\ln|t^2-1|+C$$

$$=-2\sqrt{\frac{1+x}{x}}+2\ln\left(\sqrt{\frac{1+x}{x}}+1\right)+\ln|x|+C.$$

以上三个例子表明,如果被积函数中含有简单根式 $\sqrt[n]{ax+b}$ 或 $\sqrt[n]{\dfrac{ax+b}{cx+d}}$,可以令这个简单根式为 u. 由于这样的变换具有反函数,且反函数是 u 的有理函数,因此原积分即可化为有理函数的积分.

4.4.4 积分表的使用

通过前面的讨论可以看出,积分的计算要比导数的计算来得灵活、复杂. 为了实用的方便,往往把常用的积分公式汇集成表,这种表称为积分表(参见附录 C). 在积分表中所有的积分公式是按被积函数分类编排的,人们只要根据被积函数的类型,或经过适当变形化为表中列出的类型,查阅公式即可得到积分. 有些计算器和电脑软件也具有求不定积分的实用功能. 但对于初学者来说,首先应该掌握各种基本的积分方法.

下面举两个利用积分表查得积分结果的例子.

例 10 查表求 $\displaystyle\int\frac{1}{5-4\cos x}\mathrm{d}x$.

解 在积分表中查得公式(105):

$$\int\frac{\mathrm{d}x}{a+b\cos x}=\frac{2}{a+b}\sqrt{\frac{a+b}{a-b}}\arctan\left(\sqrt{\frac{a-b}{a+b}}\tan\frac{x}{2}\right)+C\quad(a^2>b^2).$$

将 $a=5,\ b=-4$ 代入,得

$$\int\frac{1}{5-4\cos x}\mathrm{d}x=\frac{2}{3}\arctan\left(3\tan\frac{x}{2}\right)+C.$$

例 11 查表求 $\displaystyle\int\frac{\mathrm{d}x}{x\sqrt{4x^2+9}}$.

解 这个积分不能在表中直接查到,需要先进行变量代换.

令 $2x=u$,则 $\sqrt{4x^2+9}=\sqrt{u^2+3^2}$,从而

$$\int \frac{\mathrm{d}x}{x\sqrt{4x^2+9}}=\int \frac{\frac{1}{2}\mathrm{d}u}{\frac{u}{2}\sqrt{u^2+3^2}}=\int \frac{\mathrm{d}u}{u\sqrt{u^2+3^2}}.$$

在积分表中查得公式(37)：

$$\int \frac{\mathrm{d}x}{x\sqrt{x^2+a^2}}=\frac{1}{a}\ln \frac{\sqrt{x^2+a^2}-a}{|x|}+C,$$

所以

$$\int \frac{\mathrm{d}u}{u\sqrt{u^2+3^2}}=\frac{1}{3}\ln \frac{\sqrt{u^2+3^2}-3}{|u|}+C.$$

将 $u=2x$ 代入，得

$$\int \frac{\mathrm{d}x}{x\sqrt{4x^2+9}}=\frac{1}{3}\ln \frac{\sqrt{4x^2+9}-3}{2|x|}+C.$$

在本章结束之前，还要指出：由于初等函数在它的定义区间内是连续的，因此它的不定积分一定存在，但不定积分存在与不定积分能否用初等函数表示出来不是一回事.事实上，有很多初等函数，它的不定积分是存在的，但它们的不定积分却无法用初等函数表示出来，如

$$\int \mathrm{e}^{-x^2}\mathrm{d}x,\quad \int \frac{\sin x}{x}\mathrm{d}x,\quad \int \frac{\mathrm{d}x}{\ln x},\quad \int \frac{\mathrm{d}x}{\sqrt{1+x^4}}$$

等，都不是初等函数.

习　题　4.4

1. 求下列有理函数的不定积分：

(1) $\int \frac{2x+3}{x^2+3x-10}\mathrm{d}x$；　　(2) $\int \frac{x^3}{9+x^2}\mathrm{d}x$；

(3) $\int \frac{\mathrm{d}x}{x(x^2+1)}$；　　(4) $\int \frac{x^2+1}{(x+1)^2(x-1)}\mathrm{d}x$；

(5) $\int \frac{x}{x^2+2x+2}\mathrm{d}x$；　　(6) $\int \frac{\mathrm{d}x}{(x^2+1)(x^2+x)}$.

2. 求下列函数的不定积分：

(1) $\int \frac{\mathrm{d}x}{3+\cos x}$；　　(2) $\int \frac{\mathrm{d}x}{1+\sin x+\cos x}$；

(3) $\int \tan^3 x\mathrm{d}x$；　　(4) $\int \frac{\cos x}{2\sin x+3\cos x}\mathrm{d}x$；

(5) $\int \frac{1}{x\sqrt{2x+1}}\mathrm{d}x$；

(6) $\int \frac{\sqrt{x+1}-1}{\sqrt{x+1}+1}\mathrm{d}x$；

(7) $\int \frac{\mathrm{d}x}{\sqrt{x}+\sqrt[4]{x}}$；

(8) $\int \frac{1}{\sqrt{1+\mathrm{e}^x}}\mathrm{d}x$.

总习题 4

1. 求下列不定积分(其中 a 为常数)：

(1) $\int \frac{\mathrm{d}x}{\mathrm{e}^{-x}-\mathrm{e}^x}$；

(2) $\int \frac{x}{(1-x)^3}\mathrm{d}x$；

(3) $\int \frac{x^2}{a^6-x^6}\mathrm{d}x\ (a>0)$；

(4) $\int \frac{1+\cos x}{x+\sin x}\mathrm{d}x$；

(5) $\int \frac{\ln\ln x}{x}\mathrm{d}x$；

(6) $\int \frac{\sin x\cos x}{1+\sin^4 x}\mathrm{d}x$；

(7) $\int \tan^4 x\mathrm{d}x$；

(8) $\int \frac{\mathrm{d}x}{x(x^6+4)}$；

(9) $\int \sqrt{\frac{a+x}{a-x}}\mathrm{d}x\ (a>0)$；

(10) $\int \frac{\mathrm{d}x}{\sqrt{x(1+x)}}$；

(11) $\int x\cos^2 x\mathrm{d}x$；

(12) $\int \frac{\mathrm{d}x}{(a^2-x^2)^{5/2}}$；

(13) $\int \frac{\mathrm{d}x}{x^4\sqrt{1+x^2}}$；

(14) $\int \sqrt{x}\sin\sqrt{x}\mathrm{d}x$；

(15) $\int \ln(1+x^2)\mathrm{d}x$；

(16) $\int \frac{\sin^2 x}{\cos^3 x}\mathrm{d}x$；

(17) $\int \arctan\sqrt{x}\mathrm{d}x$；

(18) $\int \frac{\sqrt{1+\cos x}}{\sin x}\mathrm{d}x$；

(19) $\int \frac{x^3}{(1+x^8)^2}\mathrm{d}x$；

(20) $\int \frac{\sin x}{1+\sin x}\mathrm{d}x$；

(21) $\int \frac{x+\sin x}{1+\cos x}\mathrm{d}x$；

(22) $\int \frac{\sqrt[3]{x}}{x(\sqrt{x}+\sqrt[3]{x})}\mathrm{d}x$；

(23) $\int \frac{\mathrm{d}x}{(1+\mathrm{e}^x)^2}$；

(24) $\int \frac{\mathrm{e}^{3x}+\mathrm{e}^x}{\mathrm{e}^{4x}-\mathrm{e}^{2x}+1}\mathrm{d}x$；

(25) $\int \frac{x\mathrm{e}^x}{(\mathrm{e}^x+1)^2}\mathrm{d}x$；

(26) $\int \ln^2(x+\sqrt{1+x^2})\mathrm{d}x$；

(27) $\int \frac{\ln x}{(1+x^2)^{3/2}}\mathrm{d}x$；

(28) $\int \sqrt{1-x^2}\arcsin x\mathrm{d}x$；

(29) $\int \frac{x^3\arccos x}{\sqrt{1-x^2}}\mathrm{d}x$；

(30) $\int \frac{\cot x}{1+\sin x}\mathrm{d}x$；

(31) $\int \frac{\mathrm{d}x}{\sin^3 x \cos x}$;　　(32) $\int \frac{\mathrm{d}x}{(2+\cos x)\sin x}$.

2. 设 $f'(\sin^2 x) = \cos 2x + \tan^2 x$,求 $f(x)$ $(0 < x < 1)$.

3. 已知 $f'\left(x\tan\frac{x}{2}\right) = (x+\sin x)\tan\frac{x}{2} + \cos x$, 求 $f(x)$.

4. 函数 $f(x)$的导函数 $f'(x)$的图像是一条二次抛物线,开口向上,且与 x 轴交于点 $x=0$ 和 $x=2$ 处.若 $f(x)$的极大值为 4,极小值为 0,求 $f(x)$.

5. 设 $f(x)$的原函数 $F(x)>0$ 且 $F(0)=1$,当 $x \geqslant 0$ 时有

$$f(x)F(x) = \sin^2 2x,$$

试求 $f(x)$.

实验4　不定积分

一、实验内容

一元函数的不定积分.

二、实验目的

(1) 熟悉用 Matlab 指令求一元函数的不定积分.

(2) 绘出非初等函数表示的不定积分的图形.

三、预备知识

不定积分的基本指令为:int(f)

例如,用 int('x ^ 4') 表示积分 $\int x^4 \mathrm{d}x$.

```
int('x^4')
ans =1/5*x^5
```

指令 int 的计算结果为精确值,计算速度很慢,有些函数的积分甚至计算不出来.

例 1　求 $\int \frac{x^4}{1+x^2}\mathrm{d}x$.

```
int('x^4/(1+x^2)')
ans =1/3*x^3-x+atan(x)
```

例 2　积分 $\int \exp(-x^2)\mathrm{d}x$ 不能用初等函数表示,但我们可以把不定积分的图画出来.

```
y=int('exp(-x^2)');
x=-3:0.01:3;
y=subs(y);           % 将 x 从-3 到 3 中分点的值代入
plot(x,y)
```

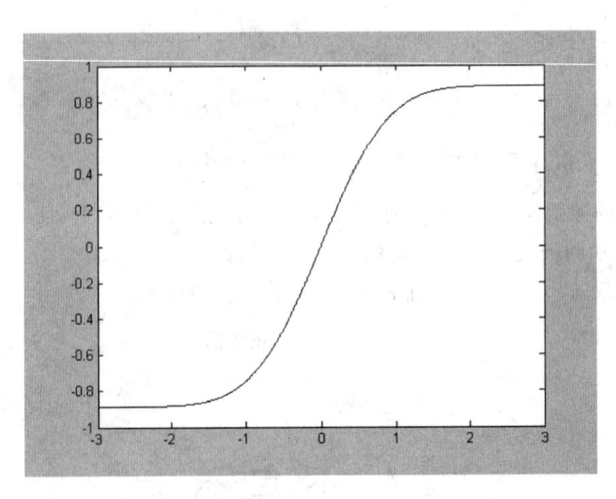

图 4－5

图形(图 4－5)中的曲线为积分曲线中的一支,所有的积分曲线可以由这条曲线垂直平移得到.

四、实验题目

求不定积分:

(1) 求$\int \frac{1}{e^x - e^{-x}} dx$.

```
int(1/(exp(x)-exp(-x)))
ans =-atanh(exp(x))
```

(反双曲正切)

(2) 求$\int \frac{x}{(1-x)^3} dx$.

```
int(x/(1-x)^3)
ans=1/2/(x-1)^2+1/(x-1)
```

(3) 求$\int \log(1+x^2) dx$.

```
int(log(1+x^2))
ans =x*log(1+x^2)-2*x+2*atan(x)
```

(4) 求$\int \frac{1}{(2+\cos x)\sin x} dx$.

```
int(1/((2+ cos(x))*sin(x)))
ans=1/3*log((tan(1/2*x)^2+3)*tan(1/2*x))
```

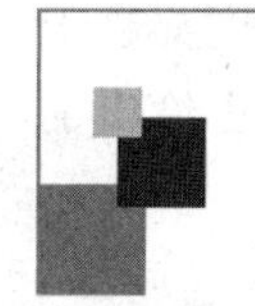

第 5 章 定积分及其应用

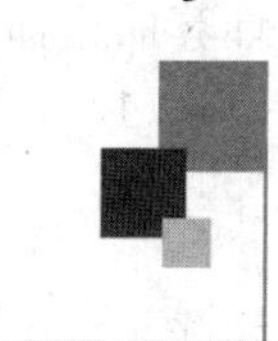

本章讨论积分学的第二个基本问题——定积分. 自然科学与生产实践中的许多问题，如平面图形的面积、曲线的弧长、水压力、变力沿直线所做的功等都可以归结为定积分问题. 下面将从几何学和物理学中两个实际问题，引出定积分概念，然后讨论定积分的性质及计算方法，并在 5.5 至 5.8 节介绍定积分的应用.

5.1 定积分的概念与性质

5.1.1 定积分问题举例

1. 曲边梯形的面积

设 $y=f(x)$ 是区间$[a, b]$上的连续函数，且 $f(x)\geqslant 0$. 由直线 $x=a$, $x=b$, $y=0$ 及曲线 $y=f(x)$ 所围成的图形称为**曲边梯形**(图 5-1)，其中曲线弧称为**曲边**，x 轴上对应区间$[a, b]$的线段称为**底边**.

大家知道，矩形的高是不变的，其面积可按公式

$$\text{矩形面积} = \text{底} \times \text{高}$$

来定义和计算. 而曲边梯形在底边上各点处的高 $f(x)$在$[a, b]$上是变化的，故它的面积不能直接按矩形的面积公式来定义和计算. 为了解决变高与等高之间的矛盾，基本想法是：把区间$[a, b]$划分为许多小区间，相应地，曲边梯形分割成许多窄曲边梯形；由于高 $f(x)$在区间$[a, b]$上是连续变化的，因此在一个很小的区间上它的变化很小，可近似地看成不变；于是用每个小区间上某一点处的高近似代替同一个小区间上的变高，即用窄矩形来近似代替相应的窄曲边梯形. 这样，所有窄矩形面积之和就是曲边梯形面积的近似值. 显然分割得越细，窄矩形面

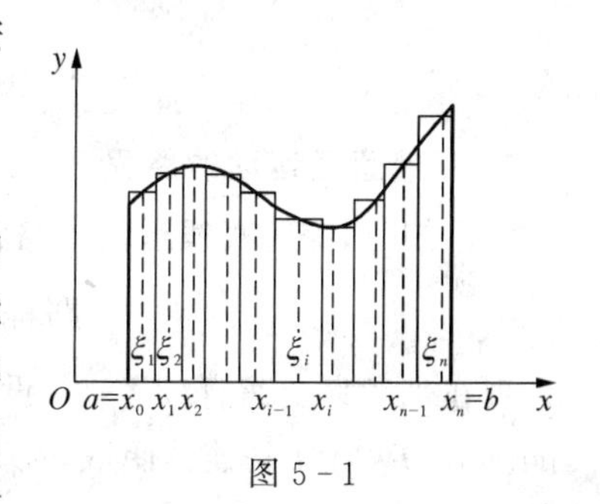

图 5-1

积之和就越接近曲边梯形的面积，如果无限细分下去，使每个小区间的长度都趋于零，这时所有窄矩形面积之和的极限就可定义为曲边梯形的面积. 这同时也给出了计算曲边梯形面积的方法，具体步骤详述如下：

(1) 分割. 在区间$[a, b]$中任意插入若干分点

$$a = x_0 < x_1 < x_2 < \cdots < x_{n-1} < x_n = b,$$

把$[a, b]$分成 n 个小区间$[x_0, x_1]$, $[x_1, x_2]$, $\cdots$, $[x_{n-1}, x_n]$，它们的长度分别为

$$\Delta x_1 = x_1 - x_0,\ \Delta x_2 = x_2 - x_1,\ \cdots,\ \Delta x_n = x_n - x_{n-1}.$$

过每个分点 x_i，作平行于 y 轴的直线段，把曲边梯形分为 n 个小曲边梯形(图 5-1).

(2) 近似代替. 在小区间$[x_{i-1}, x_i]$上任取一点 ξ_i，用以$[x_{i-1}, x_i]$为底，$f(\xi_i)$为高的小矩形近似代替第 i 个小曲边梯形的面积 ΔA_i，则

$$\Delta A_i \approx f(\xi_i)\Delta x_i \quad (i = 1, 2, \cdots, n).$$

(3) 求和. 所有这 n 个小矩形面积之和就是所求曲边梯形面积 A 的近似值，即

$$A \approx f(\xi_1)\Delta x_1 + f(\xi_2)\Delta x_2 + \cdots + f(\xi_n)\Delta x_n = \sum_{i=1}^{n} f(\xi_i)\Delta x_i.$$

(4) 取极限. 为了保证所有小区间的长度都趋于零，要求小区间长度中的最大值趋于零，若记

$$\lambda = \max\{\Delta x_1, \Delta x_2, \cdots, \Delta x_n\},$$

则上述条件可表示为 $\lambda \to 0$. 当 $\lambda \to 0$ 时(这时小区间的个数 n 无限增多，即 $n \to \infty$)，取上述和式的极限，便得到曲边梯形的面积

$$A = \lim_{\lambda \to 0} \sum_{i=1}^{n} f(\xi_i)\Delta x_i.$$

2. 变速直线运动的路程

大家知道，等速直线运动的路程，有计算公式：

$$路程 = 速度 \times 时间.$$

现在来考察变速直线运动：设某物体作直线运动，已知速度 $v = v(t)$ 是时间间隔$[T_1, T_2]$上 t 的连续函数，且 $v(t) \geqslant 0$，如何计算物体在这段时间内所经过的路程 s?

在这个问题中，速度随时间 t 而变化，因此，所求路程不能直接按等速直线运动的公式来计算. 然而，由于 $v(t)$ 是连续变化的，在很短的一段时间内，其速度的变化也很小，可近似地看成等速运动. 因此，若把时间间隔划分为许多小时间段，在每个小时间段内，以等速度运动代替变速运动，则可以计算在每个小时间段内路程

的近似值;再求和,则得整个路程的近似值;最后,利用求极限的方法计算路程的精确值.具体步骤如下:

(1) 分割.在时间间隔$[T_1, T_2]$内任意插入 $n-1$ 个分点

$$T_1 = t_0 < t_1 < t_2 < \cdots < t_{n-1} < t_n = T_2,$$

把$[T_1, T_2]$分成 n 个小时间段

$$[t_0, t_1], [t_1, t_2], \cdots, [t_{n-1}, t_n],$$

各小时间段的长度分别为

$$\Delta t_1 = t_1 - t_0, \cdots, \Delta t_i = t_i - t_{i-1}, \cdots, \Delta t_n = t_n - t_{n-1},$$

而各小时间段内物体经过的路程依次为 $\Delta s_1, \Delta s_2, \cdots, \Delta s_n$.

(2) 近似.在每个小时间段上任取一点 τ_i,以时刻 τ_i 的速度 $v(\tau_i)$ 近似代替$[t_{i-1}, t_i]$上各时刻的速度,得到小时间段$[t_{i-1}, t_i]$内物体经过的路程 Δs_i 的近似值,即

$$\Delta s_i \approx v(\tau_i)\Delta t_i \quad (i = 1, 2, \cdots, n).$$

(3) 求和.将这样得到的 n 个小时间段上路程的近似值之和作为所求变速直线运动路程 s 的近似值,即

$$\begin{aligned} s &= \Delta s_1 + \Delta s_2 + \cdots + \Delta s_n \approx v(\tau_1)\Delta t_1 + v(\tau_2)\Delta t_2 + \cdots + v(\tau_n)\Delta t_n \\ &= \sum_{i=1}^{n} v(\tau_i)\Delta t_i. \end{aligned}$$

(4) 取极限.记 $\lambda = \max\{\Delta t_1, \Delta t_2, \cdots, \Delta t_n\}$,当 $\lambda \to 0$时,取上述和式的极限,便得到变速直线运动路程的精确值

$$s = \lim_{\lambda \to 0} \sum_{i=1}^{n} v(\tau_i)\Delta t_i.$$

5.1.2 定积分定义

上面讨论的两个问题,尽管它们的实际意义不同,但所要计算的量,都取决于一个函数及其自变量的变化区间.从处理方法看,都是通过分割、近似、求和、取极限四个步骤完成的.从所得结果的数学结构看,它们都是具有相同结构的一种特定和式的极限.

抛开这些问题的具体意义,抓住它们在数量关系上共同的本质与特性加以概括,就可以抽象出定积分的定义.

定义 1 设函数 $f(x)$在区间$[a, b]$上有界,在$[a, b]$内任意插入 $n-1$ 个分点

$$a = x_0 < x_1 < x_2 < \cdots < x_{n-1} < x_n = b,$$

把区间$[a, b]$分成n个小区间

$$[x_0, x_1], [x_1, x_2], \cdots, [x_{n-1}, x_n],$$

各小区间的长度依次为

$$\Delta x_1 = x_1 - x_0, \Delta x_2 = x_2 - x_1, \cdots, \Delta x_n = x_n - x_{n-1}.$$

$\forall \xi_i \in [x_{i-1}, x_i]$,作乘积$f(\xi_i)\Delta x_i \ (i = 1, 2, \cdots, n)$,并作和$S = \sum_{i=1}^{n} f(\xi_i)\Delta x_i$.记$\lambda = \max\{\Delta x_1, \Delta x_2, \cdots, \Delta x_n\}$,如果不论对$[a, b]$怎样分法,也不论在小区间$[x_{i-1}, x_i]$上点$\xi_i$怎样取法,只要当$\lambda \to 0$时,和$S$总趋于确定的极限$I$,这时就称极限$I$是函数$f(x)$在区间$[a, b]$上的**定积分**.记为$\int_a^b f(x)\mathrm{d}x$,即

$$\int_a^b f(x)\mathrm{d}x = I = \lim_{\lambda \to 0} \sum_{i=1}^{n} f(\xi_i)\Delta x_i. \tag{5.1.1}$$

其中,$f(x)$称为**被积函数**,$f(x)\mathrm{d}x$称为**被积表达式**,x称为**积分变量**,a称为**积分下限**,b称为**积分上限**,$[a, b]$称为**积分区间**.

关于定积分的定义,再作以下几点说明:

(1) 定义中对区间$[a, b]$的分法和点ξ_i的取法是任意的;

(2) 定积分表示的是一种和式的极限,是一个确定的数.当和式的极限存在时,就说$f(x)$在$[a, b]$上的定积分存在,也称$f(x)$在$[a, b]$上可积,否则称为不可积;

(3) 如果不改变被积函数,也不改变积分区间,而只把积分变量x改写成其他字母,如t或u,那么,这时和的极限I不变,也就是定积分的值不变,即

$$\int_a^b f(x)\mathrm{d}x = \int_a^b f(t)\mathrm{d}t = \int_a^b f(u)\mathrm{d}u.$$

也就是说,定积分的值只与被积函数和积分区间有关,而与积分变量的记号无关.

根据定积分的定义,本节开始讨论的两个引例可以表示如下:

(1) 由连续曲线$y = f(x) \ (f(x) \geqslant 0)$,直线$x = a$, $x = b$及x轴所围成的曲边梯形的面积A等于曲边函数$f(x)$在区间$[a, b]$上的定积分,即

$$A = \int_a^b f(x)\mathrm{d}x;$$

(2) 以变速$v = v(t) \ (v(t) \geqslant 0)$作直线运动的物体,从时刻$t = T_1$到时刻$t = T_2$所经过的路程$s$等于速度函数在区间$[T_1, T_2]$上的定积分,即

$$s = \int_{T_1}^{T_2} v(t)\mathrm{d}t.$$

对于定积分,函数$f(x)$满足怎样的条件,才能肯定$f(x)$在$[a, b]$上一定可积?对于这个问题这里不作深入讨论,而只给出以下两个充分条件.

定理1 设 $f(x)$ 在区间 $[a, b]$ 上连续，则 $f(x)$ 在 $[a, b]$ 上可积.

定理2 设 $f(x)$ 在区间 $[a, b]$ 上有界，且只有有限个间断点，则 $f(x)$ 在 $[a, b]$ 上可积.

下面讨论定积分的几何意义.

在区间 $[a, b]$ 上，$f(x) \geqslant 0$ 时，定积分在几何上表示曲边梯形的面积，即 $\int_a^b f(x)\mathrm{d}x = A$；如果在 $[a, b]$ 上 $f(x) < 0$，这时曲边梯形在 x 轴的下方，此时定积分的值为负，它在几何上表示这个曲边梯形面积的负值，即 $\int_a^b f(x)\mathrm{d}x = -A$；一般地，如果函数 $y = f(x)$ 在 $[a, b]$ 上的取值有正有负，此时定积分表示在 x 轴上方的图形面积减去在 x 轴下方的图形面积(图5-2).

由定积分的几何意义，容易得出下列结果(读者自己画图验证)：

$$\int_{-\pi}^{\pi} \sin x \mathrm{d}x = 0,$$

$$\int_{-a}^{a} \sqrt{a^2 - x^2}\mathrm{d}x = \frac{1}{2}\pi a^2.$$

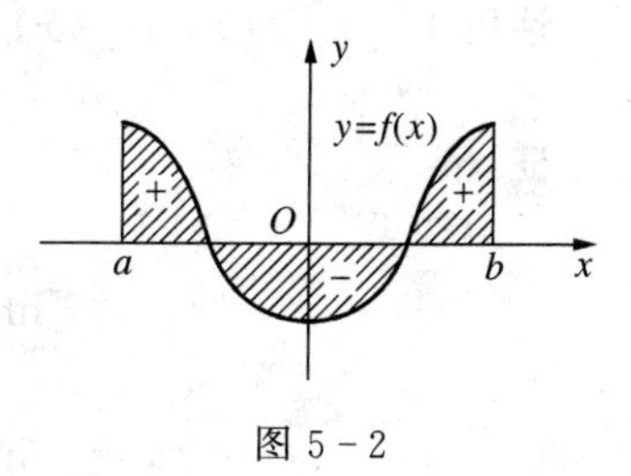

图5-2

例1 利用定积分的定义计算 $\int_0^1 x^2 \mathrm{d}x$.

解 因为被积函数 $f(x) = x^2$ 在区间 $[0, 1]$ 上连续，而连续函数是可积的，所以定积分的值与区间 $[0, 1]$ 的分法及点 ξ_i 的取法无关. 为使问题简化，不妨把区间 $[0, 1]$ 分成 n 等份，分点为 $x_i = \frac{i}{n}$ $(i = 1, 2, \cdots, n-1)$，$\Delta x_i = \frac{1}{n}$；ξ_i 取每个小区间的右端点 $\xi_i = x_i$. 于是得到积分和

$$\begin{aligned}\sum_{i=1}^{n} f(\xi_i)\Delta x_i &= \sum_{i=1}^{n} \xi_i^2 \Delta x_i = \sum_{i=1}^{n} x_i^2 \Delta x_i = \sum_{i=1}^{n}\left(\frac{i}{n}\right)^2 \cdot \frac{1}{n} \\ &= \frac{1}{n^3}\sum_{i=1}^{n} i^2 = \frac{1}{n^3}(1^2 + 2^2 + \cdots + n^2) \\ &= \frac{n(n+1)(2n+1)}{6n^3} = \frac{1}{6}\left(1 + \frac{1}{n}\right)\left(2 + \frac{1}{n}\right).\end{aligned}$$

当 $\lambda \to 0$ 即 $n \to \infty$ 时，得

$$\int_0^1 x^2 \mathrm{d}x = \lim_{\lambda \to 0}\sum_{i=1}^{n} f(\xi_i)\Delta x_i = \lim_{n\to\infty}\frac{1}{6}\left(1 + \frac{1}{n}\right)\left(2 + \frac{1}{n}\right) = \frac{1}{3}.$$

5.1.3 定积分的性质

为了进一步讨论定积分的理论与计算,下面介绍定积分的一些性质.为计算和应用方便起见,先对定积分作两点补充规定:

(1) 当 $a=b$ 时,$\int_a^b f(x)\mathrm{d}x=0$;

(2) 当 $a>b$ 时,$\int_a^b f(x)\mathrm{d}x=-\int_b^a f(x)\mathrm{d}x$.

根据上述规定,交换定积分的上、下限,其绝对值不变而符号相反.因此,在下面的讨论中如无特别指出,对定积分上、下限的大小不加限制,且被积函数都是可积的.

性质 1 $\int_a^b [f(x)\pm g(x)]\mathrm{d}x=\int_a^b f(x)\mathrm{d}x\pm\int_a^b g(x)\mathrm{d}x$.

证

$$\begin{aligned}&\int_a^b [f(x)\pm g(x)]\mathrm{d}x\\&=\lim_{\lambda\to 0}\sum_{i=1}^n [f(\xi_i)\pm g(\xi_i)]\Delta x_i\\&=\lim_{\lambda\to 0}\sum_{i=1}^n f(\xi_i)\Delta x_i\pm\lim_{\lambda\to 0}\sum_{i=1}^n g(\xi_i)\Delta x_i\\&=\int_a^b f(x)\mathrm{d}x\pm\int_a^b g(x)\mathrm{d}x.\end{aligned}$$

性质 1 可以推广到有限多个函数的情形.类似地,可以证明:

性质 2 $\int_a^b kf(x)\mathrm{d}x=k\int_a^b f(x)\mathrm{d}x$ (k 为常数).

性质 3 $\int_a^b f(x)\mathrm{d}x=\int_a^c f(x)\mathrm{d}x+\int_c^b f(x)\mathrm{d}x$.

证 先证 $a<c<b$ 的情形.

因为函数在$[a, b]$上可积,所以对$[a, b]$无论怎样划分,积分和的极限总是不变的.因此可以把 c 永远取作一个分点,于是在$[a, b]$上的积分和等于在$[a, c]$上的积分和加上在$[c, b]$上的积分和,即

$$\sum_{[a,b]} f(\xi_i)\Delta x_i=\sum_{[a,c]} f(\xi_i)\Delta x_i+\sum_{[c,b]} f(\xi_i)\Delta x_i.$$

令 $\lambda\to 0$,上式两端取极限,得

$$\int_a^b f(x)\mathrm{d}x=\int_a^c f(x)\mathrm{d}x+\int_c^b f(x)\mathrm{d}x.$$

再证 $a<b<c$ 的情形.

此时点 b 位于 a, c 之间,由上述证明知

$$\int_a^c f(x)\mathrm{d}x = \int_a^b f(x)\mathrm{d}x + \int_b^c f(x)\mathrm{d}x,$$

即
$$\int_a^b f(x)\mathrm{d}x = \int_a^c f(x)\mathrm{d}x - \int_b^c f(x)\mathrm{d}x = \int_a^c f(x)\mathrm{d}x + \int_c^b f(x)\mathrm{d}x.$$

同理可证 $c < a < b$ 的情形. 从而不论 a, b, c 的相对位置如何,性质 3 总成立.

性质 3 表明,定积分对于积分区间具有可加性.

性质 4　$\int_a^b 1\mathrm{d}x = \int_a^b \mathrm{d}x = b - a$.

这个性质的证明请读者根据定积分的定义自己完成.

性质 5　若在$[a, b]$上有 $f(x) \geqslant 0$,则$\int_a^b f(x)\mathrm{d}x \geqslant 0\ (a < b)$.

证　由 $f(x) \geqslant 0$ 知 $f(\xi_i) \geqslant 0\ (i = 1, 2, \cdots, n)$. 又知 $\Delta x_i \geqslant 0\ (i = 1, 2, \cdots, n)$. 因此

$$\sum_{i=1}^{n} f(\xi_i)\Delta x_i \geqslant 0,$$

由极限保号性的推论,得

$$\int_a^b f(x)\mathrm{d}x = \lim_{\lambda \to 0} \sum_{i=1}^{n} f(\xi_i)\Delta x_i \geqslant 0.$$

推论 1　如果在区间$[a, b]$上, $f(x) \leqslant g(x)$, 则

$$\int_a^b f(x)\mathrm{d}x \leqslant \int_a^b g(x)\mathrm{d}x \quad (a < b).$$

推论 2　$\left|\int_a^b f(x)\mathrm{d}x\right| \leqslant \int_a^b |f(x)|\mathrm{d}x\ (a < b)$.

以上两个推论的证明留给读者,在此略.

性质 6(估值定理)　设 M 及 m 分别是函数 $f(x)$在区间$[a, b]$上的最大值及最小值,则

$$m(b-a) \leqslant \int_a^b f(x)\mathrm{d}x \leqslant M(b-a).$$

利用性质 4 和性质 5,容易证得性质 6.

注　性质 6 有明显的几何意义,即以$[a, b]$为底, $y = f(x)\ (\geqslant 0)$ 为曲边的曲边梯形的面积$\int_a^b f(x)\mathrm{d}x$ 介于同一底边而高分别为 m 与 M 的矩形面积 $m(b-a)$ 与 $M(b-a)$ 之间(图 5-3).

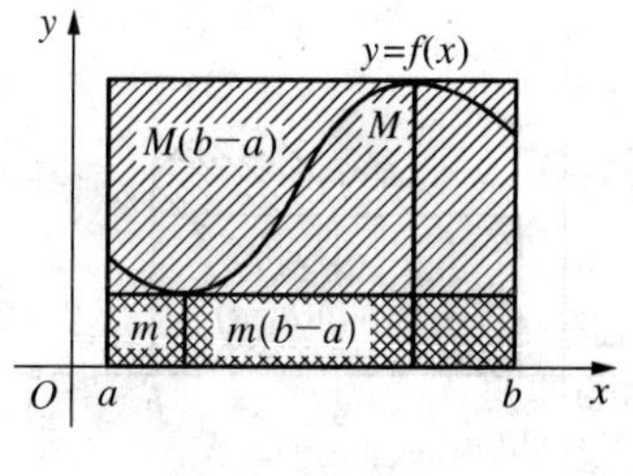

图 5-3

例 2 估计积分 $\int_{\frac{1}{\sqrt{3}}}^{\sqrt{3}} x\arctan x\mathrm{d}x$ 的值.

解 设 $f(x)=x\arctan x$, $x\in\left[\frac{1}{\sqrt{3}},\sqrt{3}\right]$,由 $f'(x)=\arctan x+\frac{x}{1+x^2}>0$,知 $f(x)$在$\left[\frac{1}{\sqrt{3}},\sqrt{3}\right]$上单调增加,故

$$\text{最大值 } M=f(\sqrt{3})=\frac{\sqrt{3}}{3}\pi,\qquad \text{最小值 } m=f\left(\frac{1}{\sqrt{3}}\right)=\frac{\sqrt{3}}{18}\pi.$$

所以
$$\frac{\sqrt{3}}{18}\pi\left(\sqrt{3}-\frac{1}{\sqrt{3}}\right)\leqslant\int_{\frac{1}{\sqrt{3}}}^{\sqrt{3}} x\arctan x\mathrm{d}x\leqslant\frac{\sqrt{3}}{3}\pi\left(\sqrt{3}-\frac{1}{\sqrt{3}}\right),$$

即
$$\frac{\pi}{9}\leqslant\int_{\frac{1}{\sqrt{3}}}^{\sqrt{3}} x\arctan x\mathrm{d}x\leqslant\frac{2\pi}{3}.$$

性质 7(定积分中值定理) 如果函数 $f(x)$在闭区间$[a, b]$上连续,则在$[a, b]$上至少存在一点 ξ,使得

$$\int_a^b f(x)\mathrm{d}x=f(\xi)(b-a)\quad(a\leqslant\xi\leqslant b).$$

这个公式称为**积分中值公式**.

证 将性质 6 中的不等式除以区间长度 $b-a$,得

$$m\leqslant\frac{1}{b-a}\int_a^b f(x)\mathrm{d}x\leqslant M.$$

这表明数值 $\frac{1}{b-a}\int_a^b f(x)\mathrm{d}x$ 介于函数 $f(x)$的最小值与最大值之间,由闭区间上连续函数的介值定理知,在区间$[a, b]$上至少存在一点 ξ,使得

$$\frac{1}{b-a}\int_a^b f(x)\mathrm{d}x=f(\xi),$$

即
$$\int_a^b f(x)\mathrm{d}x=f(\xi)(b-a)\quad(a\leqslant\xi\leqslant b).$$

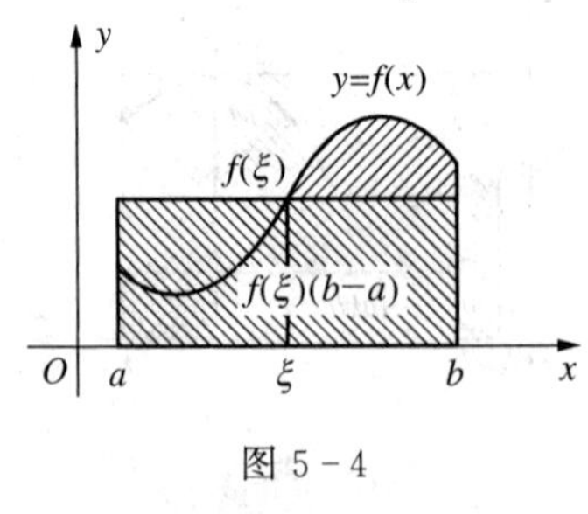

图 5-4

注 积分中值定理在几何上表示在$[a, b]$上至少存在一点 ξ,使得以$[a, b]$为底、$y=f(x)$ 为曲边的曲边梯形面积 $\int_a^b f(x)\mathrm{d}x$ 等于同一底边而高为 $f(\xi)$的矩形的面积 $f(\xi)(b-a)$(图 5-4).

根据上述几何解释,数值 $\frac{1}{b-a}\int_a^b f(x)\mathrm{d}x$ 表

示连续曲线 $f(x)$ 在区间 $[a, b]$ 上的平均高度，称它是函数 $f(x)$ 在区间 $[a, b]$ 上的**平均值**. 这一概念是对有限个数的平均值概念的拓展. 例如，

$$v(\xi) = \frac{1}{T_2 - T_1}\int_{T_1}^{T_2} v(t)\mathrm{d}t \quad (T_1 \leqslant \xi \leqslant T_2)$$

表示变速直线运动在 $[T_1, T_2]$ 这段时间内的平均速度.

例3　设 $f(x)$ 可导，且 $\lim\limits_{x\to+\infty} f(x) = 1$，求 $\lim\limits_{x\to+\infty}\int_x^{x+2} t\sin\frac{3}{t}f(t)\mathrm{d}t$.

解　由积分中值定理，知 $\exists\,\xi \in [x, x+2]$，使

$$\int_x^{x+2} t\sin\frac{3}{t}f(t)\mathrm{d}t = \xi\sin\frac{3}{\xi}f(\xi)(x+2-x),$$

从而

$$\begin{aligned}\lim_{x\to+\infty}\int_x^{x+2} t\sin\frac{3}{t}f(t)\mathrm{d}t &= 2\lim_{\xi\to+\infty}\xi\sin\frac{3}{\xi}f(\xi)\\ &= 2\lim_{\xi\to+\infty}\frac{\xi}{3}\sin\frac{3}{\xi}\lim_{\xi\to+\infty}3f(\xi)\\ &= 2\lim_{\xi\to+\infty}3f(\xi) = 6.\end{aligned}$$

习　题　5.1

1. 利用定积分的几何意义，证明下列等式：

(1) $\int_0^1 2x\mathrm{d}x = 1$；　　(2) $\int_0^1 \sqrt{1-x^2}\mathrm{d}x = \frac{\pi}{4}$；

(3) $\int_{-\pi}^{\pi} \sin x\mathrm{d}x = 0$；　　(4) $\int_{-\frac{\pi}{2}}^{\frac{\pi}{2}} \cos x\mathrm{d}x = 2\int_0^{\frac{\pi}{2}} \cos x\mathrm{d}x$.

2. 证明定积分性质：

(1) $\int_a^b kf(x)\mathrm{d}x = k\int_a^b f(x)\mathrm{d}x$（$k$ 为常数）；

(2) $\int_a^b 1\mathrm{d}x = \int_a^b \mathrm{d}x = b-a$.

3. 估计下列各积分的值：

(1) $\int_1^4 (x^2+1)\mathrm{d}x$；　　(2) $\int_{\frac{\pi}{4}}^{\frac{5\pi}{4}} (1+\sin^2 x)\mathrm{d}x$；

(3) $\int_1^2 \frac{x}{1+x^2}\mathrm{d}x$；　　(4) $\int_2^0 \mathrm{e}^{x^2-x}\mathrm{d}x$.

4. 利用积分中值定理求下列极限：

(1) $\lim\limits_{n\to\infty}\int_n^{n+p}\dfrac{\sin x}{x}\mathrm{d}x$；　　(2) $\lim\limits_{n\to\infty}\int_0^{\frac{1}{2}}\dfrac{x^n}{1+x}\mathrm{d}x$.

5. 比较下列每组积分的大小：

(1) $\int_0^1 x^2\mathrm{d}x$ 和 $\int_0^1 x^3\mathrm{d}x$；　　(2) $\int_1^2 x^2\mathrm{d}x$ 和 $\int_1^2 x^3\mathrm{d}x$；

(3) $\int_1^2 \ln x\mathrm{d}x$ 和 $\int_1^2 (\ln x)^2\mathrm{d}x$；　　(4) $\int_0^1 x\mathrm{d}x$ 和 $\int_0^1 \ln(1+x)\mathrm{d}x$；

(5) $\int_0^1 \mathrm{e}^x\mathrm{d}x$ 和 $\int_0^1 (x+1)\mathrm{d}x$；　　(6) $\int_0^{\frac{\pi}{2}} x\mathrm{d}x$ 和 $\int_0^{\frac{\pi}{2}} \sin x\mathrm{d}x$.

6. 已知物体以速度 $v(t)=3t+5(\mathrm{m/s})$ 作直线运动，试用定积分表示物体在 $T_1=1\ \mathrm{s}$，$T_2=3\ \mathrm{s}$ 期间所经过的路程 L，并利用定积分的几何意义求出 L 的值.

7. 求极限 $\lim\limits_{n\to\infty}\dfrac{1^p+2^p+\cdots+n^p}{n^{p+1}}\ (p>0)\left(\text{已知}\int_0^1 x^\mu\mathrm{d}x=\dfrac{1}{\mu+1}\right)$.

8. 设 $f(x)$在$[0,1]$连续，在$(0,1)$可导，且 $3\int_0^{\frac{1}{4}}f(x)\mathrm{d}x=\int_{\frac{1}{4}}^1 f(x)\mathrm{d}x$. 证明：必存在$\xi\in(0,1)$，使 $f'(\xi)=0$.

5.2 微积分基本公式

积分学中要解决两个问题：第一个问题是原函数的求法，在第 4 章中已经对它做了讨论；第二个问题就是定积分的计算. 如果要按定积分的定义来计算定积分，那将是十分困难的. 因此，寻求一种计算定积分的有效方法便成为积分学发展的关键. 大家知道，不定积分作为原函数的概念与定积分作为积分和的极限的概念是完全不相干的两个概念. 但是，牛顿和莱布尼茨不仅发现而且找到了这两个概念之间存在的深刻的内在联系，并由此巧妙地开辟了求定积分的新途径——牛顿-莱布尼茨公式. 牛顿和莱布尼茨也因此作为微积分学的创立人而载入史册.

5.2.1 位置函数与速度函数的联系

设一物体在一直线上运动. 在这一直线上取定原点、正向及单位长度，使其成为一数轴. 设 t 时刻物体所在位置为 $s(t)$，速度为 $v(t)\ (v(t)\geqslant 0)$，由 5.1 节知，物体在时间间隔$[T_1, T_2]$内经过的路程为

$$s=\int_{T_1}^{T_2}v(t)\mathrm{d}t;$$

另一方面，这段路程又可以表示为位置函数 $s(t)$在区间$[T_1, T_2]$上的增量

$$s(T_2) - s(T_1).$$

由此可见，位置函数 $s(t)$ 与速度函数 $v(t)$ 之间有如下关系：

$$\int_{T_1}^{T_2} v(t)\,\mathrm{d}t = s(T_2) - s(T_1). \tag{5.2.1}$$

因为 $s'(t) = v(t)$，即位置函数 $s(t)$ 是速度函数 $v(t)$ 的原函数，所以，求物体在时间间隔$[T_1, T_2]$内所经过的路程就转化为求 $v(t)$ 的原函数 $s(t)$ 在区间$[T_1, T_2]$上的增量.

这个结论是否具有普遍性呢？回答是肯定的. 一般地，函数 $f(x)$ 在区间$[a, b]$上的定积分 $\int_a^b f(x)\,\mathrm{d}x$ 等于 $f(x)$ 的原函数 $F(x)$ 在区间$[a, b]$上的增量 $F(b) - F(a)$. 下面将逐步展开讨论.

5.2.2　积分上限的函数及其导数

设函数 $f(x)$ 在区间$[a, b]$上连续，x 是$[a, b]$上的一点，则函数

$$\Phi(x) = \int_a^x f(x)\,\mathrm{d}x \tag{5.2.2}$$

称为**积分上限的函数**（或**变上限的定积分**）.

式(5.2.2)中积分变量和积分上限都是用字母 x 表示的，但要注意它们的含义并不相同，为了区别它们，通常将积分变量改用 t 来表示（因为定积分与积分变量的记法无关），即

$$\Phi(x) = \int_a^x f(x)\,\mathrm{d}x = \int_a^x f(t)\,\mathrm{d}t.$$

$\Phi(x)$ 的几何意义是右侧直线可移动的曲边梯形的面积（图 5 - 5）. 曲边梯形的面积 $\Phi(x)$ 随 x 的位置的变动而改变，当 x 给定后，面积 $\Phi(x)$ 就随之而定.

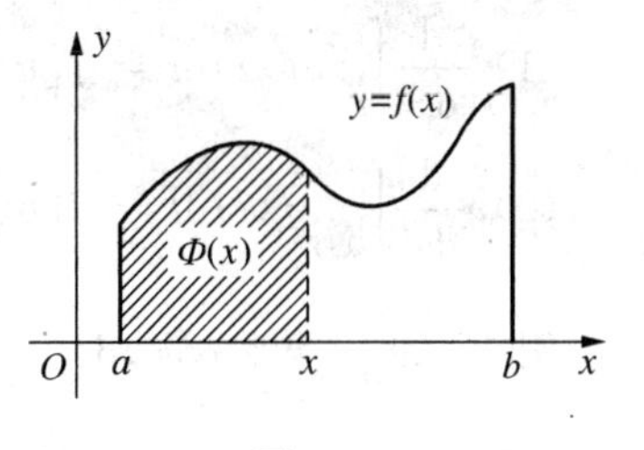

图 5 - 5

下面定理 1 给出了积分上限的函数 $\Phi(x)$ 的一个重要性质.

定理 1　如果函数 $f(x)$ 在区间$[a, b]$上连续，则积分上限的函数

$$\Phi(x) = \int_a^x f(t)\,\mathrm{d}t$$

在$[a, b]$上可导，且

$$\Phi'(x) = \frac{\mathrm{d}}{\mathrm{d}x}\int_a^x f(t)\,\mathrm{d}t = f(x)\quad (a \leqslant x \leqslant b). \tag{5.2.3}$$

证 设 $x\in[a, b]$，$\Delta x\neq 0$，且 $x+\Delta x\in[a, b]$. 此时注意 x 取区间端点 $x=a$，则 $\Delta x>0$；取 $x=b$，则 $\Delta x<0$. 由于

$$\Delta\Phi=\Phi(x+\Delta x)-\Phi(x)=\int_a^{x+\Delta x}f(t)\mathrm{d}t-\int_a^x f(t)\mathrm{d}t$$

$$=\int_a^x f(t)\mathrm{d}t+\int_x^{x+\Delta x}f(t)\mathrm{d}t-\int_a^x f(t)\mathrm{d}t=\int_x^{x+\Delta x}f(t)\mathrm{d}t.$$

用积分中值定理，得 $\Delta\Phi=f(\xi)\Delta x$，$\xi$ 在 x 与 $x+\Delta x$ 之间.

由于 $f(x)$ 在点 x 处连续，且 $\Delta x\to 0$ 时，$\xi\to x$，所以

$$\Phi'(x)=\lim_{\Delta x\to 0}\frac{\Delta\Phi}{\Delta x}=\lim_{\xi\to x}f(\xi)=f(x).$$

即
$$\frac{\mathrm{d}}{\mathrm{d}x}\int_a^x f(t)\mathrm{d}t=f(x)\quad(a\leqslant x\leqslant b).$$

定理 1 揭示了微分(或导数)与定积分这两个看上去似不相干的概念之间的内在联系，它表明，连续函数 $f(x)$ 取变上限为 x 的定积分然后求导，其结果还原为 $f(x)$ 本身. 联想到原函数的定义，知 $\Phi(x)$ 是 $f(x)$ 的一个原函数. 因此定理 1 也证明了“连续函数必有原函数”这一基本结论.

定理 2 如果函数 $f(x)$ 在区间 $[a, b]$ 上连续，则函数

$$\Phi(x)=\int_a^x f(t)\mathrm{d}t$$

就是 $f(x)$ 在 $[a, b]$ 上的一个原函数.

利用复合函数的求导法则，可以进一步得到下列公式：

(1) $$\frac{\mathrm{d}}{\mathrm{d}x}\int_a^{\varphi(x)}f(t)\mathrm{d}t=f[\varphi(x)]\varphi'(x);\tag{5.2.4}$$

(2) $$\frac{\mathrm{d}}{\mathrm{d}x}\int_{a(x)}^{b(x)}f(t)\mathrm{d}t=f[b(x)]b'(x)-f[a(x)]a'(x).\tag{5.2.5}$$

例 1 设 $y=\int_0^x\cos^2 t\mathrm{d}t$，求 $y'\left(\frac{\pi}{4}\right)$.

解 $y'=\frac{\mathrm{d}}{\mathrm{d}x}\int_0^x\cos^2 t\mathrm{d}t=\cos^2 x$，故

$$y'\left(\frac{\pi}{4}\right)=\cos^2\left(\frac{\pi}{4}\right)=\frac{1}{2}.$$

例 2 求 $\frac{\mathrm{d}}{\mathrm{d}x}\int_1^{x^3}\mathrm{e}^{t^2}\mathrm{d}t$.

解 这里 $\int_1^{x^3}\mathrm{e}^{t^2}\mathrm{d}t$ 是 x^3 的函数，因而是 x 的复合函数. 令 $x^3=u$，则

$$\Phi(u)=\int_1^u e^{t^2}dt,$$

根据复合函数求导法则,有

$$\frac{d}{dx}\int_1^{x^3}e^{t^2}dt=\frac{d}{du}\int_1^u e^{t^2}dt\,\frac{du}{dx}=e^{u^2}3x^2=3x^2e^{x^6}.$$

例 3 求 $\lim\limits_{x\to 0}\dfrac{\int_{\cos x}^1 e^{-t^2}dt}{x^2}$.

解 极限形式是"$\dfrac{0}{0}$"型未定式,应用洛必达法则计算. 由于

$$\frac{d}{dx}\int_{\cos x}^1 e^{-t^2}dt=-\frac{d}{dx}\int_1^{\cos x}e^{-t^2}dt=-e^{-\cos^2 x}(\cos x)'=\sin x e^{-\cos^2 x},$$

所以

$$\lim_{x\to 0}\frac{\int_{\cos x}^1 e^{-t^2}dt}{x^2}=\lim_{x\to 0}\frac{\sin x e^{-\cos^2 x}}{2x}=\frac{1}{2e}.$$

例 4 设函数 $y=y(x)$ 由方程 $\int_0^{y^2}e^{t^2}dt+\int_x^0\sin t dt=0$ 所确定,求 $\dfrac{dy}{dx}$.

解 在方程两边同时对 x 求导,得

$$\frac{d}{dx}\int_0^{y^2}e^{t^2}dt+\frac{d}{dx}\int_x^0\sin t dt=0,$$

于是

$$\frac{d}{dy}\int_0^{y^2}e^{t^2}dt\cdot\frac{dy}{dx}+\frac{d}{dx}\int_x^0\sin t dt=0,$$

即

$$e^{y^4}\cdot 2y\cdot\frac{dy}{dx}-\sin x=0.$$

故

$$\frac{dy}{dx}=\frac{\sin x}{2ye^{y^4}}.$$

5.2.3 牛顿-莱布尼茨公式

现在我们根据定理 2 来证明一个重要定理,它给出了通过原函数来计算定积分的公式.

定理 3 如果函数 $F(x)$是连续函数 $f(x)$在区间$[a, b]$上的一个原函数,则

$$\int_a^b f(x)dx=F(b)-F(a). \tag{5.2.6}$$

式(5.2.6)称为**牛顿-莱布尼茨公式**,简称 **N-L 公式**.

证 已知函数 $F(x)$是 $f(x)$的一个原函数,又根据定理 2 知

$$\Phi(x)=\int_a^x f(t)\mathrm{d}t$$

也是 $f(x)$的一个原函数,所以

$$F(x)-\Phi(x)=C \quad (x\in[a,b]).$$

上式中令 $x=a$,得 $F(a)-\Phi(a)=C$,而

$$\Phi(a)=\int_a^a f(t)\mathrm{d}t=0,$$

所以 $F(a)=C$,故

$$\int_a^x f(t)\mathrm{d}t=F(x)-F(a).$$

在上式中令 $x=b$,则得式(5.2.6).式(5.2.6)也常记为

$$\int_a^b f(x)\mathrm{d}x=[F(x)]_a^b \xlongequal{\text{或}} F(x)\Big|_a^b=F(b)-F(a).$$

由于 $f(x)$的原函数 $F(x)$一般可通过求不定积分得到,因此,牛顿-莱布尼茨公式把定积分的计算问题与不定积分联系起来,转化为求被积函数的一个原函数在$[a,b]$上的增量问题.

牛顿-莱布尼茨公式(5.2.6)也称为**微积分基本公式**.

例 5 计算:

(1) $\int_0^{\ln a} a^x\mathrm{d}x\ (a>0,\ a\neq 1)$; (2) $\int_{-4}^{-2}\frac{1}{x}\mathrm{d}x$.

解 (1) 因为$\frac{a^x}{\ln a}$是 a^x 的一个原函数,所以

$$\int_0^{\ln a} a^x\mathrm{d}x=\left[\frac{a^x}{\ln a}\right]_0^{\ln a}=\frac{1}{\ln a}(a^{\ln a}-1).$$

(2) 当 $x<0$ 时,$\frac{1}{x}$的一个原函数是 $\ln|x|$,所以

$$\int_{-4}^{-2}\frac{1}{x}\mathrm{d}x=[\ln|x|]_{-4}^{-2}=\ln 2-\ln 4=-\ln 2.$$

例 6 计算$\int_{-\frac{\pi}{2}}^{\frac{\pi}{2}} f(x)\mathrm{d}x$,其中 $f(x)=\begin{cases}\cos x, & x\geqslant 0,\\ x, & x<0.\end{cases}$

解 $$\int_{-\frac{\pi}{2}}^{\frac{\pi}{2}} f(x)\mathrm{d}x=\int_{-\frac{\pi}{2}}^{0} x\mathrm{d}x+\int_0^{\frac{\pi}{2}}\cos x\mathrm{d}x=\frac{x^2}{2}\Big|_{-\frac{\pi}{2}}^{0}+\sin x\Big|_0^{\frac{\pi}{2}}$$

$$= 1 - \frac{\pi^2}{8}.$$

例7 计算 $\int_{-\frac{\pi}{2}}^{\frac{\pi}{3}} \sqrt{1-\cos^2 x}\mathrm{d}x$.

解
$$\int_{-\frac{\pi}{2}}^{\frac{\pi}{3}} \sqrt{1-\cos^2 x}\mathrm{d}x = \int_{-\frac{\pi}{2}}^{\frac{\pi}{3}} \sqrt{\sin^2 x} = \int_{-\frac{\pi}{2}}^{\frac{\pi}{3}} |\sin x|\mathrm{d}x$$
$$= -\int_{-\frac{\pi}{2}}^{0} \sin x\mathrm{d}x + \int_{0}^{\frac{\pi}{3}} \sin x\mathrm{d}x$$
$$= \cos x\Big|_{-\frac{\pi}{2}}^{0} - \cos x\Big|_{0}^{\frac{\pi}{3}} = \frac{3}{2}.$$

例8 汽车以每小时36 km的速度行驶,到某处需要减速停车.设汽车以加速度 $a=-5t\ \mathrm{m/s^2}$ 刹车.问从开始刹车到停车,汽车走了多少距离?

解 首先求出刹车后汽车减速行驶的速度函数,并算出从开始刹车到停车所用的时间.

当 $t=0$ 时,汽车速度

$$v_0 = 36\ \mathrm{km/h} = \frac{36\times 1000}{3600}\ \mathrm{m/s} = 10\ \mathrm{m/s},$$

刹车后汽车行驶的速度

$$v(t) = \int a\mathrm{d}t = \int(-5t)\mathrm{d}t = -\frac{5}{2}t^2 + C,$$

将 $t=0$, $v=10$ 代入,得 $C=10$. 故汽车减速行驶的速度函数为

$$v(t) = -\frac{5}{2}t^2 + 10.$$

当汽车停住时, $v(t)=0$,由 $-\frac{5}{2}t^2+10=0$ 解得 $t=2(\mathrm{s})$. 于是在这段时间内,汽车所走过的距离为

$$s = \int_0^2 v(t)\mathrm{d}t = \int_0^2\left(-\frac{5}{2}t^2+10\right)\mathrm{d}t = \left[-\frac{5}{6}t^3+10t\right]_0^2 = \frac{40}{3}(\mathrm{m}),$$

即在刹车后,汽车需走过 $\frac{40}{3}$ m才能停住.

例9 设函数 $f(x)$ 在闭区间 $[a, b]$ 上连续,证明:在开区间 (a, b) 内至少存在一点 ξ,使

$$\int_a^b f(x)\mathrm{d}x = f(\xi)(b-a) \quad (a<\xi<b).$$

证 因为 $f(x)$ 连续，故它的原函数存在，设为 $F(x)$，即设在 $[a, b]$ 上，$F'(x)=f(x)$. 根据牛顿-莱布尼茨公式，有

$$\int_a^b f(x)\mathrm{d}x = F(b) - F(a).$$

显然 $F(x)$ 在区间 $[a, b]$ 上满足拉格朗日微分中值定理的条件. 因此，在开区间 (a, b) 内至少有一点 ξ，使

$$F(b) - F(a) = F'(\xi)(b-a) \quad (\xi \in (a, b)),$$

故
$$\int_a^b f(x)\mathrm{d}x = f(\xi)(b-a) \quad (\xi \in (a, b)).$$

本例的结论是对积分中值定理的改进，从证明中不难看出积分中值定理与微分中值定理的联系.

习　题　5.2

1. 计算下列各导数：

(1) $\dfrac{\mathrm{d}}{\mathrm{d}x}\displaystyle\int_0^x \sqrt{\sin t}\,\mathrm{d}t$；　　(2) $\dfrac{\mathrm{d}}{\mathrm{d}x}\displaystyle\int_0^x \mathrm{e}^{t^3}\,\mathrm{d}t$；

(3) $\dfrac{\mathrm{d}}{\mathrm{d}x}\displaystyle\int_x^0 \arctan t^2\,\mathrm{d}t$；　　(4) $\dfrac{\mathrm{d}}{\mathrm{d}x}\displaystyle\int_x^b \sqrt{1+\ln t}\,\mathrm{d}t$.

2. 求下列极限：

(1) $\lim\limits_{x\to 0}\dfrac{\displaystyle\int_0^x \cos t^2\,\mathrm{d}t}{x}$；　　(2) $\lim\limits_{x\to 0}\dfrac{\left(\displaystyle\int_0^x \mathrm{e}^{t^2}\,\mathrm{d}t\right)^2}{\displaystyle\int_0^x t\mathrm{e}^{2t^2}\,\mathrm{d}t}$.

3. 计算下列定积分：

(1) $\displaystyle\int_{-2}^{-1}\frac{2}{x^2}\mathrm{d}x$；　　(2) $\displaystyle\int_0^{\pi}(1+\cos x)\mathrm{d}x$；

(3) $\displaystyle\int_0^{\frac{\pi}{3}} 2\sec^2 x\,\mathrm{d}x$；　　(4) $\displaystyle\int_0^{\frac{\pi}{2}}\frac{1+\cos 2t}{2}\mathrm{d}t$；

(5) $\displaystyle\int_{-1}^{4} |x|\,\mathrm{d}x$；　　(6) $\displaystyle\int_0^{\pi}\frac{1}{2}(\cos x+|\cos x|)\mathrm{d}x$；

(7) $\displaystyle\int_{-\frac{1}{\sqrt{3}}}^{\sqrt{3}}\frac{\mathrm{d}x}{1+x^2}$；　　(8) $\displaystyle\int_0^{\sqrt{3}a}\frac{\mathrm{d}x}{a^2+x^2}$；

(9) $\displaystyle\int_{-\frac{1}{2}}^{\frac{1}{2}}\frac{\mathrm{d}x}{\sqrt{1-x^2}}$；　　(10) $\displaystyle\int_0^{\frac{\pi}{4}}\tan^2 x\,\mathrm{d}x$；

(11) $\displaystyle\int_{-(\mathrm{e}+1)}^{-2}\frac{\mathrm{d}x}{1+x}$；　　(12) $\displaystyle\int_{-2}^{2}\max\{x, x^2\}\mathrm{d}x$；

(13) $\int_0^2 f(x)\mathrm{d}x$,其中 $f(x)=\begin{cases}x+1, & x\leqslant 1,\\ \frac{1}{2}x^2, & x>1.\end{cases}$

4. 设 k 为正整数,证明:

(1) $\int_{-\pi}^{\pi}\cos kx\mathrm{d}x=0$;　　(2) $\int_{-\pi}^{\pi}\sin kx\mathrm{d}x=0$;

(3) $\int_{-\pi}^{\pi}\cos^2 kx\mathrm{d}x=\pi$;　　(4) $\int_{-\pi}^{\pi}\sin^2 kx\mathrm{d}x=\pi$.

5. 设 k, l 为正整数, $k\neq l$, 证明(三角函数的正交性):

(1) $\int_{-\pi}^{\pi}\cos kx\ \sin lx\mathrm{d}x=0$;　　(2) $\int_{-\pi}^{\pi}\cos kx\ \cos lx\mathrm{d}x=0$;

(3) $\int_{-\pi}^{\pi}\sin kx\ \sin lx\mathrm{d}x=0$.

6. 求下列导数:

(1) $\frac{\mathrm{d}}{\mathrm{d}x}\int_0^{x^2}\sqrt{1+t^2}\mathrm{d}t$;　　(2) $\frac{\mathrm{d}}{\mathrm{d}x}\int_{x^2}^{x^3}\frac{\mathrm{d}t}{\sqrt{1+t^4}}$;

(3) $\frac{\mathrm{d}}{\mathrm{d}x}\int_{\sin x}^{\cos x}\mathrm{e}^{t^2}\mathrm{d}t$;　　(4) $\frac{\mathrm{d}}{\mathrm{d}x}\int_{\sqrt{x}}^{0}\sin t^2\mathrm{d}t$.

7. 设参数方程为 $\begin{cases}x=\int_0^t \sin u^3\mathrm{d}u,\\ y=\int_0^{t^2}\cos(\sqrt{u}+1)\mathrm{d}u,\end{cases}$ 求 $\frac{\mathrm{d}y}{\mathrm{d}x}$.

8. 设隐函数为 $\int_0^y \mathrm{e}^u\mathrm{d}u+\int_0^x\cos u^2\mathrm{d}u=0$, 求 $\frac{\mathrm{d}y}{\mathrm{d}x}$.

9. 设 $f(x)$连续,求 $\frac{\mathrm{d}}{\mathrm{d}x}\int_0^x tf(x^2-t^2)\mathrm{d}t$.

10. 设 $f(x)$连续,且 $f(x)=\frac{1}{1+x^2}+2\int_0^1 f(t)\mathrm{d}t$, 求 $f(x)$.

11. 证明:若 $f(x)$在$[a, b]$上连续 $(a<b)$,且$\int_a^b f(x)\mathrm{d}x=0$,则在$[a, b]$上至少有一点 ξ,使 $f(\xi)=0$.

12. 设 $f(x)=\begin{cases}x^2, & 0\leqslant x<1,\\ x, & 1\leqslant x\leqslant 2.\end{cases}$ 求 $\Phi(x)=\int_0^x f(t)\mathrm{d}t$ 在$[0, 2]$上的表达式,并讨论 $\Phi(x)$ 在$(0, 2)$内的连续性.

13. 设 $f(x)=\begin{cases}\frac{1}{2}\sin x, & 0\leqslant x\leqslant\pi,\\ 0, & x<0 \text{ 或 } x>\pi.\end{cases}$ 求 $\Phi(x)=\int_0^x f(t)\mathrm{d}t$ 在$(-\infty, +\infty)$内的表达式.

14. 设 $F(x)=\int_0^x\frac{\sin t}{t}\mathrm{d}t$, 求 $F'(0)$.

15. 设 $f(x)$在$[a, b]$上连续,在(a, b)内可导且 $f'(x)\leqslant 0$,

$$F(x)=\frac{1}{x-a}\int_a^x f(t)\mathrm{d}t.$$

证明：在(a, b)内有 $F'(x)\leqslant 0$.

5.3 定积分的换元法与分部积分法

由牛顿-莱布尼茨公式知道，计算定积分的简便方法是把它转化为求原函数的增量. 在第 4 章中，已经知道可以用换元积分法和分部积分法求出一些函数的原函数. 因此，在一定条件下，可以用换元积分法和分部积分法来计算定积分.

5.3.1 定积分的换元法 >>>

为了说明如何用换元法来计算定积分，先证明下面的定理：

定理 1 如果函数 $f(x)$在区间$[a, b]$上连续，函数 $x=\varphi(t)$ 满足以下两条：

(1) $\varphi(\alpha)=a$, $\varphi(\beta)=b$;

(2) $\varphi(t)$在区间$[\alpha, \beta]$(或$[\beta, \alpha]$)上具有连续导数，且 $a\leqslant\varphi(t)\leqslant b$.

则有定积分换元公式

$$\int_a^b f(x)\mathrm{d}x=\int_\alpha^\beta f[\varphi(t)]\varphi'(t)\mathrm{d}t. \tag{5.3.1}$$

证 由于式(5.3.1)两边的被积函数都是连续函数，因此它们的原函数都存在. 设 $F(x)$是 $f(x)$在$[a, b]$上的一个原函数，$F[\varphi(t)]$是由 $F(x)$和 $x=\varphi(t)$ 复合而成的函数. 由复合函数微分法，得

$$\frac{\mathrm{d}}{\mathrm{d}t}F[\varphi(t)]=F'[\varphi(t)]\varphi'(t)=f[\varphi(t)]\varphi'(t),$$

可见，$F[\varphi(t)]$是 $f[\varphi(t)]\varphi'(t)$的一个原函数. 根据牛顿-莱布尼茨公式，证得

$$\int_\alpha^\beta f[\varphi(t)]\varphi'(t)\mathrm{d}t=F[\varphi(\beta)]-F[\varphi(\alpha)]=F(b)-F(a)=\int_a^b f(x)\mathrm{d}x.$$

从以上证明看到，用换元法计算定积分时，一旦得到了用新变量表示的原函数后，不必作变量还原，而只要用新的积分限代入并求其差值即可. 这就是定积分换元法与不定积分换元法的区别，这一区别的原因在于不定积分所求的是被积函数的原函数，理应保留与原来相同的自变量；而定积分的计算结果是一个确定的数，如果式(5.3.1)一边的定积分计算出来，那么另一边的定积分也自然求得.

例 1　计算 $\int_0^a \sqrt{a^2-x^2}\mathrm{d}x\ (a>0)$.

解　令 $x=a\sin t$,则 $\mathrm{d}x=a\cos t\mathrm{d}t$,且当 $x=0$ 时,$t=0$;当 $x=a$ 时,$t=\frac{\pi}{2}$. 所以

$$\int_0^a \sqrt{a^2-x^2}\mathrm{d}x=\int_0^{\frac{\pi}{2}} a\sqrt{1-\sin^2 t}\,a\cos t\mathrm{d}t=a^2\int_0^{\frac{\pi}{2}}\cos^2 t\mathrm{d}t$$

$$=\frac{a^2}{2}\int_0^{\frac{\pi}{2}}(1+\cos 2t)\mathrm{d}t$$

$$=\frac{a^2}{2}\left(t+\frac{1}{2}\sin 2t\right)\Big|_0^{\frac{\pi}{2}}=\frac{\pi a^2}{4}.$$

注　如果利用定积分的几何意义,该题在几何上表示圆心在原点,半径为 a 的圆在第一象限部分的面积,因此,容易直接得到计算结果.

定积分换元公式(5.3.1)也可逆向使用,即从右至左使用公式.

例 2　计算 $\int_0^{\frac{\pi}{2}}\cos^4 x\sin x\mathrm{d}x$.

解　令 $t=\cos x$,则 $\mathrm{d}t=-\sin x\mathrm{d}x$,且当 $x=0$ 时,$t=1$;$x=\frac{\pi}{2}$ 时,$t=0$. 所以

$$\int_0^{\frac{\pi}{2}}\cos^4 x\sin x\mathrm{d}x=-\int_1^0 t^4\mathrm{d}t=\int_0^1 t^4\mathrm{d}t=\frac{1}{5}t^5\Big|_0^1=\frac{1}{5}.$$

在使用定积分换元法时,也可不写出新变量 t,而直接用凑微分法,这时定积分的上、下限就不需改变.本例重新计算如下:

$$\int_0^{\frac{\pi}{2}}\cos^4 x\sin x\mathrm{d}x=-\int_0^{\frac{\pi}{2}}\cos^4 x\mathrm{d}\cos x=-\frac{1}{5}\cos^5 x\Big|_0^{\frac{\pi}{2}}=\frac{1}{5}.$$

例 3　计算 $\int_0^{\pi}\sqrt{\sin^3 x-\sin^5 x}\mathrm{d}x$.

解　因为

$$f(x)=\sqrt{\sin^3 x-\sin^5 x}=(\sin x)^{\frac{3}{2}}|\cos x|,$$

所以

$$\int_0^{\pi}\sqrt{\sin^3 x-\sin^5 x}\mathrm{d}x=\int_0^{\pi}(\sin x)^{\frac{3}{2}}|\cos x|\mathrm{d}x$$

$$=\int_0^{\frac{\pi}{2}}(\sin x)^{\frac{3}{2}}\cos x\mathrm{d}x-\int_{\frac{\pi}{2}}^{\pi}(\sin x)^{\frac{3}{2}}\cos x\mathrm{d}x$$

$$= \int_0^{\frac{\pi}{2}} (\sin x)^{\frac{3}{2}} \mathrm{d}\sin x - \int_{\frac{\pi}{2}}^{\pi} (\sin x)^{\frac{3}{2}} \mathrm{d}\sin x$$

$$= \frac{2}{5}(\sin x)^{\frac{5}{2}} \Big|_0^{\frac{\pi}{2}} - \frac{2}{5}(\sin x)^{\frac{5}{2}} \Big|_{\frac{\pi}{2}}^{\pi}$$

$$= \frac{2}{5} - \left(-\frac{2}{5}\right) = \frac{4}{5}.$$

例 4 设 $f(x)$在$[-a, a]$上连续,证明:

(1) 如果 $f(x)$为偶函数,则 $\int_{-a}^{a} f(x)\mathrm{d}x = 2\int_0^a f(x)\mathrm{d}x$;

(2) 如果 $f(x)$为奇函数,则 $\int_{-a}^{a} f(x)\mathrm{d}x = 0$.

分析 从几何图形(图 5-6)上看,结论是十分明显的.

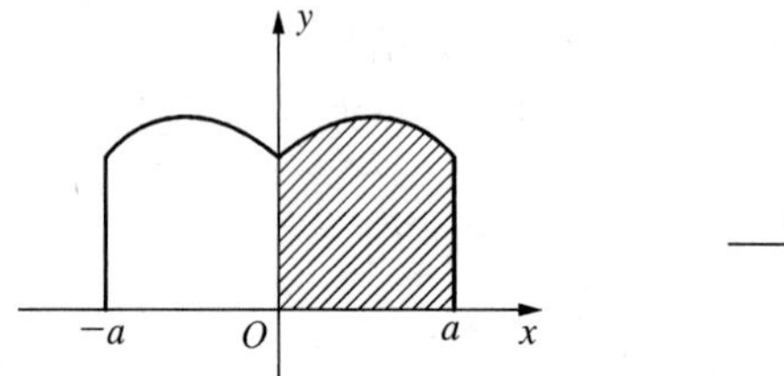

图 5-6

证 因为

$$\int_{-a}^{a} f(x)\mathrm{d}x = \int_{-a}^{0} f(x)\mathrm{d}x + \int_0^a f(x)\mathrm{d}x,$$

在上式右端第一项中令 $x=-t$,则

$$\int_{-a}^{0} f(x)\mathrm{d}x = -\int_a^0 f(-t)\mathrm{d}t = \int_0^a f(-t)\mathrm{d}t = \int_0^a f(-x)\mathrm{d}x,$$

于是

$$\int_{-a}^{a} f(x)\mathrm{d}x = \int_0^a f(x)\mathrm{d}x + \int_0^a f(-x)\mathrm{d}x.$$

(1) 若 $f(x)$为偶函数,即 $f(-x)=f(x)$,则

$$\int_{-a}^{a} f(x)\mathrm{d}x = 2\int_0^a f(x)\mathrm{d}x;$$

(2) 若 $f(x)$为奇函数,即 $f(-x)=-f(x)$,则

$$\int_{-a}^{a} f(x)\mathrm{d}x = 0.$$

例 5　计算 $\int_{-1}^{1}(|x|+\sin x)x^{2}\mathrm{d}x$.

解　因为积分区间关于原点对称，且 $|x|\cdot x^{2}$ 为偶函数，$\sin x\cdot x^{2}$ 为奇函数，所以

$$\int_{-1}^{1}(|x|+\sin x)x^{2}\mathrm{d}x=\int_{-1}^{1}|x|x^{2}\mathrm{d}x=2\int_{0}^{1}x^{3}\mathrm{d}x=\frac{1}{2}.$$

例 6　计算 $\int_{-\frac{\pi}{2}}^{\frac{\pi}{2}}\frac{\mathrm{e}^{x}}{1+\mathrm{e}^{x}}\cos x\mathrm{d}x$.

解　因为

$$\begin{aligned}\int_{-\frac{\pi}{2}}^{\frac{\pi}{2}}\frac{\mathrm{e}^{x}}{1+\mathrm{e}^{x}}\cos x\mathrm{d}x&=\int_{-\frac{\pi}{2}}^{\frac{\pi}{2}}\left(1-\frac{1}{1+\mathrm{e}^{x}}\right)\cos x\mathrm{d}x\\&=\int_{-\frac{\pi}{2}}^{\frac{\pi}{2}}\cos x\mathrm{d}x-\int_{-\frac{\pi}{2}}^{\frac{\pi}{2}}\frac{1}{1+\mathrm{e}^{x}}\cos x\mathrm{d}x,\end{aligned}$$

对右端第二个积分作换元：$x=-t$，则

$$\int_{-\frac{\pi}{2}}^{\frac{\pi}{2}}\frac{1}{1+\mathrm{e}^{x}}\cos x\mathrm{d}x=-\int_{\frac{\pi}{2}}^{-\frac{\pi}{2}}\frac{1}{1+\mathrm{e}^{-t}}\cos t\mathrm{d}t=\int_{-\frac{\pi}{2}}^{\frac{\pi}{2}}\frac{\mathrm{e}^{t}}{1+\mathrm{e}^{t}}\cos t\mathrm{d}t,$$

所以
$$\int_{-\frac{\pi}{2}}^{\frac{\pi}{2}}\frac{\mathrm{e}^{x}}{1+\mathrm{e}^{x}}\cos x\mathrm{d}x=\int_{-\frac{\pi}{2}}^{\frac{\pi}{2}}\cos x\mathrm{d}x-\int_{-\frac{\pi}{2}}^{\frac{\pi}{2}}\frac{\mathrm{e}^{t}}{1+\mathrm{e}^{t}}\cos t\mathrm{d}t.$$

即
$$\int_{-\frac{\pi}{2}}^{\frac{\pi}{2}}\frac{\mathrm{e}^{x}}{1+\mathrm{e}^{x}}\cos x\mathrm{d}x=\frac{1}{2}\int_{-\frac{\pi}{2}}^{\frac{\pi}{2}}\cos x\mathrm{d}x=\int_{0}^{\frac{\pi}{2}}\cos x\mathrm{d}x=1.$$

例 7　设 $f(x)$ 在 $[0,1]$ 上连续，证明：

(1) $\int_{0}^{\frac{\pi}{2}}f(\sin x)\mathrm{d}x=\int_{0}^{\frac{\pi}{2}}f(\cos x)\mathrm{d}x$；

(2) $\int_{0}^{\pi}xf(\sin x)\mathrm{d}x=\frac{\pi}{2}\int_{0}^{\pi}f(\sin x)\mathrm{d}x$，由此计算 $\int_{0}^{\pi}\frac{x\sin x}{1+\cos^{2}x}\mathrm{d}x$.

证　(1) 观察等式两端知，所作变换应使 $f(\sin x)$ 变成 $f(\cos x)$，为此可设 $x=\frac{\pi}{2}-t$，则 $\mathrm{d}x=-\mathrm{d}t$，且当 $x=0$ 时，$t=\frac{\pi}{2}$；当 $x=\frac{\pi}{2}$ 时，$t=0$，所以

$$\int_{0}^{\frac{\pi}{2}}f(\sin x)\mathrm{d}x=-\int_{\frac{\pi}{2}}^{0}f\left[\sin\left(\frac{\pi}{2}-t\right)\right]\mathrm{d}t=\int_{0}^{\frac{\pi}{2}}f(\cos t)\mathrm{d}t=\int_{0}^{\frac{\pi}{2}}f(\cos x)\mathrm{d}x.$$

(2) 将等式两端乘以 2，得 $2\int_{0}^{\pi}xf(\sin x)\mathrm{d}x=\pi\int_{0}^{\pi}f(\sin x)\mathrm{d}x$，再移项，得

$$\int_0^{\pi} xf(\sin x)\mathrm{d}x = \pi\int_0^{\pi} f(\sin x)\mathrm{d}x - \int_0^{\pi} xf(\sin x)\mathrm{d}x = \int_0^{\pi}(\pi - x)f(\sin x)\mathrm{d}x.$$

于是设 $x = \pi - t$,则 $\mathrm{d}x = -\mathrm{d}t$,且当 $x = 0$ 时, $t = \pi$;当 $x = \pi$ 时, $t = 0$. 所以

$$\int_0^{\pi} xf(\sin x)\mathrm{d}x = -\int_{\pi}^{0}(\pi - t)f[\sin(\pi - t)]\mathrm{d}t = \int_0^{\pi}(\pi - t)f(\sin t)\mathrm{d}t$$

$$= \pi\int_0^{\pi} f(\sin t)\mathrm{d}t - \int_0^{\pi} tf(\sin t)\mathrm{d}t$$

$$= \pi\int_0^{\pi} f(\sin x)\mathrm{d}x - \int_0^{\pi} xf(\sin x)\mathrm{d}x.$$

所以
$$\int_0^{\pi} xf(\sin x)\mathrm{d}x = \frac{\pi}{2}\int_0^{\pi} f(\sin x)\mathrm{d}x.$$

利用上述结果,计算得

$$\int_0^{\pi}\frac{x\sin x}{1+\cos^2 x}\mathrm{d}x = \frac{\pi}{2}\int_0^{\pi}\frac{\sin x}{1+\cos^2 x}\mathrm{d}x = -\frac{\pi}{2}\int_0^{\pi}\frac{\mathrm{d}\cos x}{1+\cos^2 x}$$

$$= -\frac{\pi}{2}\arctan(\cos x)\Big|_0^{\pi} = -\frac{\pi}{2}\left(-\frac{\pi}{4} - \frac{\pi}{4}\right) = \frac{\pi^2}{4}.$$

例 8 计算 $\displaystyle\int_0^a \frac{\mathrm{d}x}{x+\sqrt{a^2 - x^2}}$ $(a > 0)$.

解 令 $x = a\sin t$,则 $\mathrm{d}x = a\cos t\mathrm{d}t$,且当 $x = 0$ 时, $t = 0$; $x = a$ 时, $t = \dfrac{\pi}{2}$.
所以

$$\int_0^a \frac{\mathrm{d}x}{x+\sqrt{a^2 - x^2}} = \int_0^{\frac{\pi}{2}}\frac{a\cos t\mathrm{d}t}{a\sin t + a\cos t} = \int_0^{\frac{\pi}{2}}\frac{\cos x}{\sin x + \cos x}\mathrm{d}x.$$

利用例 7(1)的结论,有

$$\int_0^{\frac{\pi}{2}}\frac{\cos x}{\sin x + \cos x}\mathrm{d}x = \int_0^{\frac{\pi}{2}}\frac{\sin x}{\sin x + \cos x}\mathrm{d}x,$$

于是
$$\int_0^{\frac{\pi}{2}}\frac{\cos x}{\sin x + \cos x}\mathrm{d}x = \frac{1}{2}\int_0^{\frac{\pi}{2}}\frac{\sin x + \cos x}{\sin x + \cos x}\mathrm{d}x = \frac{1}{2}\int_0^{\frac{\pi}{2}}\mathrm{d}x = \frac{\pi}{4},$$

故有
$$\int_0^a \frac{\mathrm{d}x}{x+\sqrt{a^2 - x^2}} = \frac{\pi}{4}.$$

5.3.2 定积分的分部积分法

依据不定积分的分部积分法,可得定积分的分部积分公式.

由于 $\mathrm{d}(uv)=u\mathrm{d}v+v\mathrm{d}u$，移项即得

$$u(x)\mathrm{d}v(x)=\mathrm{d}[u(x)v(x)]-v(x)\mathrm{d}u(x),$$

于是

$$\int_a^b u(x)\mathrm{d}v(x)=\int_a^b \mathrm{d}[u(x)v(x)]-\int_a^b v(x)\mathrm{d}u(x)$$

$$=[u(x)v(x)]_a^b-\int_a^b v(x)\mathrm{d}u(x),$$

简记为

$$\int_a^b u\mathrm{d}v=[uv]_a^b-\int_a^b v\mathrm{d}u. \tag{5.3.2}$$

这就是定积分的分部积分公式.与不定积分分部积分公式不同的是,这里可以将原函数已经积出的部分 uv 先用上、下限代入.

例 9 计算 $\int_1^{\mathrm{e}} x^2\ln x\mathrm{d}x$.

解

$$\int_1^{\mathrm{e}} x^2\ln x\mathrm{d}x=\frac{1}{3}\int_1^{\mathrm{e}}\ln x\mathrm{d}x^3=\frac{1}{3}\left(x^3\ln x\Big|_1^{\mathrm{e}}-\int_1^{\mathrm{e}}x^2\mathrm{d}x\right)$$

$$=\frac{1}{3}\left(\mathrm{e}^3-\frac{1}{3}x^3\Big|_1^{\mathrm{e}}\right)=\frac{1}{9}(2\mathrm{e}^3+1).$$

例 10 计算 $\int_0^{\frac{\pi}{4}}\frac{x\mathrm{d}x}{1+\cos 2x}$.

解

$$\int_0^{\frac{\pi}{4}}\frac{x\mathrm{d}x}{1+\cos 2x}=\int_0^{\frac{\pi}{4}}\frac{x\mathrm{d}x}{2\cos^2 x}=\int_0^{\frac{\pi}{4}}\frac{x}{2}\mathrm{d}\tan x$$

$$=\frac{1}{2}x\tan x\Big|_0^{\frac{\pi}{4}}-\frac{1}{2}\int_0^{\frac{\pi}{4}}\tan x\mathrm{d}x$$

$$=\frac{\pi}{8}+\frac{1}{2}[\ln|\cos x|]_0^{\frac{\pi}{4}}=\frac{\pi}{8}-\frac{\ln 2}{4}.$$

例 11 导出 $I_n=\int_0^{\frac{\pi}{2}}\sin^n x\mathrm{d}x$ 的递推公式,并计算 $\int_0^{\frac{\pi}{2}}\sin^n x\mathrm{d}x$ 和 $\int_0^{\frac{\pi}{2}}\cos^n x\mathrm{d}x$（$n$ 为非负整数).

解 易见,

$$I_0=\int_0^{\frac{\pi}{2}}\mathrm{d}x=\frac{\pi}{2},\qquad I_1=\int_0^{\frac{\pi}{2}}\sin x\mathrm{d}x=1.$$

当 $n\geqslant 2$ 时,用分部积分,设 $u=\sin^{n-1}x$，$\mathrm{d}v=\sin x\mathrm{d}x$，则

$$\mathrm{d}u=(n-1)\sin^{(n-2)}x\cos x\mathrm{d}x,\qquad v=-\cos x,$$

于是

$$I_n=[-\sin^{n-1}x\cos x]_0^{\pi/2}+(n-1)\int_0^{\frac{\pi}{2}}\sin^{n-2}x\cos^2 x\mathrm{d}x$$

$$= (n-1)\int_0^{\frac{\pi}{2}} \sin^{n-2} x\,dx - (n-1)\int_0^{\frac{\pi}{2}} \sin^n x\,dx$$

$$= (n-1)I_{n-2} - (n-1)I_n.$$

从而得到递推公式：$I_n = \dfrac{n-1}{n} I_{n-2}$.

当 n 为偶数时，设 $n = 2m$，则有

$$I_{2m} = \frac{2m-1}{2m}\cdot\frac{2m-3}{2m-2}\cdot\frac{2m-5}{2m-4}\cdot\cdots\cdot\frac{5}{6}\cdot\frac{3}{4}\cdot\frac{1}{2}\cdot I_0$$

$$= \frac{2m-1}{2m}\cdot\frac{2m-3}{2m-2}\cdot\frac{2m-5}{2m-4}\cdot\cdots\cdot\frac{5}{6}\cdot\frac{3}{4}\cdot\frac{1}{2}\cdot\frac{\pi}{2}. \tag{5.3.3}$$

当 n 为奇数时，设 $n = 2m+1$，则有

$$I_{2m+1} = \frac{2m}{2m+1}\cdot\frac{2m-2}{2m-1}\cdot\frac{2m-4}{2m-3}\cdot\cdots\cdot\frac{6}{7}\cdot\frac{4}{5}\cdot\frac{2}{3}\cdot I_1$$

$$= \frac{2m}{2m+1}\cdot\frac{2m-2}{2m-1}\cdot\frac{2m-4}{2m-3}\cdot\cdots\cdot\frac{6}{7}\cdot\frac{4}{5}\cdot\frac{2}{3}. \tag{5.3.4}$$

又由 $\int_0^{\frac{\pi}{2}} f(\sin x)\,dx = \int_0^{\frac{\pi}{2}} f(\cos x)\,dx$，得 $\int_0^{\frac{\pi}{2}} \sin^n x\,dx = \int_0^{\frac{\pi}{2}} \cos^n x\,dx$.

综合上述，得积分公式

$$I_n = \int_0^{\frac{\pi}{2}} \sin^n x\,dx = \int_0^{\frac{\pi}{2}} \cos^n x\,dx$$

$$= \begin{cases} \dfrac{n-1}{n}\cdot\dfrac{n-3}{n-2}\cdot\cdots\cdot\dfrac{3}{4}\cdot\dfrac{1}{2}\cdot\dfrac{\pi}{2}, & n \text{ 为正偶数}, \\ \dfrac{n-1}{n}\cdot\dfrac{n-3}{n-2}\cdot\cdots\cdot\dfrac{4}{5}\cdot\dfrac{2}{3}, & n \text{ 为大于 1 的奇数}. \end{cases} \tag{5.3.5}$$

* **注** 由(5.3.3)、(5.3.4)两式，可导出著名的沃利斯公式：

$$\frac{\pi}{2} = \lim_{m\to\infty}\left[\frac{(2m)!!}{(2m-1)!!}\right]^2\cdot\frac{1}{2m+1}. \tag{5.3.6}$$

事实上，由

$$\int_0^{\frac{\pi}{2}} \sin^{2m+1} x\,dx < \int_0^{\frac{\pi}{2}} \sin^{2m} x\,dx < \int_0^{\frac{\pi}{2}} \sin^{2m-1} x\,dx,$$

把(5.3.3)、(5.3.4)两式代入，得

$$\frac{(2m)!!}{(2m+1)!!} < \frac{(2m-1)!!}{(2m)!!}\cdot\frac{\pi}{2} < \frac{(2m-2)!!}{(2m-1)!!},$$

由此又得

$$A_m=\left[\frac{(2m)!!}{(2m-1)!!}\right]^2\frac{1}{2m+1}<\frac{\pi}{2}<\left[\frac{(2m)!!}{(2m-1)!!}\right]^2\frac{1}{2m}=B_m.$$

因为

$$0<B_m-A_m=\left[\frac{(2m)!!}{(2m-1)!!}\right]^2\frac{1}{2m(2m+1)}$$

$$<\frac{1}{2m}\cdot\frac{\pi}{2}\to 0\quad(m\to\infty),$$

所以

$$\lim_{m\to\infty}(B_m-A_m)=0.$$

又由于 $0<\frac{\pi}{2}-A_m<B_m-A_m$，故得 $\lim\limits_{m\to\infty}\left(\frac{\pi}{2}-A_m\right)=0$，即

$$\lim_{m\to\infty}A_m=\frac{\pi}{2}.$$

沃利斯公式(5.3.6)揭示了 π 与整数之间很不寻常的关系.

习　题　5.3

1. 计算下列定积分：

(1) $\int_{-2}^{1}\frac{dx}{(11+5x)^3}$；

(2) $\int_{-\sqrt{2}}^{\sqrt{2}}\sqrt{8-2y^2}\,dy$；

(3) $\int_0^{\frac{\pi}{2}}\sin\varphi\cos^3\varphi\,d\varphi$；

(4) $\int_0^{\pi}(1-\cos^3\theta)\,d\theta$；

(5) $\int_0^{\sqrt{2}}\sqrt{2-x^2}\,dx$；

(6) $\int_{\frac{\pi}{6}}^{\frac{\pi}{2}}\cos^2 x\,dx$；

(7) $\int_0^a x^2\sqrt{a^2-x^2}\,dx$；

(8) $\int_{\frac{\sqrt{2}}{2}}^{1}\frac{\sqrt{1-x^2}}{x^2}\,dx$；

(9) $\int_1^{\sqrt{3}}\frac{dx}{x^2\sqrt{1+x^2}}$；

(10) $\int_{-1}^{1}\frac{dx}{\sqrt{5-4x}}$；

(11) $\int_1^4\frac{dx}{1+\sqrt{x}}$；

(12) $\int_{\frac{3}{4}}^{1}\frac{dx}{\sqrt{1-x}-1}$；

(13) $\int_0^1 te^{-\frac{t^2}{2}}\,dt$；

(14) $\int_0^{\sqrt{3}a}\frac{x\,dx}{\sqrt{3a^2-x^2}}$；

(15) $\int_1^{e^2}\frac{dx}{x\sqrt{1+\ln x}}$；

(16) $\int_{-2}^{0}\frac{dx}{x^2+2x+2}$；

(17) $\int_{-\frac{\pi}{2}}^{\frac{\pi}{2}}\sin x\cos 2x\,dx$；

(18) $\int_{-\frac{\pi}{2}}^{\frac{\pi}{2}}\sqrt{\cos x-\cos^3 x}\,dx$；

(19) $\int_{-\frac{\pi}{2}}^{\frac{\pi}{2}} 4\cos^4 x\mathrm{d}x$;

(20) $\int_{-\frac{1}{2}}^{\frac{1}{2}} \frac{(\arcsin x)^2}{\sqrt{1-x^2}}\mathrm{d}x$;

(21) $\int_{-1}^{1} \frac{2+\sin x}{1+x^2}\mathrm{d}x$;

(22) $\int_{-5}^{5} \frac{x\cos x}{x^4+3x^2+2}\mathrm{d}x$.

2. 计算下列定积分：

(1) $\int_1^{\mathrm{e}} x\ln x\mathrm{d}x$;

(2) $\int_0^{2\pi} t\sin t\mathrm{d}t$;

(3) $\int_{\frac{\pi}{4}}^{\frac{\pi}{3}} \frac{x}{\sin^2 x}\mathrm{d}x$;

(4) $\int_1^4 \frac{\ln x\mathrm{d}x}{\sqrt{x}}$;

(5) $\int_{\mathrm{e}^{-1}}^{\mathrm{e}} |\ln x|\mathrm{d}x$;

(6) $\int_1^{\mathrm{e}} \sin(\ln x)\mathrm{d}x$;

(7) $\int_0^1 x\arctan x\mathrm{d}x$;

(8) $\int_0^{\frac{\pi}{2}} \mathrm{e}^x\cos x\mathrm{d}x$.

3. 设 $f(x)=\begin{cases}1+x^2, & x\leqslant 0,\\ \mathrm{e}^{-x}, & x>0,\end{cases}$ 求$\int_1^3 f(x-2)\mathrm{d}x$.

4. 已知 $x\mathrm{e}^x$ 为 $f(x)$的一个原函数，求 $\int_0^1 xf'(x)\mathrm{d}x$.

5. 已知 x^2 为 $f(x)$的一个原函数，求 $\int_0^{\frac{\pi}{2}} f(-\sin x)\cos x\mathrm{d}x$.

6. 设 $f(x)$在$[-a, a]$连续，证明：$\int_{-a}^{a} f(x)\mathrm{d}x=\int_{-a}^{a} f(-x)\mathrm{d}x$.

7. 证明：$\int_0^1 x^m(1-x)^n\mathrm{d}x=\int_0^1 x^n(1-x)^m\mathrm{d}x$.

8. 设 $f(x)$为连续函数，证明：$\int_a^b f(x)\mathrm{d}x=(b-a)\int_0^1 f[a+(b-a)x]\mathrm{d}x$.

9. 若 $f(x)$是连续的奇函数，证明 $\int_0^x f(t)\mathrm{d}t$ 是偶函数；若 $f(x)$是连续的偶函数，证明 $\int_0^x f(t)\mathrm{d}t$ 是奇函数.

10. 设 $f(x)$是以 T 为周期的连续周期函数，证明：

(1) $\int_{a+T}^{b+T} f(x)\mathrm{d}x=\int_a^b f(x)\mathrm{d}x$;

(2) $\int_a^{a+T} f(x)\mathrm{d}x=\int_0^T f(x)\mathrm{d}x$.

5.4 反常积分

在讨论定积分的时候有两个最基本的限制：积分区间的有限性和被积函数的有界性.但在一些实际问题中，常遇到积分区间为无穷区间，或者被积函数为无界函数的积分，它们已经不属于前面讨论的定积分（不妨称之为正常积分）. 本节将对定积分进行推广，介绍两类反常积分.

5.4.1　无穷限的反常积分

定义1　设函数 $f(x)$ 在区间 $[a, +\infty)$ 上连续，取 $u > a$，如果极限

$$\lim_{u\to+\infty}\int_a^u f(x)\mathrm{d}x \tag{5.4.1}$$

存在，则称此极限为函数 $f(x)$ 在无穷区间 $[a, +\infty)$ 上的**反常积分**，记为 $\int_a^{+\infty} f(x)\mathrm{d}x$，即

$$\int_a^{+\infty} f(x)\mathrm{d}x = \lim_{u\to+\infty}\int_a^u f(x)\mathrm{d}x.$$

这时也称反常积分 $\int_a^{+\infty} f(x)\mathrm{d}x$ **收敛**. 如果极限(5.4.1)不存在，则称反常积分**发散**，这时 $\int_a^{+\infty} f(x)\mathrm{d}x$ 只作为记号，不再表示数值了.

类似地，可定义 $f(x)$ 在 $(-\infty, b]$ 上的反常积分：

$$\int_{-\infty}^b f(x)\mathrm{d}x = \lim_{u\to-\infty}\int_u^b f(x)\mathrm{d}x. \tag{5.4.2}$$

对于 $f(x)$ 在 $(-\infty, +\infty)$ 上的反常积分，就用前面两种反常积分来定义：

如果反常积分 $\int_{-\infty}^0 f(x)\mathrm{d}x$ 和 $\int_0^{+\infty} f(x)\mathrm{d}x$ 都收敛，则称反常积分 $\int_{-\infty}^{+\infty} f(x)\mathrm{d}x$ 收敛，否则称它是发散的. 收敛时有

$$\int_{-\infty}^{+\infty} f(x)\mathrm{d}x = \int_{-\infty}^0 f(x)\mathrm{d}x + \int_0^{+\infty} f(x)\mathrm{d}x. \tag{5.4.3}$$

以上定义的三种形式的反常积分，统称为**无穷限的反常积分**，简称**无穷积分**.

设 $F(x)$ 是 $f(x)$ 在 $[a, +\infty)$ 上的一个原函数，若 $\lim\limits_{x\to+\infty} F(x)$ 存在，则反常积分

$$\begin{aligned}\int_a^{+\infty} f(x)\mathrm{d}x &= \lim_{u\to+\infty}\int_a^u f(x)\mathrm{d}x = \lim_{u\to+\infty}[F(u) - F(a)]\\ &= \lim_{x\to+\infty} F(x) - F(a);\end{aligned}$$

若 $\lim\limits_{x\to+\infty} F(x)$ 不存在，则反常积分 $\int_a^{+\infty} f(x)\mathrm{d}x$ 发散.

如果记 $\lim\limits_{x\to+\infty} F(x) = F(+\infty)$，则简写为

$$\int_{a}^{+\infty} f(x)\mathrm{d}x = [F(x)]_{a}^{+\infty}.$$

类似地，$\int_{-\infty}^{b} f(x)\mathrm{d}x = [F(x)]_{-\infty}^{b}$，当 $F(-\infty)$不存在时，$\int_{-\infty}^{b} f(x)\mathrm{d}x$ 发散；$\int_{-\infty}^{+\infty} f(x)\mathrm{d}x = [F(x)]_{-\infty}^{+\infty}$，当 $F(-\infty)$与 $F(+\infty)$有一个不存在时，$\int_{-\infty}^{+\infty} f(x)\mathrm{d}x$ 发散.

例 1 计算反常积分 $\int_{0}^{+\infty} \mathrm{e}^{-x}\mathrm{d}x$.

解
$$\int_{0}^{+\infty} \mathrm{e}^{-x}\mathrm{d}x = -\mathrm{e}^{-x}\Big|_{0}^{+\infty} = 0-(-1) = 1.$$

例 2 判断反常积分 $\int_{0}^{+\infty} \sin x\mathrm{d}x$ 的敛散性.

解
$$\int_{0}^{+\infty} \sin x\mathrm{d}x = -\cos x\Big|_{0}^{+\infty},$$
因为 $\lim\limits_{x\to+\infty} \cos x$ 不存在，所以反常积分$\int_{0}^{+\infty} \sin x\mathrm{d}x$ 发散.

例 3 计算反常积分 $\int_{-\infty}^{+\infty} \frac{1}{1+x^2}\mathrm{d}x$.

解
$$\int_{-\infty}^{+\infty} \frac{\mathrm{d}x}{1+x^2} = \arctan x\Big|_{-\infty}^{+\infty} = \frac{\pi}{2}-\left(-\frac{\pi}{2}\right) = \pi.$$

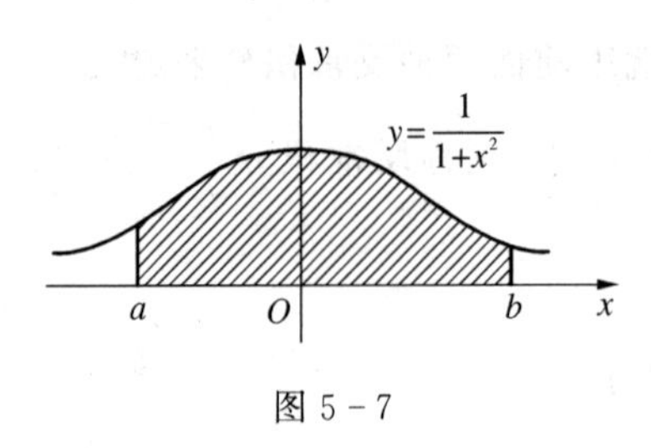

图 5－7

这个反常积分值的几何意义是：当 $a\to -\infty$，$b\to+\infty$时，虽然图 5－7 中阴影部分向左、右无限延伸，但其面积却有极限值 π. 简单地说，它是位于曲线 $y=\frac{1}{1+x^2}$ 的下方，x 轴上方的图形面积.

例 4 计算反常积分 $\int_{0}^{+\infty} t\mathrm{e}^{-pt}\mathrm{d}t$（$p$ 是常数，且 $p>0$）.

解
$$\int_{0}^{+\infty} t\mathrm{e}^{-pt}\mathrm{d}t = -\frac{1}{p}\int_{0}^{+\infty} t\mathrm{d}\mathrm{e}^{-pt} = \left[-\frac{t}{p}\mathrm{e}^{-pt}+\frac{1}{p}\int \mathrm{e}^{-pt}\mathrm{d}t\right]_{0}^{+\infty}$$
$$= \left[-\frac{t}{p}\mathrm{e}^{-pt}\right]_{0}^{+\infty} - \left[\frac{1}{p^2}\mathrm{e}^{-pt}\right]_{0}^{+\infty}$$
$$= -\frac{1}{p}\lim_{t\to+\infty} t\mathrm{e}^{-pt} - 0 - \frac{1}{p^2}(0-1) = \frac{1}{p^2}.$$

式中的极限 $\lim\limits_{t\to+\infty} t\mathrm{e}^{-pt}$ 是未定式，用洛必达法则求出.

例 5　讨论反常积分 $\int_1^{+\infty}\frac{\mathrm{d}x}{x^p}$ 的敛散性.

解　由于

$$\int_1^u \frac{1}{x^p}\mathrm{d}x=\begin{cases}\frac{1}{1-p}(u^{1-p}-1), & p\neq 1,\\ \ln u, & p=1,\end{cases}$$

所以

$$\lim_{u\to+\infty}\int_1^u \frac{1}{x^p}\mathrm{d}x=\begin{cases}\frac{1}{p-1}, & p>1,\\ +\infty, & p\leqslant 1.\end{cases}$$

因此,当 $p>1$ 时,该反常积分收敛,其值为 $\frac{1}{p-1}$;当 $p\leqslant 1$ 时,该反常积分发散.

5.4.2　无界函数的反常积分

另一类反常积分,就是无界函数的积分问题. 如果函数 $f(x)$ 在点 a 的任一邻域内都无界,那么点 a 称为函数 $f(x)$ 的**瑕点**(也称**无界间断点**).

定义 2　设函数 $f(x)$ 在区间 $(a,\ b]$ 上连续,点 a 为瑕点. 取 $u>a$,如果极限

$$\lim_{u\to a^+}\int_u^b f(x)\mathrm{d}x \tag{5.4.4}$$

存在,则称此极限为无界函数 $f(x)$ 在 $(a,\ b]$ 上的**反常积分**,记为

$$\int_a^b f(x)\mathrm{d}x=\lim_{u\to a^+}\int_u^b f(x)\mathrm{d}x,$$

这时也称反常积分 $\int_a^b f(x)\mathrm{d}x$ **收敛**;如果极限(5.4.4)不存在,则称反常积分 $\int_a^b f(x)\mathrm{d}x$ **发散**. 无界函数的反常积分又称为**瑕积分**.

类似地,可定义瑕点为 b 的反常积分

$$\int_a^b f(x)\mathrm{d}x=\lim_{u\to b^-}\int_a^u f(x)\mathrm{d}x. \tag{5.4.5}$$

如果 $f(x)$ 的瑕点 $c\in(a,\ b)$,则定义反常积分

$$\int_a^b f(x)\mathrm{d}x=\int_a^c f(x)\mathrm{d}x+\int_c^b f(x)\mathrm{d}x=\lim_{u\to c^-}\int_a^u f(x)\mathrm{d}x+\lim_{v\to c^+}\int_v^b f(x)\mathrm{d}x, \tag{5.4.6}$$

当且仅当式(5.4.6)右边两个瑕积分都收敛时,左边的瑕积分才是收敛的.

计算瑕积分,也可借助于牛顿-莱布尼茨公式.设 $x=a$ 为 $f(x)$ 的瑕点,在 $(a,b]$ 上 $F'(x)=f(x)$,如果极限 $\lim\limits_{x\to a^+}F(x)$ 存在,则反常积分

$$\int_a^b f(x)\mathrm{d}x=\lim_{u\to a^+}\int_u^b f(x)\mathrm{d}x=\lim_{u\to a^+}[F(b)-F(u)]$$
$$=F(b)-\lim_{x\to a^+}F(x)=F(b)-F(a^+);$$

如果 $\lim\limits_{x\to a^+}F(x)$ 不存在,则反常积分 $\int_a^b f(x)\mathrm{d}x$ 发散.

用记号 $[F(x)]_a^b$ 来表示 $F(b)-F(a^+)$,则形式上有

$$\int_a^b f(x)\mathrm{d}x=[F(x)]_a^b.$$

对于 b 为瑕点的反常积分,类似地有

$$\int_a^b f(x)\mathrm{d}x=F(b^-)-F(a)=[F(x)]_a^b.$$

例 6 计算反常积分 $\int_0^a\frac{\mathrm{d}x}{\sqrt{a^2-x^2}}\ (a>0)$.

解 因为

$$\lim_{x\to a^-}\frac{1}{\sqrt{a^2-x^2}}=+\infty,$$

所以点 a 是瑕点,于是

$$\int_0^a\frac{\mathrm{d}x}{\sqrt{a^2-x^2}}=\left[\arcsin\frac{x}{a}\right]_0^a=\lim_{x\to a^-}\arcsin\frac{x}{a}-0=\frac{\pi}{2}.$$

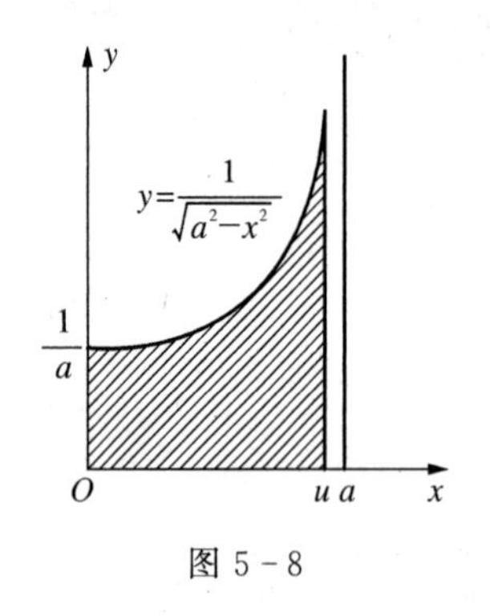

图 5-8

这个反常积分的几何意义:位于曲线 $y=\frac{1}{\sqrt{a^2-x^2}}$ 之下,x 轴之上,直线 $x=0$ 与 $x=a$ 之间的图形的面积(图 5-8).

例 7 计算反常积分 $\int_1^2\frac{\mathrm{d}x}{x\ln x}$.

解 显然 $x=1$ 为瑕点,于是

$$\int_1^2\frac{\mathrm{d}x}{x\ln x}=\int_1^2\frac{\mathrm{d}\ln x}{\ln x}=[\ln|\ln x|]_1^2=+\infty.$$

因此,反常积分发散.

例 8　计算反常积分 $\int_0^1 \frac{\arcsin\sqrt{x}}{\sqrt{x(1-x)}}\mathrm{d}x$.

解　被积函数有两个可疑的瑕点：$x=0$ 和 $x=1$. 因为

$$\lim_{x\to 0^+}\frac{\arcsin\sqrt{x}}{\sqrt{x(1-x)}}=1,$$

故 $x=1$ 是唯一的瑕点. 于是

$$\int_0^1 \frac{\arcsin\sqrt{x}}{\sqrt{x(1-x)}}\mathrm{d}x=2\int_0^1 \arcsin\sqrt{x}\,\mathrm{d}(\arcsin\sqrt{x})=(\arcsin\sqrt{x})^2\Big|_0^1=\frac{\pi^2}{4}.$$

例 9　讨论反常积分 $\int_0^1 \frac{1}{x^q}\mathrm{d}x\ (q>0)$ 的敛散性.

解　$x=0$ 为瑕点. 由于

$$\int_u^1 \frac{\mathrm{d}x}{x^q}=\begin{cases}\frac{1}{1-q}(1-u^{1-q}), & q\neq 1,\\ -\ln u, & q=1\end{cases}\quad (0<u<1),$$

故当 $0<q<1$ 时，该反常积分收敛，且

$$\int_0^1 \frac{\mathrm{d}x}{x^q}=\lim_{u\to 0^+}\int_u^1 \frac{\mathrm{d}x}{x^q}=\frac{1}{1-q};$$

而当 $q\geqslant 1$ 时，该反常积分发散于 $+\infty$.

如果把例 5 和例 9 联系起来，考察反常积分

$$\int_0^{+\infty} \frac{\mathrm{d}x}{x^p}\quad (p>0). \tag{5.4.7}$$

记

$$\int_0^{+\infty} \frac{\mathrm{d}x}{x^p}=\int_0^1 \frac{\mathrm{d}x}{x^p}+\int_1^{+\infty} \frac{\mathrm{d}x}{x^p},$$

由例 5 和例 9 的结果可知，上式右端两个反常积分不能同时收敛，故反常积分(5.4.7)对任何实数 p 都是发散的.

*5.4.3　Γ 函数

现在介绍理论上和应用上都有重要意义的 **Γ 函数**. 这个函数的定义是

$$\Gamma(s)=\int_0^{+\infty} \mathrm{e}^{-x}x^{s-1}\mathrm{d}x\quad (s>0). \tag{5.4.8}$$

上式右端是反常积分，可以证明(此处略)，当 $s>0$ 时，这个反常积分是收敛的.

Γ 函数具有下列重要性质：

(1) 递推公式：$\Gamma(s+1)=s\Gamma(s)$ $(s>0)$.

证 应用分部积分法，有

$$\Gamma(s+1)=\int_0^{+\infty}e^{-x}x^s dx=-\int_0^{+\infty}x^s de^{-x}=[-x^s e^{-x}]_0^{+\infty}+s\int_0^{+\infty}e^{-x}x^{s-1}dx$$

$$=s\Gamma(s),$$

其中 $\lim\limits_{x\to+\infty}x^s e^{-x}=0$ 可由洛必达法则求得.

显然，
$$\Gamma(1)=\int_0^{+\infty}e^{-x}dx=1.$$

反复运用递推公式，便有

$$\Gamma(2)=1\cdot\Gamma(1)=1,$$
$$\Gamma(3)=2\cdot\Gamma(2)=2!,$$
$$\Gamma(4)=3\cdot\Gamma(3)=3!,$$
……

一般地，对任何正整数 n，有

$$\Gamma(n+1)=n!.$$

所以，可以把 Γ 函数看成是阶乘的推广.

(2) 当 $s\to0^+$ 时，$\Gamma(s)\to+\infty$.

证 因为

$$\Gamma(s)=\frac{\Gamma(s+1)}{s},\qquad \Gamma(1)=1,$$

所以当 $s\to0^+$ 时，$\Gamma(s)\to+\infty$.

(3) $\Gamma(s)\Gamma(1-s)=\dfrac{\pi}{\sin\pi s}$ $(0<s<1)$.

证明略. 这个公式称为**余元公式**.

当 $s=\dfrac{1}{2}$ 时，则得 $\Gamma\left(\dfrac{1}{2}\right)=\sqrt{\pi}$.

(4) 在 $\Gamma(s)=\int_0^{+\infty}e^{-x}x^{s-1}dx$ 中，作代换 $x=u^2$，有

$$\Gamma(s)=2\int_0^{+\infty}e^{-u^2}u^{2s-1}du. \tag{5.4.9}$$

再令 $2s-1=t$ 或 $s=\dfrac{1+t}{2}$，即有

$$\int_0^{+\infty} \mathrm{e}^{-u^2} u^t \mathrm{d}u = \frac{1}{2}\Gamma\left(\frac{1+t}{2}\right) \quad (t>-1).$$

上式左端是应用上常见的积分，它的值可以通过上式用 Γ 函数计算.

在式(5.4.9)中，令 $s=\frac{1}{2}$，得

$$2\int_0^{+\infty} \mathrm{e}^{-u^2} \mathrm{d}u = \Gamma\left(\frac{1}{2}\right) = \sqrt{\pi}.$$

从而得到在概率论中常用的一个积分：

$$\int_0^{+\infty} \mathrm{e}^{-u^2} \mathrm{d}u = \frac{\sqrt{\pi}}{2}.$$

习　题　5.4

1. 判定下列反常积分是否收敛；若收敛，则求其值.

(1) $\displaystyle\int_{-1}^{+\infty} \frac{\mathrm{d}x}{x^2+5x+6}$；　　(2) $\displaystyle\int_0^{+\infty} \frac{\mathrm{d}x}{\sqrt{x}(1+x)}$；

(3) $\displaystyle\int_1^{+\infty} \frac{\mathrm{d}x}{x\sqrt{x^2-1}}$；　　(4) $\displaystyle\int_2^{+\infty} \frac{\mathrm{d}t}{t^2-1}$；

(5) $\displaystyle\int_0^{+\infty} \frac{\mathrm{d}x}{(1+x^2)(1+\arctan x)}$；　　(6) $\displaystyle\int_{-\infty}^{+\infty} \mathrm{e}^{-|x|}\mathrm{d}x$；

(7) $\displaystyle\int_{-\infty}^{+\infty} 2x\mathrm{e}^{-x^2}\mathrm{d}x$；　　(8) $\displaystyle\int_0^{+\infty} \mathrm{e}^{-x}\sin x\mathrm{d}x$；

(9) $\displaystyle\int_0^{\frac{\pi}{2}} \tan\theta\mathrm{d}\theta$；　　(10) $\displaystyle\int_0^1 \frac{\mathrm{d}x}{\sqrt{1-x^2}}$；

(11) $\displaystyle\int_0^2 \frac{t+1}{\sqrt{4-t^2}}\mathrm{d}t$；　　(12) $\displaystyle\int_0^1 x\ln x\mathrm{d}x$；

(13) $\displaystyle\int_{-1}^4 \frac{\mathrm{d}x}{\sqrt{|x|}}$；　　(14) $\displaystyle\int_1^2 \frac{x\mathrm{d}x}{\sqrt{x-1}}$.

2. 求 c 的值，使 $\displaystyle\lim_{x\to+\infty}\left(\frac{x+c}{x-c}\right)^x = \int_{-\infty}^c t\mathrm{e}^{2t}\mathrm{d}t$.

3. k 为何值时，反常积分 $\displaystyle\int_2^{+\infty} \frac{\mathrm{d}x}{x(\ln x)^k}$ 收敛？发散？又当 k 为何值时，该反常积分取得最小值？

4. 利用递推公式计算反常积分 $I_n = \displaystyle\int_0^{+\infty} x^n\mathrm{e}^{-x}\mathrm{d}x$.

5.5 平面图形的面积

从本节起,将应用前面学过的定积分理论来分析和解决一些几何、物理中的问题,其目的不仅在于要掌握计算这些实际问题的公式,更重要的还在于深刻领会用定积分解决实际问题的基本思想和方法——元素法,更好地掌握和不断提高数学的应用能力.

5.5.1 定积分的元素法

定积分的所有应用问题,一般总按"分割、近似、求和、取极限"的步骤把所求量表示为定积分的形式.但在实际中,为了简便和实用,常采用"元素法"解决.下面介绍元素法的基本思想和方法.为此,简略回顾一下 5.1 节中讨论的求曲边梯形面积的问题.

假设一曲边梯形由连续曲线 $y=f(x)$ $(f(x)\geqslant 0)$, x 轴与两条直线 $x=a$, $x=b$ 所围成,试求其面积 A.

(1) 分割.用任意一组分点把区间$[a, b]$分成长度为 Δx_i $(i=1, 2, \cdots, n)$的 n 个小区间,相应地曲边梯形面积被分成 n 个小曲边梯形面积 ΔA_i $(i=1, 2, \cdots, n)$.

(2) 近似.在第 i 个小区间上任取一点 ξ_i,用小矩形的面积 $f(\xi_i)\Delta x_i$ 近似代替第 i 个小曲边梯形的面积 ΔA_i,即

$$\Delta A_i \approx f(\xi_i)\Delta x_i \quad (x_{i-1}\leqslant \xi_i \leqslant x_i).$$

(3) 求和.得面积 A 的近似值:

$$A=\sum_{i=1}^{n}\Delta A_i \approx \sum_{i=1}^{n} f(\xi_i)\Delta x_i.$$

(4) 取极限.得面积 A 的精确值:

$$A=\lim_{\lambda\to 0}\sum_{i=1}^{n} f(\xi_i)\Delta x_i=\int_a^b f(x)\mathrm{d}x,$$

其中 $\lambda=\max\{\Delta x_1, \Delta x_2, \cdots, \Delta x_n\}$.

从上述过程可见,当把$[a, b]$分割成 n 个小区间时,所求面积 A(总量)也被相应地分割成 n 个小曲边梯形面积(部分量),而所求总量等于各部分量之和$\left(\text{即 } A=\sum_{i=1}^{n}\Delta A_i\right)$.这一性质称为可求量关于区间$[a, b]$具有**可加性**.

对上述分析过程，为了简便起见，可以省略下标 i，现改写如下：

(1) 分割. 把 $[a, b]$ 任意分为 n 个小区间，任取其中一个小区间 $[x, x+\mathrm{d}x]$，ΔA 表示 $[x, x+\mathrm{d}x]$ 上小曲边梯形的面积.

(2) 近似. 取 $[x, x+\mathrm{d}x]$ 的左端点 x 为 ξ，以点 x 处的函数值 $f(x)$ 为高，$\mathrm{d}x$ 为底的小矩形面积 $\mathrm{d}A = f(x)\mathrm{d}x$ 作为 ΔA 的近似值：

$$\Delta A \approx \mathrm{d}A = f(x)\mathrm{d}x.$$

(3) 求和. 得面积 A 的近似值：

$$A = \sum \Delta A \approx \sum f(x)\mathrm{d}x.$$

(4) 取极限. 得面积 A 的精确值：

$$A = \lim \sum f(x)\mathrm{d}x = \int_a^b f(x)\mathrm{d}x.$$

以上四个步骤中，第二步尤其重要. 因为只要找到了小曲边梯形面积 ΔA 的近似值 $\mathrm{d}A = f(x)\mathrm{d}x$（某一连续函数 $f(x)$ 与 $\mathrm{d}x$ 的乘积），再以它为被积式作定积分，就可得到 A 的精确值. 这里 $\mathrm{d}A = f(x)\mathrm{d}x$ 称为**面积元素**或**面积微元**.

这种为了求得总量 U，先求出它的元素（微元）$\mathrm{d}U$，然后以 $\mathrm{d}U$ 为被积表达式作定积分而得到总量 U 的方法，称为**元素法**，也称**微元法**.

元素法（微元法）的主要步骤如下：

(1) 由分割得出微元. 根据具体问题，选取一个积分变量. 例如，x 为积分变量，并确定它的变化区间 $[a, b]$. 任取小区间 $[x, x+\mathrm{d}x] \subset [a, b]$，求出相应于这个小区间上的部分量 ΔU 的近似值 $f(x)\mathrm{d}x$，即求得总量 U 的微元（元素）

$$\mathrm{d}U = f(x)\mathrm{d}x.$$

(2) 由微元写出积分. 根据 $\mathrm{d}U = f(x)\mathrm{d}x$ 写出表示总量 U 的定积分：

$$U = \int_a^b \mathrm{d}U = \int_a^b f(x)\mathrm{d}x.$$

应用元素法解决实际问题时，应注意以下两点：

(1) 所求总量 U 关于区间 $[a, b]$ 应具有可加性，即如果把区间 $[a, b]$ 分成许多部分区间，则 U 相应地分成许多部分量，而 U 等于所有部分量 ΔU 之和. 这一要求是由定积分概念本身所决定的.

(2) 使用元素法的关键在于正确给出部分量 ΔU 的近似表达式 $f(x)\mathrm{d}x$，即

$$f(x)\mathrm{d}x = \mathrm{d}U \approx \Delta U.$$

这里要求 $\Delta U - f(x)\mathrm{d}x$ 是 $\mathrm{d}x$ 的高阶无穷小.

在一般情况下，要严格检验 $\Delta U - f(x)\mathrm{d}x$ 是否为 $\mathrm{d}x$ 的高阶无穷小往往不是一件容易的事，因此在实际应用中要注意 $\mathrm{d}U = f(x)\mathrm{d}x$ 的合理性.

5.5.2 平面图形的面积

1. 直角坐标情形

大家知道,对于非负函数 $f(x)$,定积分 $\int_a^b f(x)\mathrm{d}x$ 表示由曲线 $y=f(x)$ 与直线 $x=a$, $x=b$ 以及 x 轴所围成的曲边梯形的面积,被积表达式 $f(x)\mathrm{d}x$ 就是面积元素,即 $\mathrm{d}A=f(x)\mathrm{d}x$.

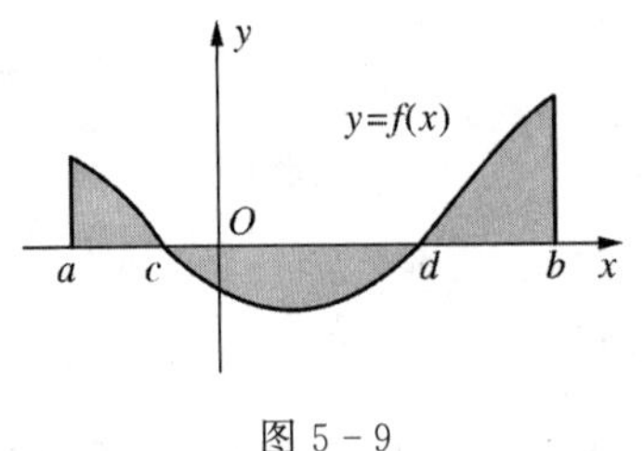

图 5-9

若 $f(x)$不是非负的,这时面积元素应为

$$\mathrm{d}A=|f(x)|\mathrm{d}x,$$

则所围成的图形(图 5-9)的面积

$$A=\int_a^b |f(x)|\mathrm{d}x.$$

一般地,由两条曲线 $y=f(x)$, $y=g(x)$ $(f(x)\geqslant g(x))$ 与直线 $x=a$, $x=b$ 围成的如图 5-10(a)、(b)所示的图形的面积为

$$A=\int_a^b f(x)\mathrm{d}x-\int_a^b g(x)\mathrm{d}x=\int_a^b [f(x)-g(x)]\mathrm{d}x.$$

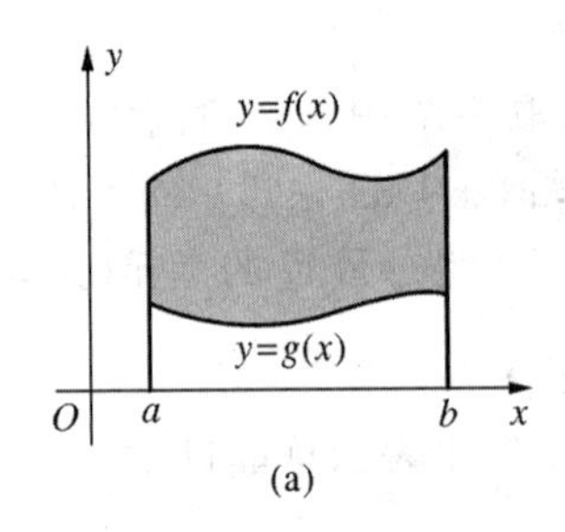

(a)

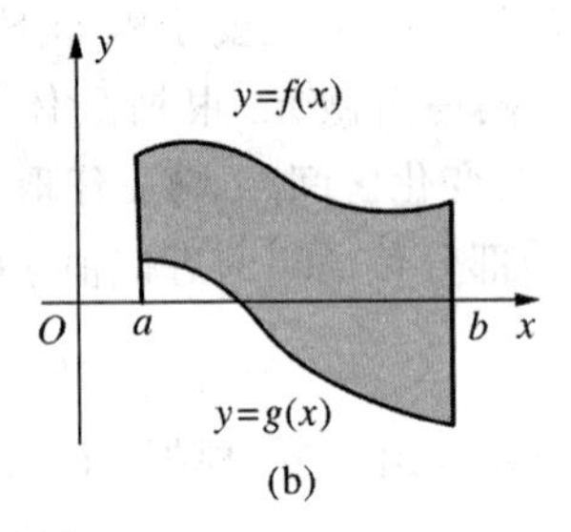

(b)

图 5-10

类似地,按定积分的元素法,曲线 $x=g_1(y)$, $x=g_2(y)$(其中 $g_1(y)\leqslant g_2(y)$) 与 $y=c$, $y=d$ 所围平面图形(图 5-11)的面积为

$$A=\int_c^d [g_2(y)-g_1(y)]\mathrm{d}y.$$

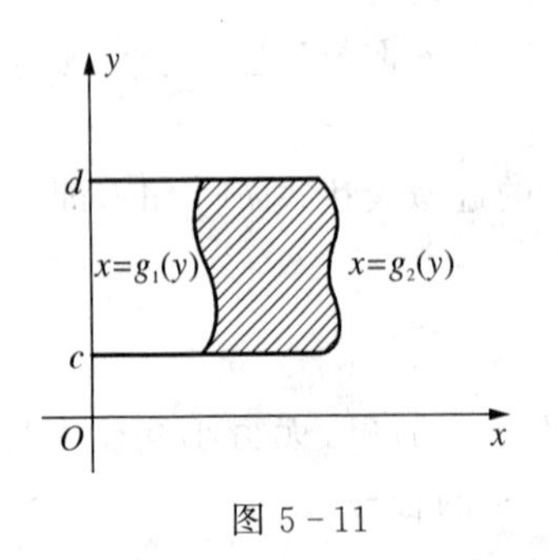

图 5-11

例 1 计算由两条抛物线 $y=x^2$ 和 $y^2=8x$ 所围成的图形的面积.

解 这两条抛物线所围成的图形如图 5-12 所示.

由方程组 $\begin{cases} y = x^2, \\ y^2 = 8x, \end{cases}$ 解得它们的交点为(0, 0), (2, 4).

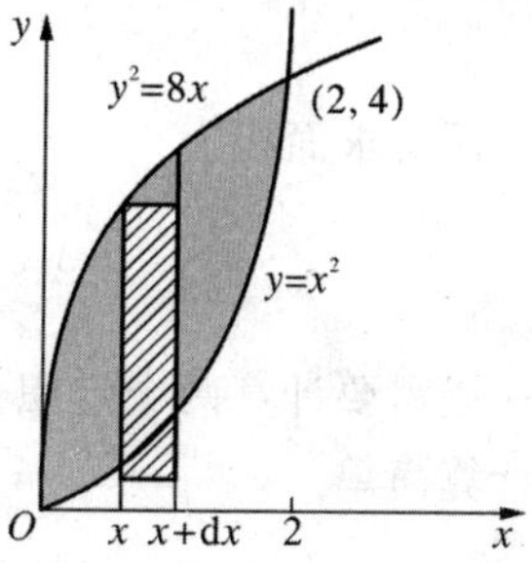

选 x 为积分变量,则 x 的变化范围是[0, 2]. 任取小区间 $[x, x+\mathrm{d}x] \subset [0, 2]$, 则可得到相应的面积元素

$$\mathrm{d}A = (\sqrt{8x} - x^2)\mathrm{d}x.$$

图 5-12

于是

$$A = \int_0^2 (\sqrt{8x} - x^2)\mathrm{d}x = \left[\sqrt{8} \cdot \frac{2}{3}x^{\frac{3}{2}} - \frac{x^3}{3}\right]_0^2 = \frac{8}{3}.$$

若本题选 y 为积分变量,则 y 的变化范围是[0, 4],同样可以得到面积元素,并求得面积 A,请读者自己完成.

例 2　计算由抛物线 $y^2 = 2x$ 和直线 $y = x - 4$ 所围成的图形的面积.

解　画出图形的草图,如图 5-13 所示.

由方程组 $\begin{cases} y^2 = 2x, \\ y = x - 4, \end{cases}$ 得交点(2, −2)和(8, 4).

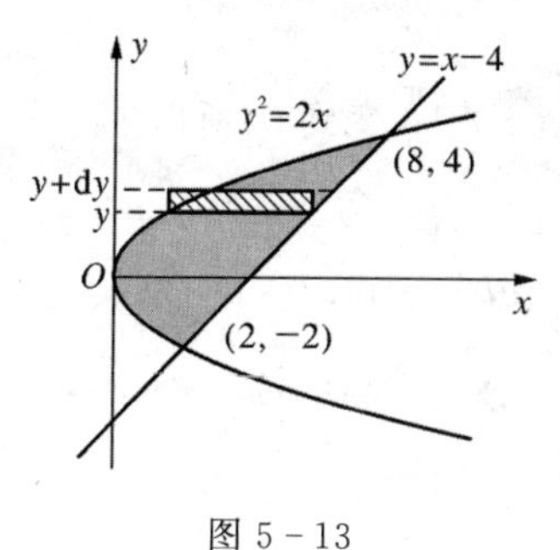

图 5-13

取 y 为积分变量,则 y 的变化范围是[−2, 4],任取小区间 $[y, y+\mathrm{d}y] \subset [-2, 4]$,则相应窄条的面积近似等于高为 $\mathrm{d}y$、底为 $(y+4) - \frac{1}{2}y^2$ 的窄矩形的面积,从而得到面积元素

$$\mathrm{d}A = \left(y + 4 - \frac{1}{2}y^2\right)\mathrm{d}y.$$

于是所求的面积为

$$A = \int_{-2}^4 \mathrm{d}A = \int_{-2}^4 \left(y + 4 - \frac{1}{2}y^2\right)\mathrm{d}y$$

$$= \left[\frac{y^2}{2} + 4y - \frac{y^3}{6}\right]_{-2}^4 = 18.$$

本题如果取 x 为积分变量,则 x 的变化范围是[0, 8],但在[0, 2]和[2, 8]两个区间内的面积元素是不同的. 当 x 在区间[0, 2]变化时,面积元素为

$$\mathrm{d}A = [\sqrt{2x} - (-\sqrt{2x})]\mathrm{d}x = 2\sqrt{2x}\mathrm{d}x;$$

当 x 在区间[2, 8]变化时,面积元素为

$$dA=[\sqrt{2x}-(x-4)]dx.$$

从而所求面积为

$$A=\int_0^2 2\sqrt{2x}dx+\int_2^8(\sqrt{2x}-x+4)dx.$$

这里需要计算两个定积分,因而计算将会复杂.可见,选取适当的积分变量,可以使计算简单.

例 3 求椭圆 $\frac{x^2}{a^2}+\frac{y^2}{b^2}=1$ 所围成的图形的面积.

解 如图 5-14 所示,由于椭圆关于两坐标轴都对称,设 A_1 为第一象限部分的面积,由元素法知, $dA_1=ydx$, 于是椭圆面积为

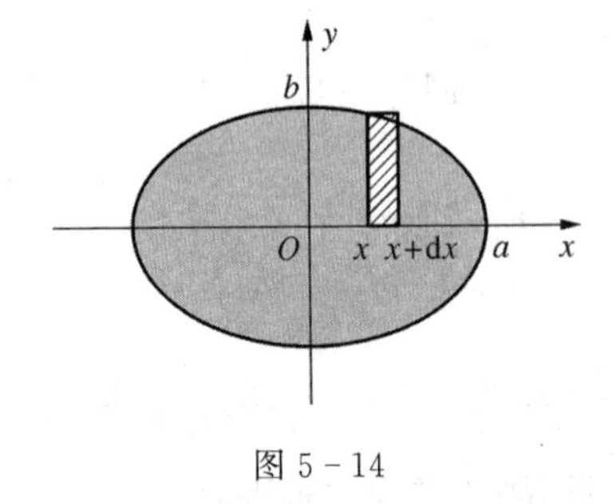

图 5-14

$$A=4A_1=4\int_0^a ydx.$$

为方便计算,利用椭圆的参数方程作换元:

$$\begin{cases}x=a\cos t,\\ y=b\sin t\end{cases}\left(0\leqslant t\leqslant\frac{\pi}{2}\right),$$

当 x 由 0 变到 a 时, t 由 $\frac{\pi}{2}$ 变到 0,所以

$$A=4\int_0^a ydx=4\int_{\frac{\pi}{2}}^0 b\sin t\,d(a\cos t)=4ab\int_0^{\frac{\pi}{2}}\sin^2 t\,dt$$

$$=4ab\cdot\frac{1}{2}\cdot\frac{\pi}{2}=\pi ab.$$

当 $a=b$ 时,椭圆变成圆,即得到圆的面积公式 $A=\pi a^2$.

2. 极坐标情形

某些平面图形,用极坐标计算它们的面积比较方便.

由曲线 $\rho=\varphi(\theta)$ 及射线 $\theta=\alpha$, $\theta=\beta$ 围成的图形(图 5-15)称为**曲边扇形**.现在要计算它的面积,这里 $\varphi(\theta)$ 在 $[\alpha,\beta]$ 上连续, $\varphi(\theta)\geqslant 0$.

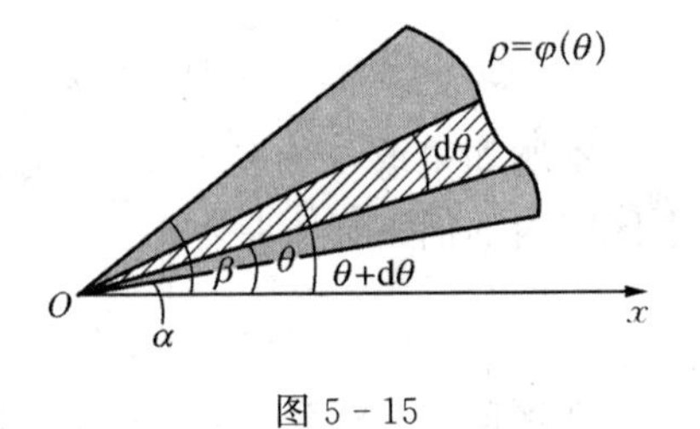

图 5-15

由于 $\rho=\varphi(\theta)$ 是随 θ 变化而变化的,因此所求图形的面积不能利用圆扇形面积公式来计算.于是考虑用元素法来解决.

选取极角 θ 为积分变量，则 θ 的变化范围是$[\alpha, \beta]$，任取微小区间 $[\theta, \theta+\mathrm{d}\theta]\subset[\alpha, \beta]$，则相应于$[\theta, \theta+\mathrm{d}\theta]$ 区间的小曲边扇形的面积可以用半径为 $\rho=\varphi(\theta)$，中心角为 $\mathrm{d}\theta$ 的圆扇形的面积来近似代替，从而得到这小曲边扇形面积的近似值，即曲边扇形的面积元素

$$\mathrm{d}A=\frac{1}{2}[\varphi(\theta)]^2\mathrm{d}\theta.$$

于是曲边扇形的面积为

$$A=\int_\alpha^\beta \frac{1}{2}[\varphi(\theta)]^2\mathrm{d}\theta.$$

例 4 计算双纽线 $\rho^2=a^2\cos 2\theta$ 所围平面图形的面积.

解 双纽线如图 5-16 所示. 因 $\rho^2\geqslant 0$，所以 θ 的取值范围是$\left[-\frac{\pi}{4}, \frac{\pi}{4}\right]$与$\left[\frac{3\pi}{4}, \frac{5\pi}{4}\right]$. 由于图形的对称性，只需计算在第一象限部分的面积，再乘以 4 倍即可. 对于第一象限的图形，θ 的变化范围是$\left[0, \frac{\pi}{4}\right]$，任取小区间 $[\theta, \theta+\mathrm{d}\theta]\subset\left[0, \frac{\pi}{4}\right]$，相应得到面积元素

$$\mathrm{d}A=\frac{1}{2}a^2\cos 2\theta\mathrm{d}\theta,$$

从而所求面积为

$$A=4\int_0^{\frac{\pi}{4}}\mathrm{d}A=4\int_0^{\frac{\pi}{4}}\frac{1}{2}a^2\cos 2\theta\mathrm{d}\theta=a^2\sin 2\theta\Big|_0^{\frac{\pi}{4}}=a^2.$$

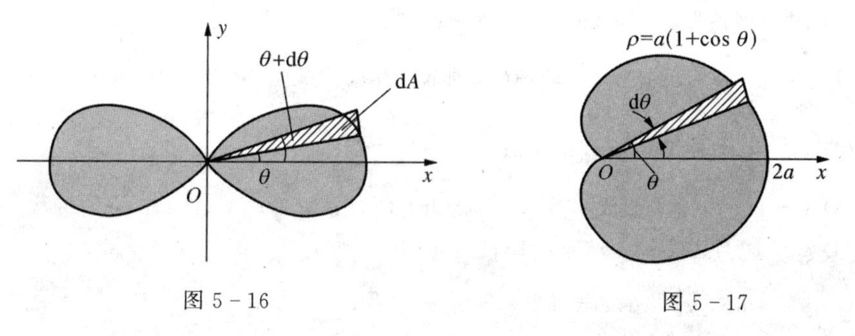

图 5-16　　图 5-17

例 5 计算心形线 $\rho=a(1+\cos\theta)$ $(a>0)$ 所围成图形的面积.

解 心形线的图形如图 5-17 所示. 该图形关于极轴对称，因此所求面积 A

是极轴上方部分图形面积的两倍.

对于极轴上方部分的图形，θ 的变化范围为$[0, \pi]$,任取小区间 $[\theta, \theta+\mathrm{d}\theta] \subset [0, \pi]$，相应地得到面积元素

$$\mathrm{d}A = \frac{1}{2}a^2(1+\cos\theta)^2\mathrm{d}\theta,$$

从而所求面积为

$$\begin{aligned} A &= 2\int_0^\pi \mathrm{d}A = a^2\int_0^\pi(1+2\cos\theta+\cos^2\theta)\mathrm{d}\theta \\ &= a^2\int_0^\pi\left(\frac{3}{2}+2\cos\theta+\frac{1}{2}\cos 2\theta\right)\mathrm{d}\theta \\ &= a^2\left[\frac{3}{2}\theta+2\sin\theta+\frac{1}{4}\sin 2\theta\right]_0^\pi = \frac{3}{2}\pi a^2. \end{aligned}$$

习 题 5.5

1. 求图中阴影部分的面积.

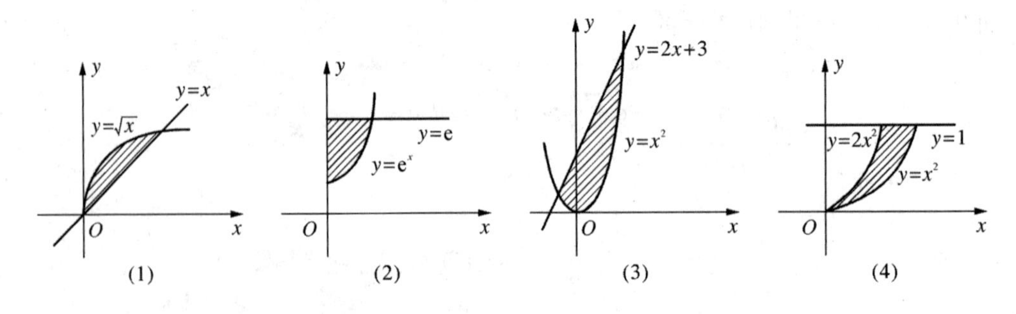

2. 求由下列各曲线所围成的图形的面积：

(1) $y=\frac{1}{2}x^2$ 与 $x^2+y^2=8$（两部分都要计算）；

(2) $y=\frac{1}{x}$ 与直线 $y=x$，$x=2$；

(3) $y=\ln x$，y 轴与直线 $y=\ln a$，$y=\ln b$ $(b>a>0)$；

(4) $y=x^2$ 与直线 $y=x$，$y=2x$；

(5) $y=\sin x$，$y=\cos x$ 与直线 $x=0$，$x=\frac{\pi}{2}$；

(6) $y=3-2x-x^2$ 与 x 轴.

3. 求抛物线 $y=-x^2+4x-3$ 及其在点$(0, -3)$和$(3, 0)$处的切线所围成的图形的面积.

4. 求抛物线 $y^2 = 2px$ 及其在点 $\left(\frac{p}{2},\ p\right)$ 处的法线所围成的图形的面积.

5. 求由曲线 $\rho = 2a\cos\theta$ 所围图形的面积.

6. 求由曲线 $x = a\cos^3 t,\ y = a\sin^3 t$ 所围图形的面积.

7. 求由曲线 $\rho = 2a(2+\cos\theta)$ 所围图形的面积.

8. 求由摆线 $x = a(t-\sin t),\ y = a(1-\cos t)\ (0 \leqslant t \leqslant 2\pi)$ 及 x 轴所围图形的面积.

9. 求对数螺线 $\rho = ae^{\theta}\ (-\pi \leqslant \theta \leqslant \pi)$ 及射线 $\theta = \pi$ 所围图形的面积.

10. 求由曲线 $\rho = 3\cos\theta,\ \rho = 1+\cos\theta$ 所围图形公共部分的面积.

11. 求由曲线 $\rho = \sqrt{2}\sin\theta,\ \rho^2 = \cos 2\theta$ 所围图形的公共部分的面积.

12. 求位于曲线 $y = e^x$ 下方,该曲线过原点的切线的左方以及 x 轴上方之间的图形的面积.

13. 求由曲线 $y = \lim\limits_{t\to+\infty} \dfrac{x}{1+x^2-e^{tx}}$ 与直线 $y = \dfrac{x}{2},\ x = 1$ 所围平面图形的面积.

14. 求通过点(0, 0)及(1, 2)的抛物线,要求它具有以下性质:

(1) 它的对称轴平行于 y 轴,且向下弯;

(2) 它与 x 轴所围的面积最小.

15. 求曲线 $y = \ln x$ 在区间[2, 6]内的一条切线,使得该切线与直线 $x = 2,\ x = 6$ 及曲线 $y = \ln x$ 所围成的图形的面积最小.

5.6 立体的体积

5.6.1 旋转体的体积

由一个平面图形绕该平面内一条直线旋转一周而成的立体称为**旋转体**,这条直线称为**旋转轴**.

例如,圆柱可视为由矩形绕它的一条边旋转一周而成的立体;圆锥可视为直角三角形绕它的一条直角边旋转一周而成的立体;而球体可视为半圆绕它的直径旋转一周而成的立体,等等.

一般地,设旋转体是由连续曲线 $y = f(x)$,直线 $x = a,\ x = b$ 及 x 轴所围成的曲边梯形绕 x 轴旋转一周而成的立体. 现在来求它的体积 V.

取 x 为积分变量,它的变化区间为 $[a, b]$,任取小区间 $[x, x+dx] \subset [a, b]$,相应于小区间 $[x, x+dx]$ 上的旋转体薄片的体积可近似视为以 $|f(x)|$ 为底半径,dx 为高的扁圆柱体的体积(图 5-18),即体积元素为

$$dV = \pi[f(x)]^2 dx.$$

从而,所求旋转体的体积为

$$V=\int_a^b \pi[f(x)]^2\mathrm{d}x. \tag{5.6.1}$$

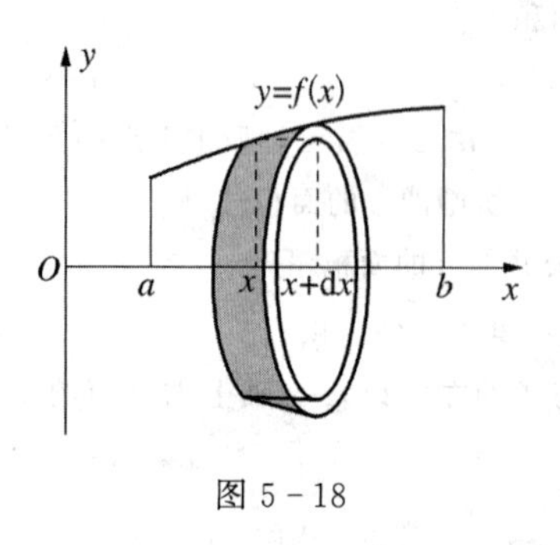

图 5-18

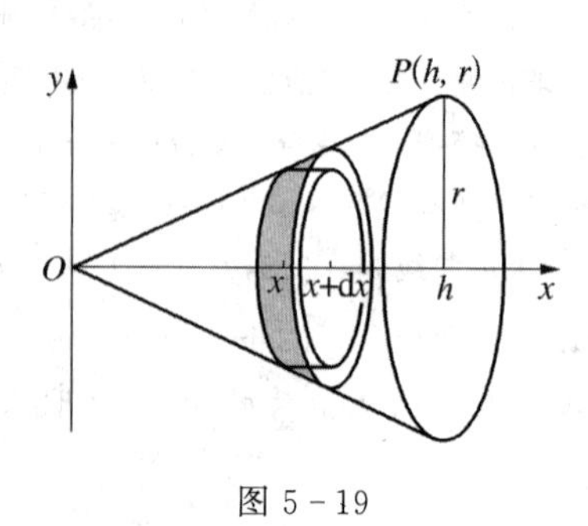

图 5-19

例 1 求高为 h,底半径为 r 的正圆锥体的体积.

解 该圆锥体可看成是由直线 $y=\frac{r}{h}x$,$y=0$,$x=h$ 所围成的平面图形绕 x 轴旋转而成的旋转体(图 5-19).

取 x 为积分变量,其变化区间为$[0, h]$,任取小区间 $[x, x+\mathrm{d}x]\subset[0, h]$,相应得到体积元素

$$\mathrm{d}V=\pi\left(\frac{r}{h}x\right)^2\mathrm{d}x.$$

从而求得圆锥体的体积

$$V=\int_0^h \pi\left(\frac{r}{h}x\right)^2\mathrm{d}x=\frac{\pi r^2}{h^2}\left[\frac{x^3}{3}\right]_0^h=\frac{\pi r^2 h}{3}.$$

例 2 计算由椭圆 $\frac{x^2}{a^2}+\frac{y^2}{b^2}=1$ 围成的平面图形绕 x 轴旋转而成的旋转椭球体的体积.

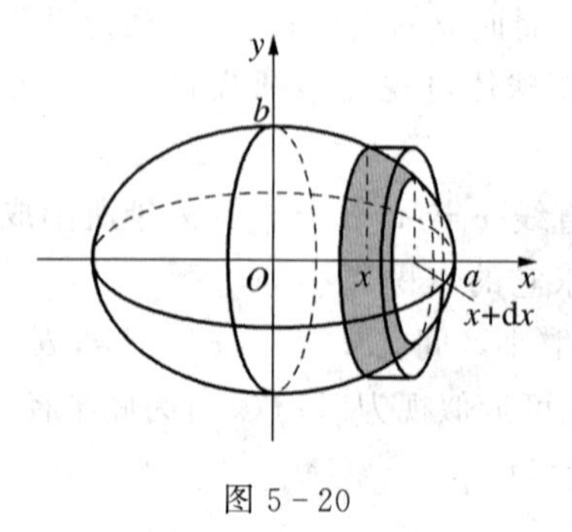

图 5-20

解 该旋转体可看作是由上半椭圆 $y=\frac{b}{a}\sqrt{a^2-x^2}$ 及 x 轴所围成的图形绕 x 轴旋转而成的立体(图 5-20).

取 x 为积分变量,其变化区间为$[-a, a]$,任取小区间 $[x, x+\mathrm{d}x]\subset[-a, a]$,相应于小区间的小薄片的体积,近似等于底半径为 $\frac{b}{a}\sqrt{a^2-x^2}$、高为 $\mathrm{d}x$ 的扁圆柱体的体积,即体

积元素为

$$dV=\pi\frac{b^2}{a^2}(a^2-x^2)dx,$$

从而求得旋转椭球体的体积为

$$V=\int_{-a}^{a}dV=\int_{-a}^{a}\pi\frac{b^2}{a^2}(a^2-x^2)dx=2\pi\frac{b^2}{a^2}\int_0^a(a^2-x^2)dx$$
$$=2\pi\frac{b^2}{a^2}\left(a^2x-\frac{x^3}{3}\right)\Big|_0^a=\frac{4}{3}\pi ab^2.$$

特别地，当 $a=b=R$ 时，可得半径为 R 的球体的体积

$$V=\frac{4}{3}\pi R^3.$$

用与上述类似的方法可以推出：由连续曲线 $x=\varphi(y)$，直线 $y=c$，$y=d$ $(c<d)$ 及 y 轴所围成的曲边梯形绕 y 轴旋转一周而成的旋转体(图 5 - 21)的体积为

$$V=\int_c^d\pi[\varphi(y)]^2dy. \tag{5.6.2}$$

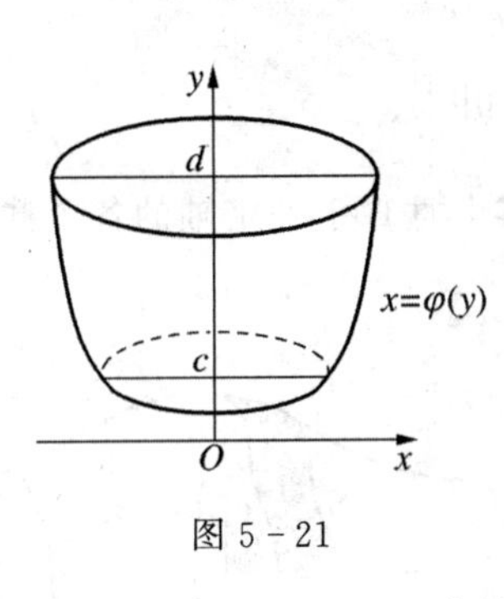

图 5 - 21

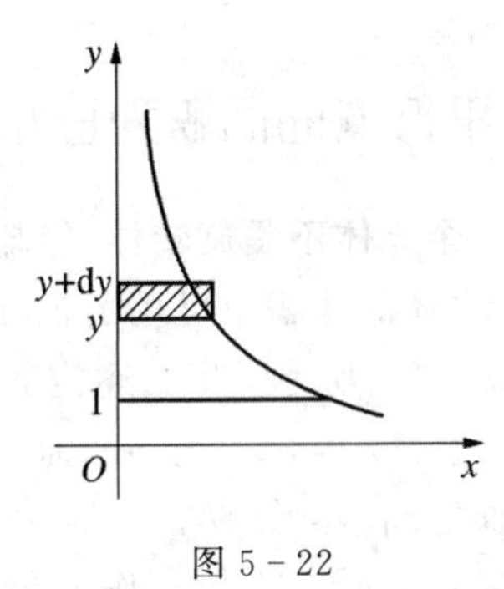

图 5 - 22

例 3　求由曲线 $xy=4$ 和直线 $y=1$，$x=0$ 所围成的图形(图 5 - 22)绕 y 轴旋转构成旋转体的体积.

解　取 y 为积分变量，y 的变化范围是 $[1,+\infty)$. 任取小区间 $[y,y+dy]\subset[1,+\infty)$，易见体积元素为

$$dV=\pi x^2dy=\pi\frac{16}{y^2}dy.$$

故所求体积

$$V=\int_1^{+\infty}\pi\frac{16}{y^2}dy=\pi\left[-\frac{16}{y}\right]_1^{+\infty}=16\pi.$$

例 4 求由曲线 $y=4-x^2$ 及 $y=0$ 所围成的图形绕直线 $x=3$ 旋转所构成的旋转体的体积.

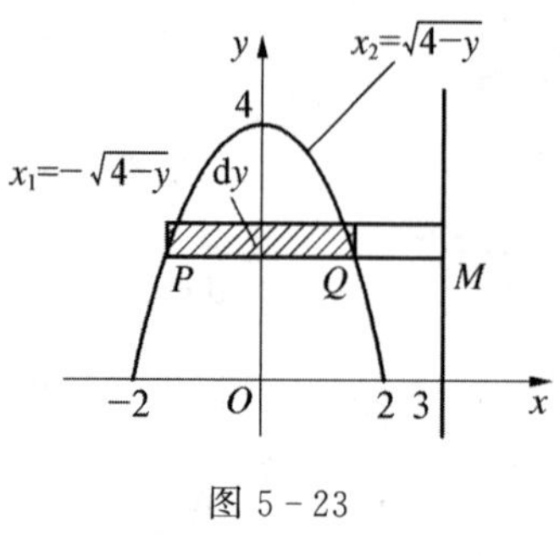

图 5-23

解 画出平面图形的草图(图 5-23).

解方程组 $\begin{cases} y=4-x^2, \\ y=0, \end{cases}$ 得交点 $(-2,\ 0)$, $(2,\ 0)$.

取 y 为积分变量,它的变化区间为 $[0,\ 4]$,在这区间上任取小区间 $[y,\ y+\mathrm{d}y]$,相应于小区间上的小薄片的体积,近似等于内半径为 $\overline{QM}$,外半径为 $\overline{PM}$,高为 $\mathrm{d}y$ 的扁圆环柱体的体积,即体积元素

$$\begin{aligned}\mathrm{d}V &= [\pi\,\overline{PM}^2-\pi\,\overline{QM}^2]\mathrm{d}y=[\pi(3+\sqrt{4-y})^2-\pi(3-\sqrt{4-y})^2]\mathrm{d}y \\ &= 12\pi\sqrt{4-y}\,\mathrm{d}y.\end{aligned}$$

于是所求旋转体体积为

$$V=12\pi\int_0^4\sqrt{4-y}\,\mathrm{d}y=64\pi.$$

5.6.2 平行截面面积为已知的立体的体积

如果一个立体不是旋转体,但却知道该立体上垂直于一定轴的各个截面面积,那么,这个立体的体积也可用定积分来计算.

如图 5-24 所示,设上述定轴为 x 轴,立体在过点 $x=a$, $x=b$ 且垂直于 x 轴的两平面之间.

$\forall x\in[a,\ b]$,过点 x 作 x 轴的垂面,截得立体的截面面积为 $A(x)$,它是已知的连续函数.也就是说,任一与 x 轴垂直的平面去截立体而得的截面面积已知,现在求立体的体积.

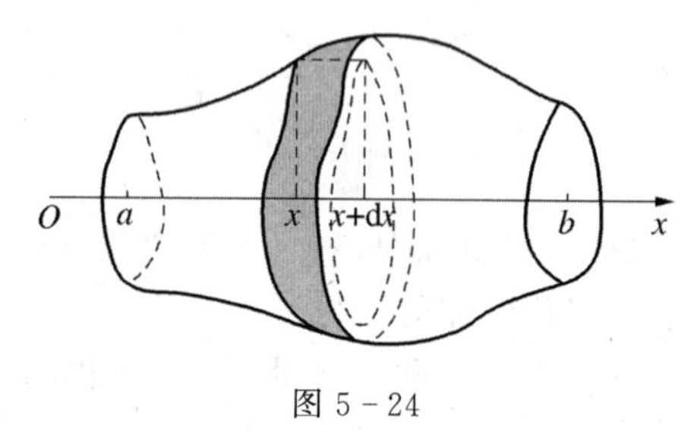

图 5-24

取 x 为积分变量,则 x 的变化区间为 $[a,\ b]$.在相应小区间 $[x,\ x+\mathrm{d}x]$ 上,立体薄片的体积近似等于底面积为 $A(x)$,高为 $\mathrm{d}x$ 的扁柱体的体积,即体积元素为

$$\mathrm{d}V=A(x)\mathrm{d}x.$$

从而所求立体的体积为

$$V=\int_a^b A(x)\mathrm{d}x. \tag{5.6.3}$$

例5 验证祖暅定理.

祖暅,我国齐梁时代的数学家,祖冲之之子,生卒年代约在公元5世纪末至6世纪初.祖暅定理为:如果两个立体的高度相同,且在任何同一高度处的截面面积也相同,那么这两个立体的体积相等.

如图5-25所示,两个立体Ω_A, Ω_B的高均为h,其体积分别为V_A, V_B.如果在$[0, h]$上它们的截面面积函数$A(x)$与$B(x)$皆连续,且$A(x)=B(x)$,则由(5.6.3)式立刻推知$V_A=V_B$.

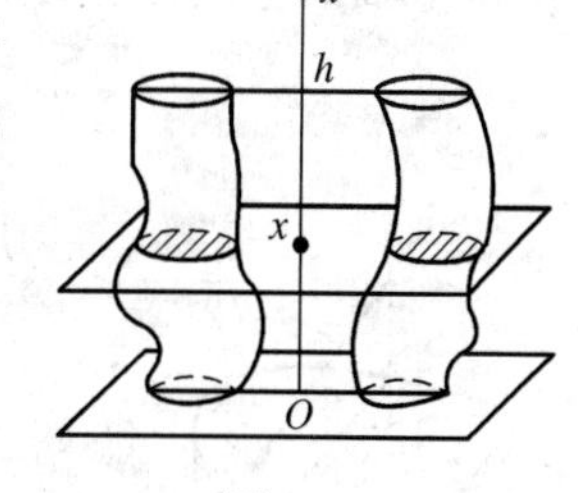

图5-25

直到17世纪,意大利数学家卡伐列利才提出了类似祖暅定理的结论,但要比祖暅晚一千一百多年.

例6 设圆柱体底半径为3,一平面与圆柱体的底面夹角为α,并过底面直径切下的圆柱体的一部分是一楔形体,求楔形体的体积.

解 方法一 立体的形状如图5-26所示.

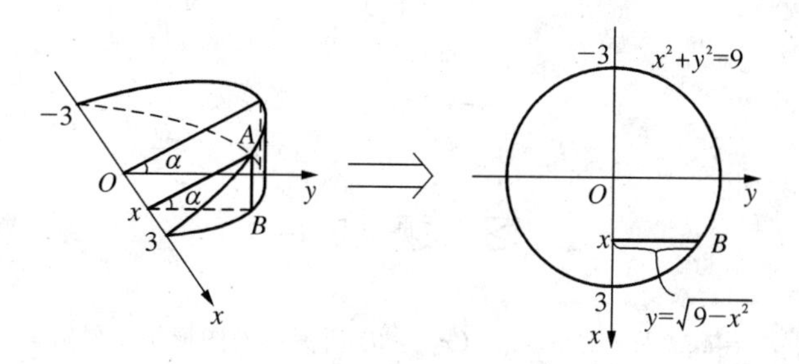

图5-26

取该平面与圆柱体的底面交线为x轴,底面上过圆心且垂直于x轴的直线为y轴.那么,底圆的方程为$x^2+y^2=9$.

$\forall x\in(-3, 3)$,过点x作x轴的垂面截立体,截面为直角$\triangle AxB$, $\angle AxB=\alpha$, $\triangle AxB$的面积$A(x)=\dfrac{1}{2}|AB||Bx|$.由于

$$|AB|=|Bx|\tan\alpha, \qquad |Bx|=\sqrt{9-x},$$

因此
$$A(x)=\frac{1}{2}|Bx|^2\tan\alpha=\frac{1}{2}(9-x^2)\tan\alpha.$$

从而求得楔形体的体积为

$$V=\int_{-3}^{3}A(x)\mathrm{d}x=\frac{1}{2}\tan\alpha\int_{-3}^{3}(9-x^2)\mathrm{d}x$$

$$=\tan\alpha\int_{0}^{3}(9-x^2)\mathrm{d}x=18\tan\alpha.$$

方法二 如果取 y 为积分变量，则 y 的变化范围是$[0, 3]$，$\forall y\in(0, 3)$，过点 y 作 y 轴的垂面截立体，截面为矩形(图 5-27)，其面积为

$$B(y)=2\sqrt{9-y^2}\cdot y\tan\alpha.$$

从而所求体积为

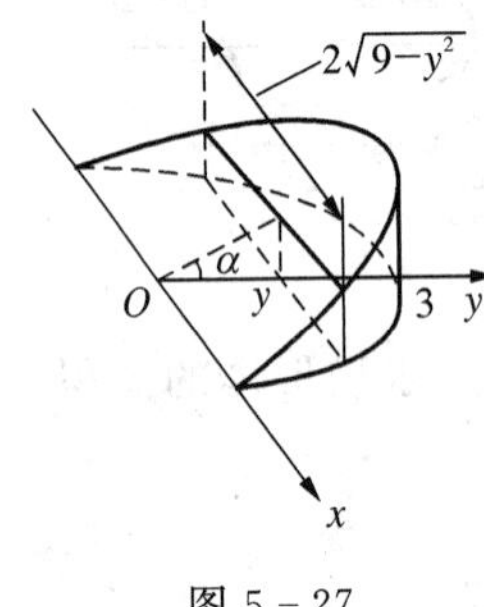

图 5-27

$$V=\int_{0}^{3}B(y)\mathrm{d}y=\tan\alpha\int_{0}^{3}\sqrt{9-y^2}\,2y\mathrm{d}y$$

$$=\tan\alpha\int_{0}^{3}(9-y^2)^{\frac{1}{2}}\mathrm{d}y^2$$

$$=-\tan\alpha\left[\frac{2}{3}(9-y^2)^{\frac{3}{2}}\right]_0^3$$

$$=18\tan\alpha.$$

习 题 5.6

1. 把抛物线 $y^2=4ax$ 及直线 $x=x_0\,(x_0>0)$ 所围成的图形绕 x 轴旋转，计算所得旋转抛物体的体积.

2. 由 $y=x^3$，$x=2$，$y=0$ 所围成的图形，分别绕 x 轴及 y 轴旋转，计算所得两个旋转体的体积.

3. 把星形线 $x^{2/3}+y^{2/3}=a^{2/3}$ 所围成的图形绕 x 轴旋转，计算所得旋转体的体积.

4. 求下列已知曲线所围成的图形，按指定的轴旋转所产生的旋转体的体积.

(1) $y=x^2$，$x=y^2$，绕 y 轴；

(2) $y=a\mathrm{ch}\dfrac{x}{a}$，$x=0$，$x=a$，$y=0$，绕 x 轴；

(3) $x^2+(y-5)^2=16$，绕 x 轴；

(4) 摆线 $x=a(t-\sin t)$，$y=a(1-\cos t)$ 的一拱，$y=0$，绕直线 $y=2a$.

5. 求圆盘 $x^2+y^2\leqslant a^2$ 绕 $x=-b\,(b>a>0)$ 旋转所成旋转体的体积.

6. 有一立体，它的下底为 xOy 平面上曲线 $y^2=x$ 及直线 $y=x$ 所围成的区域，它的每个垂直于 x 轴的横截面是直径在下底上的半圆. 求该立体的体积.

7. 有一立体，它的下底面是半径为 R 的圆，而垂直于底面上一条固定直径的所有截面都是

等边三角形.求该立体的体积.

8. 证明：由平面图形 $0 \leqslant a \leqslant x \leqslant b$, $0 \leqslant y \leqslant f(x)$ 绕 y 轴旋转而成的旋转体的体积为

$$V = 2\pi \int_a^b x f(x) \mathrm{d}x.$$

9. 利用习题 8 的结论，计算曲线 $y = \sin x$ $(0 \leqslant x \leqslant \pi)$ 和 x 轴所围成的图形绕 y 轴旋转所得立体的体积.

10. 将曲线 $y = \dfrac{\sqrt{x}}{1+x^2}$ 绕 x 轴旋转得一旋转体.

(1) 求此旋转体的体积 V_∞；

(2) 记此旋转体于 $x=0$ 与 $x=a$ 之间的体积为 $V(a)$，问 a 为何值时，有

$$V(a) = \frac{V_\infty}{2}.$$

11. (1) 求由曲线 $y = \mathrm{e}^{-x}$ $(x>0)$ 与直线 $x=\xi$ $(\xi>0)$ 及 x 轴，y 轴所围成的平面图形绕 x 轴旋转而成的旋转体体积 $V(\xi)$，并求满足 $\lim\limits_{\xi \to +\infty} V(\xi) = 2V(a)$ 的 a 值；(2) 在此曲线上找一点，使过该点的切线与 x 轴，y 轴围成平面图形的面积最大.

5.7　平面曲线的弧长与旋转曲面的面积

5.7.1　平面曲线的弧长

1. 平面曲线弧长的概念

直线段的长度是可以直接度量的，而一条曲线弧的长度一般不能直接度量.大家知道，在求圆的周长时，可以利用圆的内接正多边形的周长作为圆周长的近似值，令多边形的边数无限增多而取极限，就可以确定圆的周长.这里，也用类似的方法来建立平面曲线弧长的概念.

设 A, B 是曲线弧 L 的两个端点，现将 L 任意分割，即在 L 上插入分点：

$$A = M_0, M_1, \cdots, M_{i-1}, M_i, \cdots, M_{n-1}, M_n = B,$$

并依次连接相邻的分点得一内接折线(图 5－28)，则内接折线的长 $\sum\limits_{i=1}^{n} |M_{i-1}M_i|$ 是曲线弧 L 的弧长的近似值.记

$$\lambda = \max\{|M_0M_1|, |M_1M_2|, \cdots, |M_{n-1}M_n|\},$$

令 $\lambda \to 0$，这时折线长的极限就作为曲线 L 的弧长.

定义 1　对于曲线 L，如果无论怎样分割，折线长的极限

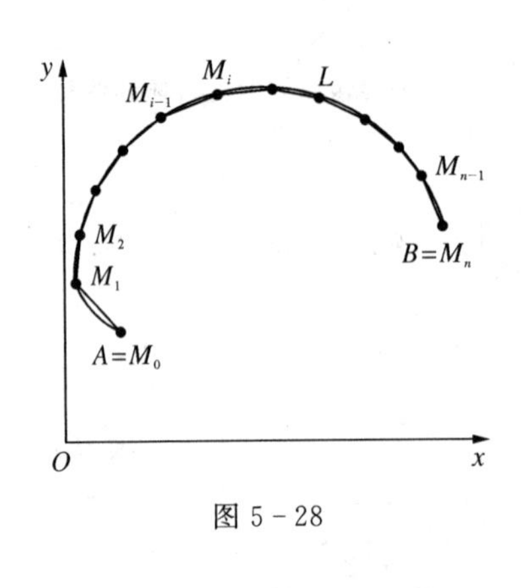

图 5-28

$$\lim_{\lambda\to 0}\sum_{i=1}^{n}|M_{i-1}M_i|$$

存在,则称曲线 L 是**可求长的**,且称该极限 s 是曲线 L 的**弧长**.

满足什么条件的曲线弧是可求长的呢?下面不加证明地给出如下结论:

定理 1 光滑曲线弧是可求长的.

注 当曲线上每一点处都具有切线,且切线随切点的移动而连续转动,这样的曲线称为光滑曲线.

2. 平面曲线弧长的计算

设曲线弧由直角坐标方程 $y=f(x)$ $(a\leqslant x\leqslant b)$ 给出,其中 $f(x)$在$[a, b]$上具有一阶连续导数,即曲线是光滑的,现在来计算它的长度(图 5-29).

取 x 为积分变量,则 $x\in[a, b]$,在$[a, b]$上任取小区间$[x, x+\mathrm{d}x]$,相应于小区间上的一小段弧的长度 Δs,近似于曲线在点 $P(x, f(x))$处切线上的一小段 PT 的长度.而

$$|PT|=\sqrt{(\mathrm{d}x)^2+(\mathrm{d}y)^2}=\sqrt{1+y'^2}\mathrm{d}x,$$

从而得弧长元素(弧微分):

$$\mathrm{d}s=\sqrt{1+y'^2}\mathrm{d}x.$$

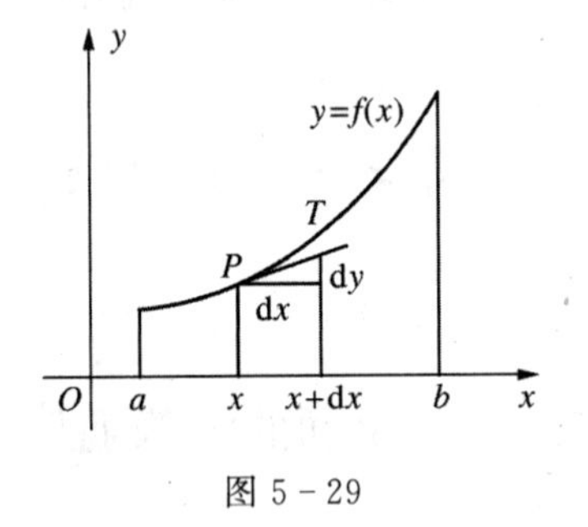

图 5-29

于是所求曲线的弧长为

$$s=\int_a^b\sqrt{1+y'^2}\mathrm{d}x\quad(a<b).\tag{5.7.1}$$

如果曲线是由参数方程 $\begin{cases}x=\varphi(t),\\y=\psi(t)\end{cases}$ $(\alpha\leqslant t\leqslant\beta)$ 给出,其中 $\varphi(t)$, $\psi(t)$在$[\alpha, \beta]$上具有一阶连续导数,则弧长元素为

$$\mathrm{d}s=\sqrt{(\mathrm{d}x)^2+(\mathrm{d}y)^2}=\sqrt{\varphi'^2(t)+\psi'^2(t)}\mathrm{d}t.$$

于是曲线的弧长为

$$s=\int_\alpha^\beta\sqrt{\varphi'^2(t)+\psi'^2(t)}\mathrm{d}t.\tag{5.7.2}$$

如果曲线由极坐标方程 $\rho=\rho(\theta)$ $(\alpha\leqslant\theta\leqslant\beta)$ 给出,其中 $\rho(\theta)$在$[\alpha, \beta]$)上具有连续导数,此时可把极坐标方程化为参数方程

$$\begin{cases} x = \rho(\theta)\cos\theta, \\ y = \rho(\theta)\sin\theta \end{cases} \quad (\alpha \leqslant \theta \leqslant \beta),$$

极角 θ 作为参数. 并注意到

$$\mathrm{d}x = [\rho'(\theta)\cos\theta - \rho(\theta)\sin\theta]\mathrm{d}\theta,$$

$$\mathrm{d}y = [\rho'(\theta)\sin\theta + \rho(\theta)\cos\theta]\mathrm{d}\theta,$$

则得到弧长元素

$$\mathrm{d}s = \sqrt{(\mathrm{d}x)^2 + (\mathrm{d}y)^2} = \sqrt{\rho^2(\theta) + \rho'^2(\theta)}\,\mathrm{d}\theta.$$

从而曲线的弧长为

$$s = \int_\alpha^\beta \sqrt{\rho^2(\theta) + \rho'^2(\theta)}\,\mathrm{d}\theta. \tag{5.7.3}$$

这里应该指出一点,在图 5-29 中,小段曲线长 Δs 是用小段切线长 $|PT|$ 近似代替的,从而弧长元素 $\mathrm{d}s = |PT| = \sqrt{1+y'^2}\,\mathrm{d}x$. 有人问:$\Delta s$ 用图中的 $\mathrm{d}x$ 近似代替,即用 $\mathrm{d}x$ 作为弧长元素不行吗? 这是不可以的. 在 5.5 节介绍元素法时曾经提到这类问题,原因是 $\Delta s - \mathrm{d}s$ 是 $\mathrm{d}x$ 的高阶无穷小,而 $\Delta s - \mathrm{d}x$ 不是 $\mathrm{d}x$ 的高阶无穷小.

例 1 计算曲线 $y = \frac{2}{3}x^{\frac{3}{2}}$ 上相应于 x 从 a 到 b 的一段弧(图 5-30)的长度.

解 $y' = x^{\frac{1}{2}}$,从而弧长元素为

$$\mathrm{d}s = \sqrt{1 + (x^{\frac{1}{2}})^2}\,\mathrm{d}x = \sqrt{1+x}\,\mathrm{d}x.$$

因此,所求弧长为

$$s = \int_a^b \sqrt{1+x}\,\mathrm{d}x = \left[\frac{2}{3}(1+x)^{\frac{3}{2}}\right]_a^b = \frac{2}{3}\left[(1+b)^{\frac{3}{2}} - (1+a)^{\frac{3}{2}}\right].$$

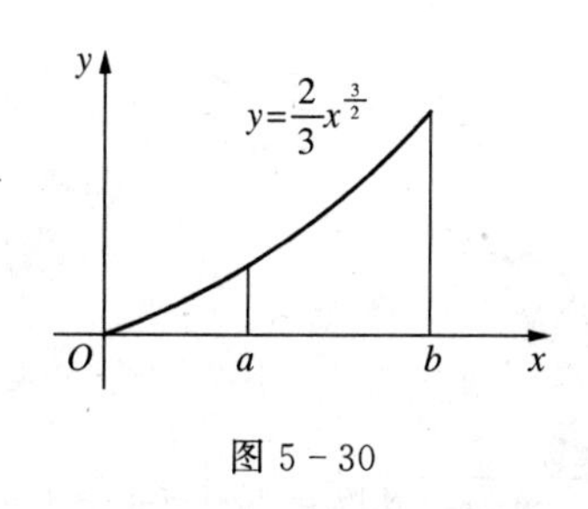

图 5-30

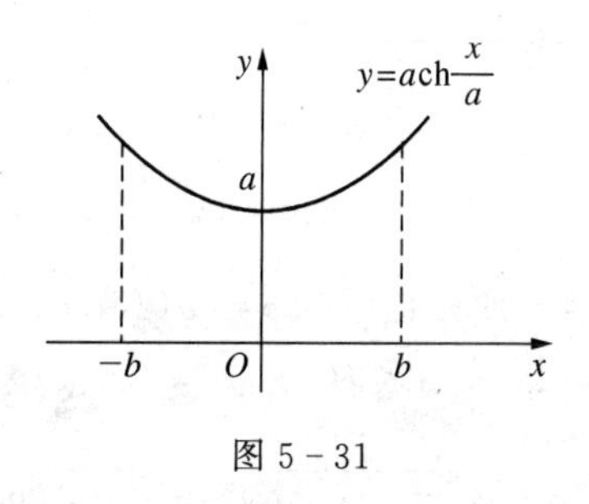

图 5-31

例 2 两根电线杆之间的电线,由于其本身的重量,下垂呈曲线形. 这样的曲线称为悬链线. 适当选取坐标系后(图 5-31),悬链线的方程为

$$y = a\operatorname{ch}\frac{x}{a},$$

其中 a 为常数. 计算悬链线介于 $x=-b$ 与 $x=b$ 之间一段弧的长度.

解 由于对称性,要计算的弧长为相应于 x 从 O 到 b 一段曲线弧长的两倍.

由 $y' = \operatorname{sh}\frac{x}{a}$,从而弧长元素为

$$ds = \sqrt{1+\left(\operatorname{sh}\frac{x}{a}\right)^2}dx = \operatorname{ch}\frac{x}{a}dx.$$

因此,所求弧长为

$$s = 2\int_0^b \operatorname{ch}\frac{x}{a}dx = 2a\operatorname{sh}\frac{x}{a}\bigg|_0^b = 2a\operatorname{sh}\frac{b}{a}.$$

例 3 计算摆线 $\begin{cases} x=a(\theta-\sin\theta), \\ y=a(1-\cos\theta) \end{cases}$ (图 5-32)的一拱 $(0\leqslant\theta\leqslant 2\pi)$ 的长度.

解 弧长元素为

$$ds = \sqrt{a^2(1-\cos\theta)^2+a^2\sin^2\theta}d\theta = a\sqrt{2(1-\cos\theta)}d\theta = 2a\sin\frac{\theta}{2}d\theta.$$

从而,所求弧长为

$$s = \int_0^{2\pi} 2a\sin\frac{\theta}{2}d\theta = 2a\left[-2\cos\frac{\theta}{2}\right]_0^{2\pi} = 8a.$$

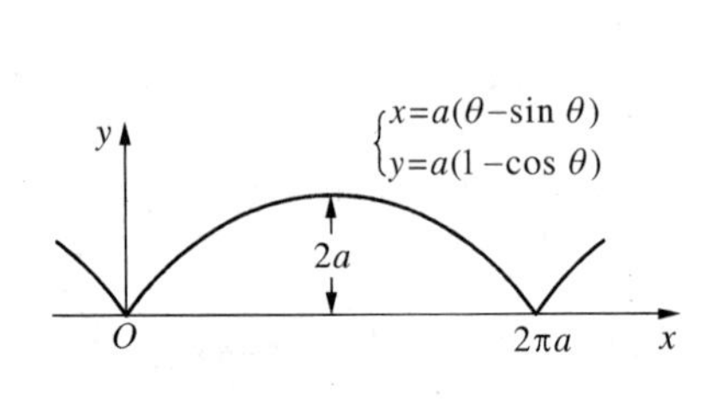

图 5-32

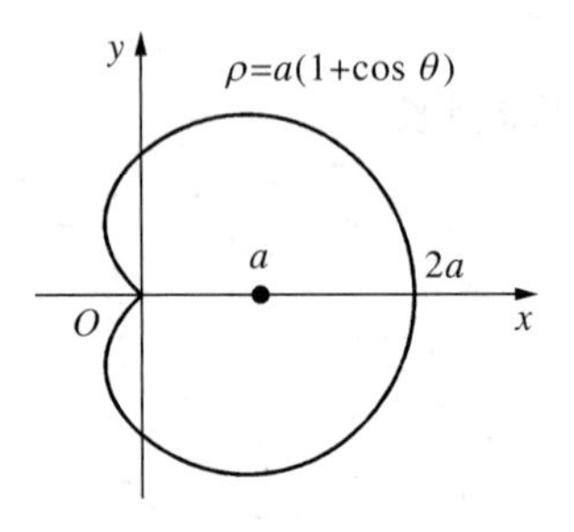

图 5-33

例 4 计算心形线 $\rho = a(1+\cos\theta)$ 的全长(图 5-33).

解 弧长元素为

$$ds = \sqrt{a^2(1+\cos\theta)^2+a^2\sin^2\theta}d\theta = a\sqrt{2+2\cos\theta}d\theta = 2a\left|\cos\frac{\theta}{2}\right|d\theta.$$

由对称性,所求心形线的周长等于它在$[0,\pi]$上的弧长的两倍,所以

$$s = 2\int_0^{\pi} 2a\cos\frac{\theta}{2}\mathrm{d}\theta = 8a\left[\sin\frac{\theta}{2}\right]_0^{\pi} = 8a.$$

*5.7.2　旋转曲面的面积

设平面光滑曲线 L 的方程为

$$y = f(x)\quad (x \in [a, b])$$

(不妨设 $f(x) \geqslant 0$). 这段曲线绕 x 轴旋转一周得到旋转曲面(图 5-34). 现用元素法导出它的面积公式.

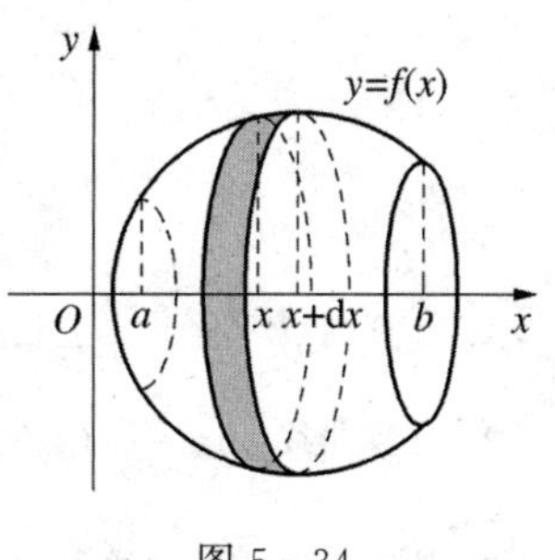

图 5-34

取 x 为积分变量, x 的变化范围是 $[a, b]$, 在其上任取小区间 $[x, x+\mathrm{d}x]$, 在这小区间上, 曲线截下的长度近似为 $\mathrm{d}s$, 旋转曲面截下的是一窄条, 其面积近似等于 $2\pi y\mathrm{d}s$. 于是曲面面积元素

$$\mathrm{d}S = 2\pi y\mathrm{d}s = 2\pi f(x)\sqrt{1+y'^2}\mathrm{d}x.$$

因此, 旋转曲面面积为

$$S = \int_a^b 2\pi y\mathrm{d}s = \int_a^b 2\pi f(x)\sqrt{1+y'^2}\mathrm{d}x. \tag{5.7.4}$$

例 5　计算半径为 R 的球的表面积.

解　设圆的方程为 $x^2+y^2=R^2$, 由上半圆绕 x 轴旋转一周得到球面. 上半圆方程为 $y=\sqrt{R^2-x^2}$, 则 $y' = \dfrac{-x}{\sqrt{R^2-x^2}}$, 从而所求面积为

$$S = 2\pi\int_{-R}^{R} y\sqrt{1+y'^2}\mathrm{d}x = 2\pi\int_{-R}^{R}\sqrt{R^2-x^2}\sqrt{1+\frac{x^2}{R^2-x^2}}\mathrm{d}x$$

$$= 2\pi R\int_{-R}^{R}\mathrm{d}x = 4\pi R^2.$$

例 6　计算由星形线 $x=a\cos^3 t$, $y=a\sin^3 t$ (图 5-35)绕 x 轴旋转而成的旋转曲面的面积.

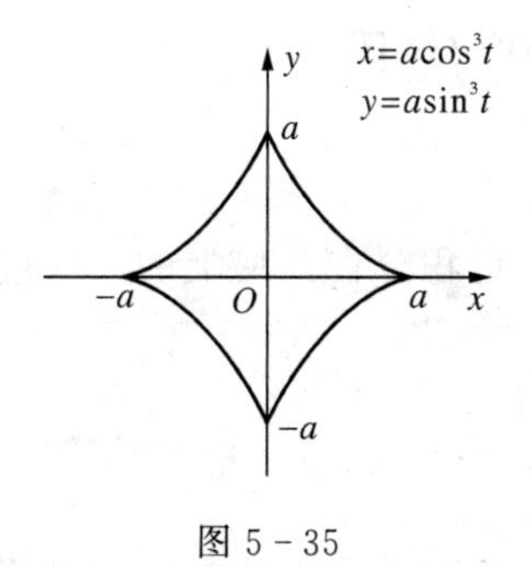

图 5-35

解　由于

$$\mathrm{d}s = \sqrt{(\mathrm{d}x)^2+(\mathrm{d}y)^2}$$

$$= \sqrt{(-3a\cos^2 t\sin t)^2+(3a\sin^2 t\cos t)^2}\mathrm{d}t$$

$$= 3a\,|\sin t\cos t|\,\mathrm{d}t,$$

又由于曲线关于 y 轴对称, 故所求面积为

$$S = 2\int_0^{\frac{\pi}{2}} 2\pi \cdot a\sin^3 t \cdot 3a \mid \sin t \cos t \mid \mathrm{d}t$$

$$= 12\pi a^2 \int_0^{\frac{\pi}{2}} \sin^4 t \cos t \mathrm{d}t = \frac{12}{5}\pi a^2.$$

习　题　5.7

1. 计算曲线 $y = \ln x$ 上相应于$\sqrt{3} \leqslant x \leqslant \sqrt{8}$ 的一段弧的长度.

2. 计算曲线 $y = \frac{\sqrt{x}}{3}(3 - x)$ 上相应于 $1 \leqslant x \leqslant 3$ 的一段弧的长度.

3. 计算半立方抛物线 $y^2 = \frac{2}{3}(x-1)^3$ 被抛物线 $y^2 = \frac{x}{3}$ 截得的一段弧的长度.

4. 计算星形线 $x = a\cos^3 t$，$y = a\sin^3 t$ 的全长.

5. 求对数螺线 $r = \mathrm{e}^{a\theta}$ 相应于自 $\theta = 0$ 到 $\theta = \varphi$ 的一段弧长.

6. 求曲线 $r\theta = 1$ 相应于自 $\theta = \frac{3}{4}$ 至 $\theta = \frac{4}{3}$ 一段弧长.

7. 求曲线 $x = \arctan t$，$y = \frac{1}{2}\ln(1 + t^2)$ 自 $t = 0$ 到 $t = 1$ 的一段弧长.

8. 在摆线 $x = a(t - \sin t)$，$y = a(1 - \cos t)$ 上求分摆线第一拱成 $1:3$ 的点的坐标.

9. 求抛物线 $y = \frac{1}{2}x^2$ 被圆 $x^2 + y^2 = 3$ 所截下的有限部分的弧长.

10. 求 a，b 的值，使椭圆 $x = a\cos t$，$y = b\sin t$ 的周长等于正弦曲线 $y = \sin x$ 在 $0 \leqslant x \leqslant 2\pi$ 上一段的长.

***11.** 求由曲线 $y = \cos x\ \left(0 \leqslant x \leqslant \frac{\pi}{2}\right)$ 绕 x 轴旋转一周所成的旋转曲面的面积.

***12.** 求摆线的一拱：$x = a(t - \sin t)$，$y = a(1 - \cos t)$ $(a > 0;\ 0 \leqslant t \leqslant 2\pi)$，绕 x 轴旋转所得旋转曲面的面积.

5.8　定积分在物理学上的应用

定积分的应用范围和领域非常广泛. 前几节介绍了定积分在几何上的一些应用，本节再介绍定积分在物理学上的有关应用.

5.8.1　变力沿直线所做的功

从物理学知道，如果有一常力 F 作用在一物体上，使物体沿力的方向移动了

距离 s，则力 F 对物体所做的功为

$$W = Fs.$$

如果作用在物体上的力 F 不是常力，而是大小在变化的，这就是变力对物体做功的问题. 下面通过具体例子来说明.

例 1　把一个带 $+q$ 电荷量的点电荷放在 r 轴上坐标原点 O 处，它产生一个电场. 这个电场对周围的电荷有作用力. 由物理学知道，如果有一个单位正电荷放在这个电场中距离原点 O 为 r 的地方，那么电场对它的作用力的大小为

$$F = k\frac{q}{r^2} \quad (k \text{ 为常数}).$$

当这个单位正电荷在电场中从 $r = a$ 处沿 r 轴移动到 $r = b$ $(a < b)$ 处时，计算电场力 F 对它所做的功(图 5-36).

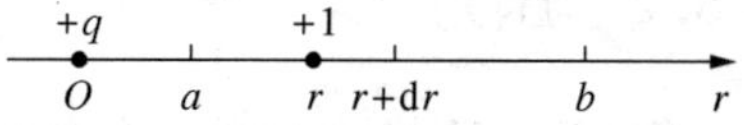

+q　+1
O　a　r　r+dr　b　r

图 5-36

解　单位正电荷在移动过程中，它与原点的距离在变化，因此电场对这个单位正电荷的作用力 F 的大小是变化的. 取 r 为积分变量，它的变化区间为 $[a, b]$，在其中任取小区间 $[r, r+\mathrm{d}r]$，在这小区间上电场力可近似视为常力. 当单位正电荷从 r 移动到 $r + \mathrm{d}r$ 时，电场力做的功近似等于 $\frac{kq}{r^2}\mathrm{d}r$，即得功的元素为

$$\mathrm{d}W = \frac{kq}{r^2}\mathrm{d}r.$$

于是所求的功为

$$W = \int_a^b \frac{kq}{r^2}\mathrm{d}r = kq\left[-\frac{1}{r}\right]_a^b = kq\left(\frac{1}{a} - \frac{1}{b}\right).$$

在计算静电场中某点的电位时，要考虑将单位正电荷从该点处 $(r = a)$ 移到无穷远处的电场力所做的功 W. 此时有

$$W = \int_a^{+\infty} \frac{kq}{r^2}\mathrm{d}r = \left[-\frac{kq}{r}\right]_a^{+\infty} = \frac{kq}{a}.$$

例 2　一圆柱形蓄水池高为 10 m，底半径为 6 m，池内盛满了水，问要把池内的水全部吸出，需做多少功?

解　如图 5-37 所示，作 x 轴，取深度 x 为积分变量，其变化区间为 $[0, 10]$. 在 $[0, 10]$ 上任取一小区间 $[x, x+\mathrm{d}x]$，相应的一薄层水的高度为 $\mathrm{d}x$(m)，体积为 $\mathrm{d}V = \pi \cdot 6^2\mathrm{d}x(\mathrm{m}^3)$. 设水的密度为 $\rho = 1\ \mathrm{t/m^3}$，重力加速度 $g = 9.8\ \mathrm{m/s^2}$，则这薄层水的重力为

$$\rho g\,\mathrm{d}V = 1 \times 9.8 \times 36\pi\mathrm{d}x = 352.8\pi\mathrm{d}x(\mathrm{kN}).$$

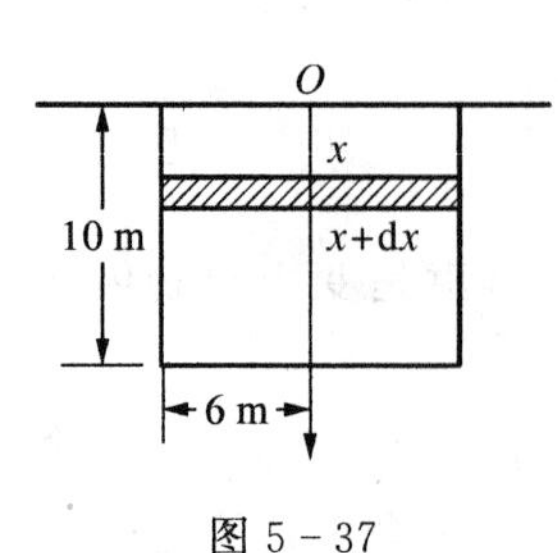

图 5 - 37

因此,把这薄层水吸出池外需做的功近似地为

$$\mathrm{d}W = 352.8\pi x\mathrm{d}x(\mathrm{kJ}).$$

此即为功元素. 于是所求的功为

$$W = \int_0^{10} 352.8\pi x\mathrm{d}x = 352.8\pi \cdot 50 \approx 55\ 390(\mathrm{kJ}).$$

注 本题中,每一薄层水吸出池外需要的力的大小是不变的,它不是变力做功的问题. 但是,不同深度的水移动的距离是变化的,因此也用定积分来计算.

5.8.2 压力 >>>

例 3 一个横放的圆柱形水桶,桶内盛有半桶水. 设桶的底半径为 R,水的密度为 ρ,计算桶的一个端面上所受的压力.

分析 从物理学知道,在水深为 h 处的压强为 $p=\rho gh$,这里 ρ 是水的密度,g 是重力加速度. 如果有一面积为 A 的平板水平地放置在水深为 h 处,那么平板一侧所受的水压力为

$$P = pA.$$

如果平板铅直放置在水中,那么由于水深不同的点处压强 p 不相等,平板一侧所受的水压力就不能用上述方法计算. 本题中水桶的端面也是铅直放置的,下面利用元素法来解决.

解 桶的一个端面是圆片(图 5 - 38),现在要计算的是,当水平面通过圆心时,铅直放置的一个半圆片的一侧所受到的水压力.

取过圆心且铅直向下的直线为 x 轴,过圆心的水平线为 y 轴,则半圆的方程为 $x^2+y^2=R^2(0\leqslant x\leqslant R)$. 取 x 为积分变量,$x\in[0,R]$. 在 $[0,R]$ 上任取一小区间 $[x,x+\mathrm{d}x]$,相应于小区间的窄条上各点处的压强近似于 ρgx,窄条的面积近似于 $2\sqrt{R^2-x^2}\mathrm{d}x$. 因此,窄条一侧所受水压力的近似值,即压力元素为

$$\mathrm{d}P = 2\rho gx\sqrt{R^2-x^2}\mathrm{d}x.$$

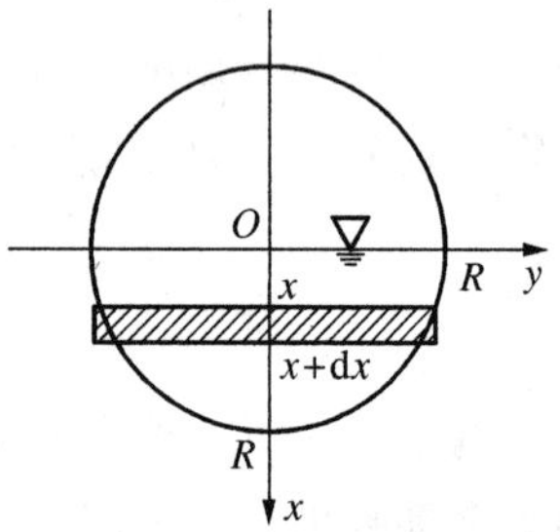

图 5 - 38

于是所求压力为

$$P = \int_0^R 2\rho gx\sqrt{R^2-x^2}\mathrm{d}x = -\rho g\int_0^R (R^2-x^2)^{\frac{1}{2}}\mathrm{d}(R^2-x^2)$$

$$=-\rho g\left[\frac{2}{3}(R^2-x^2)^{\frac{3}{2}}\right]_0^R=\frac{2\rho g}{3}R^3.$$

例4 半径为 R 的圆板，其上每一点所受的载荷为 $p=\ln(1+r)$（每单位面积上的力，其方向垂直指向圆板），其中 r 是圆板上任一点到圆心的距离，求圆板所受的总载荷.

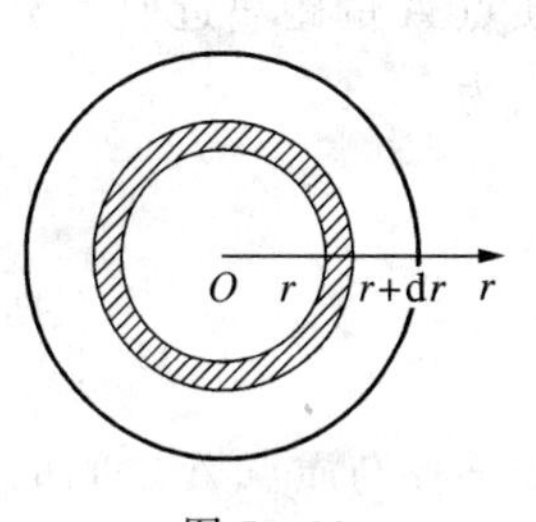

图 5-39

解 因为在半径为 r 的同一圆周上各点所受的载荷相同，所以用一系列的同心圆将圆板分成许多细圆环，这样，每一细圆环上各点受到的载荷，就可近似不变.

作 r 轴如图 5-39 所示. 取 r 为积分变量，$r\in[0,R]$. 在 $[0,R]$ 上任取小区间 $[r,r+\mathrm{d}r]$，在小区间相应的细圆环上各点所受的载荷近似值为 $p=\ln(1+r)$，圆环面积近似于 $\mathrm{d}A=2\pi r\mathrm{d}r$. 因此圆环上所受的载荷近似值，即 P 的元素为

$$\mathrm{d}P=\ln(1+r)\mathrm{d}A=2\pi r\ln(1+r)\mathrm{d}r.$$

于是圆板所受的总载荷是

$$\begin{aligned}P&=\int_0^R 2\pi r\ln(1+r)\mathrm{d}r=\int_0^R\pi\ln(1+r)\mathrm{d}r^2\\&=\pi\left[r^2\ln(1+r)\Big|_0^R-\int_0^R\frac{r^2}{1+r}\mathrm{d}r\right]\\&=\pi\left\{R^2\ln(1+R)-\left[\frac{r^2}{2}-r+\ln(1+r)\right]_0^R\right\}\\&=\pi\left[(R^2-1)\ln(1+R)-\frac{R^2}{2}+R\right]\text{（压力单位）}.\end{aligned}$$

5.8.3 引力

例5 设有一均匀细棒，长为 l，质量为 M. 另有一质量为 m 的质点位于细棒所在的直线上，且到棒的近端距离为 a，求细棒与质点之间的引力.

解 质量为 m 的质点记为 A. 如果将细棒分成许多微小的小段，则每一小段可近似看成一个质点，那么每小段与质点 A 之间的引力可以通过引力公式求出. 由于各个小段对质点 A 的引力都在同一方向上，因此可以相加.

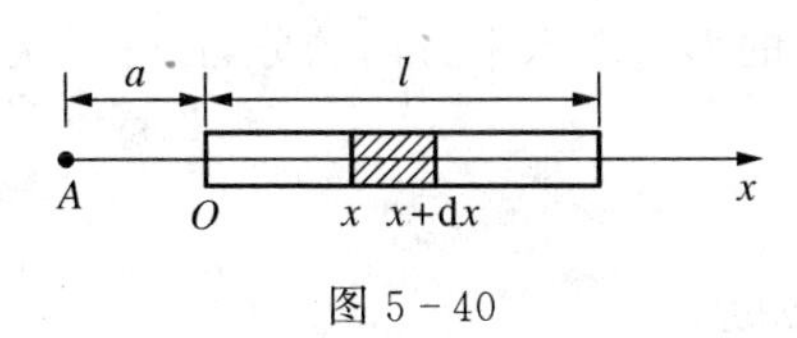

图 5-40

作 x 轴如图 5-40 所示. 取 x 为积分变

量，$x\in[0,l]$. 细棒上任一小区间$[x,x+\mathrm{d}x]$上相应的质量为$\dfrac{M}{l}\mathrm{d}x$，该小段与质点 A 的距离近似为 $x+a$，于是该小段与质点 A 的引力近似值，即引力 F 的元素为

$$\mathrm{d}F=G\frac{m\cdot\dfrac{M}{l}\mathrm{d}x}{(x+a)^2}=\frac{GmM}{l(x+a)^2}\mathrm{d}x.$$

故细棒与质点 A 之间的引力为

$$F=\frac{GmM}{l}\int_0^l\frac{1}{(x+a)^2}\mathrm{d}x=\frac{GmM}{l}\left[-\frac{1}{x+a}\right]_0^l=\frac{GmM}{a(a+l)}.$$

注 如果细棒是铅直放置的，质点位于细棒的中垂线上，且与细棒的距离为 a，这种情形下，细棒上每一小段对质点的引力，它们的方向就不一样. 这时，引力直接相加不方便，于是采取把它们分解为水平方向与铅直方向的分力后，再按水平方向、铅直方向分别相加. 如何求出细棒对质点引力的水平分力和铅直分力，请读者进行思考.

例 6 设有一半径为 R，中心角为 φ 的圆弧形细棒，其线密度为常数 ρ，在圆心处有一质量为 m 的质点 M，试求这细棒对质点 M 的引力.

解 如图 5-41 建立坐标系，质点 M 为原点，点 M 与圆弧细棒中点的连线为 x 轴. 取 θ 为积分变量，$\theta\in\left[-\dfrac{\varphi}{2},\dfrac{\varphi}{2}\right]$，在$\left[-\dfrac{\varphi}{2},\dfrac{\varphi}{2}\right]$上任取小区间$[\theta,\theta+\mathrm{d}\theta]$，在这小区间上相应的小段圆弧细棒可看成质点，其质量为 $\rho R\mathrm{d}\theta$. 因此小段细棒对质点 M 的引力大小近似为

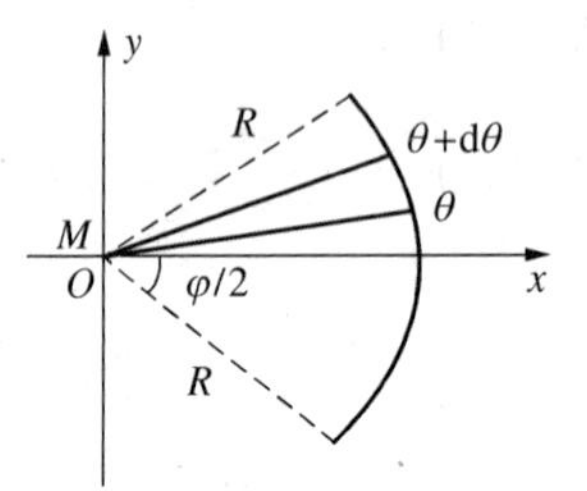

图 5-41

$$G\frac{m\cdot\rho R\,\mathrm{d}\theta}{R^2}=\frac{G\rho m}{R}\mathrm{d}\theta.$$

由于不同小段细棒对质点 M 的引力的方向不同，故它们不能直接相加. 如例 5 的注释中所指出的：必须把它们分解为水平方向和铅直方向的分力后，才可以按水平方向、铅直方向相加. 小段细棒对质点 M 的引力在水平方向分力的近似值为$\dfrac{G\rho m}{R}\cos\theta\mathrm{d}\theta$，这就是圆弧形细棒对质点 M 的引力在水平方向的分力 F_x 的元素，即

$$\mathrm{d}F_x=\frac{G\rho m}{R}\cos\theta\mathrm{d}\theta.$$

于是求得引力在水平方向的分力为

$$F_x=\int_{-\varphi/2}^{\varphi/2}\frac{G\rho m}{R}\cos\theta\mathrm{d}\theta=\frac{2G\rho m}{R}\sin\frac{\varphi}{2}.$$

由对称性,引力在铅直方向分力为 $F_y=0$.

因此,细棒对质点 M 的引力大小为 $\frac{2G\rho m}{R}\sin\frac{\varphi}{2}$,方向为由 M 指向圆弧的中点.

习 题 5.8

1. 由实验知道,弹簧在拉伸过程中,需要的力 F(单位: N)与伸长量 s(单位: cm)成正比,即

$$F=ks\quad(k\text{ 是比例常数}).$$

如果把弹簧由原长拉伸 6 cm,计算所做的功.

2. 直径为 20 cm、高为 80 cm 的圆柱体内充满压强为 10 N/cm^2 的蒸汽. 设温度保持不变,要使蒸汽体积缩小一半,问需要做多少功?

3. 一物体按规律 $x=ct^3$ 作直线运动,媒质的阻力与速度的平方成正比. 计算物体由 $x=0$ 移至 $x=a$ 时,克服媒质阻力所做的功.

4. 用铁锤将一铁钉击入木板,设木板对铁钉的阻力与铁钉击入木板的深度成正比,在锤击第一次时,将铁钉击入木板 1 cm. 如果铁锤每次打击铁钉所做的功相等,问锤击第二次时,铁钉又击入多少?

5. 设一锥形贮水池,深 15 m,口径 20 m,盛满水,今以唧筒将水吸尽,问要做多少功?

6. 有一闸门,它的形状和尺寸如图 5-42 所示. 水面超过闸门顶 2 m,求闸门上所受的水压力.

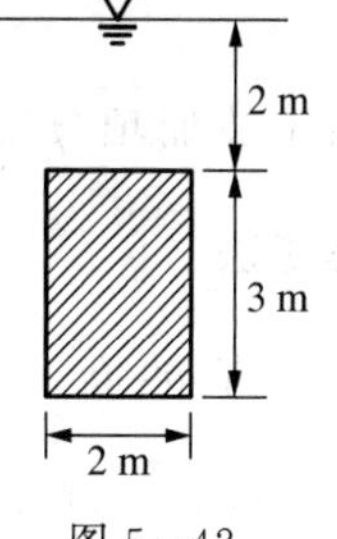

图 5-42

7. 等腰三角形薄板,铅直沉入水中,其底与水面相齐. 薄板的高为 h,底为 a.

(1) 计算薄板一侧所受的压力;

(2) 若倒转薄板,使顶点与水面相齐,而底平行于水面,则水对薄板一侧的压力增加了多少?

8. 有一等腰梯形闸门,它的两条底边各长 10 m 和 6 m,高为 20 m. 较长的底边与水面相齐. 计算闸门的一侧所受的水压力.

9. 设有一长度为 l、线密度为 ρ 的均匀细直棒,在与棒的一端垂直距离为 a 单位处有一质量为 m 的质点 M,试求这细棒对质点 M 的引力.

*5.9 数值积分

计算定积分 $\int_a^b f(x)\mathrm{d}x$，若利用 N-L 公式，必须求出 $f(x)$ 的原函数 $F(x)$，然后计算 $F(b)-F(a)$. 一方面，求 $f(x)$ 的原函数很困难；另一方面，尽管 $f(x)$ 在理论上存在原函数，但其原函数可能不是初等函数，如 $\frac{\sin x}{x}$，e^{x^2} 等. 因此，用 N-L 公式计算定积分有局限性，于是需要寻求另外的积分途径，这就是本节所介绍的数值积分，即用梯形法和抛物线法对定积分作数值计算.

5.9.1 矩形法与梯形法

定积分 $\int_a^b f(x)\mathrm{d}x$ 的值是曲线 $y=f(x)$ 与直线 $x=a$，$x=b$ 以及 x 轴围成的区域 D 的面积的代数和，其中在 x 轴下方的部分为负面积. 我们希望找到简单的方法计算这些面积的代数和的近似值，最直观的是积分和 $\sum_{i=1}^{n} f(\xi_i)\Delta x_i$. 特别地，将 $[a, b]$ n 等分，则积分和式为

$$\sum_{i=1}^{n} f(x_{i-1})\Delta x_i = \sum_{i=1}^{n} f(x_{i-1}) \cdot \frac{b-a}{n} = \frac{b-a}{n}(y_0 + y_1 + \cdots + y_{n-1}). \tag{5.9.1}$$

由于被加项 $f(x_{i-1}) \cdot \frac{b-a}{n}$ 为矩形面积，故称(5.9.1)式为 $\int_a^b f(x)\mathrm{d}x$ 的**矩形算法**.

将 $[a, b]$ n 等分，每个子区间 $[x_{i-1}, x_i]$ 的长度 $\Delta x_i = \frac{1}{n}(b-a) \xlongequal{\triangle} h$ $(i=1, 2, \cdots, n)$. 过各分点作 y 轴的平行线，平行线将区域 D 分成 n 块，第 i 块 ΔD_i 是由曲线 $y=f(x)$，直线 $x=x_{i-1}$，$x=x_i$ 及 x 轴围成. 在 $[x_{i-1}, x_i]$ 上将曲线 $y=f(x)$ 用连接 $M_{i-1}(x_{i-1}, f(x_{i-1}))$ 与 $M_i(x_i, f(x_i))$ 的线段代替，得一梯形(图 5-43)，该梯形面积为

$$\frac{1}{2}[f(x_{i-1})+f(x_i)]h = \frac{1}{2}(y_{i-1}+y_i)h.$$

从而 ΔD_i 的面积

$$\Delta S_i \approx \frac{1}{2}(y_{i-1}+y_i)h, \qquad f(x_i)=y_i \quad (i=0, 1, \cdots, n).$$

从而
$$\int_a^b f(x)\mathrm{d}x = \sum_{i=1}^{n}\Delta S_i \approx \frac{1}{2}\sum_{i=1}^{n}(y_{i-1}+y_i)h$$
$$= \frac{h}{2}(y_0+2y_1+2y_2+\cdots+2y_{n-1}+y_n).$$

称
$$T_n = \frac{h}{2}(y_0+2y_1+\cdots+2y_{n-1}+y_n), \qquad y_i=f(x_i) \quad (0\leqslant i\leqslant n) \tag{5.9.2}$$

为 $\int_a^b f(x)\mathrm{d}x$ 的**梯形算法**.

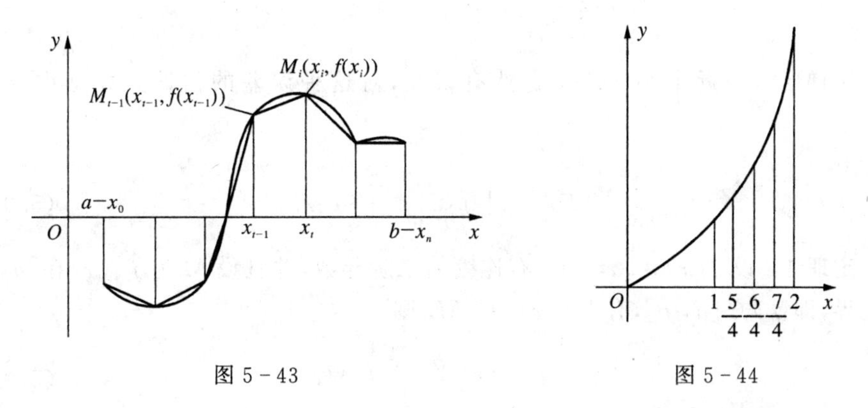

图 5-43　　　　图 5-44

例 1　使用 $n=4$ 时梯形法估计 $\int_1^2 x^2\mathrm{d}x$，并比较估计值与精确值.

解　步骤 1：对[1, 2]进行四等分，得分点 1，$\frac{5}{4}$，$\frac{6}{4}$，$\frac{7}{4}$，2，且 $h=\frac{2-1}{4}=\frac{1}{4}$，如图 5-44 所示.

步骤 2：计算 $y_i=f(x_i)=x_i^2$ $(i=0, 1, \cdots, 4)$，如表 5-1 所示.

表 5-1

x_i	1	$\frac{5}{4}$	$\frac{6}{4}$	$\frac{7}{4}$	2
$f(x_i)=x_i^2$	1	$\frac{25}{16}$	$\frac{36}{16}$	$\frac{49}{16}$	4

步骤 3：利用(5.9.2)式求各小梯形面积之和.

$$T_4=\frac{h}{2}(y_0+2y_1+2y_2+2y_3+y_4)$$

$$=\frac{1}{8}\left[1+2\left(\frac{25}{16}\right)+2\left(\frac{36}{16}\right)+2\left(\frac{49}{16}\right)+4\right]$$

$$=\frac{75}{32}=2.343\ 75.$$

而积分的精确值为

$$\int_1^2 x^2\,\mathrm{d}x=\frac{1}{3}x^3\Big|_1^2=\frac{7}{3}=2.3\dot{3},$$

用 T 逼近 $\int_1^2 x^2\,\mathrm{d}x$ 时,绝对误差小于 $|2.343\ 75-2.3\dot{3}|<0.010\ 42$,相对误差为

$$(2.343\ 75-2.3\dot{3})/2.3\dot{3}=0.446\%.$$

用梯形法逼近 $\int_a^b f(x)\mathrm{d}x$,自然有误差,对这种误差的估计无疑是重要的.记误差

$$E_{T_n}=\int_a^b f(x)\mathrm{d}x-T_n. \tag{5.9.3}$$

定理 1 设 $f(x)$在$[a,b]$上有连续的二阶导数,并且设 M 为 $f''(x)$在$[a,b]$的上界,即 $\forall x\in[a,b]$,有 $|f(x)|\leqslant M$,则

$$|E_{T_n}|\leqslant\frac{b-a}{12}h^2M, \tag{5.9.4}$$

其中 $h=\dfrac{b-a}{n}$.

证明略.

由式(5.9.4)知,当 $n\to\infty$时,即 $h\to0$ 时,$E_{T_n}\to0$,从而在 $f''(x)$在$[a,b]$有界的条件下,有

$$\lim_{h\to\infty}T_n=\int_a^b f(x)\mathrm{d}x. \tag{5.9.5}$$

例 2 用 $n=5$ 的梯形法计算$\int_0^1 \mathrm{e}^{x^2}\mathrm{d}x$.

解 $h=\dfrac{1-0}{5}=\dfrac{1}{5}=0.2$,将$[0,1]$五等分,得分点:$x_0=0$,$x_1=0.2$,$x_2=0.4$,$x_3=0.6$,$x_4=0.8$,$x_5=1$.并计算 $y_i=f(x_i)=\mathrm{e}^{x_i^2}$,如表 5-2 所示.

表 5-2

x_i	0	0.2	0.4	0.6	0.8	1.0
$y_i = e^{x_i^2}$	1	1.045	1.175	1.435	1.890	2.718

由式(5.9.2)知 $\int_0^1 e^{x^2}\,dx$ 的梯形估计值：

$$T_5 = \frac{h}{2}(y_0 + 2y_1 + 2y_2 + 2y_3 + 2y_4 + y_5)$$

$$= \frac{1}{10}(1 + 2\times 1.045 + 2\times 1.175 + 2\times 1.435 + 2\times 1.890 + 2.718)$$

$$= 1.4808.$$

由于
$$f''(x) = (e^{x^2})'' = 2e^{x^2} + 4x^2e^{x^2}$$
在[0, 1]上连续，且在[0, 1]上有 $|f''(x)| \leqslant 6e$，于是由式(5.9.4)知估计的绝对误差为

$$|E_{T_5}| \leqslant \frac{1}{12}\cdot\left(\frac{1}{5}\right)^2\cdot 6e = \frac{e}{50} \approx 0.0544.$$

5.9.2 抛物线法

用积分和(矩形法)与梯形法逼近闭区间上连续函数的积分是在小曲边梯形上用直线段代替曲线，并且梯形法更有效，对于 n 较小时，是数值积分的较快速的一个算法，但不足之处是以直代曲. 能否用一个较简单的曲线来代替呢？而简单的曲线无疑是抛物线. 这个想法是成功的，并且这种算法更有效，这种方法称为**抛物线法**，也称为**辛普森法**.

(1) 将区间$[a, b]$分成 n 等分，n 为偶数，令 $h = \frac{b-a}{n}$，得分点(图 5-45(a))

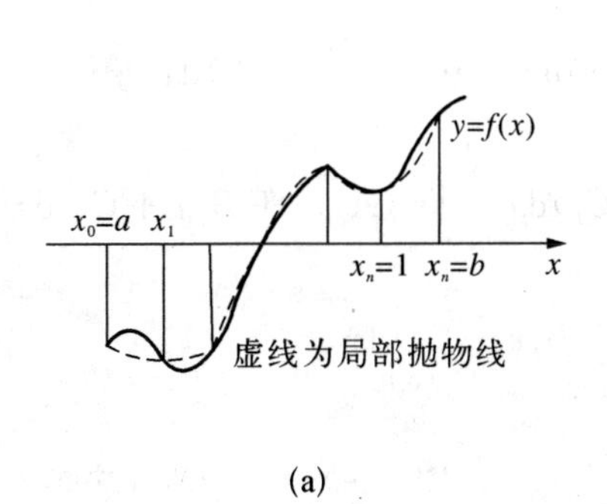

(a)

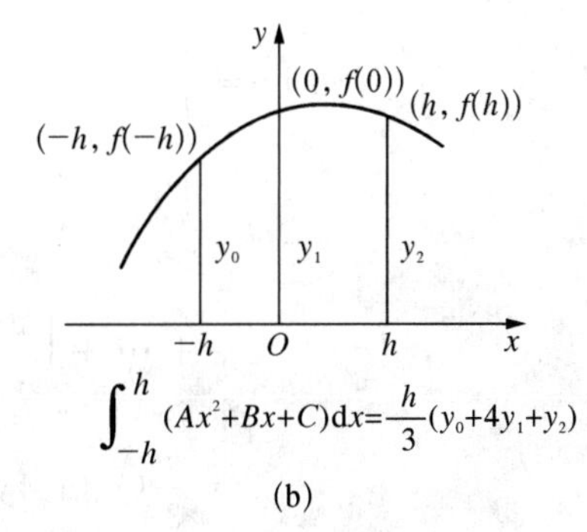

(b)

图 5-45

$$a = x_0 < x_1 < \cdots < x_n = b;$$

(2) 过各分点作 x 轴的垂直线,这些直线与曲线 $y = f(x)$ 得交点:

$$(x_0, f(x_0)), (x_1, f(x_1)), \cdots, (x_n, f(x_n));$$

(3) 由于抛物线需要三个点(不共线)确定,因此,以上交点中,依次从左到右每三个相邻的交点确定一个抛物线,并用它代替过这三点的曲线 $y = f(x)$. 例如,用过 $(x_0, f(x_0))$, $(x_1, f(x_1))$, $(x_2, f(x_2))$ 三点的抛物线代替曲线 $y = f(x)$.

用区间上对抛物线 $y = Ax^2 + Bx + C$ 的积分代替对 $f(x)$ 的积分(图 5-45(b)),如

$$\int_a^{x_2} (Ax^2 + Bx + C)\mathrm{d}x \approx \int_a^{x_2} f(x)\mathrm{d}x.$$

先计算在两相邻区间上对抛物线 $y = Ax^2 + Bx + C$ 的积分,不妨设这个区间为 $[-h, h]$,则

$$\begin{aligned}\int_{-h}^{h} (Ax^2 + Bx + C)\mathrm{d}x &= \frac{2}{3}Ah^3 + 2Ch = \frac{h}{3}(2Ah^2 + 6C) \\ &= \frac{h}{3}((Ah^2 - Bh + C) + 4C + (Ah^2 + Bh + C)) \\ &= \frac{h}{3}(f(-h) + 4f(0) + f(h)) = \frac{h}{3}(y_0 + 4y_1 + y_2).\end{aligned}$$

类似地

$$\int_{x_0}^{x_2} (A_1x^2 + B_1x + C_1)\mathrm{d}x = \frac{h}{3}(y_0 + 4y_1 + y_2),$$

$$\int_{x_2}^{x_4} (A_2x^2 + B_2x + C_2)\mathrm{d}x = \frac{h}{3}(y_2 + 4y_3 + y_4),$$

$$\int_{x_{n-2}}^{x_n} (A_kx^2 + B_kx + C_k)\mathrm{d}x = \frac{h}{3}(y_{n-2} + 4y_{n-1} + y_n) \quad (n = 2k).$$

从而

$$\begin{aligned}\int_a^b f(x)\mathrm{d}x &= \int_{x_0}^{x_2} f(x)\mathrm{d}x + \int_{x_2}^{x_4} f(x)\mathrm{d}x + \cdots + \int_{x_{n-2}}^{x_n} f(x)\mathrm{d}x \\ &\approx \int_{x_0}^{x_2} (A_1x^2 + B_1x + C_1)\mathrm{d}x + \int_{x_2}^{x_4} (A_2x^2 + B_2x + C_2)\mathrm{d}x \\ &\quad + \cdots + \int_{x_{n-2}}^{x_n} (A_kx^2 + B_kx + C_k)\mathrm{d}x \\ &= \frac{h}{3}(y_0 + 4y_1 + 2y_2 + 4y_3 + \cdots + 2y_{n-2} + 4y_{n-1} + y_n).\end{aligned}$$

于是我们得到辛普森方法 $\int_a^b f(x)\mathrm{d}x$ 的近似计算为

$$S_n = \frac{h}{3}(y_0 + 4y_1 + 2y_2 + 4y_3 + \cdots + 2y_{n-2} + 4y_{n-1} + y_n), \tag{5.9.6}$$

其中 $y_i = f(x_i)$，$0 \leqslant i \leqslant n$，$h = \dfrac{b-a}{n}$，$n$ 为偶数，$x_0 = a$，$x_1 = a + h$，$x_2 = a + 2h$，…，$x_{n-1} = a + (n-1)h$，$x_n = b$.

例 3　用 $n = 4$ 的辛普森法逼近 $\int_0^2 5x^4\mathrm{d}x$.

解　将[0, 2]四等分，得 $h = \dfrac{2-0}{4} = \dfrac{1}{2} = 0.5$ 和分点：$x_0 = 0$，$x_1 = 0.5$，$x_2 = 1.0$，$x_3 = 1.5$，$x_4 = 2.0$（表 5 - 3）.

表 5 - 3

x_i	0	0.5	1.0	1.5	2.0
$y_i = 5x_i^4$	0	0.3125	5	25.3125	80

$$\begin{aligned} S_4 &= \frac{h}{3}(y_0 + 4y_1 + 2y_2 + 4y_3 + y_4) \\ &= \frac{1}{6}(0 + 4 \times 0.3125 + 2 \times 5 + 4 \times 25.3125 + 80) \\ &= 32\,\frac{1}{2}. \end{aligned}$$

用辛普森法逼近 $\int_a^b f(x)\mathrm{d}x$，其误差为

$$E_{S_n} = \int_a^b f(x)\mathrm{d}x - S_n. \tag{5.9.7}$$

同样可以证明：

定理 2　若 $f^{(4)}(x)$在$[a, b]$上连续，并设 $|f^{(4)}(x)| \leqslant M$，$\forall x \in [a, b]$，则

$$|E_{S_n}| \leqslant \frac{b-a}{180}Mh^4, \tag{5.9.8}$$

其中 $h = \dfrac{b-a}{n}$.

例 4　应用辛普森法近似计算 $\ln 5 = \int_1^5 \dfrac{\mathrm{d}x}{x}$.

解　将区间[1, 5]八等分得分点（表 5 - 4）：

$$1, 1.5, 2, 2.5, 3, 3.5, 4, 4.5, 5.$$

表 5-4

x	1	1.5	2	2.5	3	3.5	4	4.5	5
$\frac{1}{x}$	1	$\frac{2}{3}$	$\frac{1}{2}$	$\frac{2}{5}$	$\frac{1}{3}$	$\frac{2}{7}$	$\frac{1}{4}$	$\frac{2}{9}$	$\frac{1}{5}$

$$h=\frac{b-a}{n}=\frac{5-1}{8}=\frac{1}{2},$$

由式(5.9.6),有

$$\ln 5=\int_1^5\frac{\mathrm{d}x}{x}\approx\frac{4}{24}\left[1+4\left(\frac{2}{3}\right)+2\left(\frac{1}{2}\right)+4\left(\frac{2}{5}\right)+2\left(\frac{1}{3}\right)\right.$$
$$\left.+4\left(\frac{2}{7}\right)+2\left(\frac{1}{4}\right)+4\left(\frac{2}{9}\right)+\frac{1}{5}\right]\approx 1.61.$$

$f^{(4)}(x)=\left(\frac{1}{x}\right)^{(4)}=\frac{24}{x^5}$, $\forall x\in[1,5]$,有

$$M=\max|f^{(4)}(x)|=\max\left|\frac{24}{x^5}\right|=24.$$

由式(5.9.8),得近似的误差

$$|E_{S_8}|\leqslant\frac{5-1}{180}\cdot\left(\frac{1}{2}\right)^4\cdot 24=\frac{1}{30}.$$

注 若用梯形法计算,由式(5.9.4)知近似的误差

$$|E_{T_8}|\leqslant\frac{5-1}{12}\cdot\left(\frac{1}{2}\right)^2\cdot 24=\frac{1}{6}.$$

可见用抛物线法比梯形法更有效.

习 题 5.9

1. 分别用梯形法和抛物线法近似计算 $\int_1^2\frac{\mathrm{d}x}{x}$ (将积分区间十等分).

2. 用抛物线法近似计算 $\int_0^\pi\frac{\sin x}{x}\mathrm{d}x$ (分别将区间二等分、四等分、六等分).

3. 图 5-46 所示为河道某一截面图(单位:m).试由测得数据用抛物线法求截面面积.

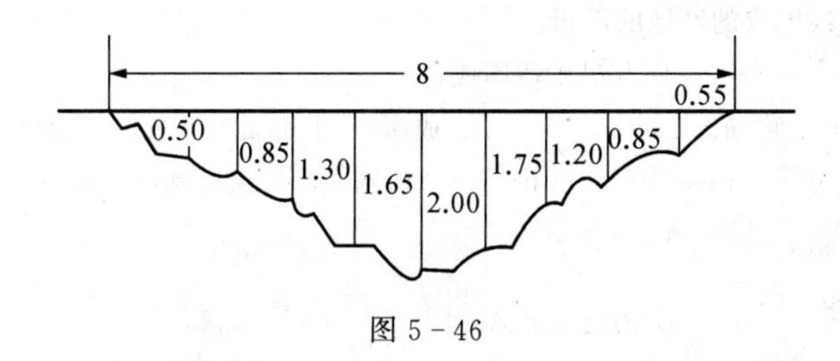

图 5 - 46

总习题 5

1. 计算下列定积分：

(1) $\int_0^{\frac{\pi}{6}} \frac{\sin\theta}{\cos^3\theta}d\theta$；　　(2) $\int_0^{\frac{\pi}{4}}(\cos 2x+\sin 5x)dx$；

(3) $\int_1^4 \frac{dt}{\sqrt{t}(1+\sqrt{t})^3}$；　　(4) $\int_1^2 \frac{\left(1+\frac{1}{t}\right)^2}{t^2}dt$；

(5) $\int_{-\frac{\pi}{2}}^{\frac{\pi}{2}} \cos\theta\cos(\pi\sin\theta)d\theta$；　　(6) $\int_{-\frac{\pi}{4}}^{\frac{\pi}{4}}(|x|\sin^5 x+x^2\tan x)dx$；

(7) $\int_0^{4\pi}|\sin 2x|dx$；　　(8) $\int_0^1 x^2 e^{-x}dx$；

(9) $\int_1^2 \frac{5^{\frac{1}{x}}}{x^2}dx$；　　(10) $\int_0^{8\pi} e^{-x}\sin x dx$.

2. 求函数 $\int_0^x \frac{2t-1}{t^2-t+1}dt$ 在区间[0, 2]上的最大值与最小值.

3. 计算下列反常积分：

(1) $\int_{-\infty}^1 e^{3x}dx$；　　(2) $\int_1^{+\infty} xe^{-x}dx$；

(3) $\int_{\frac{\pi}{3}}^{\frac{\pi}{2}} \frac{\tan x dx}{(\ln\cos x)^2}$；　　(4) $\int_{-3}^3 \frac{x}{\sqrt{9-x^2}}dx$.

4. 填空题.

(1) 设 $f(x)$为连续函数,则 $\int_{-1}^1 xf(x^2)dx=$ ________.

(2) $\lim\limits_{x\to 0^+}\frac{\int_0^x \sqrt{t}\cos t dt}{x^2}=$ ________.

(3) $f(x)=\frac{x^2}{\sqrt{1-x^2}}$ 在区间 $\left[\frac{1}{2}, \frac{\sqrt{3}}{2}\right]$ 上的平均值为________.

(4) 如果 $\lim\limits_{b\to+\infty}\int_a^b f(x)dx$ 存在,称 $\int_a^{+\infty} f(x)dx$ ________.

5. 求下列曲线围成的区域的面积：

(1) 由曲线 $y^2=(4-x)^3$ 与纵轴所围成；

(2) 直线 $y=x$ 将椭圆 $x^2+3y^2=6y$ 分成两块，小块面积为 A，大块面积为 B，求 A/B.

6. 求由曲线 $y=e^x(x\leqslant 0)$，$x=0$，$y=0$ 所围成的区域分别绕 x 轴和 y 轴旋转所得的旋转体的体积.

7. 建立 $I_{2n}=\int_0^{\frac{\pi}{4}}\tan^{2n}x\,dx$ 的递推公式，并计算 $\int_0^{\frac{\pi}{4}}\tan^6 x\,dx$.

8. 求 $\lim\limits_{x\to 0}\dfrac{\int_0^{\sin^2 x}\ln(1+t)\,dt}{\sqrt{1+x^4}-1}$.

9. 证明：方程 $\int_0^x\sqrt{1+t^4}\,dt+\int_{\cos x}^0 e^{-t^2}\,dt=0$ 有且只有一个实根.

10. 设 $f(x)=\int_x^1 e^{-y^2}\,dy$，计算 $I=\int_0^1 x^2 f(x)\,dx$.

11. 设 $f(x)$ 是周期为 T 的连续函数，证明：$\lim\limits_{x\to+\infty}\dfrac{1}{x}\int_0^x f(t)\,dt=\dfrac{1}{T}\int_0^T f(t)\,dt$.

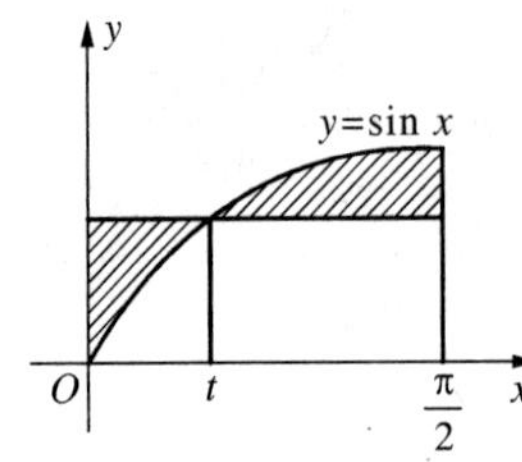

图 5-47

12. 求图 5-47 中阴影部分面积的最大值和最小值.

13. 设 $f(x)>0$ 且连续，$g(x)=\dfrac{\int_0^x tf(t)\,dt}{\int_0^x f(t)\,dt}$，当 $x\neq 0$ 且 $g(0)=0$ 时，证明：$g'(x)$ 处处连续.

14. 若曲线 $y=\cos x\left(0\leqslant x\leqslant\dfrac{\pi}{2}\right)$ 与 x 轴，y 轴所围图形面积被 $y=a\sin x$，$y=b\sin x\ (a>b>0)$ 三等分，求 a 与 b.

15. 设 $f(x)$ 在 $[0,+\infty)$ 上可导，$f(0)=0$，其反函数为 $g(x)$. 若

$$\int_0^{f(x)} g(t)\,dt=x^2e^x,$$

求 $f(x)$.

16. 已知 $f(x)$ 满足方程 $f(x)=3x-\sqrt{1-x^2}\int_0^1 f^2(x)\,dx$，求 $f(x)$.

17. 设函数 $f(x)$ 在 $[a,b]$ 上连续，且 $f(x)$ 关于 $x=\dfrac{a+b}{2}$ 对称的点处取相同的值，证明：$\int_a^b f(x)\,dx=2\int_a^{\frac{a+b}{2}}f(x)\,dx$.

18. 证明：$\int_1^a f\left(x^2+\dfrac{a^2}{x^2}\right)\dfrac{dx}{x}=\int_1^a f\left(x+\dfrac{a^2}{x}\right)\dfrac{dx}{x}$.

19. 设 $\varphi(x)$ 是可微函数 $y=f(x)$ 的反函数，且 $f(1)=0$，证明：

$$\int_0^1\left[\int_0^{f(x)}\varphi(t)\,dt\right]dx=2\int_0^1 xf(x)\,dx.$$

20. 设 $f(x)=\begin{cases}\dfrac{1}{1+x}, & x\geqslant 0,\\ \dfrac{1}{1+e^{x}}, & x<0.\end{cases}$ 求 $\int_0^2 f(x-1)\mathrm{d}x$.

21. 设 $f(x)$ 在区间 $[a, b]$ 上连续, $g(x)$ 在区间 $[a, b]$ 上连续且不变号. 证明: 至少存在一点 $\xi\in[a, b]$, 使

$$\int_a^b f(x)g(x)\mathrm{d}x=f(\xi)\int_a^b g(x)\mathrm{d}x \quad \text{（积分第一中值定理）}$$

成立.

22. 若函数 $f(x)$ 在闭区间 $[2, 4]$ 上有连续的导数, 且 $f(2)=f(4)=0$. 证明:

$$\left|\int_2^4 f(x)\mathrm{d}x\right|\leqslant \max_{2\leqslant x\leqslant 4}|f'(x)|.$$

23. 设抛物线 $y=ax^2+bx+c$ 通过点 $(0, 0)$, 且当 $x\in[0, 1]$ 时, $y\geqslant 0$. 试确定 a, b, c 的值, 使得抛物线 $y=ax^2+bx+c$ 与直线 $x=1$, $y=0$ 所围图形的面积为 $\dfrac{4}{9}$, 且使该图形绕 x 轴旋转而成的旋转体的体积最小.

24. 边长为 a 和 b 的矩形薄板, 与液面成 α 角斜沉于液体内, 长边平行于液面而位于深 h 处, 设 $a>b$, 液体的密度为 ρ, 试求薄板每面所受的压力.

25. 设星形线 $x=a\cos^3 t$, $y=a\sin^3 t$ 上每一点处的线密度的大小等于该点到原点距离的立方, 在原点 O 处有一单位质点, 求星形线在第一象限的弧段对这质点的引力.

实验 5　定积分及其应用

一、实验内容

定积分计算与定积分应用.

二、实验目的

(1) 熟悉用 Matlab 定积分.

(2) 加深理解定积分的定义.

三、预备知识

定积分的基本指令为 int(f, a, b), 表示积分 $\int_a^b f(x)\mathrm{d}x$.

例如, int('x^3',0,1), 表示积分 $\int_0^1 x^3\mathrm{d}x$.

```
int('x^3',0,1)
ans=1/4
```

定积分一般采用数值解法，基本指令为 quad(f,a,b)和 quadl(f,a,b)，其中 f 为符号函数，a,b 分别为积分下限与上限，其运算符号要采用向量运算符.

例如，计算 $\int_0^1 \frac{1}{x+\sqrt{1-x^2}}dx$.

```
s=quad('1./(x+sqrt(1-x.^2))',0,1)
s=0.78540186
s=quadl('1./(x+sqrt(1-x.^2))',0,1)
a=0.78539821
```

其精确值为 $\frac{\pi}{4}=0.78539816$.

可见使用指令 quadl( )，其结果更精确.

例 1 求 $\int_0^x xe^{-x^2}dx$.

```
y=int('t* exp(-t^2)',0,'x')
y=-1/2* exp(-x^2)+1/2
```

例 2 用小区间上的矩形面积的和逼近曲边梯形的面积.

设曲边梯形的面积由 $f(x)=1-e^{-x^2}$，$y=0$，$x=0$，$x=2$ 围成，我们将区间[0，1]等分成 n 份，分点为 x_1，x_2，…，x_n，其中 $x_1=0$，$x_n=2$；小区间长度为 $L=2/(n-1)$. 共有 $n-1$ 个等宽的曲边梯形内接小矩形和 $n-1$ 个等宽的曲边梯形外接小矩形.

$n-1$ 个内接小矩形的高分别为 $f(x_1)$，$f(x_2)$，…，$f(x_{n-1})$；

$n-1$ 个外接小矩形的高分别为 $f(x_2)$，$f(x_3)$，…，$f(x_n)$，

其面积和分别为

$$s1=l*[f(x_1)+f(x_2)+\cdots+f(x_{n-1})],$$

$$s2=l*[f(x_2)+f(x_3)+\cdots+f(x_n)].$$

用 Matlab 计算 s1,s2：先把 n 取为 10，程序如下：

```
n=10
x=linspace(0,2,n);      % 步长为 2/(n-1) 的 n 个分点
y=1-exp(-x.^2);         % 每个分点的函数值
l=2/(n-1);
yy=0;
for i=1:n-1
yy=yy+y(i);
end
s1=l* yy
```

```
yy = 0;
for i = 2:n
yy = yy+y(i);
end
s2 = l * yy
```

计算结果为

```
n = 10
s1 = 1.00914157881432
s2 = 1.22729365906127
```

当 n 增加时,结果如下:

```
n = 20
s1 = 1.06631853413428
s2 = 1.16965373004073
n = 30
s1 = 1.08409643922591
s2 = 1.15179880895772
n = 40
s1 = 1.09276326411226
s2 = 1.14310605186155
n = 60
s1 = 1.10128690537928
s2 = 1.13456434134915
n = 100
s1 = 1.10800509708991
s2 = 1.12783710438509
n = 200
s1 = 1.11298613865804
s2 = 1.12285231314157
n = 400
s1 = 1.11545840082599
s2 = 1.12037912444058
n = 1000
s1 = 1.11693596667919
s2 = 1.11890130073547
n = 10000
s1 = 1.11782043122790
s2 = 1.11801678773577
```

结果如图 5－48 所示.

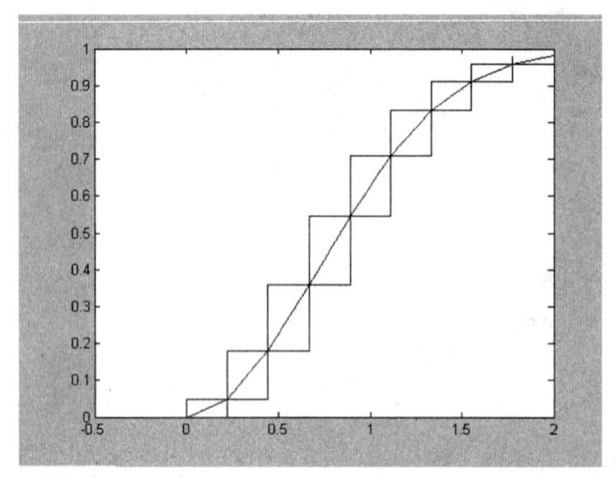

n=10

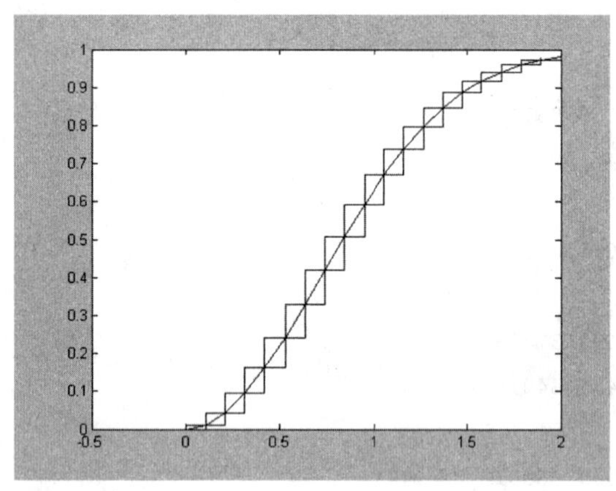

n=20

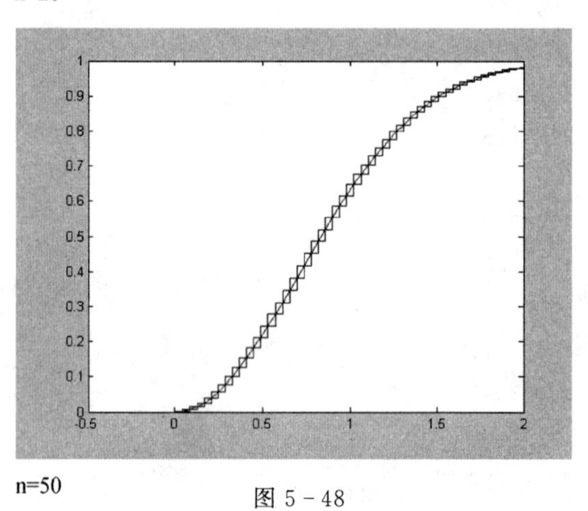

n=50

图 5－48

再求曲边梯形的面积：

```
s = int('1-exp(-x^2)',0,2)
vpa(s)      % 将 s 写成小数形式
s = 1.1179186
```

可见 s1 单调上升逼近 s，s2 单调下降逼近 s. 事实上 s1 和 s2 都以 s 为极限.

四、实验题目

例 3　求定积分：

(1) 求 $\int_0^{\frac{\pi}{2}} \frac{x+\sin x}{1+\cos x}\mathrm{d}x$.

```
int((x+sin(x))/(1+cos(x)),0,pi/2)
ans=1/2 * pi
```

(2) 求 $\int_0^{\frac{\pi}{2}} \sqrt{1-\sin 2x}\mathrm{d}x$.

```
int(sqrt(1-sin(2 * x)),0,pi/2)
ans=-2+2 * 2^(1/2)
```

(3) 求 $\int_0^{\frac{\pi}{4}} \ln(1+\tan x)\mathrm{d}x$.

```
quadl('log(1+tan(x))',0,pi/4)
ans=0.272198
```

(4) 求 $\int_0^1 \frac{\ln(1+x)}{x^4+x^3+1+x\mathrm{e}^x}\mathrm{d}x$.

```
f ='log(1+x)./(x.^4+x.^3+1+exp(x).* x)';
quadl(f,0,1)
ans=0.155317
```

(5) 求 $\frac{1}{\sqrt{2\pi}}\int_{-\infty}^{+\infty} \mathrm{e}^{-\frac{x^2}{2}}\mathrm{d}x$.

```
s=int((1/sqrt(2 * pi)) * exp(-(x^2)/2),-inf,inf);
                          %quad 不能用无穷大符号 inf
vpa(s,8)                  %给出 s 的 8 位数值
ans=1.0000000
```

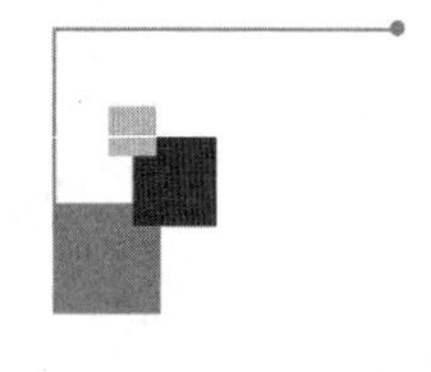

第 6 章

空间解析几何

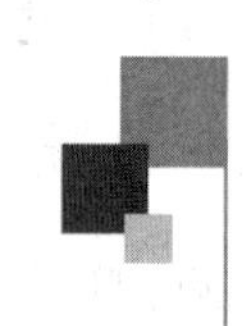

法国数学家、哲学家、物理学家笛卡尔(René Descartes, 1596～1650)创立了解析几何,同时开创了几何学研究的新局面和新方法,为后来微积分的发展起着不可低估的作用.

平面解析几何通过坐标法把平面上的点与一对有次序的数对应起来,把平面图形与方程对应起来,从而用代数方法来研究几何问题,或者将代数问题直观化,所以平面解析几何知识对于学习一元函数微积分必不可少;空间解析几何亦是如此,作为平面解析几何的推广,学习多元函数微积分同样起着举足轻重的作用.

本章先引进空间直角坐标系,然后利用坐标讨论向量的运算,再介绍空间解析几何的有关内容.

6.1 空间直角坐标系

6.1.1 空间直角坐标系

过空间中一定点引三条相互垂直的实数轴,称为 x 轴(横轴),y 轴(纵轴)和 z 轴(竖轴),统称为**坐标轴**. 该定点称为原点,记为 O. 通常把 x 轴,y 轴置于水平位置,而 z 轴则是铅直线,三条坐标轴的正向符合右手法则:右手张开,让大拇指与四指垂直,四指所指的方向即为 x 轴正向,右手自然合拢 $\frac{\pi}{2}$ 角度,合拢的方向即为 y 轴正向,而大拇指的指向即为 z 轴正向. 按此方法得到的"三轴一点":① x 轴,y 轴,z 轴和原点就构成了空间直角坐标系;②记为 O-xyz. 如图 6 - 1 所示.

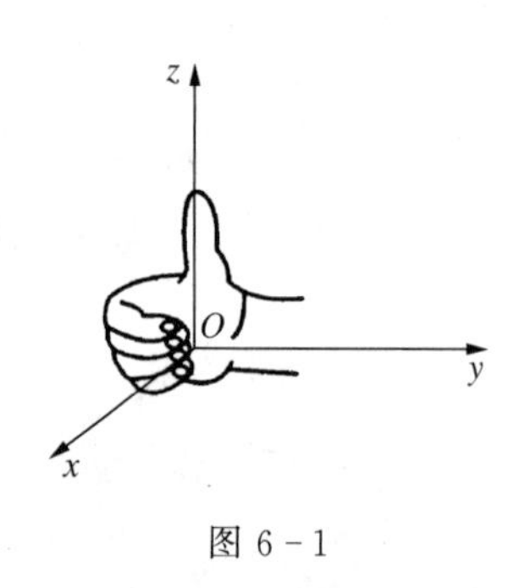

图 6 - 1

三条坐标轴中任意两条可确定一个平面,如 x 轴与 y 轴确定的平面称为

xOy 面，x 轴与 z 轴确定的平面称为 xOz 面，y 轴和 z 轴确定的平面称为 yOz 面，这三个平面统称为**坐标面**，它们将空间分成八个部分，每一部分称为一个卦限，其分布如图 6－2 所示. 八个卦限分别用一、二、…、八表示，在 xOy 面上方的四个部分是第一至第四卦限，其中由 x 轴，y 轴，z 轴正半轴所含的部分称为第一卦限，按逆时针方向分别是第二、三、四卦限；在 xOy 面下方的四个部分是第五至第八卦限，其中第五卦限在第一卦限的正下方，其余卦限同样按逆时针方向依次排列.

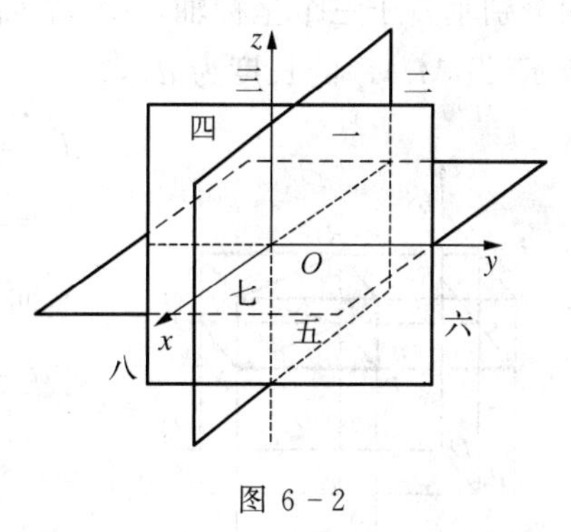

图 6－2

6.1.2　空间点的直角坐标

设 M 为空间的点，过点 M 作三个平面分别垂直于 x 轴，y 轴和 z 轴，交点依次为 A, B, C（图 6－3）. 这三个点在 x 轴，y 轴，z 轴上的坐标依次为 $x,\ y,\ z$，于是点 M 就唯一确定了一个有序数组 $x,\ y,\ z$. 这组数称为点 M 的坐标，记为 $M(x,\ y,\ z)$，其中 $x,\ y$ 和 z 分别为点 M 的横坐标、纵坐标和竖坐标. 反之，有序数组 $(x,\ y,\ z)$ 在空间直角坐标系中也可以唯一确定其对应点的位置. 在 x 轴上的点满足 $y=z=0$；在 y 轴上的点满足 $x=z=0$；在 z 轴上的点满足 $x=y=0$；在 xOy 面上的点满足 $z=0$；在 yOz 面上的点满足 $x=0$；在 xOz 面上的点满足 $y=0$.

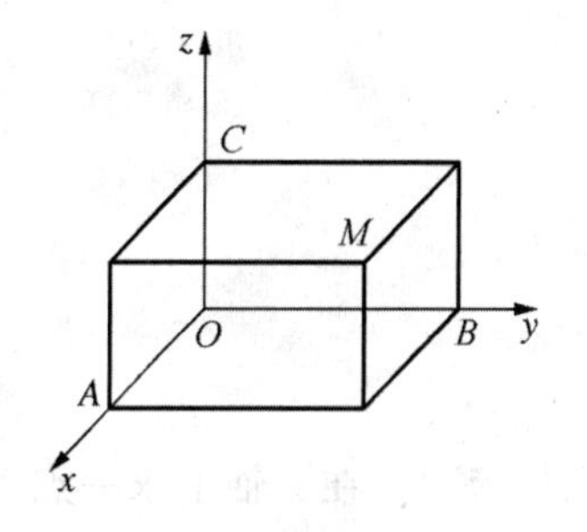

图 6－3

由于空间直角坐标系将整个空间分成了八个卦限，每个卦限中点的坐标符号见表 6－1.

表 6－1

卦　限	点的坐标$(x,\ y,\ z)$	卦　限	点的坐标$(x,\ y,\ z)$
一	(＋,＋,＋)	五	(＋,＋,－)
二	(－,＋,＋)	六	(－,＋,－)
三	(－,－,＋)	七	(－,－,－)
四	(＋,－,＋)	八	(＋,－,－)

6.1.3　两点间的距离和中点坐标公式

仿照平面解析几何的方法可给出空间两点间的距离公式和中点坐标公式.

设 $M_1(x_1, y_1, z_1)$ 和 $M_2(x_2, y_2, z_2)$ 为空间两点，过点 M_1 和 M_2 各作三个平面分别垂直于三个坐标轴，这六个面围成以 M_1M_2 为对角线的长方体，如图 6-4 所示. 设 M_1M_2 的长度为 d，则

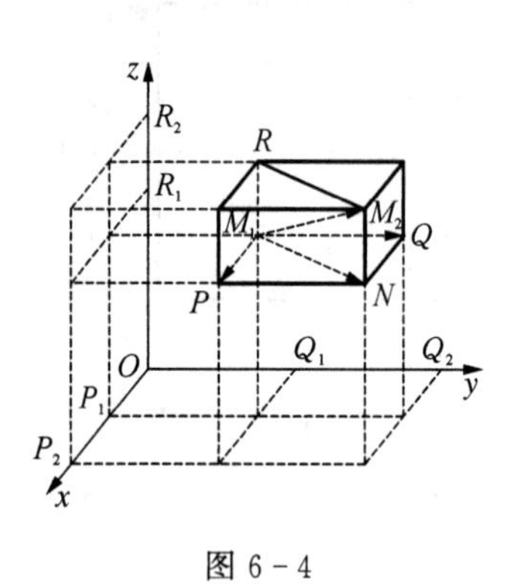

图 6-4

$$d^2 = |M_1M_2|^2 = |M_1P|^2 + |M_1Q|^2 + |M_1R|^2$$
$$= (x_2 - x_1)^2 + (y_2 - y_1)^2 + (z_2 - z_1)^2,$$

从而

$$d = \sqrt{(x_2 - x_1)^2 + (y_2 - y_1)^2 + (z_2 - z_1)^2}. \tag{6.1.1}$$

特别地，原点 $O(0, 0, 0)$ 与 $M(x, y, z)$ 之间的距离为

$$d = \sqrt{x^2 + y^2 + z^2}.$$

若空间点 $M_1(x_1, y_1, z_1)$ 与 $M_2(x_2, y_2, z_2)$ 的中点为 $M(x, y, z)$，则

$$\begin{cases} x = \dfrac{1}{2}(x_1 + x_2), \\ y = \dfrac{1}{2}(y_1 + y_2), \\ z = \dfrac{1}{2}(z_1 + z_2). \end{cases} \tag{6.1.2}$$

例 1 在 z 轴上求一点 M，使它与点 $A(-4, 1, 7)$ 和点 $B(3, 5, -2)$ 的距离相等，并求 A, B 之间的中点坐标.

解 (1) 依题意可设 $M(0, 0, z)$，且 $|MA| = |MB|$，即

$$\sqrt{(-4-0)^2 + (1-0)^2 + (7-z)^2} = \sqrt{(3-0)^2 + (5-0)^2 + (-2-z)^2}.$$

解得 $z = \dfrac{14}{9}$. 故所求点 $M\left(0, 0, \dfrac{14}{9}\right)$.

(2) 设 A, B 之中点为 $C(x, y, z)$，由公式(6.1.2)有

$$\begin{cases} x = \dfrac{1}{2}(-4+3) = -\dfrac{1}{2}, \\ y = \dfrac{1}{2}(1+5) = 3, \\ z = \dfrac{1}{2}(7-2) = \dfrac{5}{2}. \end{cases}$$

故 A, B 之中点为 $C\left(-\frac{1}{2}, 3, \frac{5}{2}\right)$.

通过建立空间直角坐标系可知：空间点 $M(x, y, z)$ 到 xOy 面、yOz 面及 xOz 面的距离分别为 $|z|$, $|x|$, $|y|$；到 x 轴，y 轴及 z 轴的距离分别为 $\sqrt{y^2+z^2}$, $\sqrt{x^2+z^2}$ 及 $\sqrt{x^2+y^2}$；关于 xOy 面，yOz 面及 xOz 面的对称点坐标分别为 $(x, y, -z)$, $(-x, y, z)$ 及 $(x, -y, z)$.

习　题　6.1

1. 指出下列各点所在的坐标轴、坐标面或卦限：

$$A(2, -3, -5),\quad B(0, 4, 3),\quad C(0, -3, 0),\quad D(2, 3, -5).$$

2. 自点 $P_0(x_0, y_0, z_0)$ 分别作各坐标面和各坐标轴的垂线，写出各垂足的坐标.

3. 过点 $P_0(x_0, y_0, z_0)$ 分别作平行于 z 轴的直线和平行于 xOy 面的平面，观察它们上面的点的坐标特点.

4. 求点 $A(a, b, c)$ 关于(1) 各坐标面；(2) 各坐标轴；(3) 坐标原点的对称点的坐标.

5. 一边长为 a 的正方体放置在 xOy 面上，其底面的中心在坐标原点，底面的顶点都在 x 轴和 y 轴上，求各顶点的坐标.

6. 求点 $M(4, -3, -5)$ 到各坐标轴及各坐标面上的距离.

7. 在 yOz 面上，求与已知点 $A(3, 1, 2)$, $B(4, -2, -2)$, $C(0, 5, 1)$ 等距离的点的坐标.

8. 根据下列条件求点 B 的未知坐标：

(1) $A(4, -7, 1)$, $B(6, 2, z)$, $|AB|=11$;

(2) $A(2, 3, 4)$, $B(x, -2, 4)$, $|AB|=5$.

6.2　向量及其线性运算

6.2.1　向量的基本概念

客观世界中有很多量，如物体的质量、体积、平面区域的面积、两地之间的路程等，这些量可用一个实数表示，称之为标量. 但还有一些量仅用一个实数表示就不够了，如位移、速度、加速度、力等，对这些既有大小又有方向的量称之为**向量**(或**矢量**).

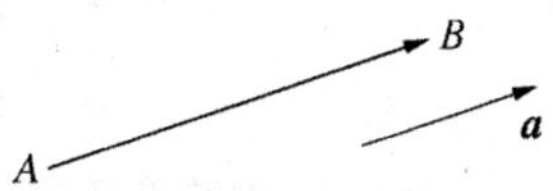

在数学上，常用一条有方向的线段即有向线段表示向量，如图 6-5 所示，A 为起点，B 为终点，记

A　B　$\boldsymbol{a}$

图 6-5

为$\overrightarrow{AB}$.有时也用一个黑体字母表示向量,如 $\boldsymbol{a}$, $\boldsymbol{v}$, $\boldsymbol{r}$ 或$\vec{a}$, $\vec{v}$, $\vec{r}$等.

在实际问题中,有些向量与起点有关,有些向量与起点无关,在数学上只研究与起点无关的向量,并称这种向量为自由向量(简称向量),即只考虑向量的大小和方向.

向量的模 向量的大小称为向量的模,常记为$|\overrightarrow{AB}|$或 a.

相等向量 如果两向量 $\boldsymbol{a}$ 和 $\boldsymbol{b}$ 的大小相等,方向相同,则称向量 $\boldsymbol{a}$ 和 $\boldsymbol{b}$ 相等,记为 $\boldsymbol{a}=\boldsymbol{b}$. 也就是说经过平移后 $\boldsymbol{a}$ 和 $\boldsymbol{b}$ 能完全重合.

单位向量 模为 1 的向量,称为单位向量. 与 $\boldsymbol{a}$ 同向的单位向量,记为 $\vec{a}^0$ 或 $\boldsymbol{e}_a$.

零向量 模为 0 的向量,称为零向量. 记为 $\boldsymbol{0}$ 或$\vec{0}$. 它的方向是任意的.

平行向量 若两向量 $\boldsymbol{a}$ 和 $\boldsymbol{b}$ 方向相同或相反,则称向量 $\boldsymbol{a}$ 与 $\boldsymbol{b}$ 平行,记为 $\boldsymbol{a}/\!/\boldsymbol{b}$. 特别地,若向量 $\boldsymbol{a}$ 与 $\boldsymbol{b}$ 大小相等、方向相反,则称 $\boldsymbol{a}$ 为 $\boldsymbol{b}$ 的负向量,记为 $\boldsymbol{a}=-\boldsymbol{b}$.

如果一个向量放在空间直角坐标系中,以坐标原点作为起点,那么其终点 M 的坐标(x, y, z)是唯一确定的;反之,对空间中点 $M(x, y, z)$,它唯一确定一向量$\overrightarrow{OM}$.因此,通常把点 $M(x, y, z)$与向量$\overrightarrow{OM}$不加区别,记

$$\overrightarrow{OM}=(x, y, z), \tag{6.2.1}$$

并称式(6.2.1)为向量$\overrightarrow{OM}$的坐标表达式,称向量$\overrightarrow{OM}$为点 M 关于原点 O 的向径,记为 $\boldsymbol{r}$,且

$$|\boldsymbol{r}|=|\overrightarrow{OM}|=\sqrt{x^2+y^2+z^2}. \tag{6.2.2}$$

特别地,点 $A(1, 0, 0)$ 与原点 O 构成的向量$\overrightarrow{OA}$,它的模为 1,方向为 x 轴正向,常记为$\boldsymbol{i}$;点$B(0, 1, 0)$与原点O构成的向量$\overrightarrow{OB}$,它的模为1,方向为y轴正向,常记为 $\boldsymbol{j}$;点$C(0, 0, 1)$与原点O构成的向量$\overrightarrow{OC}$,它的模为1,方向为z轴正向,常记为 $\boldsymbol{k}$. 称 $\boldsymbol{i}$, $\boldsymbol{j}$, $\boldsymbol{k}$ 为基本单位向量.

6.2.2 向量的线性运算

1. 向量的加减法

在平面几何中通过三角形法则和平行四边形法则定义向量的加法、减法运算,在此借助空间直角坐标系,利用向量的坐标可得向量的加减法运算如下:

设 $\boldsymbol{a}=(x_1, y_1, z_1)$, $\boldsymbol{b}=(x_2, y_2, z_2)$,则

$$\boldsymbol{a}+\boldsymbol{b}=(x_1+x_2, y_1+y_2, z_1+z_2),$$

$$\boldsymbol{a}-\boldsymbol{b}=(x_1-x_2, y_1-y_2, z_1-z_2).$$

向量的加法符合下列运算规律:

(1) 交换律:$\boldsymbol{a}+\boldsymbol{b}=\boldsymbol{b}+\boldsymbol{a}$;

(2) 结合律：$(\boldsymbol{a}+\boldsymbol{b})+\boldsymbol{c}=\boldsymbol{a}+(\boldsymbol{b}+\boldsymbol{c})$.

特别地，$\boldsymbol{a}-\boldsymbol{b}=\boldsymbol{a}+(-\boldsymbol{b})$. 当 $\boldsymbol{b}=\boldsymbol{a}$ 时，有

$$\boldsymbol{a}-\boldsymbol{a}=\boldsymbol{a}+(-\boldsymbol{a})=\boldsymbol{0}.$$

2. 向量与数的乘法

定义　向量 $\boldsymbol{a}$ 与实数 λ 的乘积记为 $\lambda\boldsymbol{a}$，规定 $\lambda\boldsymbol{a}$ 是一个向量，它的模

$$|\lambda\boldsymbol{a}|=|\lambda|\cdot|\boldsymbol{a}|,$$

它的方向：当 $\lambda>0$ 时与 $\boldsymbol{a}$ 同向；当 $\lambda<0$ 时与 $\boldsymbol{a}$ 反向；当 $\lambda=0$ 或 $\boldsymbol{a}=\boldsymbol{0}$ 时，$\lambda\boldsymbol{a}=\boldsymbol{0}$.

利用向量的坐标可得向量与数的乘法运算如下：

设 $\boldsymbol{a}=(x, y, z)$，$\lambda\in\mathbf{R}$，则

$$\lambda\boldsymbol{a}=(\lambda x, \lambda y, \lambda z).$$

向量与数的乘法符合下列运算规律：

(1) 结合律：$\lambda(\mu\boldsymbol{a})=\mu(\lambda\boldsymbol{a})=(\lambda\mu)\boldsymbol{a}$；

(2) 分配律：$(\lambda+\mu)\boldsymbol{a}=\lambda\boldsymbol{a}+\mu\boldsymbol{a}$，$\lambda(\boldsymbol{a}+\boldsymbol{b})=\lambda\boldsymbol{a}+\lambda\boldsymbol{b}$.

以上规律均可按向量与数的乘法的定义来证明，这里从略.

向量加减及数乘向量统称为向量的**线性运算**.

例 1　设 $\boldsymbol{a}=(1, 2, 3)$，$\boldsymbol{b}=(-1, 0, 1)$，求 $\boldsymbol{a}+\boldsymbol{b}$，$\boldsymbol{a}-2\boldsymbol{b}$.

解

$$\begin{aligned}\boldsymbol{a}+\boldsymbol{b}&=(1-1, 2+0, 3+1)=(0, 2, 4),\\ \boldsymbol{a}-2\boldsymbol{b}&=(1, 2, 3)-2(-1, 0, 1)\\ &=(1+2, 2-0, 3-2)=(3, 2, 1).\end{aligned}$$

例 2　用向量证明，若一个四边形的两个对角线相互平分，则该四边形是平行四边形.

证　如图 6-6 所示，由已知 $|AM|=|MC|$，$|BM|=|MD|$，因此有

$$\overrightarrow{AM}=\overrightarrow{MC},\qquad \overrightarrow{DM}=\overrightarrow{MB}.$$

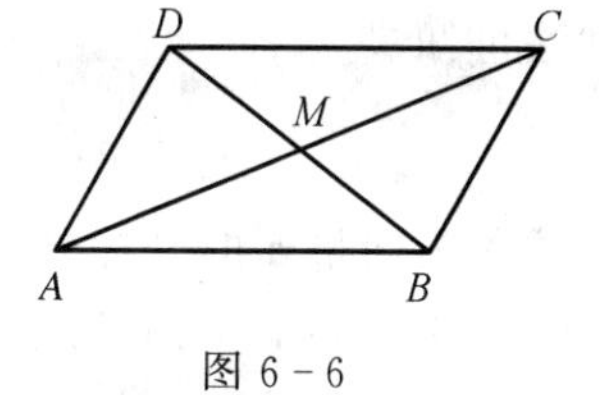

图 6-6

而

$$\overrightarrow{AB}=\overrightarrow{AM}+\overrightarrow{MB}=\overrightarrow{MC}+\overrightarrow{DM}=\overrightarrow{DM}+\overrightarrow{MC}=\overrightarrow{DC}.$$

由向量相等的定义，边 AB 与边 DC 平行且相等，所以四边形 $ABCD$ 为平行四边形.

例 3　设向量 $\boldsymbol{a}\neq\boldsymbol{0}$，那么，向量 $\boldsymbol{b}$ 平行于向量 $\boldsymbol{a}$ 的充分必要条件是：存在唯一的实数 λ，使 $\boldsymbol{b}=\lambda\boldsymbol{a}$.

证　由向量数乘的定义知充分性是成立的. 下面证明必要性.

设 $\boldsymbol{b}\parallel\boldsymbol{a}$,取 $|\lambda|=\dfrac{|\boldsymbol{b}|}{|\boldsymbol{a}|}$,当 $\boldsymbol{a}$ 与 $\boldsymbol{b}$ 同向时 λ 取正值,当 $\boldsymbol{a}$ 与 $\boldsymbol{b}$ 反向时 λ 取负值,则有 $\boldsymbol{b}=\lambda\boldsymbol{a}$. 此时 $\boldsymbol{b}$ 与 $\lambda\boldsymbol{a}$ 同向,且

$$|\lambda\boldsymbol{a}|=|\lambda||\boldsymbol{a}|=\frac{|\boldsymbol{b}|}{|\boldsymbol{a}|}|\boldsymbol{a}|=|\boldsymbol{b}|.$$

再证数 λ 的唯一性.

设 $\boldsymbol{b}=\lambda\boldsymbol{a}$,且 $\boldsymbol{b}=\mu\boldsymbol{a}$,则

$$\boldsymbol{0}=\boldsymbol{b}-\boldsymbol{b}=\lambda\boldsymbol{a}-\mu\boldsymbol{a}=(\lambda-\mu)\boldsymbol{a},$$

即 $|\lambda-\mu|\cdot|\boldsymbol{a}|=0$,因为 $|\boldsymbol{a}|\neq 0$,故 $|\lambda-\mu|=0$,即 $\lambda=\mu$.

注 (1) 若 $\boldsymbol{a}\neq\boldsymbol{0}$,且 $\boldsymbol{a}=(x_1, y_1, z_1)$, $\boldsymbol{b}=(x_2, y_2, z_2)$,则

$$\boldsymbol{a}\parallel\boldsymbol{b}\Leftrightarrow\frac{x_2}{x_1}=\frac{y_2}{y_1}=\frac{z_2}{z_1};$$

(2) 设 $\vec{a}^0$ 表示与非零向量 $\boldsymbol{a}$ 同方向的单位向量,那么

$$\vec{a}^0=\frac{\boldsymbol{a}}{|\boldsymbol{a}|}. \tag{6.2.3}$$

称式(6.2.3)为向量 $\boldsymbol{a}$ 的单位化或标准化公式.

6.2.3 向量的分解、方向角、投影

前面已经介绍基本单位向量 $\boldsymbol{i}=(1, 0, 0)$, $\boldsymbol{j}=(0, 1, 0)$, $\boldsymbol{k}=(0, 0, 1)$,它们两两垂直且分别是与 x 轴,y 轴,z 轴正方向一致的单位向量.

对于任一向量 $\boldsymbol{a}=(x, y, z)$(图 6-7),由向量的加法可知

$$\boldsymbol{a}=x\boldsymbol{i}+y\boldsymbol{j}+z\boldsymbol{k}. \tag{6.2.4}$$

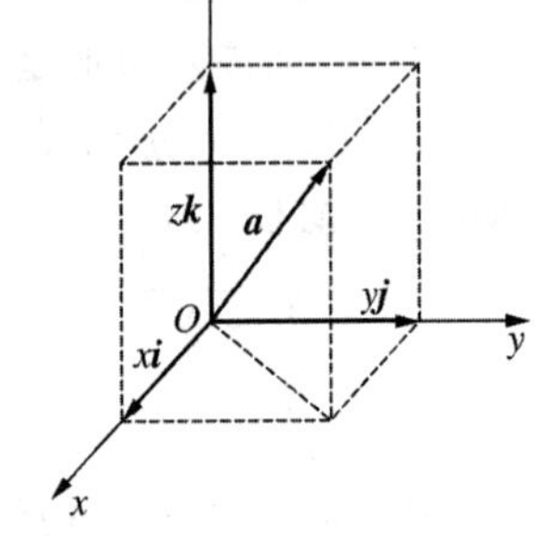

图 6-7

上式称为向量 $\boldsymbol{a}$ 的坐标分解式,其中 x, y, z 分别称为 $\boldsymbol{a}$ 在 x 轴,y 轴,z 轴上的坐标或投影,$x\boldsymbol{i}$, $y\boldsymbol{j}$, $z\boldsymbol{k}$ 分别为 $\boldsymbol{a}$ 在 x 轴,y 轴,z 轴上的分向量.

利用坐标分解式把向量 $\boldsymbol{a}$ 单位化,即

$$|\boldsymbol{a}|=\sqrt{x^2+y^2+z^2}.$$

由式(6.2.3)及(6.2.4)知

$$\vec{a}^0=\frac{x}{|\boldsymbol{a}|}\boldsymbol{i}+\frac{y}{|\boldsymbol{a}|}\boldsymbol{j}+\frac{z}{|\boldsymbol{a}|}\boldsymbol{k}. \tag{6.2.5}$$

非零向量 $\boldsymbol{a}$ 与 x 轴,y 轴,z 轴正向的夹角分别为 α, β, γ,称为向量 $\boldsymbol{a}$ 的方向

角. 如图 6－8 所示，则

$$\begin{cases}\cos\alpha=\dfrac{x}{|\boldsymbol{a}|}=\dfrac{x}{\sqrt{x^2+y^2+z^2}},\\ \cos\beta=\dfrac{y}{|\boldsymbol{a}|}=\dfrac{y}{\sqrt{x^2+y^2+z^2}},\\ \cos\gamma=\dfrac{z}{|\boldsymbol{a}|}=\dfrac{z}{\sqrt{x^2+y^2+z^2}}.\end{cases}\quad(6.2.6)$$

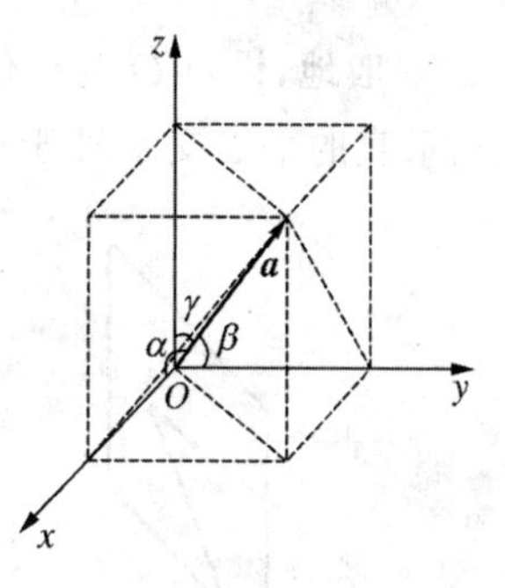

图 6－8

称 $\cos\alpha$，$\cos\beta$，$\cos\gamma$ 为向量 $\boldsymbol{a}$ 的方向余弦. 由式(6.2.5)和式(6.2.6)有

$$\vec{a}^0=\boldsymbol{i}\cos\alpha+\boldsymbol{j}\cos\beta+\boldsymbol{k}\cos\gamma=(\cos\alpha,\ \cos\beta,\ \cos\gamma),\qquad(6.2.7)$$

$$\cos^2\alpha+\cos^2\beta+\cos^2\gamma=1.\qquad(6.2.8)$$

例 4　已知两点 $A(1,\ \sqrt{2},\ 2)$ 和 $B(2,\ 0,\ 1)$，计算向量 $\overrightarrow{AB}$ 的长度(模)、方向余弦和方向角.

解　$\overrightarrow{AB}=(2-1,\ 0-\sqrt{2},\ 1-2)=(1,\ -\sqrt{2},\ -1)$.

$\overrightarrow{AB}$ 的模：$|\overrightarrow{AB}|=\sqrt{1^2+(-\sqrt{2})^2+(-1)^2}=2$；

$\overrightarrow{AB}$ 的方向余弦：$\cos\alpha=\dfrac{1}{2}$，$\cos\beta=-\dfrac{\sqrt{2}}{2}$，$\cos\gamma=-\dfrac{1}{2}$；

$\overrightarrow{AB}$ 的方向角：$\alpha=\dfrac{\pi}{3}$，$\beta=\dfrac{3\pi}{4}$，$\gamma=\dfrac{2\pi}{3}$.

例 5　设点 A 位于第一卦限，向径 $\overrightarrow{OA}$ 与 x 轴，y 轴的夹角依次为 $\dfrac{\pi}{4}$ 和 $\dfrac{\pi}{3}$，且 $|\overrightarrow{OA}|=6$，求点 A 的坐标.

解　$\alpha=\dfrac{\pi}{4}$，$\beta=\dfrac{\pi}{3}$，由关系式 $\cos^2\alpha+\cos^2\beta+\cos^2\gamma=1$，得

$$\cos^2\gamma=1-\left(\frac{\sqrt{2}}{2}\right)^2-\left(\frac{1}{2}\right)^2=\frac{1}{4},$$

因点 A 在第一卦限，知 $\cos\gamma>0$，故

$$\cos\gamma=\frac{1}{2}.$$

于是　$\overrightarrow{OA}=|\overrightarrow{OA}|\cdot\overrightarrow{OA}^0=6\left(\dfrac{\sqrt{2}}{2},\ \dfrac{1}{2},\ \dfrac{1}{2}\right)=(3\sqrt{2},\ 3,\ 3)$，

即为点 A 的坐标.

一般地,设点 O 及单位向量 $\boldsymbol{e}$ 确定 u 轴(图 6-9).任给向量$\overrightarrow{OA}$,过点 A 作与 u 轴垂直的平面交 u 轴于点 A'(点 A' 称为点 A 在 u 轴上的投影),向量$\overrightarrow{OA'}$称为向量$\overrightarrow{OA}$在 u 轴上的分向量,且 $\overrightarrow{OA'}=\lambda\boldsymbol{e}$,则称数 λ 为向量$\overrightarrow{OA}$ 在 u 轴上的投影,记为 $\mathrm{Prj}_u\overrightarrow{OA}$.

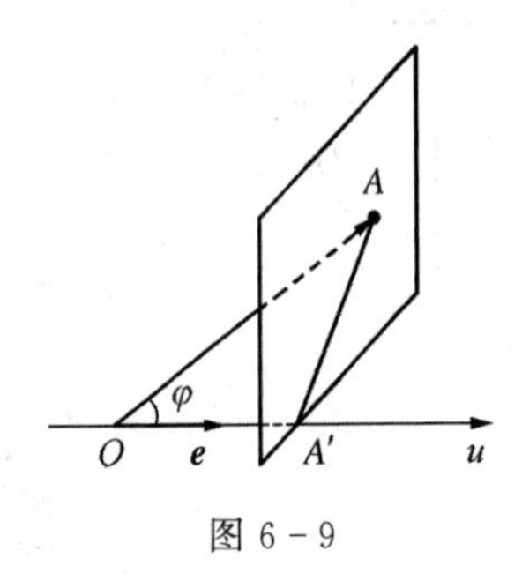

图 6-9

依此定义,若空间直角坐标系中有一向量 $\boldsymbol{a}=(x,\ y,\ z)$,则

$$x=\mathrm{Prj}_x\boldsymbol{a},\qquad y=\mathrm{Prj}_y\boldsymbol{a},\qquad z=\mathrm{Prj}_z\boldsymbol{a}.$$

可见向量在某轴上的投影是一个可正、可负也可为 0 的数.

向量的投影具有以下性质:

性质 1 $\mathrm{Prj}_u\boldsymbol{a}=|\boldsymbol{a}|\cos\varphi$,其中 φ 为向量 $\boldsymbol{a}$ 与 u 轴正向的夹角.

性质 2 $\mathrm{Prj}_u(\boldsymbol{a}+\boldsymbol{b})=\mathrm{Prj}_u\boldsymbol{a}+\mathrm{Prj}_u\boldsymbol{b}$.

性质 3 $\mathrm{Prj}_u(\lambda\boldsymbol{a})=\lambda\,\mathrm{Prj}_u\boldsymbol{a}$.

习 题 6.2

1. 一向量的终点为 $B(2,\ -1,\ 7)$,它在 x 轴,y 轴,z 轴上的投影分别是 4, −4, 7,求该向量起点 A 的坐标.

2. 已知两点 $M_1(4,\ \sqrt{2},\ 1)$和 $M_2(3,\ 0,\ 2)$,试计算向量$\overrightarrow{M_1M_2}$的模、方向余弦、方向角以及与向量$\overrightarrow{M_1M_2}$平行的单位向量.

3. 一非零向量与 x 轴,y 轴的夹角相等,而与 z 轴的夹角是前者的两倍,求该向量的方向角.

4. 设 $m=3\boldsymbol{i}+5\boldsymbol{j}+8\boldsymbol{k}$, $n=2\boldsymbol{i}-4\boldsymbol{j}-7\boldsymbol{k}$, $p=5\boldsymbol{i}+\boldsymbol{j}-4\boldsymbol{k}$, $a=4m+3n-p$,求向量 $\boldsymbol{a}$ 在 x 轴上的投影和在 y 轴上的分向量.

5. 设向量 $\boldsymbol{r}$ 的模是 4,它与 u 轴的夹角是$\dfrac{\pi}{3}$,求 $\boldsymbol{r}$ 在 u 轴上的投影.

6. 把$\triangle ABC$ 的 BC 边五等分,设分点依次为 D_1, D_2, D_3, D_4,试用 $\boldsymbol{a}=\overrightarrow{BC}$, $\boldsymbol{c}=\overrightarrow{AB}$ 表示向量$\overrightarrow{D_1A}$, $\overrightarrow{D_2A}$, $\overrightarrow{D_3A}$, $\overrightarrow{D_4A}$.

7. 用向量证明:三角形两边中点的连线平行且等于第三边.

6.3 数量积与向量积

在力学中需要研究物体做功和物体转动时物体所受的力产生的力矩,对这两个问题的讨论导出了向量的两个“积”运算：数量积与向量积.

6.3.1 两向量的数量积

由物理学知，一物体在恒力 $\boldsymbol{F}$ 的作用下产生位移 $\boldsymbol{s}$，则力 $\boldsymbol{F}$ 所做的功 W 等于力的大小、位移的大小以及力与位移夹角的余弦乘积，即

$$W=|\boldsymbol{F}||\boldsymbol{s}|\cos\theta,$$

其中 θ 为 $\boldsymbol{F}$ 与 $\boldsymbol{s}$ 的夹角.

由此可以看出，向量 $\boldsymbol{F}$ 与向量 $\boldsymbol{s}$ 作上述运算具有一定的实际意义，得到的结果是一个数，把两向量的这种运算称为向量的数量积.

定义 1 设 $\boldsymbol{a}, \boldsymbol{b}$ 是两个向量，则称数 $|\boldsymbol{a}||\boldsymbol{b}|\cos\theta$ 是向量 $\boldsymbol{a}$ 与 $\boldsymbol{b}$ 的**数量积**，记为 $\boldsymbol{a}\cdot\boldsymbol{b}$，即

$$\boldsymbol{a}\cdot\boldsymbol{b}=|\boldsymbol{a}||\boldsymbol{b}|\cos\theta,$$

其中 θ 为向量 $\boldsymbol{a}$ 与向量 $\boldsymbol{b}$ 的夹角，记为 $\theta=(\widehat{\boldsymbol{a},\boldsymbol{b}})$，即 $\cos\theta=\cos(\widehat{\boldsymbol{a},\boldsymbol{b}})$. 数量积也称**点积**或**内积**.

根据这个定义，上述问题中的功 W 可表示为

$$W=\boldsymbol{F}\cdot\boldsymbol{s}.$$

同时，根据投影的性质可以得到两向量的数量积的另外两种表示形式，即

$$\boldsymbol{a}\cdot\boldsymbol{b}=|\boldsymbol{a}|\,\mathrm{Prj}_{\boldsymbol{a}}\boldsymbol{b}\quad(\boldsymbol{a}\neq\boldsymbol{0}),\qquad \boldsymbol{a}\cdot\boldsymbol{b}=|\boldsymbol{b}|\,\mathrm{Prj}_{\boldsymbol{b}}\boldsymbol{a}\quad(\boldsymbol{b}\neq\boldsymbol{0}).$$

这就是说，两向量中若有非零向量，则其数量积等于其中一个非零向量的模与另一个向量在这个非零向量上的投影之积.

数量积具有以下性质：

(1) $\boldsymbol{a}\cdot\boldsymbol{a}=|\boldsymbol{a}|^2$；

(2) 若 $\boldsymbol{a}, \boldsymbol{b}$ 为两个非零向量，则 $\boldsymbol{a}\perp\boldsymbol{b}$ 的充要条件是 $\boldsymbol{a}\cdot\boldsymbol{b}=0$；

(3) $(\lambda\boldsymbol{a})\cdot\boldsymbol{b}=\lambda(\boldsymbol{a}\cdot\boldsymbol{b})=\boldsymbol{a}\cdot(\lambda\boldsymbol{b})$；

(4) 交换律：$\boldsymbol{a}\cdot\boldsymbol{b}=\boldsymbol{b}\cdot\boldsymbol{a}$；

(5) 分配律：$(\boldsymbol{a}+\boldsymbol{b})\cdot\boldsymbol{c}=\boldsymbol{a}\cdot\boldsymbol{c}+\boldsymbol{b}\cdot\boldsymbol{c}$，其中 $\boldsymbol{a}, \boldsymbol{b}, \boldsymbol{c}$ 均为向量，$\lambda\in\mathbf{R}$.

说明 (1) 上述性质(1)～(4)根据数量积定义可以证明，证明略. 下证性质(5).

事实上，若 $\boldsymbol{c}=\boldsymbol{0}$，则结论成立；若 $\boldsymbol{c}\neq\boldsymbol{0}$，则

$$(\boldsymbol{a}+\boldsymbol{b})\cdot\boldsymbol{c}=|\boldsymbol{c}|\,\mathrm{Prj}_{\boldsymbol{c}}(\boldsymbol{a}+\boldsymbol{b}),$$

由 6.2 节投影性质 2，可知

$$\mathrm{Prj}_{\boldsymbol{c}}(\boldsymbol{a}+\boldsymbol{b})=\mathrm{Prj}_{\boldsymbol{c}}\boldsymbol{a}+\mathrm{Prj}_{\boldsymbol{c}}\boldsymbol{b},$$

所以
$$(\boldsymbol{a}+\boldsymbol{b})\cdot\boldsymbol{c}=|\boldsymbol{c}|\operatorname{Prj}_c(\boldsymbol{a}+\boldsymbol{b})$$
$$=|\boldsymbol{c}|(\operatorname{Prj}_c\boldsymbol{a}+\operatorname{Prj}_c\boldsymbol{b})$$
$$=|\boldsymbol{c}|\operatorname{Prj}_c\boldsymbol{a}+|\boldsymbol{c}|\operatorname{Prj}_c\boldsymbol{b}$$
$$=\boldsymbol{a}\cdot\boldsymbol{c}+\boldsymbol{b}\cdot\boldsymbol{c}.$$

(2) 由于规定零向量的方向是任意的,所以可以认为零向量与任何向量都垂直,故性质(2)可去掉非零向量这一条件,即 $\boldsymbol{a}\perp\boldsymbol{b}\Leftrightarrow\boldsymbol{a}\cdot\boldsymbol{b}=0$.

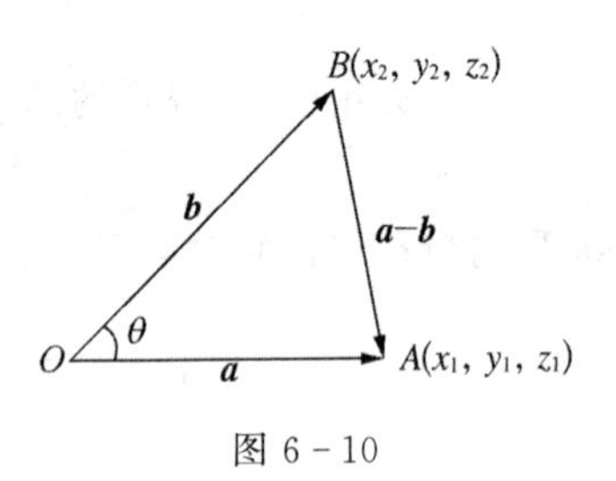

图 6-10

例 1 试用向量证明三角形的余弦定理.

证 设在$\triangle AOB$中,$\angle AOB=\theta$(图 6-10),$|\overrightarrow{OA}|=a$,$|\overrightarrow{OB}|=b$,$|\overrightarrow{BA}|=c$,要证
$$c^2=a^2+b^2-2ab\cos\theta.$$
记$\overrightarrow{OA}=\boldsymbol{a}$,$\overrightarrow{OB}=\boldsymbol{b}$,$\overrightarrow{BA}=\boldsymbol{c}$,则有
$$\boldsymbol{c}=\boldsymbol{a}-\boldsymbol{b},$$
从而
$$|\boldsymbol{c}|^2=\boldsymbol{c}\cdot\boldsymbol{c}=(\boldsymbol{a}-\boldsymbol{b})\cdot(\boldsymbol{a}-\boldsymbol{b})$$
$$=\boldsymbol{a}\cdot\boldsymbol{a}+\boldsymbol{b}\cdot\boldsymbol{b}-2\boldsymbol{a}\cdot\boldsymbol{b}$$
$$=|\boldsymbol{a}|^2+|\boldsymbol{b}|^2-2|\boldsymbol{a}||\boldsymbol{b}|\cos(\widehat{\boldsymbol{a},\boldsymbol{b}}).$$
所以
$$c^2=a^2+b^2-2ab\cos\theta.$$

下面再来推导数量积的坐标表达式.

设$\boldsymbol{a}=\overrightarrow{OA}=(x_1,y_1,z_1)$,$\boldsymbol{b}=\overrightarrow{OB}=(x_2,y_2,z_2)$,则
$$\boldsymbol{a}-\boldsymbol{b}=\overrightarrow{BA}=(x_1-x_2,y_1-y_2,z_1-z_2),$$
如图 6-10 所示. 由余弦定理知
$$(x_1-x_2)^2+(y_1-y_2)^2+(z_1-z_2)^2$$
$$=(x_1^2+y_1^2+z_1^2)+(x_2^2+y_2^2+z_2^2)-2|\boldsymbol{a}||\boldsymbol{b}|\cos\theta.$$
所以
$$|\boldsymbol{a}||\boldsymbol{b}|\cos\theta=x_1x_2+y_1y_2+z_1z_2.$$
这就是两向量数量积的坐标表达式.

由于$\boldsymbol{a}\cdot\boldsymbol{b}=|\boldsymbol{a}||\boldsymbol{b}|\cos\theta$,所以当$\boldsymbol{a}$,$\boldsymbol{b}$都不是零向量时,有
$$\cos\theta=\frac{\boldsymbol{a}\cdot\boldsymbol{b}}{|\boldsymbol{a}||\boldsymbol{b}|}=\frac{x_1x_2+y_1y_2+z_1z_2}{\sqrt{x_1^2+y_1^2+z_1^2}\cdot\sqrt{x_2^2+y_2^2+z_2^2}}.$$
这就是两向量夹角的余弦的坐标表达式.

特别地,$\boldsymbol{a}\perp\boldsymbol{b}\Leftrightarrow\boldsymbol{a}\cdot\boldsymbol{b}=0\Leftrightarrow x_1x_2+y_1y_2+z_1z_2=0$.

例 2　设向量 $\boldsymbol{a}=(3,-4,5)$，$\boldsymbol{b}=(-1,-2,2)$，求 $\boldsymbol{a}$ 与 $\boldsymbol{b}$ 的夹角.

解
$$\boldsymbol{a}\cdot\boldsymbol{b}=3\times(-1)+(-4)\times(-2)+5\times 2=15,$$
$$|\boldsymbol{a}|=\sqrt{3^2+(-4)^2+5^2}=\sqrt{50},$$
$$|\boldsymbol{b}|=\sqrt{(-1)^2+(-2)^2+2^2}=3,$$

所以
$$\cos(\widehat{\boldsymbol{a},\boldsymbol{b}})=\frac{\boldsymbol{a}\cdot\boldsymbol{b}}{|\boldsymbol{a}||\boldsymbol{b}|}=\frac{15}{\sqrt{50}\cdot 3}=\frac{\sqrt{2}}{2},$$

故
$$(\widehat{\boldsymbol{a},\boldsymbol{b}})=\frac{\pi}{4}.$$

例 3　设向量 $\boldsymbol{a}=(2,-1,1)$，$\boldsymbol{b}=(4,-2,\lambda)$，问当 λ 为何值时，可分别使 $\boldsymbol{a}$ 与 $\boldsymbol{b}$ 正交、$\boldsymbol{a}$ 与 $\boldsymbol{b}$ 平行？

解
$$\boldsymbol{a}\cdot\boldsymbol{b}=2\times 4+(-1)\times(-2)+1\times\lambda=10+\lambda.$$

当 $\boldsymbol{a}\cdot\boldsymbol{b}=0$，即 $\lambda=-10$ 时，$\boldsymbol{a}$ 与 $\boldsymbol{b}$ 正交(垂直).

当 $(\widehat{\boldsymbol{a},\boldsymbol{b}})=0$ 或 π，即 $|\cos(\widehat{\boldsymbol{a},\boldsymbol{b}})|=1$ 时，$\boldsymbol{a}$ 与 $\boldsymbol{b}$ 平行. 即
$$|\cos(\widehat{\boldsymbol{a},\boldsymbol{b}})|=\frac{|\boldsymbol{a}\cdot\boldsymbol{b}|}{|\boldsymbol{a}||\boldsymbol{b}|}=\frac{|10+\lambda|}{\sqrt{2^2+(-1)^2+1^2}\cdot\sqrt{4^2+(-2)^2+\lambda^2}}=1.$$

所以 $\lambda=2$. 即当 $\lambda=2$ 时，$\boldsymbol{a}\parallel\boldsymbol{b}$.

6.3.2　两向量的向量积

用扳手拧螺栓是一种常见的机械运动，如图 6-11 所示. 在扳手上加一个力 $\boldsymbol{F}$ 转动扳手，产生一个力矩作用在螺栓上使之移动，力矩的大小除了与力 $\boldsymbol{F}$ 的大小有关之外，还与扳手的长度 $|\boldsymbol{r}|$ 以及 $\boldsymbol{F}$ 与扳手的夹角 θ 有关.

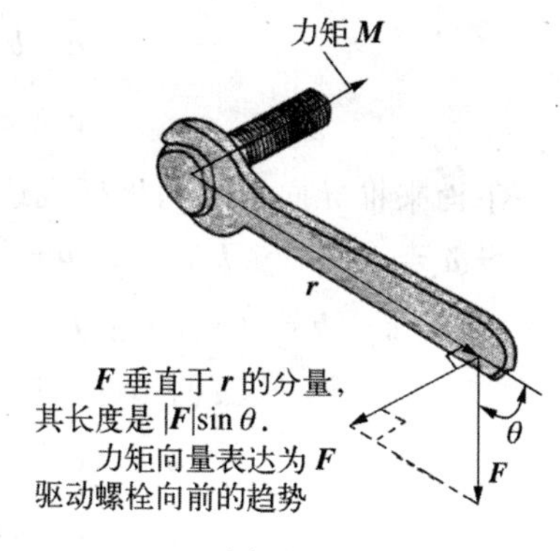

图 6-11

力矩的大小为 $|\boldsymbol{r}||\boldsymbol{F}|\sin\theta$，力学中规定力矩是一个向量，记为 $\boldsymbol{M}$. $\boldsymbol{M}$ 垂直于由 $\boldsymbol{F}$ 与 $\boldsymbol{r}$ 所确定的平面，而且三向量 $\boldsymbol{r}$，$\boldsymbol{F}$，$\boldsymbol{M}$ 符合右手规则.

由此实际背景出发，又引出了两向量的另一种运算，它得到的是一个向量，把这种运算定义为两向量的向量积.

定义 2　设 $\boldsymbol{a}$，$\boldsymbol{b}$ 是两个向量，规定 $\boldsymbol{a}$ 与 $\boldsymbol{b}$ 的向量积是一个向量，记为 $\boldsymbol{a}\times\boldsymbol{b}$，它的**模**为 $|\boldsymbol{a}\times\boldsymbol{b}|=|\boldsymbol{a}||\boldsymbol{b}|\sin(\widehat{\boldsymbol{a},\boldsymbol{b}})$；**方向**满足：$\boldsymbol{a}\times\boldsymbol{b}$ 同时垂直于 $\boldsymbol{a}$ 和 $\boldsymbol{b}$，且 $\boldsymbol{a}$，$\boldsymbol{b}$，$\boldsymbol{a}\times\boldsymbol{b}$ 符合右手规则，如图 6-12 所示.

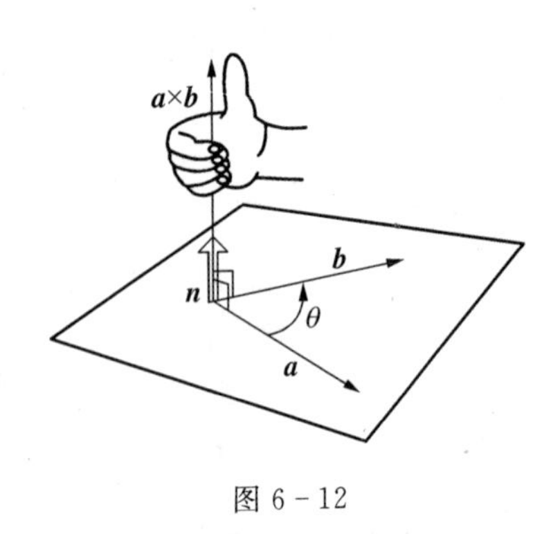

图 6－12

向量积 $\boldsymbol{a}\times\boldsymbol{b}$ 也称为**叉积**或**外积**.

根据这个定义，上述问题中的力矩就可以表示为

$$\boldsymbol{M}=\boldsymbol{r}\times\boldsymbol{F}.$$

向量积具有以下性质：

(1) $\boldsymbol{a}\times\boldsymbol{a}=\boldsymbol{0}$.

(2) 若 $\boldsymbol{a}$, $\boldsymbol{b}$ 为两个非零向量，则 $\boldsymbol{a}/\!/\boldsymbol{b}$ 的充要条件是 $\boldsymbol{a}\times\boldsymbol{b}=\boldsymbol{0}$.

事实上，由于零向量的方向是任意的，所以可以认为零向量与任何向量都平行，因此上述性质中非零向量这一条件可略去，即

$$\boldsymbol{a}/\!/\boldsymbol{b}\Leftrightarrow\boldsymbol{a}\times\boldsymbol{b}=\boldsymbol{0}.$$

(3) $\boldsymbol{i}\times\boldsymbol{j}=\boldsymbol{k}$, $\boldsymbol{j}\times\boldsymbol{k}=\boldsymbol{i}$, $\boldsymbol{k}\times\boldsymbol{i}=\boldsymbol{j}$.

(4) $\boldsymbol{a}\times\boldsymbol{b}=-\boldsymbol{b}\times\boldsymbol{a}$.

(5) $(\lambda\boldsymbol{a})\times\boldsymbol{b}=\lambda(\boldsymbol{a}\times\boldsymbol{b})=\boldsymbol{a}\times(\lambda\boldsymbol{b})$ (λ 为数).

(6) 分配律：$(\boldsymbol{a}+\boldsymbol{b})\times\boldsymbol{c}=\boldsymbol{a}\times\boldsymbol{c}+\boldsymbol{b}\times\boldsymbol{c}$.

证明从略.

注 向量的数量积与向量积均不满足消去律，即

$$\boldsymbol{a}\cdot\boldsymbol{b}=\boldsymbol{a}\cdot\boldsymbol{c}\nRightarrow\boldsymbol{b}=\boldsymbol{c};$$

$$\boldsymbol{a}\times\boldsymbol{b}=\boldsymbol{a}\times\boldsymbol{c}\nRightarrow\boldsymbol{b}=\boldsymbol{c}.$$

下面来推导向量积的坐标表达式：

设 $\boldsymbol{a}=x_1\boldsymbol{i}+y_1\boldsymbol{j}+z_1\boldsymbol{k}$, $\boldsymbol{b}=x_2\boldsymbol{i}+y_2\boldsymbol{j}+z_2\boldsymbol{k}$, 则

$$\begin{aligned}\boldsymbol{a}\times\boldsymbol{b}&=(x_1\boldsymbol{i}+y_1\boldsymbol{j}+z_1\boldsymbol{k})\times(x_2\boldsymbol{i}+y_2\boldsymbol{j}+z_2\boldsymbol{k})\\&=(x_1x_2)(\boldsymbol{i}\times\boldsymbol{i})+(x_1y_2)(\boldsymbol{i}\times\boldsymbol{j})+(x_1z_2)(\boldsymbol{i}\times\boldsymbol{k})\\&\quad+(y_1x_2)(\boldsymbol{j}\times\boldsymbol{i})+(y_1y_2)(\boldsymbol{j}\times\boldsymbol{j})+(y_1z_2)(\boldsymbol{j}\times\boldsymbol{k})\\&\quad+(z_1x_2)(\boldsymbol{k}\times\boldsymbol{i})+(z_1y_2)(\boldsymbol{k}\times\boldsymbol{j})+(z_1z_2)(\boldsymbol{k}\times\boldsymbol{k})\\&=(y_1z_2-z_1y_2)\boldsymbol{i}+(z_1x_2-x_1z_2)\boldsymbol{j}+(x_1y_2-y_1x_2)\boldsymbol{k},\end{aligned}$$

其中 $\boldsymbol{i}\times\boldsymbol{i}=\boldsymbol{j}\times\boldsymbol{j}=\boldsymbol{k}\times\boldsymbol{k}=\boldsymbol{0}$, $\boldsymbol{i}\times\boldsymbol{j}=-\boldsymbol{j}\times\boldsymbol{i}=\boldsymbol{k}$, $\boldsymbol{j}\times\boldsymbol{k}=-\boldsymbol{k}\times\boldsymbol{j}=\boldsymbol{i}$, $\boldsymbol{k}\times\boldsymbol{i}=-\boldsymbol{i}\times\boldsymbol{k}=\boldsymbol{j}$.

为了方便记忆引入三阶行列式，即

$$\boldsymbol{a}\times\boldsymbol{b}=\begin{vmatrix}\boldsymbol{i}&\boldsymbol{j}&\boldsymbol{k}\\x_1&y_1&z_1\\x_2&y_2&z_2\end{vmatrix}.$$

例4　设 $\boldsymbol{a}=(1,2,3)$，$\boldsymbol{b}=(3,0,1)$，求 $\boldsymbol{b}\times\boldsymbol{a}$.

解
$$\boldsymbol{b}\times\boldsymbol{a}=\begin{vmatrix}\boldsymbol{i} & \boldsymbol{j} & \boldsymbol{k}\\ 3 & 0 & 1\\ 1 & 2 & 3\end{vmatrix}$$
$$=(0\times3-1\times2)\boldsymbol{i}-(3\times3-1\times1)\boldsymbol{j}+(3\times2-1\times0)\boldsymbol{k}$$
$$=-2\boldsymbol{i}-8\boldsymbol{j}+6\boldsymbol{k}.$$

例5　已知$\triangle ABC$的三顶点分别为$A(2,3,5)$，$B(4,2,-1)$，$C(3,6,4)$，求$\triangle ABC$的面积.

解　如图6-13所示，令 $\boldsymbol{a}=\overrightarrow{AB}=(2,-1,-6)$，$\boldsymbol{b}=\overrightarrow{AC}=(1,3,-1)$，过点$C$，$B$分别引$AB$与$AC$的平行线相交于$D$，同时作$\square ABDC$的高$CE$，则

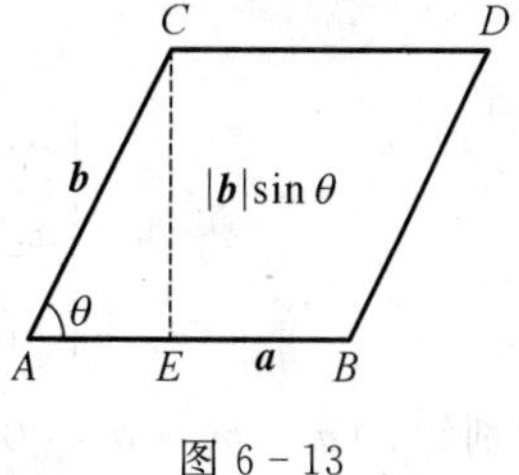

图6-13

$$|\boldsymbol{a}||\boldsymbol{b}|\sin\theta=S_{\square ABCD},$$

即
$$S_{\triangle ABC}=\frac{1}{2}S_{\square ABDC}=\frac{1}{2}|\boldsymbol{a}||\boldsymbol{b}|\sin\theta$$
$$=\frac{1}{2}|\boldsymbol{a}\times\boldsymbol{b}|.$$

而
$$\boldsymbol{a}\times\boldsymbol{b}=\begin{vmatrix}\boldsymbol{i} & \boldsymbol{j} & \boldsymbol{k}\\ 2 & -1 & -6\\ 1 & 3 & -1\end{vmatrix}=19\boldsymbol{i}-4\boldsymbol{j}+7\boldsymbol{k},$$

故
$$S_{\triangle ABC}=\frac{1}{2}\sqrt{19^2+(-4)^2+7^2}=\frac{1}{2}\sqrt{426}.$$

注　向量积 $\boldsymbol{a}\times\boldsymbol{b}$ 的模的几何意义，即 $|\boldsymbol{a}\times\boldsymbol{b}|$ 表示以向量 $\boldsymbol{a}$ 与 $\boldsymbol{b}$ 为邻边所构成的平行四边形的面积.

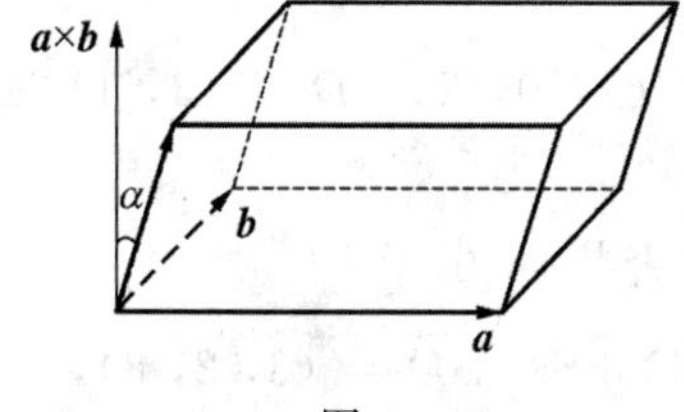

图6-14

*6.3.3　三向量的混合积

定义3　设有向量 $\boldsymbol{a}$，$\boldsymbol{b}$，$\boldsymbol{c}$，称 $(\boldsymbol{a}\times\boldsymbol{b})\cdot\boldsymbol{c}$ 为向量 $\boldsymbol{a}$，$\boldsymbol{b}$，$\boldsymbol{c}$ 的**混合积**，记为 $[\boldsymbol{a},\boldsymbol{b},\boldsymbol{c}]$，它是一个实数.

以 $\boldsymbol{a}$，$\boldsymbol{b}$，$\boldsymbol{c}$ 为棱作平行六面体(图6-14)，六面体的底面是由 $\boldsymbol{a}$ 和 $\boldsymbol{b}$ 为邻边的平行四边形，这个平行四边形的面积等于 $|\boldsymbol{a}\times\boldsymbol{b}|$，向量 $\boldsymbol{a}\times\boldsymbol{b}$ 与 $\boldsymbol{a}$ 和 $\boldsymbol{b}$ 都垂直，若用 α 表示向量 $\boldsymbol{c}$ 与 $\boldsymbol{a}\times\boldsymbol{b}$ 的夹角，则平行六面体的体积恰好为

$$\left| |\boldsymbol{a}\times\boldsymbol{b}||\boldsymbol{c}|\cos\alpha \right| = |(\boldsymbol{a}\times\boldsymbol{b})\cdot\boldsymbol{c}| = |[\boldsymbol{a},\boldsymbol{b},\boldsymbol{c}]|.$$

也就是说,混合积的绝对值等于该平行六面体的体积.

下面来推导三向量的混合积的坐标表达式.

设 $\boldsymbol{a}=(x_1, y_1, z_1)$, $\boldsymbol{b}=(x_2, y_2, z_2)$, $\boldsymbol{c}=(x_3, y_3, z_3)$. 由于

$$\boldsymbol{a}\times\boldsymbol{b}=\begin{vmatrix} \boldsymbol{i} & \boldsymbol{j} & \boldsymbol{k} \\ x_1 & y_1 & z_1 \\ x_2 & y_2 & z_2 \end{vmatrix}=\begin{vmatrix} y_1 & z_1 \\ y_2 & z_2 \end{vmatrix}\boldsymbol{i}-\begin{vmatrix} x_1 & z_1 \\ x_2 & z_2 \end{vmatrix}\boldsymbol{j}+\begin{vmatrix} x_1 & y_1 \\ x_2 & y_2 \end{vmatrix}\boldsymbol{k},$$

所以 $$[\boldsymbol{a},\boldsymbol{b},\boldsymbol{c}]=(\boldsymbol{a}\times\boldsymbol{b})\cdot\boldsymbol{c}=x_3\begin{vmatrix} y_1 & z_1 \\ y_2 & z_2 \end{vmatrix}-y_3\begin{vmatrix} x_1 & z_1 \\ x_2 & z_2 \end{vmatrix}+z_3\begin{vmatrix} x_1 & y_1 \\ x_2 & y_2 \end{vmatrix}$$

$$=\begin{vmatrix} x_1 & y_1 & z_1 \\ x_2 & y_2 & z_2 \\ x_3 & y_3 & z_3 \end{vmatrix}.$$

特别地, $(\boldsymbol{a}\times\boldsymbol{b})\cdot\boldsymbol{a}=0$.

例 6 已知 $[\boldsymbol{a},\boldsymbol{b},\boldsymbol{c}]=2$,求 $[\boldsymbol{a}+\boldsymbol{b},\boldsymbol{b}+\boldsymbol{c},\boldsymbol{c}+\boldsymbol{a}]$.

解

$$\begin{aligned}
&[\boldsymbol{a}+\boldsymbol{b},\boldsymbol{b}+\boldsymbol{c},\boldsymbol{c}+\boldsymbol{a}] \\
&=[(\boldsymbol{a}+\boldsymbol{b})\times(\boldsymbol{b}+\boldsymbol{c})]\cdot(\boldsymbol{c}+\boldsymbol{a}) \\
&=(\boldsymbol{a}\times\boldsymbol{b}+\boldsymbol{a}\times\boldsymbol{c}+\boldsymbol{b}\times\boldsymbol{b}+\boldsymbol{b}\times\boldsymbol{c})\cdot(\boldsymbol{c}+\boldsymbol{a}) \\
&=(\boldsymbol{a}\times\boldsymbol{b}+\boldsymbol{a}\times\boldsymbol{c}+\boldsymbol{b}\times\boldsymbol{c})\cdot(\boldsymbol{c}+\boldsymbol{a}) \\
&=(\boldsymbol{a}\times\boldsymbol{b})\cdot(\boldsymbol{c}+\boldsymbol{a})+(\boldsymbol{a}\times\boldsymbol{c})\cdot(\boldsymbol{c}+\boldsymbol{a})+(\boldsymbol{b}\times\boldsymbol{c})\cdot(\boldsymbol{c}+\boldsymbol{a}) \\
&=2(\boldsymbol{a}\times\boldsymbol{b})\cdot\boldsymbol{c} \\
&=2[\boldsymbol{a},\boldsymbol{b},\boldsymbol{c}]=4.
\end{aligned}$$

根据向量混合积的几何意义,可得以下结论:向量 $\boldsymbol{a}$, $\boldsymbol{b}$, $\boldsymbol{c}$ 共面的充要条件是其混合积 $[\boldsymbol{a},\boldsymbol{b},\boldsymbol{c}]=0$.

例 7 判断四点 $A(1, 1, 3)$, $B(0, 1, 1)$, $C(1, 0, 2)$, $D(4, 3, 11)$ 是否共面?

解 依题意即要讨论三个向量 $\overrightarrow{AB}$, $\overrightarrow{AC}$, $\overrightarrow{AD}$ 是否共面,由于

$$\overrightarrow{AB}=(-1, 0, -2), \qquad \overrightarrow{AC}=(0, -1, -1), \qquad \overrightarrow{AD}=(3, 2, 8),$$

且 $$[\overrightarrow{AB}, \overrightarrow{AC}, \overrightarrow{AD}]=\begin{vmatrix} -1 & 0 & -2 \\ 0 & -1 & -1 \\ 3 & 2 & 8 \end{vmatrix}=0,$$

所以 A, B, C, D 四点共面.

习 题 6.3

1. 设 $\boldsymbol{a}=(3,-1,-2)$, $\boldsymbol{b}=(1,2,-1)$,求:

(1) $\boldsymbol{a}\cdot\boldsymbol{b}$; (2) $\boldsymbol{a}\times\boldsymbol{b}$; (3) $\cos(\widehat{\boldsymbol{a},\boldsymbol{b}})$.

2. 设 $\boldsymbol{a}=(2,-3,1)$, $\boldsymbol{b}=(1,-1,3)$, $\boldsymbol{c}=(1,-2,0)$,求:

(1) $(\boldsymbol{a}\times\boldsymbol{b})\cdot\boldsymbol{c}$; (2) $(\boldsymbol{a}\times\boldsymbol{b})\times\boldsymbol{c}$;

(3) $\boldsymbol{a}\times(\boldsymbol{b}\times\boldsymbol{c})$; (4) $(\boldsymbol{a}\cdot\boldsymbol{b})\boldsymbol{c}-(\boldsymbol{a}\cdot\boldsymbol{c})\boldsymbol{b}$.

3. 设 $|\boldsymbol{a}|=3$, $|\boldsymbol{b}|=4$, $(\widehat{\boldsymbol{a},\boldsymbol{b}})=\dfrac{2\pi}{3}$,求:

(1) $\boldsymbol{a}\cdot\boldsymbol{b}$; (2) $\boldsymbol{a}\cdot\boldsymbol{a}$;

(3) $(3\boldsymbol{a}-2\boldsymbol{b})\cdot(\boldsymbol{a}+2\boldsymbol{b})$; (4) $|\boldsymbol{a}+\boldsymbol{b}|$;

(5) $|\boldsymbol{a}-\boldsymbol{b}|$.

4. 求向量 $\boldsymbol{a}=(4,-3,4)$ 在向量 $\boldsymbol{b}=(2,2,1)$ 上的投影.

5. 已知点 $A(1,-1,2)$, $B(5,-6,2)$, $C(1,3,-1)$,求:

(1)同时与 $\overrightarrow{AB}$, $\overrightarrow{AC}$ 垂直的单位向量; (2) $\triangle ABC$ 的面积;

(3) 顶点 A 到边 BC 的高.

6. 试说明向量 $\boldsymbol{a}$, $\boldsymbol{b}$, $\boldsymbol{c}$ 满足 $\boldsymbol{a}+\boldsymbol{b}+\boldsymbol{c}=\boldsymbol{0}$ 且 $|\boldsymbol{a}|=|\boldsymbol{b}|=|\boldsymbol{c}|=1$ 的几何意义,并计算 $\boldsymbol{a}\cdot\boldsymbol{b}+\boldsymbol{b}\cdot\boldsymbol{c}+\boldsymbol{c}\cdot\boldsymbol{a}$.

7. 设 $\boldsymbol{a}=(3,5,-2)$, $\boldsymbol{b}=(2,1,9)$,试求 λ 的值,使得

(1) $\lambda\boldsymbol{a}+\boldsymbol{b}$ 与 z 轴垂直;

(2) $\lambda\boldsymbol{a}+\boldsymbol{b}$ 与 $\boldsymbol{a}$ 垂直,并证明此时 $|\lambda\boldsymbol{a}+\boldsymbol{b}|$ 取最小值.

8. 已知 $|\boldsymbol{a}|=3$, $|\boldsymbol{b}|=26$, $|\boldsymbol{a}\times\boldsymbol{b}|=72$,求 $\boldsymbol{a}\cdot\boldsymbol{b}$.

9. 判别下列向量是否共面:

(1) $\boldsymbol{a}=(3,2,5)$, $\boldsymbol{b}=(1,1,2)$, $\boldsymbol{c}=(9,7,-16)$;

(2) $\boldsymbol{a}=(1,-1,2)$, $\boldsymbol{b}=(2,4,5)$, $\boldsymbol{c}=(3,9,8)$.

10. 证明:对任何向量都有

(1) $|\boldsymbol{a}+\boldsymbol{b}|\leqslant|\boldsymbol{a}|+|\boldsymbol{b}|$;

(2) $|\boldsymbol{a}+\boldsymbol{b}|^2+|\boldsymbol{a}-\boldsymbol{b}|^2=2(|\boldsymbol{a}|^2+|\boldsymbol{b}|^2)$.

6.4 曲面及其方程

6.4.1 曲面方程的概念

平面解析几何中动点的轨迹是一条曲线,并可用二元方程 $f(x,y)=0$ 表示,

在空间解析几何中点在空间中运动的轨迹将可能是一张曲面,并可用三元方程$F(x, y, z)=0$表示.

若空间曲面Σ上每一个点的坐标都满足方程$F(x, y, z)=0$;反之,满足方程$F(x, y, z)=0$的点都在曲面Σ上,则把$F(x, y, z)=0$称为曲面Σ的方程,而称曲面Σ为方程$F(x, y, z)=0$的图形.

下面来建立几个常见曲面的方程.

例 1 求动点$M(x, y, z)$到定点$M_0(x_0, y_0, z_0)$的距离为R的点的轨迹方程.

解 依题意有

$$|\overrightarrow{M_0M}|=R,$$

即
$$\sqrt{(x-x_0)^2+(y-y_0)^2+(z-z_0)^2}=R,$$

所以
$$(x-x_0)^2+(y-y_0)^2+(z-z_0)^2=R^2. \tag{6.4.1}$$

从几何直观判断,到一定点等距离的点的轨迹是一球面,因此在此球面上的点都满足式(6.4.1),且满足式(6.4.1)的点一定都在该球面上,所以式(6.4.1)表示的是以点$M_0(x_0, y_0, z_0)$为球心,以R为半径的球面.

特别地,如果球心在原点,即$x_0=y_0=z_0=0$,此时球面方程为

$$x^2+y^2+z^2=R^2.$$

一般地,形如

$$Ax^2+Ay^2+Az^2+Bx+Cy+Dz+E=0$$

的方程表示的是一个球面,其特点是缺少交叉项,即xy, yz, xz各项,平方项系数非零且相同.

例 2 求到点$A(1, 2, 3)$和$B(2, -1, 4)$距离相等的动点M的轨迹方程.

解 设$M(x, y, z)$,依题意有

$$|\overrightarrow{MA}|=|\overrightarrow{MB}|,$$

即
$$\sqrt{(x-1)^2+(y-2)^2+(z-3)^2}=\sqrt{(x-2)^2+(y+1)^2+(z-4)^2},$$

所以
$$2x-6y+2z-7=0.$$

从几何直观判断,动点M的轨迹是线段AB的垂直平分面.即在该平面上的点都满足上述方程,且满足上述方程的点也都在该平面上,因此动点M的轨迹方程是一平面方程.

6.4.2　旋转曲面

平面上的曲线 c 绕该平面上一定直线 L 旋转一周而成的曲面称为**旋转曲面**，该平面曲线 c 称为旋转曲面的**母线**，定直线 L 称为旋转曲面的**轴**.

设在 yOz 面上有一已知曲线 c，它的方程为

$$f(y, z) = 0.$$

将曲线 c 绕 z 轴旋转一周，就会得到一个旋转面(图 6-15)，它的方程可以求得如下. 设 $M_1(0, y_1, z_1)$ 为 c 上的任一点，那么

$$f(y_1, z_1) = 0. \tag{6.4.2}$$

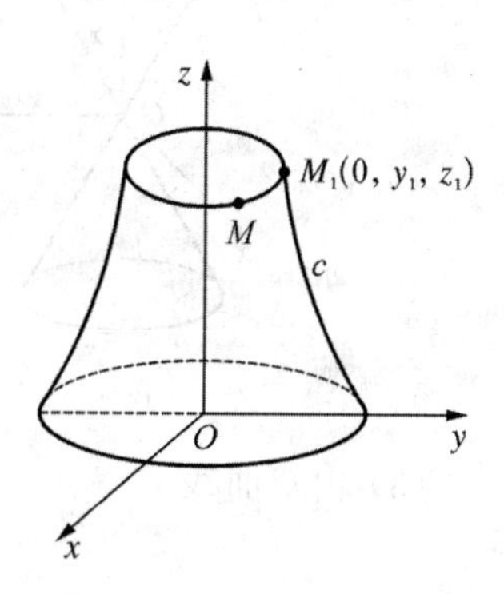

图 6-15

当曲线 c 绕 z 轴旋转时，点 M_1 旋转的轨迹将是一个平行于 xOy 面的圆，在该圆上取点 $M(x, y, z)$，它与点 M_1 有两处相同点：① 由于位于同一水平面，因此竖坐标相同；② 两点到 z 轴的距离 d 保持不变. 即

$$z = z_1, \tag{6.4.3}$$

$$d = \sqrt{x^2 + y^2} = \sqrt{x_1^2 + y_1^2} = |y_1|. \tag{6.4.4}$$

由式(6.4.2)、(6.4.3)、(6.4.4)有

$$f\left(\pm\sqrt{x^2 + y^2}, z\right) = 0,$$

这就是所求的旋转曲面的方程.

因此，将曲线 c 的方程 $f(y, z) = 0$ 中的 y 改成 $\pm\sqrt{x^2 + y^2}$，z 不变，便得到曲线 c 绕 z 轴旋转所成的旋转曲面方程 $f\left(\pm\sqrt{x^2 + y^2}, z\right) = 0$.

同理，将曲线 c 的方程 $f(y, z) = 0$ 中的 z 改成 $\pm\sqrt{x^2 + z^2}$，y 不变，便得到曲线 c 绕 y 轴旋转所成的旋转曲面方程 $f\left(y, \pm\sqrt{x^2 + z^2}\right) = 0$.

例 3　(1) 直线 L 绕另一条与 L 相交的直线旋转一周，所得旋转面称为**圆锥面**，两直线的交点称为圆锥面的顶点，两直线的夹角 α $\left(0<\alpha<\frac{\pi}{2}\right)$ 称为圆锥面的半顶角. 将 yOz 平面上的直线 $z = ky$ 绕 z 轴旋转一周而成的曲面(图 6-16) 方程为

$$z = \pm k\sqrt{x^2 + y^2} \quad 或 \quad z^2 = k^2(x^2 + y^2). \tag{6.4.5}$$

(2) 将 xOz 平面上的抛物线 $z = x^2$ 绕 z 轴旋转一周而成的旋转面方程为

$$z = x^2 + y^2, \tag{6.4.6}$$

该曲面称为**旋转抛物面**(图 6 - 17).

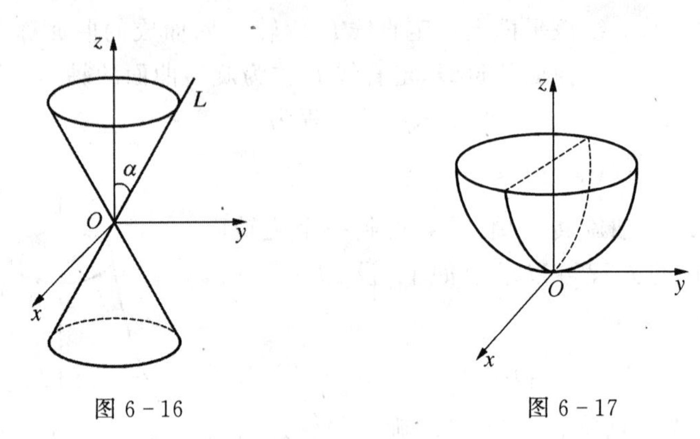

图 6 - 16　　　　图 6 - 17

(3) 由双曲线

$$\frac{y^2}{b^2} - \frac{z^2}{c^2} = 1$$

分别绕 z 轴和 y 轴旋转所得的旋转面为单叶旋转双曲面(图 6 - 18)和**双叶旋转双曲面**(图 6 - 19),其方程依次为

$$\frac{x^2 + y^2}{b^2} - \frac{z^2}{c^2} = 1, \tag{6.4.7}$$

$$\frac{y^2}{b^2} - \frac{x^2 + z^2}{c^2} = 1. \tag{6.4.8}$$

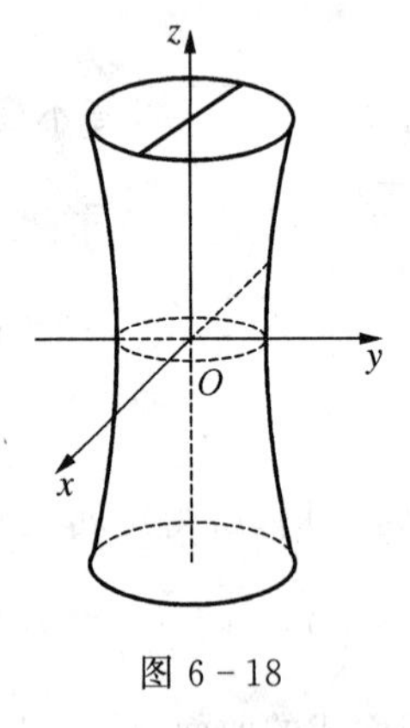

图 6 - 18

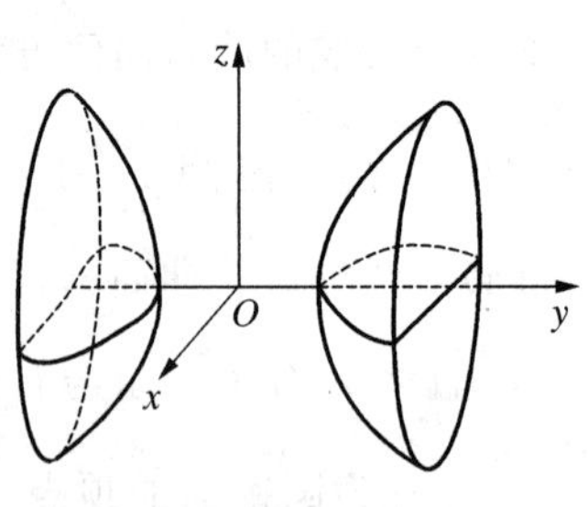

图 6 - 19

6.4.3 柱面

平行于定直线并沿曲线 c 移动的直线 L 形成的曲面称为**柱面**,定曲线 c 称为

柱面的**准线**，动直线 L 称为柱面的**母线**.

例如，方程 $x^2+y^2=R^2$ 在 xOy 面上表示一个圆心在原点 O、半径为 R 的圆，在空间直角坐标系中，该方程中不含竖坐标 z，即不论空间点的竖坐标 z 怎样，只要它的横坐标 x 与纵坐标 y 能满足这个方程，该点就在曲面上. 也就是说，凡是通过 xOy 坐标面内圆 $x^2+y^2=R^2$ 上点 $M(x, y, 0)$ 且平行于 z 轴的直线 l 都在这曲面上，因此这个曲面可以视为由平行于 z 轴的直线 l 沿 xOy 面内圆 $x^2+y^2=R^2$ 移动而形成的. 该曲面称为圆柱面(图 6-20). 把 xOy 面上的圆 $x^2+y^2=R^2$ 称为它的准线，平行于 z 轴的直线 l 称为它的母线.

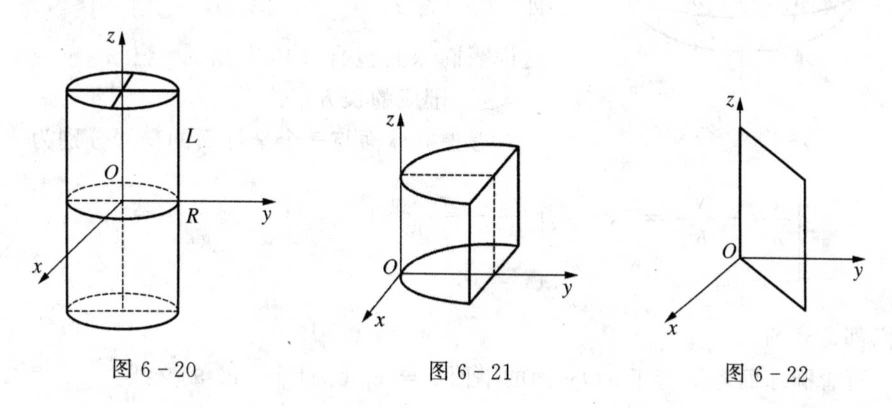

图 6-20　　图 6-21　　图 6-22

方程 $y=x^2$ 表示母线平行于 z 轴的柱面，准线是 xOy 面上的抛物线 $y=x^2$. 该柱面称为抛物柱面(图 6-21).

方程 $x-y=0$ 表示母线平行于 z 轴，准线是 xOy 面上的直线 $x-y=0$ 的柱面，因此它是过 z 轴的平面(图 6-22).

一般地，缺少一个坐标的方程在空间坐标系中肯定表示一个柱面，例如，方程 $F(x, y)=0$ 表示母线平行于 z 轴的柱面，其准线是 xOy 面上的曲线 $F(x, y)=0$, $z=0$；方程 $G(x, z)=0$ 表示母线平行于 y 轴的柱面；方程 $H(y, z)=0$ 表示母线平行于 x 轴的柱面.

6.4.4　二次曲面

三元二次方程所表示的曲面称为二次曲面，而平面称为一次曲面. 例如，

$$z=x^2+y^2, \qquad \frac{x^2+y^2}{b^2}-\frac{z^2}{c^2}=1, \qquad \frac{y^2}{b^2}-\frac{x^2+z^2}{c^2}=1$$

均为二次曲面. 相对而言，二次曲面有着较广泛的应用，下面通过二次曲面的标准方程来讨论几种常见的二次曲面的形状. 所用的方法就是截痕法，即用坐标面或一些特殊的平面与二次曲面相截，通过综合考察其截痕的形状及变化来了解曲面的形状.

1. 椭球面

方程
$$\frac{x^2}{a^2}+\frac{y^2}{b^2}+\frac{z^2}{c^2}=1 \quad (a>0,\ b>0,\ c>0) \tag{6.4.9}$$
表示的曲面称为**椭球面**(图 6-23). 下面用截痕法考察其形状.

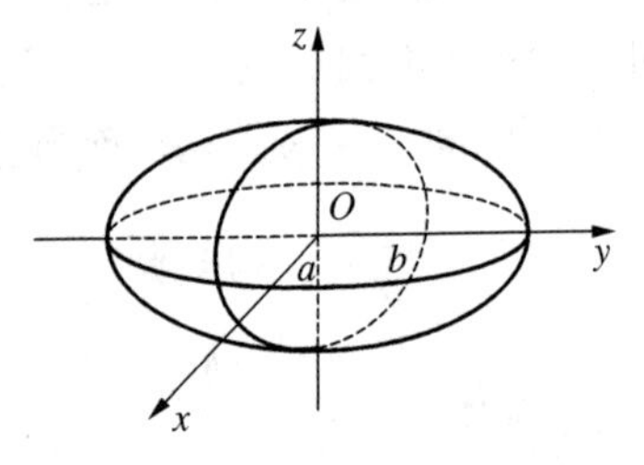

图 6-23

由方程可知
$$\frac{x^2}{a^2}\leqslant 1,\quad \frac{y^2}{b^2}\leqslant 1,\quad \frac{z^2}{c^2}\leqslant 1,$$
即 $|x|\leqslant a,\quad |y|\leqslant b,\quad |z|\leqslant c.$

这说明椭球面包含在由平面 $x=\pm a$, $y=\pm b$, $z=\pm c$ 围成的长方形内.

考虑椭球面与三个坐标面的交线分别为
$$\begin{cases}\dfrac{x^2}{a^2}+\dfrac{y^2}{b^2}=1,\\ z=0,\end{cases}\quad \begin{cases}\dfrac{y^2}{b^2}+\dfrac{z^2}{c^2}=1,\\ x=0,\end{cases}\quad \begin{cases}\dfrac{x^2}{a^2}+\dfrac{z^2}{c^2}=1,\\ y=0,\end{cases}$$
它们都是椭圆.

再看椭球面与平行于 xOy 面的平面 $z=z_1$ ($|z_1|<c$) 的交线:
$$\begin{cases}\dfrac{x^2}{\dfrac{a^2}{c^2}(c^2-z_1^2)}+\dfrac{y^2}{\dfrac{b^2}{c^2}(c^2-z_1^2)}=1,\\ z=z_1,\end{cases}$$
这是平面 $z=z_1$ 中的椭圆,它的两个半轴分别为 $\dfrac{a}{c}\sqrt{c^2-z_1^2}$ 和 $\dfrac{b}{c}\sqrt{c^2-z_1^2}$. 当 z_1 变动时,这种椭圆的中心都在 z 轴上. 当 $|z_1|$ 由 0 逐渐增大到 c,椭圆的截面由大到小,最后缩成一点.

特别地,如果 $a=b$, 椭圆面方程变为
$$\frac{x^2+y^2}{a^2}+\frac{z^2}{c^2}=1.$$
由前面的内容可知,这个方程表示一个由 xOz 面上的椭圆 $\dfrac{x^2}{a^2}+\dfrac{z^2}{c^2}=1$ 绕 z 轴旋转而成的旋转面,称为**旋转椭球面**.

如果 $a=b=c$,椭球面方程变成球面方程 $x^2+y^2+z^2=a^2$.

显然球面是旋转椭球面的特殊情况,旋转椭球面是椭球面的特殊情况.

2. 椭圆抛物面

方程

$$\frac{x^2}{a^2}+\frac{y^2}{b^2}=z \tag{6.4.10}$$

表示的曲面称为**椭球抛物面**(图 6－24).

特别地,如果 $a=b$, 椭球抛物面方程变为

$$\frac{x^2+y^2}{a^2}=z,$$

这就是**旋转抛物面**.

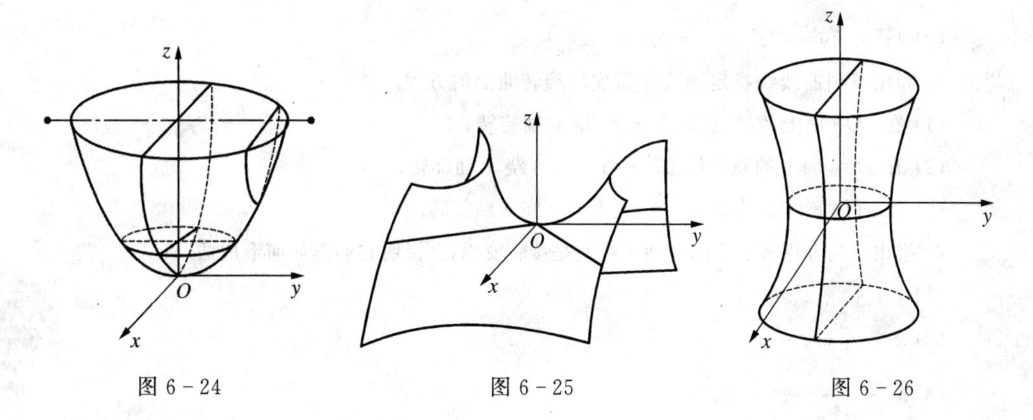

图 6－24　　图 6－25　　图 6－26

3. 双曲抛物面(马鞍面)

方程

$$-\frac{x^2}{a^2}+\frac{y^2}{b^2}=z \tag{6.4.11}$$

表示的曲面称为**双曲抛物面**(图 6－25),由于它的形状像马鞍,又称**马鞍面**.

4. 单叶双曲面

方程　$$\frac{x^2}{a^2}+\frac{y^2}{b^2}-\frac{z^2}{c^2}=1 \tag{6.4.12}$$

表示的曲面称为**单叶双曲面**(图 6－26).

方程　$$-\frac{x^2}{a^2}+\frac{y^2}{b^2}-\frac{z^2}{c^2}=1 \tag{6.4.13}$$

表示的曲面称为**双叶双曲面**(图 6－27).

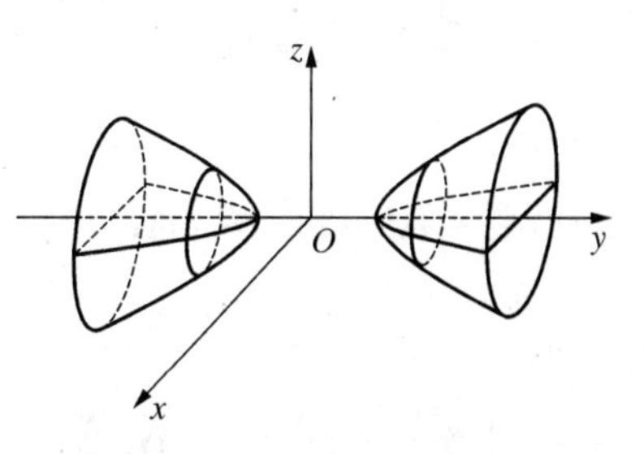

图 6－27

习 题 6.4

1. 指出下列方程在平面解析几何与空间解析几何中分别表示什么图形.

(1) $x+y=3$;　　(2) $y=y_0$;

(3) $x=-1$;　　(4) $x^2+y^2=1$;

(5) $x^2-y^2=1$;　　(6) $1+x^2=2y$.

2. 指出下列方程所表示的球面的球心和半径.

(1) $x^2+y^2+z^2+4x-2y+z+\frac{5}{4}=0$;

(2) $2x^2+2y^2+2z^2-x=0$.

3. 写出下列曲线绕指定轴旋转而成的旋转曲面的方程.

(1) 在 yOz 面上的抛物线 $z^2=2y$ 绕 y 轴旋转;

(2) 在 xOy 面上的双曲线 $2x^2-3y^2=6$ 绕 x 轴旋转;

(3) 在 xOz 面上的直线 $x-2z+1=0$ 绕 z 轴旋转.

4. 指出下列方程所表示的曲面中哪些是旋转曲面,并说明它们是如何形成的.

(1) $x+y^2+z^2=1$;

(2) $x+y^2+z=1$;

(3) $x^2-\frac{y^2}{4}+z^2=1$;

(4) $-x^2-y^2+z^2-2z=1$.

5. 求到点 $A(5,4,0)$ 和 $B(-4,3,4)$ 的距离之比为 $2:1$ 的点的轨迹方程,并指出它是什么曲面.

6. 画出下列方程所表示的曲面:

(1) $-\frac{x^2}{4}+\frac{y^2}{9}=1$;　　(2) $\frac{x^2}{9}+\frac{z^2}{4}=1$;

(3) $z=2-x^2$;　　(4) $16x^2+9y^2+16z^2=144$;

(5) $x^2-4y^2+36z^2=144$;　　(6) $z=\sqrt{x^2+y^2}$.

6.5 平面及其方程

本节将以向量作为工具,讨论在空间直角坐标系中最简单而又重要的曲面——平面.

6.5.1　平面方程的几种形式

1. 平面的点法式方程

大家知道，过直线外一定点作且只能作一平面垂直于一已知直线. 也就是说，只要给出一定直线或与该直线平行的某一向量，过直线外一点可唯一确定一个与该直线垂直的平面. 由此命题将导出平面的点法式方程.

给定一平面 Π，与 Π 垂直的直线称为平面 Π 的法线，与该直线平行的非零向量称为平面 Π 的**法向量**.

若 $M_0(x_0, y_0, z_0)$ 为平面 Π 上一点，$\boldsymbol{n}=(A, B, C)$ 为该平面的法向量，试确定该平面 Π 的方程.

设 $M(x, y, z)$ 为平面 Π 上任一点(图 6-28)，那么向量 $\overrightarrow{M_0M}$ 与法向量 $\boldsymbol{n}$ 垂直，于是

$$\boldsymbol{n}\cdot\overrightarrow{M_0M}=0.$$

由于 $\boldsymbol{n}=(A, B, C)$，$\overrightarrow{M_0M}=(x-x_0, y-y_0, z-z_0)$，所以

$$A(x-x_0)+B(y-y_0)+C(z-z_0)=0, \tag{6.5.1}$$

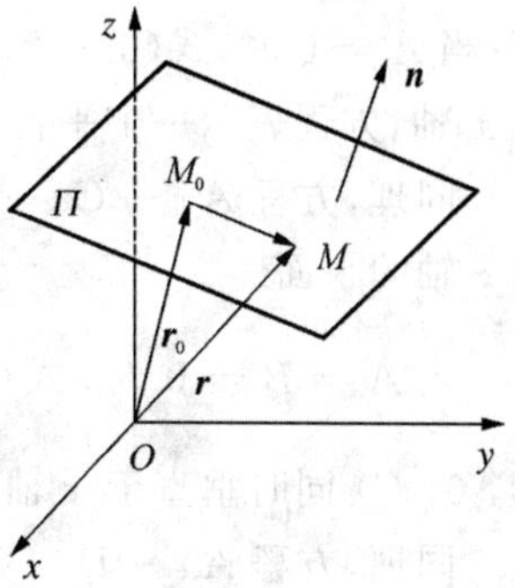

图 6-28

这就是平面 Π 的方程，称为平面的**点法式方程**.

例 1　求过点(7, 5, 1)且以 $\boldsymbol{n}=(1, -2, 3)$ 为法向量的平面方程.

解　根据平面的点法式方程(6.5.1)，得所求平面的方程为

$$(x-7)-2(y-5)-3(z-1)=0,$$

即

$$x-2y-3z+6=0.$$

例 2　试求过点 $A(1, 2, 1)$，$B(-2, 3, -1)$，$C(1, 0, 4)$的平面方程.

解　根据平面的点法式方程，必须找出平面的法向量 $\boldsymbol{n}$. 由于向量 $\boldsymbol{n}$ 与 $\overrightarrow{AB}$，$\overrightarrow{BC}$ 都垂直，且 $\overrightarrow{AB}=(-3, 1, -2)$，$\overrightarrow{BC}=(3, -3, 5)$，所以可取它的向量积为 $\boldsymbol{n}$，即

$$\boldsymbol{n}=\overrightarrow{AB}\times\overrightarrow{BC}=\begin{vmatrix}\boldsymbol{i} & \boldsymbol{j} & \boldsymbol{k}\\ -3 & 1 & -2\\ 3 & -3 & 5\end{vmatrix}=-\boldsymbol{i}+9\boldsymbol{j}+6\boldsymbol{k},$$

从而所求平面方程为

$$-(x-1)+9(y-2)+6(z-1)=0,$$

即

$$x-9y-6z+23=0.$$

2. 平面的一般方程

在式(6.5.1)中,若令 $D=-(Ax_0+By_0+Cz_0)$,则有

$$Ax+By+Cz+D=0. \tag{6.5.2}$$

称上式为**平面的一般方程**,其中 x, y, z 前的系数就是该平面的一个法向量 $\boldsymbol{n}$ 的坐标,即 $\boldsymbol{n}=(A, B, C)$.

例如,方程

$$x-9y-6z+23=0$$

表示一个平面,$\boldsymbol{n}=(1, -9, -6)$ 是这个平面的一个法向量.

特别地,当 $D=0$ 时,式(6.5.2)成为 $Ax+By+Cz=0$,它表示过原点的平面;当 $A=0$ 时,式(6.5.2)成为 $By+Cz+D=0$,其法向量 $\boldsymbol{n}=(0, B, C)$ 垂直于 x 轴,方程表示一个平行于 x 轴的平面.

同理,方程 $Ax+Cz+D=0$ 与 $Ax+By+D=0$ 分别表示一个平行于 y 轴和 z 轴的平面.

当 $A=B=0$ 时,式(6.5.2)成为 $Cz+D=0$ 或 $z=-\dfrac{D}{C}$,法向量 $\boldsymbol{n}=(0, 0, C)$ 同时垂直于 x 轴和 y 轴,方程表示一个平行于 xOy 面的平面.

同理,方程 $Ax+D=0$ 与 $By+D=0$ 分别表示一个平行于 yOz 面及 xOz 面的平面.

例 3 求过 y 轴和点(1, 1, 1)的平面方程.

解 平面经过 y 轴,则该平面的法向量垂直于 y 轴,且平面过原点,故设该平面方程为

$$Ax+Cz=0.$$

由平面过点(1, 1, 1),有 $A+C=0$,所以 $C=-A$. 代入所设的平面方程有

$$Ax-Az=0,$$

约去非零因子 A,得平面方程

$$x-z=0$$

即为所求.

注 为什么 $A\neq 0$ 呢?事实上,如果 $A=0$,则该平面的法向量 $\boldsymbol{n}=(A, 0, C)=\boldsymbol{0}$,与"平面的法向量非零"矛盾.

3. 平面的截距式方程

例 4 设一平面与 x 轴,y 轴,z 轴分别交于三点 $P(a, 0, 0)$, $Q(0, b, 0)$ 和 $R(0, 0, c)$(图 6-29),求此平面方程(其中 $a\neq 0, b\neq 0, c\neq 0$).

解　设所求平面方程为

$$Ax+By+Cz+D=0.$$

将三点坐标分别代入得

$$\begin{cases}a\cdot A+D=0,\\ b\cdot B+D=0,\\ c\cdot C+D=0,\end{cases}$$

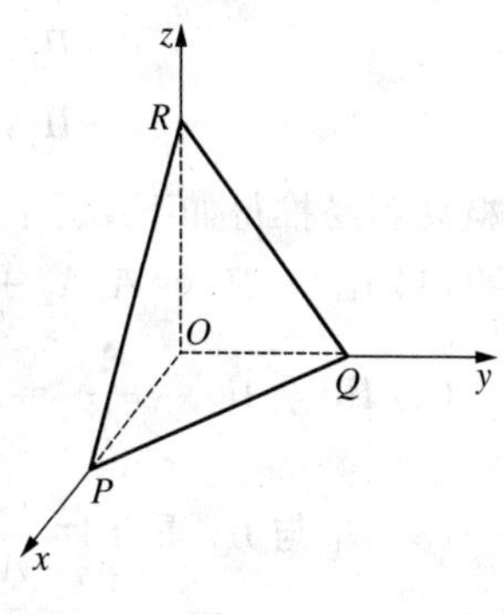

图 6-29

即　$A=-\dfrac{D}{a}$，　$B=-\dfrac{D}{b}$，　$C=-\dfrac{D}{c}$，

代入所设方程有

$$-\frac{D}{a}x-\frac{D}{b}y-\frac{D}{c}z+D=0.$$

两边同除以 $D\ (D\neq 0)$，便得所求的平面方程为

$$\frac{x}{a}+\frac{y}{b}+\frac{z}{c}=1. \tag{6.5.3}$$

式(6.5.3)称为平面的**截距式方程**，而 a, b, c 依次称为平面在 x 轴，y 轴，z 轴上的截距.

6.5.2　两平面的夹角

称两平面法向量的夹角为两平面的夹角(通常指锐角).

下面阐述用两平面的法向量的夹角来定义两平面之间的夹角的合理性.

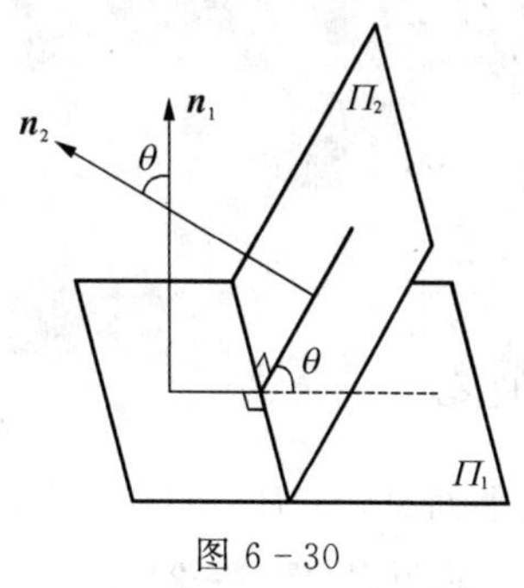

图 6-30

如图 6-30 所示，设想起初平面 Π_1 与平面 Π_2 重合在一起，于是它们的法向量应相互平行，即 $\boldsymbol{n}_1\parallel\boldsymbol{n}_2$. 若将平面 Π_2 的一侧向上提起，与 Π_1 之间产生一倾角 θ，与此同时，Π_2 的法向量 $\boldsymbol{n}_2$ 也将发生转动，与平面 Π_1 的法向量 $\boldsymbol{n}_1$ 产生相同角度 θ.

若设 Π_1 的法向量 $\boldsymbol{n}_1=(A_1, B_1, C_1)$，$\Pi_2$ 的法向量 $\boldsymbol{n}_2=(A_2, B_2, C_2)$，则平面 Π_1 与 Π_2 的夹角 θ 的余弦为

$$\cos\theta=\frac{|\boldsymbol{n}_1\cdot\boldsymbol{n}_2|}{|\boldsymbol{n}_1||\boldsymbol{n}_2|}=\frac{|A_1A_2+B_1B_2+C_1C_2|}{\sqrt{A_1^2+B_1^2+C_1^2}\cdot\sqrt{A_2^2+B_2^2+C_2^2}}. \tag{6.5.4}$$

设平面 Π_1，Π_2 的方程分别为

$$\Pi_1: A_1x + B_1y + C_1z + D_1 = 0,$$
$$\Pi_2: A_2x + B_2y + C_2z + D_2 = 0,$$

由概念容易推得如下结论:

(1) $\Pi_1 \perp \Pi_2 \Leftrightarrow A_1A_2 + B_1B_2 + C_1C_2 = 0$;

(2) $\Pi_1 /\!/ \Pi_2 \Leftrightarrow \dfrac{A_1}{A_2} = \dfrac{B_1}{B_2} = \dfrac{C_1}{C_2}$;

(3) Π_1 与 Π_2 重合 $\Leftrightarrow \dfrac{A_1}{A_2} = \dfrac{B_1}{B_2} = \dfrac{C_1}{C_2} = \dfrac{D_1}{D_2}$.

例 5 求两平面 $4x - 5y - 3z - 1 = 0$ 和 $-x - 4y - z + 2 = 0$ 的夹角 θ.

解 由公式(6.5.4)有

$$\cos\theta = \frac{|4\times(-1)+(-5)\times(-4)+(-3)\times(-1)|}{\sqrt{4^2+(-5)^2+(-3)^2}\cdot\sqrt{(-1)^2+(-4)^2+(-1)^2}} = \frac{7}{10},$$

所以
$$\theta = \arccos\frac{7}{10}.$$

例 6 一平面过两点 $M_1(3, -2, 9)$ 和 $M_2(-6, 0, -4)$ 且和平面 $\Pi_0: 2x - y + 4z - 8 = 0$ 垂直,求此平面方程.

解 设所求平面的法向量为 $\boldsymbol{n} = (A, B, C)$,则有 $\boldsymbol{n}$ 与平面 Π_0 的法向量 $\boldsymbol{n}_0$ 及 $\overrightarrow{M_1M_2}$ 垂直,而 $\boldsymbol{n}_0 = (2, -1, 4)$, $\overrightarrow{M_1M_2} = (-9, 2, -13)$,所以

$$\boldsymbol{n} = \boldsymbol{n}_0 \times \overrightarrow{M_1M_2} = \begin{vmatrix} \boldsymbol{i} & \boldsymbol{j} & \boldsymbol{k} \\ 2 & -1 & 4 \\ -9 & 2 & -13 \end{vmatrix} = 5\boldsymbol{i} - 10\boldsymbol{j} - 5\boldsymbol{k}.$$

故所求平面的方程为

$$5(x-3) - 10(y+2) - 5(z-9) = 0,$$

即
$$x - 2y - z + 2 = 0.$$

6.5.3 点到平面的距离

设 $P_0(x_0, y_0, z_0)$ 是平面 $Ax + By + Cz + D = 0$ 外一点,求点 P_0 到这平面的距离(图 6-31).

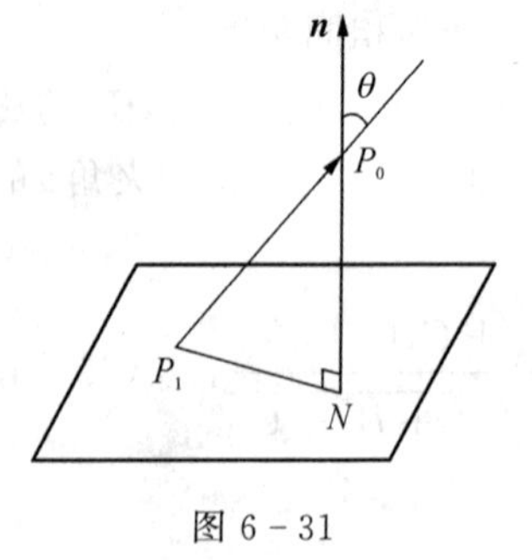

图 6-31

在平面上任取一点 $P_1(x_1, y_1, z_1)$,平面的法向量 $\boldsymbol{n} = (A, B, C)$,由图 6-31,记 $\overrightarrow{P_1P_0}$ 与 $\boldsymbol{n}$ 之间的夹角为 θ,则点 P_0 到该平面的距离为

$$d=|P_0N|=\left|\left|\overrightarrow{P_1P_0}\right|\cos\theta\right|=\left|\overrightarrow{P_1P_0}\right|\frac{\left|\overrightarrow{P_1P_0}\cdot\boldsymbol{n}\right|}{\left|\overrightarrow{P_1P_0}\right||\boldsymbol{n}|}=\left|\overrightarrow{P_1P_0}\cdot\overrightarrow{n^0}\right|,$$

而
$$\overrightarrow{n^0}=\left(\frac{A}{\sqrt{A^2+B^2+C^2}},\frac{B}{\sqrt{A^2+B^2+C^2}},\frac{C}{\sqrt{A^2+B^2+C^2}}\right),$$
$$\overrightarrow{P_1P_0}=(x_0-x_1,\ y_0-y_1,\ z_0-z_1),$$

则
$$\overrightarrow{P_1P_0}\cdot\overrightarrow{n^0}=\frac{Ax_0+By_0+Cz_0-Ax_1-By_1-Cz_1}{\sqrt{A^2+B^2+C^2}}.$$

而 $Ax_1+By_1+Cz_1=-D$,所以

$$\overrightarrow{P_1P_0}\cdot\overrightarrow{n^0}=\frac{Ax_0+By_0+Cz_0+D}{\sqrt{A^2+B^2+C^2}},$$

故点 P_0 到该平面的距离为

$$d=|P_0N|=\frac{|Ax_0+By_0+Cz_0+D|}{\sqrt{A^2+B^2+C^2}}.\tag{6.5.5}$$

例如,求点(4, 3, −5)到平面 $x-2y+2z+18=0$ 的距离,可利用公式(6.5.5)求得

$$d=\frac{|1\times4+(-2)\times3+2\times(-5)+18|}{\sqrt{1^2+(-2)^2+2^2}}=\frac{6}{3}=2.$$

习　题　6.5

1. 指出下列各平面的特殊位置,并画出各平面.

(1) $y=0$;　　(2) $x-1=0$;

(3) $2x+3y+6z-6=0$;　　(4) $y+z=1$;

(5) $x-2z=0$;　　(6) $2x-3y-6=0$.

2. 分别按下列条件求平面方程:

(1) 过点 $A(1,-2,3)$ 且与向径 $\overrightarrow{OA}$ 垂直;

(2) 过点(3, 1, −2)且与平面 $2x+y-7z=0$ 平行;

(3) 过点(1, 0, 2)且平行于向量 $\boldsymbol{a}=(1,-1,2)$ 和 $\boldsymbol{b}=(2,1,0)$;

(4) 过点(1, 1, −1),(−2, −2, 2)和(1, −1, 2);

(5) 过点(1, 2, −1)和 y 轴;

(6) 过点(2, 0, 1)和(5, 1, 3)并且平行于 z 轴;

(7) 过点(1, 1, 1)和(0, 1, −1)并且与平面 $x+y+z=0$ 垂直.

3. 求平面 $2x-2y+z+5=0$ 与各坐标面的夹角的余弦.

4. 求点 $(1, 2, 1)$ 到平面 $x+2y+2z-10=0$ 的距离.

6.6 空间曲线及其方程

6.6.1 空间曲线的一般方程

一条空间曲线可以视为两曲面的交线,因此,空间曲线的方程可以用包含 x, y, z 的方程组来表示.设 $F(x, y, z)=0$ 和 $G(x, y, z)=0$ 是两曲面方程,它们的交线为 Γ,则 Γ 满足方程组

$$\begin{cases} F(x, y, z)=0, \\ G(x, y, z)=0. \end{cases} \tag{6.6.1}$$

反之,满足方程组(6.6.1)的点一定在曲线 Γ 上.称方程组(6.6.1)为空间曲线 Γ 的一般方程.

例如,方程组 $\begin{cases} x^2+y^2=1, \\ 2x+3z=6 \end{cases}$ 表示的是圆柱面 $x^2+y^2=1$ 与平面 $2x+3z=6$ 的交线; 方程组 $\begin{cases} \dfrac{x^2}{3}+\dfrac{z^2}{5}=\dfrac{y^2}{2}, \\ x=0 \end{cases}$ 表示的是两条相交直线; 而方程组 $\begin{cases} \dfrac{x^2}{3}+\dfrac{z^2}{5}=\dfrac{y^2}{2}, \\ x=1 \end{cases}$ 表示的则是锥面 $\dfrac{x^2}{3}+\dfrac{z^2}{5}=\dfrac{y^2}{2}$ 与平面 $x=1$ 的交线,它是一条双曲线.

6.6.2 空间曲线的参数方程

空间曲线 Γ 也可用参数方程表示.只要将 Γ 上动点的坐标 x, y, z 表示为参数 t 的函数:

$$\begin{cases} x=x(t), \\ y=y(t), \\ z=z(t). \end{cases} \tag{6.6.2}$$

随着 t 的变动便可得曲线 Γ 上全部点.称方程组(6.6.2)为空间曲线的参数方程.

例 1　如果空间一点 M 在圆柱面 $x^2+y^2=a^2$ 上以角速度 ω 绕 z 轴旋转，同时又以线速度 v 沿平行于 z 轴的正方向上升(其中 ω, v 都是常数)，那么点 M 的轨迹称为螺旋线，试建立其参数方程.

解　取时间 t 为参数，设当 $t=0$ 时，动点与 x 轴上的点 $A(a,\ 0,\ 0)$ 重合，经过时间 t，动点由 $A(a,\ 0,\ 0)$ 运动到 $M(x,\ y,\ z)$(图 6-32). 记点 M 在 xOy 面上的投影为 M'，它的坐标为 $M'(x,\ y,\ 0)$.

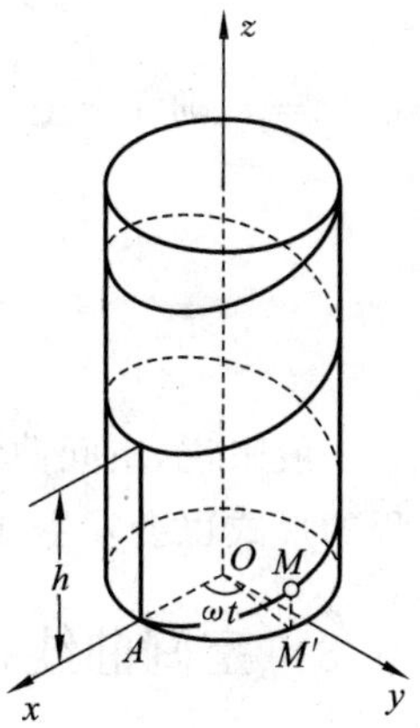

由于动点在圆柱面上以角速度 ω 绕 z 轴旋转，则经过时间 t 后，$\angle AOM'=\omega t$. 从而

$$\begin{cases} x=a\cos\omega t, \\ y=a\sin\omega t. \end{cases}$$

又由于动点同时以线速度 v 沿平行于 z 轴正方向上升，所以 $z=vt$. 因此，螺旋线的参数方程为

$$\begin{cases} x=a\cos\omega t, \\ y=a\sin\omega t, \\ z=vt. \end{cases}$$

图 6-32

或令 $\theta=\omega t$，则方程形式可化为

$$\begin{cases} x=a\cos\theta, \\ y=a\sin\theta, \\ z=b\theta \end{cases} \quad \left(b=\frac{v}{\omega},\ \theta \text{ 为参数}\right).$$

在实践中，平头螺丝钉的外缘曲线就是一条螺旋线，它有一条重要性质，当动点绕 z 轴转动一周(即 $\omega t=2\pi$)时，动点上升的高度为 $\dfrac{2\pi v}{\omega}$ 是一定值，这个高度在工程技术上称为螺距.

例 2　将空间曲线 Γ：$\begin{cases} z=x^2+y^2, \\ z=y \end{cases}$ 表示成参数方程.

解　将方程 $z=y$ 代入旋转抛物面 $z=x^2+y^2$ 可得

$$\begin{cases} y=x^2+y^2, \\ z=y, \end{cases}$$

即

$$\begin{cases} x^2+\left(y-\dfrac{1}{2}\right)^2=\left(\dfrac{1}{2}\right)^2, \\ z=y. \end{cases}$$

若令 $x=\dfrac{1}{2}\cos\theta$，则 $y-\dfrac{1}{2}=\dfrac{1}{2}\sin\theta$，可得曲线的参数方程为

$$\begin{cases} x = \dfrac{1}{2}\cos\theta, \\ y = \dfrac{1}{2} + \dfrac{1}{2}\sin\theta, \quad (0 \leqslant \theta \leqslant 2\pi). \\ z = \dfrac{1}{2} + \dfrac{1}{2}\sin\theta \end{cases}$$

若令 $y = t$,则 $x = \pm\sqrt{y - y^2} = \pm\sqrt{t - t^2}$. 此时曲线的参数方程又可表示为

$$\begin{cases} x = \pm\sqrt{t - t^2}, \\ y = t, \\ z = t. \end{cases}$$

一般来说,空间曲线总可以用参数方程来表示,但随着参数选取的不同,参数方程的形式也会发生变化.

6.6.3 空间曲线在坐标面上的投影

过空间一点 M 引坐标面的垂线,与坐标面相交的点即为 M 在该坐标面上的投影. 空间曲线 Γ 上各点在坐标面上的投影构成的曲线就是 Γ 在该坐标面上的投影曲线,简称投影. 那么如何求曲线在坐标面上的投影呢?

设空间曲线 Γ 的一般方程为

$$\begin{cases} F_1(x, y, z) = 0, \\ F_2(x, y, z) = 0. \end{cases} \tag{6.6.3}$$

将方程组(6.6.3)消去 z 后得方程

$$G(x, y) = 0. \tag{6.6.4}$$

因此,满足方程组(6.6.3)的点一定都满足方程(6.6.4),而方程(6.6.4)表示的是一个母线平行于 z 轴的柱面,且准线为 Γ,称柱面(6.6.4)为曲线 Γ 关于坐标面 xOy 的投影柱面,投影柱面与 xOy 面的交线

$$\begin{cases} G(x, y) = 0, \\ z = 0 \end{cases} \tag{6.6.5}$$

就是曲线 Γ 在坐标面 xOy 面上的投影.

同理,将方程组(6.6.3)消去变量 x 或 y,再分别和 $x = 0$ 或 $y = 0$ 联立,就可得到曲线 Γ 分别在 yOz 面或 xOz 面上的投影,方程如下:

$$\begin{cases} R(y, z) = 0, \\ x = 0 \end{cases} \quad 或 \quad \begin{cases} \Gamma(x, z) = 0, \\ y = 0. \end{cases}$$

例 3　已知球面方程 $x^2+y^2+z^2=1$ 及平面方程 $x+y+z=0$，求它们的交线在 xOy 面上的投影方程.

解　交线 Γ 的方程为

$$\begin{cases} x^2+y^2+z^2=1, \\ x+y+z=0, \end{cases}$$

消去 z 得

$$2x^2+2xy+2y^2=1.$$

所以交线 Γ 在 xOy 面上的投影方程为

$$\begin{cases} 2x^2+2xy+2y^2=1, \\ z=0. \end{cases}$$

例 4　试求空间曲线 Γ：$\begin{cases} z=3x^2+y^2, \\ z=1-x^2 \end{cases}$ 在 xOy 面上的投影曲线，并利用投影曲线将曲线 Γ 的方程表示为参数方程.

解　从空间曲线 Γ 的一般方程中消去 z 得

$$3x^2+y^2=1-x^2,$$

即

$$4x^2+y^2=1.$$

所以曲线 Γ 在 xOy 面上的投影方程为

$$\begin{cases} 4x^2+y^2=1, \\ z=0. \end{cases}$$

不难得其参数方程为

$$\begin{cases} x=\dfrac{\cos t}{2}, \\ y=\sin t, \\ z=0 \end{cases} \quad (0 \leqslant t \leqslant 2\pi).$$

将上述方程中的 x，y 分别代入曲线 Γ 的方程，得

$$\begin{cases} x=\dfrac{\cos t}{2}, \\ y=\sin t, \\ z=1-\dfrac{\cos^2 t}{4} \end{cases} \quad (0 \leqslant t \leqslant 2\pi)$$

即为曲线 Γ 的参数方程.

从点到线的投影，再进一步推广，在以后的学习中往往需要确定一个立体或一

张曲面在坐标面上的投影,这时也要用到投影柱面和投影曲线.

例 5 设一立体 Ω 由上半球面 $z=\sqrt{4-x^2-y^2}$ 和锥面 $z=\sqrt{3(x^2+y^2)}$ 所围成(图 6-33),求它在 xOy 面上的投影.

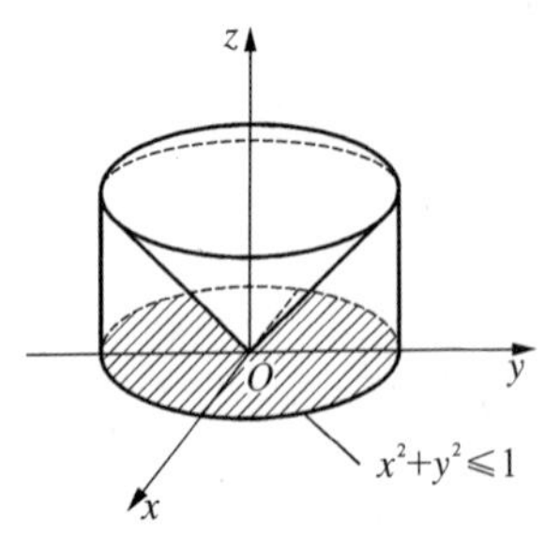

图 6-33

解 上半球面与锥面的交线为

$$\Gamma:\begin{cases} z=\sqrt{4-x^2-y^2}, \\ z=\sqrt{3(x^2+y^2)}, \end{cases}$$

消去 z 可得

$$x^2+y^2=1.$$

因此 Γ 在 xOy 面上的投影曲线为

$$\begin{cases} x^2+y^2=1, \\ z=0. \end{cases}$$

它表示 xOy 面上的一个圆.

而立体 Ω 是镶在投影柱面 $x^2+y^2=1$ 中,它在 xOy 面上的投影是一平面区域 D_{xOy}: $x^2+y^2\leqslant 1$,即为 Γ 在 xOy 面上的投影所围成的部分.

习 题 6.6

1. 画出下列曲线在第一卦限内的图形.

(1) $\begin{cases} x=1, \\ y=2; \end{cases}$ (2) $\begin{cases} z=\sqrt{4-x^2-y^2}, \\ x-y=0. \end{cases}$

2. 指出下列方程组在平面解析几何和空间解析几何中分别表示什么图形:

(1) $\begin{cases} y=5x+1, \\ y=2x-3; \end{cases}$ (2) $\begin{cases} \dfrac{x^2}{4}+\dfrac{y^2}{9}=1, \\ y=3. \end{cases}$

3. 将曲线 $\begin{cases} x^2+y^2+z^2=9, \\ x+z=1 \end{cases}$ 化为参数方程,并求其在 xOy 面上的投影方程.

4. 求曲线 $\begin{cases} z=\sqrt{4-x^2-y^2}, \\ x^2+y^2=2x \end{cases}$ 在各坐标面上的投影方程.

5. 描绘出下列各组曲面围成的立体图形:

(1) $x=0,\ y=0,\ z=0,\ y=2,\ x+z=1$;

(2) $y=\sqrt{x},\ y=2\sqrt{x},\ z=0,\ x+z=1$;

(3) $z=\sqrt{x^2+y^2},\ z=2-x^2-y^2$.

6. 求下列曲线所围成的立体在三个坐标面上的投影:

(1) $z=x^2+y^2,\ z=2-x^2-y^2$;

(2) $z=\sqrt{x^2+y^2}$, $x^2+y^2=1$, $z=0$.

6.7　空间直线及其方程

6.7.1　空间直线方程的几种形式

1. 空间直线的一般方程

空间直线 L 是最简单特殊的空间曲线,它可以视为两个平面 Π_1 和 Π_2 的交线. 所以类似于空间曲线的一般方程形式,把

$$L:\begin{cases}A_1x+B_1y+C_1z+D_1=0,\\ A_2x+B_2y+C_2z+D_2=0\end{cases} \tag{6.7.1}$$

称为空间直线的一般方程.

由于通过空间一直线 L 的平面有无限多个,因此只要从中任选两个平面,把它们的方程联立起来就可表示该直线了.

2. 空间直线的对称式方程与参数方程

因为过空间一定点,与某一非零向量平行的直线是唯一的,所以,可以根据这一命题来建立空间直线的对称式方程.

称平行于一已知直线的非零向量为这条直线的方向向量.

若 $M_0(x_0, y_0, z_0)$ 为直线 L 上一点,且向量 $\boldsymbol{s}=(m, n, p)$ 为直线 L 的方向向量,试求直线 L 的方程.

设 $M(x, y, z)$ 为直线 L 上任一点,则向量 $\overrightarrow{M_0M}=(x-x_0, y-y_0, z-z_0)$ 平行于 $\boldsymbol{s}$(图 6-34),所以两向量的坐标对应成比例,即

$$\frac{x-x_0}{m}=\frac{y-y_0}{n}=\frac{z-z_0}{p}. \tag{6.7.2}$$

这就是直线 L 的方程,称之为直线 L 的对称式方程或点向式方程.

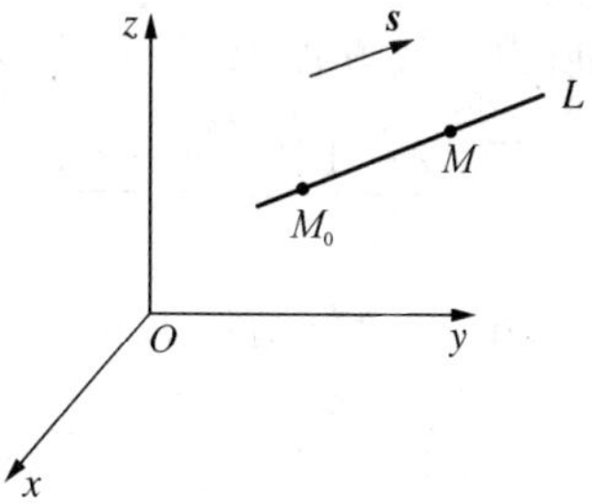

图 6-34

注　当 m, n, p 中有一个或两个为零时,方程(6.7.2)中对应的分子亦为零,即:若 $m=0$,而 $n\neq 0$, $p\neq 0$,这时方程(6.7.2)应

理解为$\begin{cases} x-x_0=0, \\ \dfrac{y-y_0}{n}=\dfrac{z-z_0}{p}; \end{cases}$若 $m=n=0$，而 $p\neq 0$，这时方程(6.7.2)应理解为$\begin{cases} x-x_0=0, \\ y-y_0=0. \end{cases}$

由直线的对称式方程很容易导出直线的参数方程.设

$$\frac{x-x_0}{m}=\frac{y-y_0}{n}=\frac{z-z_0}{p}=t,$$

则

$$\begin{cases} x=x_0+mt, \\ y=y_0+nt, \\ z=z_0+pt \end{cases} \tag{6.7.3}$$

即为直线的参数方程.

例 1 求过点(−1, 2, 3)，垂直于直线 $\dfrac{x}{4}=\dfrac{y}{5}=\dfrac{z}{6}$ 且平行于平面 $7x+8y+9z+10=0$ 的直线方程.

解 设所求直线的方向向量为 $\boldsymbol{s}$，已知直线的方向向量记为 $\boldsymbol{s}_1=(4,5,6)$，已知平面的法向量为 $\boldsymbol{n}_1=(7,8,9)$，依题意有

$$\boldsymbol{s}\perp\boldsymbol{s}_1,\qquad \boldsymbol{s}\perp\boldsymbol{n}_1,$$

因此

$$\boldsymbol{s}=\boldsymbol{s}_1\times\boldsymbol{n}_1=\begin{vmatrix} \boldsymbol{i} & \boldsymbol{j} & \boldsymbol{k} \\ 4 & 5 & 6 \\ 7 & 8 & 9 \end{vmatrix}=(-1,2,-1),$$

则所求直线方程为

$$\frac{x+1}{-1}=\frac{y-2}{2}=\frac{z-3}{-1} \quad \text{或} \quad \frac{x+1}{1}=\frac{y-2}{-2}=\frac{z-3}{+1}.$$

例 2 已知直线 L 的一般方程为

$$\begin{cases} 3x+2y+4z-11=0, \\ 2x+y-3z-1=0, \end{cases}$$

试求 L 的对称式方程和参数方程.

解 先找出直线 L 上一点 (x_0, y_0, z_0)，不妨取 $x_0=1$，代入题中方程组有

$$\begin{cases} 2y+4z-8=0, \\ y-3z+1=0. \end{cases}$$

解得 $y=2$，$z=1$. 即(1, 2, 1)为直线 L 上的一点.

下面再找出该直线的方向向量 $\boldsymbol{s}$. 由于两平面交线与这两平面的法向量 $\boldsymbol{n}_1=(3,2,4)$，$\boldsymbol{n}_2=(2,1,-3)$ 都垂直，所以可取

$$\boldsymbol{s}=\boldsymbol{n}_1\times\boldsymbol{n}_2=\begin{vmatrix}\boldsymbol{i} & \boldsymbol{j} & \boldsymbol{k}\\ 3 & 2 & 4\\ 2 & 1 & -3\end{vmatrix}=-10\boldsymbol{i}+17\boldsymbol{j}-\boldsymbol{k},$$

因此所给直线的对称式方程为

$$\frac{x-1}{-10}=\frac{y-2}{17}=\frac{z-1}{-1}.$$

令
$$\frac{x-1}{-10}=\frac{y-2}{17}=\frac{z-1}{-1}=t,$$

得所给直线的参数方程为

$$\begin{cases}x=1-10t,\\ y=2+17t,\\ z=1-t.\end{cases}$$

6.7.2 两直线的夹角

称两直线方向向量的夹角为两直线的夹角(通常指锐角).

设直线 L_1 与 L_2 的方向向量依次为 $\boldsymbol{s}_1=(m_1,n_1,p_1)$ 和 $\boldsymbol{s}_2=(m_2,n_2,p_2)$，那么按两向量夹角的余弦公式，直线 L_1 和 L_2 的夹角 φ 可由

$$\cos\varphi=\frac{|m_1m_2+n_1n_2+p_1p_2|}{\sqrt{m_1^2+n_1^2+p_1^2}\cdot\sqrt{m_2^2+n_2^2+p_2^2}} \tag{6.7.4}$$

来确定.

根据两向量垂直、平行的充分必要条件可得如下结论：

(1) $L_1\perp L_2 \Leftrightarrow m_1m_2+n_1n_2+p_1p_2=0$;

(2) $L_1 /\!/ L_2 \Leftrightarrow \dfrac{m_1}{m_2}=\dfrac{n_1}{n_2}=\dfrac{p_1}{p_2}$.

例3 求直线 L_1：$\dfrac{x-1}{1}=\dfrac{y}{-4}=\dfrac{z+3}{1}$ 和 L_2：$\dfrac{x}{2}=\dfrac{y+2}{-2}=\dfrac{2}{-1}$ 的夹角.

解 由于 L_1 与 L_2 的方向向量分别为

$$\boldsymbol{s}_1=(1,-4,1),\qquad \boldsymbol{s}_2=(2,-2,-1).$$

设 L_1 与 L_2 的夹角为 φ，由公式(6.7.4)有

$$\cos\varphi = \frac{|1\times 2+(-2)\times(-4)+1\times(-1)|}{\sqrt{1^2+(-4)^2+1^2}\cdot\sqrt{2^2+(-2)^2+(-1)^2}} = \frac{\sqrt{2}}{2},$$

所以 $\varphi = \dfrac{\pi}{4}$.

6.7.3 直线与平面的夹角 >>>

若直线与某平面垂直,规定直线与该平面的夹角为 $\dfrac{\pi}{2}$;若直线与平面不垂直,定义直线和它在该平面上的投影直线的夹角 $\varphi\left(0\leqslant\varphi<\dfrac{\pi}{2}\right)$ 为直线与平面的夹角.

若设直线 L 的方向向量为 $\boldsymbol{s}=(m, n, p)$,平面 Π 的法向量为 $\boldsymbol{n}=(A, B, C)$,直线 L 与平面 Π 的夹角为 φ,根据上述定义不难看出 $\varphi=\left|\dfrac{\pi}{2}-(\widehat{\boldsymbol{s}, \boldsymbol{n}})\right|$,因此 $\sin\varphi = |\cos(\widehat{\boldsymbol{s}, \boldsymbol{n}})|$. 即

$$\sin\varphi = \frac{|\boldsymbol{s}\cdot\boldsymbol{n}|}{|\boldsymbol{s}||\boldsymbol{n}|} = \frac{|Am+Bn+Cp|}{\sqrt{m^2+n^2+p^2}\cdot\sqrt{A^2+B^2+C^2}}. \tag{6.7.5}$$

由向量间的关系可得如下结论:

(1) $L\,/\!/\,\Pi \Leftrightarrow mA+nB+pC=0$;

(2) $L\perp\Pi \Leftrightarrow \dfrac{A}{m}=\dfrac{B}{n}=\dfrac{C}{p}$.

例 4 求过点 $O(0, 0, 0)$ 且过两平面 $2x-y+3z-8=0$ 和 $x+5y-z-2=0$ 的交线的平面方程.

解 **方法一** 因为所求的平面经过两已知平面的交线,则所求平面的法向量 $\boldsymbol{n}$ 垂直于交线,同时在交线上再取一点 M_1,则向量 $\boldsymbol{n}\perp\overrightarrow{OM_1}$. 所以通过两向量的向量积求出平面的法向量 $\boldsymbol{n}$,再根据点法式建立平面方程.

设 Π_1: $2x-y+3z-8=0$, Π_2: $x+5y-z-2=0$,则交线的方向向量为

$$\boldsymbol{s}=\begin{vmatrix}\boldsymbol{i} & \boldsymbol{j} & \boldsymbol{k}\\ 2 & -1 & 3\\ 1 & 5 & -1\end{vmatrix}=-14\boldsymbol{i}+5\boldsymbol{j}+11\boldsymbol{k}.$$

在交线上取点 $M_1(x, y, z)$,不妨取其横坐标 $x=0$,分别代入两平面 Π_1, Π_2 的方程有

$$\begin{cases}-y+3z-8=0,\\ 5y-z-2=0.\end{cases}$$

解得 $y=1$，$z=3$. 即得 $M_1(0,1,3)$，于是$\overrightarrow{OM_1}=(0,1,3)$. 而所求平面的法向量 $\boldsymbol{n}\perp\boldsymbol{s}$ 且 $\boldsymbol{n}\perp\overrightarrow{OM_1}$，所以

$$\boldsymbol{n}=\begin{vmatrix}\boldsymbol{i}&\boldsymbol{j}&\boldsymbol{k}\\-14&5&11\\0&1&3\end{vmatrix}=4\boldsymbol{i}+42\boldsymbol{j}-14\boldsymbol{k}.$$

由点法式可得所求平面方程为

$$4(x-0)-42(y-0)-14(z-0)=0,$$

即

$$2x+21y-7z=0.$$

事实上，根据平面特点，有时选择用平面束的方程解题会比较方便，因此下面简要介绍平面束方程.

6.7.4 平面束

设直线 L 由方程组

$$\begin{cases}A_1x+B_1y+C_1z+D_1=0,\\A_2x+B_2y+C_2z+D_2=0\end{cases}$$

所确定，其中系数 A_1，B_1，C_1 与 A_2，B_2，C_2 不成比例，即两平面不平行.

建立三元一次方程

$$A_1x+B_1y+C_1z+D_1+\lambda(A_2x+B_2y+C_2z+D_2)=0,\qquad(6.7.6)$$

其中 λ 为任意常数，称方程(6.7.6)为过直线 L 的平面束方程. 根据 λ 的取值不同可确定不同的平面，但所有的平面都经过直线 L；反之，方程(6.7.6)包含了除平面 $A_2x+B_2y+C_2z+D_2=0$ 外的所有过直线 L 的平面.

有了平面束方程的定义，例 4 可作如下另解.

方法二 作过两已知平面交线的平面束方程：

$$(2x-y+3z-8)+\lambda(x+5y-z-2)=0.$$

由于所求平面同时还经过点 $O(0,0,0)$，则有

$$(2\times0-0+3\times0-8)+\lambda(0+5\times0-0-2)=0,$$

即 $\lambda=-4$. 故

$$(2x-y+3z-8)-4(x+5y-z-2)=0,$$

即 $2x+21y-7z=0$ 为所求平面方程.

例 5 求直线 $L\begin{cases}x+y-z-1=0,\\x-y+z+1=0\end{cases}$ 在平面 $x+y+z=0$ 上的投影直线方程.

解 过直线 L 的平面束方程为

$$(x+y-z-1)+\lambda(x-y+z+1)=0, \tag{6.7.7}$$

由于过直线 L 与平面 $x+y+z=0$ 垂直的平面是所要求的过直线 L 的投影平面. 而平面束方程(6.7.7)的法向量为 $\boldsymbol{n}=(1+\lambda,\ 1-\lambda,\ -1+\lambda)$，所以有

$$(1+\lambda)\cdot 1+(1-\lambda)\cdot 1+(-1+\lambda)\cdot 1=0,$$

即 $\lambda+1=0$，因而 $\lambda=-1$. 代入方程(6.7.7)得投影平面方程为

$$2y-2z-2=0,$$

即

$$y-z-1=0.$$

所以投影直线方程为

$$\begin{cases}y-z-1=0,\\x+y+z=0.\end{cases}$$

习 题 6.7

1. 求下列直线方程：

(1) 过点$(-2,\ 3,\ 1)$且平行于直线 $\dfrac{x-1}{3}=\dfrac{y}{2}=\dfrac{z+2}{1}$；

(2) 过点$(1,\ 1,\ 5)$且垂直于平面 $2y-z=0$；

(3) 过点$(1,\ 2,\ 3)$和点$(2,\ 1,\ 4)$；

(4) 过点$(0,\ 2,\ 4)$且与两平面 $x+2z-1=0$ 和 $y-3z-2=0$ 平行；

(5) 过点$(0,\ 1,\ 2)$且与直线 $\dfrac{x-1}{1}=\dfrac{y-1}{1}=\dfrac{z}{2}$ 垂直相交.

2. 写出直线 $\begin{cases}x+y-z=0,\\x-y+z=0\end{cases}$ 的对称式方程及参数方程.

3. 求直线 $\begin{cases}5x-3y+3z-9=0,\\3x-2y+z-1=0\end{cases}$ 和直线 $\begin{cases}2x+2y-z+23=0,\\3x+8y+z-18=0\end{cases}$ 的夹角的余弦.

4. 证明：直线 $\begin{cases}x+2y-z=7,\\-2x+y+z=7\end{cases}$ 与直线 $\begin{cases}3x+6y-3z=8,\\2x-y-z=0\end{cases}$ 平行.

5. 求直线 $\begin{cases}x+y+3z=0,\\x-y-z=0\end{cases}$ 与平面 $x-y-z+1=0$ 的夹角.

6. 试确定下列各组中直线与平面的位置关系.

(1) $\dfrac{x+3}{-2}=\dfrac{y+4}{-7}=\dfrac{z}{3}$ 和 $4x-2y-2z=3$；

(2) $\dfrac{x}{3}=\dfrac{y}{-2}=\dfrac{z}{7}$ 和 $3x-2y+7z=8$；

(3) $\frac{x-2}{3}=\frac{y+2}{1}=\frac{z-3}{-4}$ 和 $x+y+z=3$.

7. 求直线 $\begin{cases}2x-4y+z=0,\\3x-y-2z-9=0\end{cases}$ 在平面 $4x-y+z=1$ 上的投影直线方程.

总习题6

1. 填空题.

(1) 设向量 $\boldsymbol{m}=(3,5,8)$, $\boldsymbol{n}=(2,-4,-7)$, $\boldsymbol{p}=(5,1,-4)$,则向量 $\boldsymbol{a}=4\boldsymbol{m}+3\boldsymbol{n}-\boldsymbol{p}$ 在 y 轴上的投影为________.

(2) 设 $\boldsymbol{a}=(2,1,2)$, $\boldsymbol{b}=(4,-1,10)$, $\boldsymbol{c}=\boldsymbol{b}-\lambda\boldsymbol{a}$,且 $\boldsymbol{a}\perp\boldsymbol{c}$,则 $\lambda=$ ________.

(3) 母线平行于 z 轴,且通过曲线 $\begin{cases}2x^2+y^2+z^2=16,\\x^2-y^2+z^2=0\end{cases}$ 的柱面方程是________.

(4) 直线 $\begin{cases}x-y+z=1,\\2x+y+z=4\end{cases}$ 的对称式方程是________________.

2. 选择题.

(1) 平面 $3x-3y-6=0$ 的位置是(   ).

A. 平行于 xOy 面　　B. 平行于 z 轴,但不通过 z 轴

C. 垂直于 z 轴　　D. 通过 z 轴

(2) 点 $M(1,2,1)$ 到平面 $x+2y+2z-10=0$ 的距离是(   ).

A. 1　　B. ±1　　C. -1　　D. $\frac{1}{3}$

(3) 已知 $|\boldsymbol{a}|=1$, $|\boldsymbol{b}|=\sqrt{2}$,且 $\boldsymbol{a}$ 与 $\boldsymbol{b}$ 的夹角为 $\frac{\pi}{4}$,则 $|\boldsymbol{a}+\boldsymbol{b}|=$(   ).

A. 1　　B. $1+\sqrt{2}$　　C. 2　　D. $\sqrt{5}$

(4) 若向量 $\boldsymbol{a}$, $\boldsymbol{b}$, $\boldsymbol{c}$ 满足: $|\boldsymbol{a}|=3$, $|\boldsymbol{b}|=4$, $|\boldsymbol{c}|=5$,且 $\boldsymbol{a}+\boldsymbol{b}+\boldsymbol{c}=\boldsymbol{0}$,则 $|\boldsymbol{a}\times\boldsymbol{b}+\boldsymbol{b}\times\boldsymbol{c}+\boldsymbol{c}\times\boldsymbol{a}|=$(   ).

A. 60　　B. 30

C. 36　　D. 63

3. 分别求常数 t,使得平面 $x+ty-2z=9$ 满足下列条件之一:

(1) 经过点$(5,-4,-6)$;

(2) 与平面 $2x+4y+3z=3$ 垂直;

(3) 与原点相距3个单位.

4. 直线 L 过点 $P(-1,0,4)$,平行于平面 Π: $3x-4y+z=10$,且与直线 L_0: $x+1=y-3=\frac{z}{2}$ 相交,求直线 L 的方程.

5. 求经过原点并含直线 L: $\begin{cases}x=3-t,\\y=1+2t,\\z=t\end{cases}$ 的平面方程.

6. 一动点与点 $A(1, 0, 0)$ 的距离是到平面 $x=4$ 距离的一半，试求动点轨迹，并说明它是哪一类曲面.

7. 设 $|\boldsymbol{a}|=4$, $|\boldsymbol{b}|=3$, $(\widehat{\boldsymbol{a}, \boldsymbol{b}})=\dfrac{\pi}{6}$，求以 $a+2b$ 和 $a-3b$ 为边的平行四边形的面积.

8. 设 M_0 是直线 L 外一点，M 是直线 L 上任意一点，且直线的方向向量为 $\boldsymbol{s}$，试证：点 M_0 到直线 L 的距离

$$d=\frac{|\overrightarrow{M_0M}\times\boldsymbol{s}|}{|\boldsymbol{s}|}.$$

并利用上式求点 $P(3, -1, 2)$ 到直线 $\begin{cases}x+y-z+1=0,\\2x-y+z-4=0\end{cases}$ 的距离.

9. 设一平面垂直于平面 $z=0$，并通过从点 $(1, -1, 1)$ 到直线 $\begin{cases}y-z+1=0,\\x=0\end{cases}$ 的垂线，求此平面方程.

10. 画出下列各曲面所围立体的图形：

(1) 抛物柱面 $2y^2=x$，平面 $z=0$ 及 $\dfrac{x}{4}+\dfrac{y}{2}+\dfrac{z}{2}=1$；

(2) 抛物柱面 $x^2=1-z$，平面 $y=0$, $z=0$ 及 $x+y=1$；

(3) 圆锥面 $z=\sqrt{x^2+y^2}$ 及旋转抛物面 $z=2-x^2-y^2$；

(4) 旋转抛物面 $x^2+y^2=z$，柱面 $y^2=x$，平面 $z=0$ 及 $x=1$.

实验 6　三维图形的绘制

一、实验内容

(1) 三维曲线的绘制.

(2) 三维曲面的绘制.

二、实验目的

熟悉 Matlab 软件三维绘图的基本操作.

三、预备知识

1. 绘制三维曲线

三维曲线绘制的基本语句是：plot3(x,y,z,'s')，其中 x,y,z 表示同维向量，主要用于用参数方程表示的曲线.

例 1　绘出阿基米德螺线 $\begin{cases}x=\cos t,\\y=\sin t,\\z=2t\end{cases}$ $(0<t<4\pi)$ 的图形.

```
t=0:0.01:4*pi;
x=cos(t);
y=sin(t);
z=4*t;
plot3(x,y,z)
```

显示结果如图 6-35 所示.

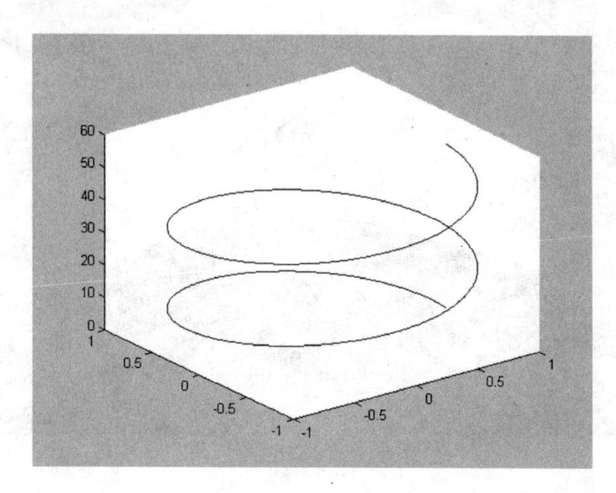

图 6-35

2. 三维图形的绘制

画函数 $z-f(x, y)$所代表的三维空间曲面，需要做以下的数据准备：

(1) 确定自变量 x，y 的取值范围和取值间隔：

```
x=x1:dx:x2;
y=y1:dy:y2;
```

其中 dx,dy 确定网格间隔的大小，可以不写.

(2) 构造 x-y 平面上自变量的格点矩阵：

```
[x, y]=meshgrid(x, y);
```

(3) 计算格点上的函数值：

```
z=f(x, y);
```

三维曲面绘图的基本命令有两个：

mesh(x, y, z)　绘制网格图，此命令绘制出来的曲面是由网格线构成的；

surf(x, y, z)　绘制表面图，此命令绘制出来的是真正的曲面图.

例 2　绘出二维正态分布函数 $z=\dfrac{1}{2\pi}e^{-\frac{1}{2}(x^2+y^2)}$ 的图形.

```
x=-5:0.2:5;
y=-5:0.2:5;
[x, y]=meshgrid(x, y);
```

```
z=(1/(2*pi))*exp(-(x.^2+y.^2)./2);
mesh(x,y,z)
```

显示结果如图 6-36 所示.

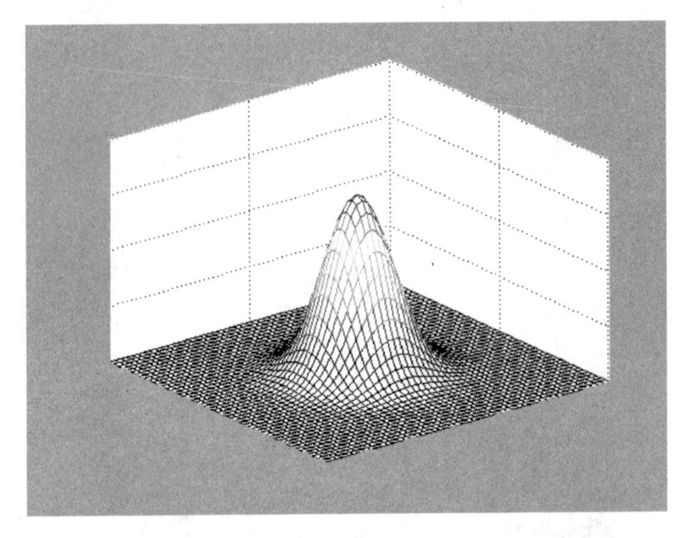

图 6-36

Matlab 还提供了如下其他三维图形绘制函数:

waterfall(x,y,z)　　绘制出瀑布形图形;

contour3(x,y,z,30)　　绘制三维等高线图形,30 为用户选定的等高线条数.

四、实验题目

1. 绘制参数方程 $\begin{cases} x(t)=t^3\sin(3t)\mathrm{e}^{-t}, \\ y(t)=t^3\cos(3t)t^{-t}, \\ z(t)=t^2 \end{cases}$ 的三维曲线.

```
t=1:0.1:2*pi;
x=t.^3.*sin(3*t).*exp(-t);
y=t.^3.*cos(3*t).*exp(-t);
z=t.^2;
plot3(x,y,z),grid
```

显示结果如图 6-37 所示.

2. 绘制二元函数 $z=\dfrac{\sin\sqrt{x^2+y^2}}{\sqrt{x^2+y^2}}$ 的图形.

```
[x,y]=meshgrid(-12:0.5:12)
R=sqrt(x.^2+y.^2);
```

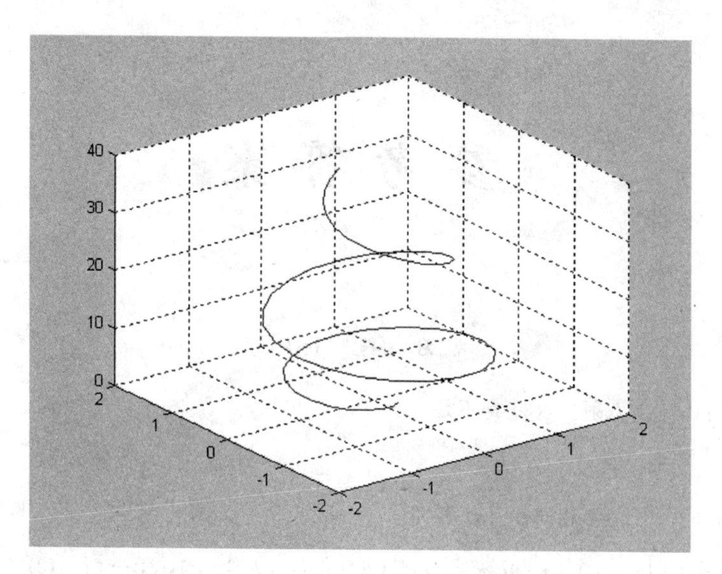

图 6 - 37

```
z =sin(R)./R
mesh(z)
```

显示结果如图 6 - 38 所示.

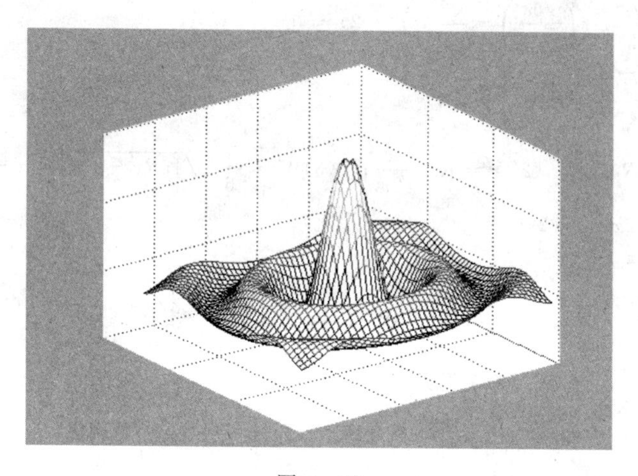

图 6 - 38

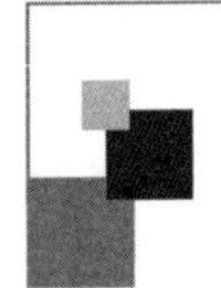

参考答案

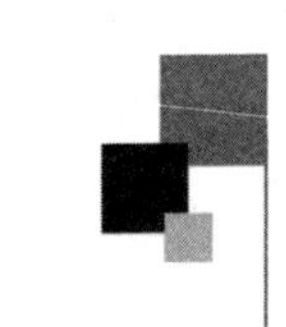

习 题 1.1

1. (1) 单射； (2) 双射； (3) 都不是.

2. $-\dfrac{1}{x_0(x_0+h)}$.

3. (1) 不相同； (2) 不相同； (3) 相同.

4. (1) $\left[-\dfrac{1}{3}, 1\right]$； (2) $\{x \mid 4k^2\pi^2 \leqslant x \leqslant (2k+1)^2\pi^2, k=0, 1, 2, \cdots\}$； (3) $\{1\}$； (4) $\mathbf{R}$；

(5) $(-1, 1]$； (6) $\left(-\dfrac{1}{2}, \dfrac{4}{3}\right]$； (7) $\left[k\pi-\dfrac{\pi}{4}, k\pi+\dfrac{\pi}{4}\right]$, $k=0, \pm 1, \pm 2, \cdots$；

(8) $(1, +\infty)$； (9) $[-4, -\pi] \cup [0, \pi]$； (10) $2k\pi+\dfrac{\pi}{2}$, $k=0, \pm 1, \pm 2, \cdots$.

5. $f\left(\dfrac{\pi}{4}\right)=\dfrac{\sqrt{2}}{2}$, $f\left(-\dfrac{\pi}{4}\right)=\dfrac{\sqrt{2}}{2}$, $f(-2)=0$.

7. 面积 $S=\dfrac{\sqrt{3}}{4}x^2$，周长 $C=3x$.

8. (1) $C=2\pi R-x$； (2) $r=R-\dfrac{x}{2\pi}$； (3) $V=\dfrac{1}{6}\sqrt{4\pi Rx-x^2}\left(R-\dfrac{x}{2\pi}\right)^2$.

9. $V=x(a-2x)(b-2x)$.

10. $S=2\pi r(h+r)$.

习 题 1.2

3. (1) 有界； (2) 有界； (3) 无界.

4. (1) $(-\infty, 0)$ 单调减，$(0, +\infty)$ 单调增； (2) $\left(-\dfrac{\pi}{2}, \dfrac{\pi}{2}\right)$单调增；

(3) $(-\infty, 0)$ 单调减，$(0, +\infty)$ 单调增.

5. (1)、(2)、(4)、(6)、(7)为奇函数，(3)、(5)、(8)为偶函数.

7. (1) 是，$T=2\pi$； (2) 不是； (3) 不是； (4) 是，$T=\pi$； (5) 不是； (6) 是，$T=1$.

习 题 1.3

1. (1) $(x+2)^3$, $\mathbf{R}$； (2) $\sqrt{x^2}$, $\mathbf{R}$；

(3) $|\sec x|$, $\left(k\pi-\frac{\pi}{2}, k\pi+\frac{\pi}{2}\right)$, $k=0, \pm 1, \pm 2, \cdots$; (4) x, $(0, +\infty)$;

(5) x, $[-1, 1]$.

2. (1) $y=3^u$, $u=2v$, $v=\sin x$; (2) $y=3^u$, $u=\sin v$, $v=2x$;

(3) $y=\tan u$, $u=\ln v$, $v=2x$; (4) $y=u^2$, $u=\arccos v$, $v=2^x$.

3. $f[f(x)]=\frac{1+x}{2+x}$, $g[g(x)]=2+2x^2+x^4$, $f[g(x)]=\frac{1}{2+x^2}$,

$g[f(x)]=\frac{2+2x+x^2}{(1+x)^2}$, $g[f(1)]=\frac{5}{4}$, $f[g(1)]=\frac{1}{3}$, $f\{f[f(x)]\}=\frac{2+x}{3+2x}$.

4. $f(x)=\begin{cases}(x-1)^2, & 1\leqslant x\leqslant 2,\\ 2(x-1), & 2<x\leqslant 3.\end{cases}$

5. $f(x)=x^2-2$ $(|x|\geqslant 2)$.

8. (1) $y=x^3-1$; (2) $y=\ln(x+\sqrt{1+x^2})$; (3) $y=e^{x-1}-2$;

(4) $y=\begin{cases}x, & x\in[0,1]\text{为有理数},\\ 1-x, & x\in[0,1]\text{为无理数}.\end{cases}$

9. (1) $|y|\leqslant 1$; (2) $y\in\mathbf{R}$; (3) $x>0$.

12. $y=\begin{cases}130x, & 0\leqslant x\leqslant 700,\\ 117x+9100, & 700<x\leqslant 1000.\end{cases}$

习　题　1.4

1. (1) 0; (2) 3; (3) 0; (4) 1; (5) 1; (6) 0.

2. (1) 1; (2) 0; (3) $\frac{1}{2}$; (4) $\frac{1}{2}$.

3. (1)、(2)、(3)可以,(4)不能.

4. 有区别.

6. (1) a; (2) 1; (3) 发散; (4) 发散; (5) 1; (6) 1.

7. (1) 1; (2) b; (3) 0.

8. (1) 2; (2) $\frac{1+\sqrt{5}}{2}$.

9. (1) e^2; (2) e.

习　题　1.6

1. (1) 61; (2) 392; (3) $\frac{1}{10}$; (4) -7; (5) 4; (6) 9; (7) $2\cos\alpha$; (8) $\frac{n(n+1)}{2}$;

(9) $-\frac{1}{\sqrt{2}}$; (10) 0; (11) e^{-2}; (12) e^3.

3. (1) $a=1$, $b=-\frac{3}{2}$; (2) $a=-2$, $b=1$.

习 题 1.7

1. (1) 当 $x \to \infty$ 时是无穷小，当 $x \to 0$ 时是无穷大；

(2) 当 $x \to \infty$ 时是无穷小，当 $x \to 1$ 时是无穷大；

(3) 当 $x \to 1$ 时是无穷小，当 $x \to 0^+$ 或 $x \to +\infty$ 时是无穷大.

2. (1) 等价； (2) 高阶； (3) 高阶； (4) $0 < a < 2$ $(a \neq 1)$ 高阶，$a > 2$ 低阶.

3. (1) 2； (2) $\dfrac{1}{2}$； (3) $\dfrac{9}{2}$； (4) 1； (5) 1； (6) 1.

习 题 1.8

1. (1)正确，(2)、(3)错误.

4. (1) $x = -1$ 间断点； (2) 连续； (3) $x = 0$ 间断点； (4) $x = 2k + 1$ 间断点；

(5) $x = \pm 2$ 间断点； (6) 连续.

5. $a = 1$.

7. (1) $x = 0$ 可去间断点； (2) $x = 0$ 跳跃间断点，$x = 1$ 可去间断点，$x = -1$ 无穷间断点；

(3) $x = -1$ 跳跃间断点，$x = 0$ 无穷间断点； (4) $x = 0$ 无穷间断点.

8. (1) 0； (2) 1； (3) 1； (4) 0； (5) 0； (6) $\cos a$； (7) 2； (8) 1.

总 习 题 1

1. (1) 不是，$(-\infty, 1) \cup (1, +\infty)$； (2) 不是，$(0, +\infty)$； (3) 是，$(-\infty, +\infty)$；

(4) 是，$(0, +\infty)$.

2. (1) $[-2, -1) \cup (-1, 1) \cup (1, +\infty)$； (2) $(1, 2)$.

3. $\left[\dfrac{1-\mathrm{e}}{2}, 0\right]$.

4. (1) $y = \sin u$, $u = \dfrac{1}{v}$, $v = \sqrt{w}$, $w = x^2 + 1$；

(2) $y = \sin u$, $u = \log_a v$, $v = \arctan w$, $w = \dfrac{1}{\sqrt{x}}$；

(3) $y = \tan u$, $u = \dfrac{1}{v}$, $v = \sqrt{w}$, $w = s^2$, $s = \cos t$, $t = \sin h$, $h = \dfrac{1}{\sqrt[3]{x}}$.

5. (1) 必要，充分； (2) 必要，充分； (3) 必要，充分.

6. (1) 存在，$f(x) = x^2 (x \geqslant 0)$, $g(x) = \sqrt{x}$. (2) 不一定.

(3) 不一定，$f_1(x) = x$, $f_2(x) = -x$, 和为 0；

$g_1(x) = x\ (x \neq 0)$, $g_2(x) = \dfrac{1}{x}\ (x \neq 0)$，积为 1.

(4) 两个严格单调函数之和不一定是严格单调函数，两个单调函数的复合函数是严格单调函数.

(5) ① 不一定，$f(x) = \dfrac{1}{x}$, $g(x) = -\dfrac{1}{x}$, $x_0 = 0$；

② 若其中一个在点 x_0 有极限,则另一个在点 x_0 也有极限.

(6) 不一定.

7. (1) 0; (2) 1,提示: $\sin^2 x = \sin^2(x - n\pi)$; (3) 2; (4) $\begin{cases} \dfrac{1}{1-x}, & |x|<1, \\ +\infty, & |x|>1, \\ +\infty & x=1, \\ 0, & x=-1; \end{cases}$ (5) 0;

(6) e^2; (7) $\dfrac{2}{\pi}$; (8) $\dfrac{m}{n}$; (9) $\dfrac{3}{2}$; (10) 0; (11) e; (12) 1.

8. $a = \dfrac{5}{2}$.

9. $a = -2,\ b = 1$.

10. (1) $x = 0$(无穷型); (2) $x = 0, 1$(可去型), $t = -1$(无穷型);

(3) $x = 0$(跳跃型), $x = \pm 1$(无穷型); (4) $x = 0$(跳跃型).

12. (1) $f \circ g(x) = \sqrt{16 - x^4},\ x \in [-2, 2]$; (2) $g \cdot f(x) = (16 - x)^2,\ x \in (-\infty, 16]$;

(3) $(f + g)(x) = \sqrt{16 - x} + x^4,\ x \in (-\infty, 16]$;

(4) $(fg)(x) = \sqrt{16 - x}\, x^4,\ x \in (-\infty, 16]$.

13. (1) 0; (2) 1; (3) 0; (4) $\sin 1$.

习 题 2.1

1. (1) 22 m/s; (2) 5 m/s; (3) $\dfrac{93}{4}$ m, 0 m/s.

2. $v = \lim\limits_{\Delta t \to 0} \dfrac{T(t + \Delta t) - T(t)}{\Delta t}$.

3. 22, −14, 0.

4. (1) m; (2) $-\dfrac{2}{x^3}$; (3) $2x + 3$.

5. $x - ey = 0,\ ex + y - 1 - e^2 = 0$.

6. (2, 4).

7. 3.

9. (1) $2f'(2x_0)$; (2) $-f'(x_0)$; (3) $(m + n)f'(x_0)$; (4) $2f(x_0)f'(x_0)$.

10. (1) 连续不可导; (2) 连续,且 $f'(0) = 0$; (3) 连续不可导; (4) 连续,且 $f'(1) = 2$.

习 题 2.2

1. (1) $y' = \dfrac{1}{\sqrt{x}} + \dfrac{1}{x^2}$; (2) $y' = -\dfrac{1}{2}x^{-\frac{3}{2}} - \dfrac{3}{2}x^{\frac{1}{2}}$;

(3) $y' = 2^x[x^2 \ln 2 + (2 - 3\ln 2)x + \ln 2 - 3]$; (4) $y' = at^{a-1} - a^t \ln a + \dfrac{1}{t} - \cos t$;

(5) $y'=\frac{7}{8}x^{-\frac{1}{8}}$; (6) $y'=\frac{2-4x}{(1-x+x^2)^2}$; (7) $y'=\frac{1+\cos t+\sin t}{(1+\cos t)^2}$;

(8) $y'=\frac{1}{1+\cos x}$; (9) $y'=\frac{x\cos x-\sin x}{x^2}+\frac{\sin x-x\cos x}{\sin^2 x}$;

(10) $y'=e^x\cos x+xe^x\cos x-xe^x\sin x$.

2. (1) 1，−1； (2) $\frac{2}{3}\pi-\frac{3}{2}$.

3. (4，8).

4. $\frac{1}{3}$.

5. (1) $y'=-\frac{\sin\ln x}{x}$; (2) $y'=-200x(1-x^2)^{99}$; (3) $y'=-(4-3x)^{-\frac{2}{3}}$;

(4) $y'=(-2x+2)e^{-x^2+2x}$; (5) $y'=2x\sin\frac{1}{x}-\cos\frac{1}{x}$; (6) $y'=\frac{1}{2x}+\frac{1}{2x\sqrt{\ln x}}$;

(7) $y'=\frac{1}{(1-x^2)^{\frac{3}{2}}}$; (8) $y'=n\cos nx\cos^n x-n\sin x\sin nx\cos^{n-1}x$; (9) $y'=\frac{e^x}{1+e^{2x}}$;

(10) $y'=\frac{-1}{2\sqrt{(1-x^2)\arccos x}}$.

6. (1) $y'=\frac{1}{\sin x}$; (2) $y'=\frac{\ln\frac{x}{2}}{2\sqrt{1+\ln^2\frac{x}{2}}}$; (3) $y'=\frac{(\ln x-1)\ln 2}{\ln^2 x}2^{\frac{x}{\ln x}}$;

(4) $y'=-3x^2\sin 2x^3$; (5) $y'=\frac{1}{x^2}\sin\frac{1}{x}\cos\cos\frac{1}{x}$;

(6) $y'=\frac{2x}{\sqrt{1-x^4}}-e^{x^2}-2x^2e^{x^2}$; (7) $y'=\arctan\frac{x}{2}+\frac{2x}{4+x^2}$; (8) $y'=2\sqrt{1-x^2}$.

7. (1) $y'=(e^x+ex^{e-1})f'(e^x+x^e)$; (2) $y'=-\frac{1}{|x|\sqrt{x^2-1}}f'\left(\arcsin\frac{1}{x}\right)$;

(3) $y'=\frac{1}{x}f'(\ln x)+\frac{1}{f(x)}f'(x)$; (4) $y'=\sin 2x[f'(\sin^2 x)-f'(\cos^2 x)]$.

8. $\frac{3}{4}\pi$.

9. $f'(x)=\begin{cases}2e^{2x}, & x>0,\\ \sin 2x, & x<0;\end{cases}$ $f'(0)$不存在.

10. 0.25 m/s；0.004 m/s.

习 题 2.3

1. (1) $\frac{10-50x^2}{(1+5x^2)^2}$; (2) $\frac{1}{x}$; (3) $2\arctan x+\frac{2x}{1+x^2}$; (4) $-\frac{x}{(1+x^2)^{\frac{3}{2}}}$;

(5) $-\cos x+2\sec^2 x\tan x$； (6) $(6x+4x^3)e^{x^2}$.

2. (1) 24 000； (2) 0； (3) $-\dfrac{1}{e^3}$.

3. $4x(3-2x^3)e^{-x^2}$.

4. (1) $y^{(n)}=\begin{cases}\ln x+1, & n=1,\\ (-1)^n\dfrac{(n-2)!}{x^{n-1}}, & n>1;\end{cases}$ (2) $y^{(n)}=e^x(n+x)$；

(3) $y^{(n)}=(-1)^n\dfrac{2n!}{(1+x)^{n+1}}$； (4) $y^{(n)}=-2^{n-1}\sin\left(2x+\dfrac{n-1}{2}\pi\right)$.

5. (1) $n(n-1)x^{n-2}f'(x^n)+n^2x^{2n-2}f''(x^n)$； (2) $\dfrac{f''(\ln x)-f'(\ln x)}{x^2}$；

(3) $(4x^2-2)e^{-x^2}f'(e^{-x^2})+4x^2e^{-2x^2}f''(e^{-x^2})$；

(4) $f''(x)f'[f(x)]+[f'(x)]^2f''[f(x)]$.

习　题　2.4

1. (1) $-2-\dfrac{y}{x}$； (2) $\dfrac{y\sin(xy)-e^{x+y}}{e^{x+y}-x\sin(xy)}$； (3) $\dfrac{ay-x^2}{y^2-ax}$； (4) $\dfrac{y-2x}{x+2y}$.

2. 1.

3. $\dfrac{1}{4\pi^2}$.

4. (1) $-\dfrac{1}{y^2}$； (2) $-2\cot^3(x+y)\csc^2(x+y)$.

5. (1) $(\sin x)^{\cos x}(-\sin x\ln\sin x+\cos x\cot x)$； (2) $\left(\dfrac{x}{1+x}\right)^x\left(\ln\dfrac{x}{1+x}+\dfrac{1}{1+x}\right)$；

(3) $\sqrt[3]{\dfrac{x(x-1)}{(x-2)(x+3)}}\left(\dfrac{1}{3x}+\dfrac{1}{3x-3}-\dfrac{1}{3x-6}-\dfrac{1}{3x+9}\right)$；

(4) $(x-a_1)^{a_1}(x-a_2)^{a_2}\cdots(x-a_n)^{a_n}\left(\dfrac{a_1}{x-a_1}+\dfrac{a_2}{x-a_2}+\cdots+\dfrac{a_n}{x-a_n}\right)$.

6. $-2(\ln 2+1)$.

7. (1) $\dfrac{\cos\theta-\theta\sin\theta}{1-\sin\theta-\theta\cos\theta}$； (2) $\dfrac{3(1+t)}{2}$； (3) $\dfrac{2\sin t}{\sin t+\cos t}$.

8. 0，−1.

9. $x-2y=0$，$2x+y=0$.

10. (1) $\dfrac{3}{4(1-t)}$； (2) $-\dfrac{b}{a^2\sin^3 t}$.

12. $\dfrac{(1+t^2)(y^2-e^t)}{2-2ty}$.

13. $\dfrac{1}{f''(t)}$.

14. $144\pi\ (\mathrm{m}^2/\mathrm{s})$.

习　题　2.5

1. $-0.29, -0.3$；$-0.0299, -0.03$；$-0.002\,999, -0.003$；能.

2. (a) 正；(b) 负；(c) 正；(d) 负.

3. (1) $\ln x\mathrm{d}x$；(2) $\dfrac{1}{(x^2+1)^{\frac{3}{2}}}\mathrm{d}x$；(3) $\dfrac{1}{\sin x}\mathrm{d}x$；(4) $-\mathrm{e}^{-5x}(5\cos 2x+2\sin 2x)\mathrm{d}x$；

(5) $-\dfrac{x}{|x|\sqrt{1-x^2}}\mathrm{d}x$；(6) $-\dfrac{1}{x^2}\sin\dfrac{2}{x}\mathrm{e}^{\sin^2\frac{1}{x}}\mathrm{d}x$.

4. (1) $\dfrac{y}{x-y}\mathrm{d}x$；(2) $\dfrac{3x^2+y^2\cos x}{1-2y\sin x}\mathrm{d}x$.

5. $30.301\ \mathrm{m}^3$，$30\ \mathrm{m}^3$.

6. 0.356π g.

7. (1) 0.495；(2) 0.7954；(3) 1.2；(4) 1.998 76.

8. $\dfrac{\varphi'(x+y)-\cos x\varphi'(\sin x)}{\varphi'(y)\cos\varphi(y)-\varphi'(x+y)}$.

9. (1) $\dfrac{1}{2}x^2+C$；(2) $-\cos x+C$；(3) $2\sqrt{x}+C$；(4) $-\dfrac{1}{3}\mathrm{e}^{-3x}+C$；

(5) $\ln|1+x|+C$；(6) $\dfrac{1}{2}\arctan 2x+C$；(7) $2\tan\dfrac{1}{2}x+C$；(8) $\dfrac{1}{\sqrt{2}}\arcsin\sqrt{2}x+C$.

总　习　题　2

1. 充分；必要；充分必要.

2. (1) C；(2) A.

3. (1) 连续. 当 $k>1$ 时，$f'(0)=0$；当 $0<k\leqslant 1$ 时，$f'(0)$ 不存在. (2) 连续，不可导.

4. (1) $\dfrac{\sin 2x}{\sqrt{1-\sin^4 x}}$；(2) $\dfrac{x^2}{1-x^4}$；(3) $\dfrac{x|x|-a^2}{|x|\sqrt{x^2-a^2}}$；(4) $\dfrac{\mathrm{e}^x}{\sqrt{1+\mathrm{e}^{2x}}}$.

5. (1) $\dfrac{2x}{1+x^4}\mathrm{d}x$；(2) $2\sin(\ln x)$.

6. $\dfrac{2-\ln x}{x\ln^3 x}$.

7. $-\dfrac{2xy^2+y\sin(xy)}{2x^2y+x\sin(xy)}$，$-\dfrac{2xy^2+y\sin(xy)}{2x^2y+x\sin(xy)}\mathrm{d}x$.

8. e^{-2}.

9. (1) $\dfrac{\sin\theta}{1-\cos\theta}$，$-\dfrac{1}{(\cos\theta-1)^2}$；(2) $\dfrac{1}{t}$，$-\dfrac{1+t^2}{t^3}$.

10. $x-4y-5=0$，$4x+y-3=0$.

11. $-\dfrac{1}{2}$.

12. $\frac{1}{2}$.

13. 6 小时.

14. $\frac{1}{b^2-a^2}\left(bc+\frac{ac}{x^2}\right)$.

15. $2x-y-12=0$.

16. $\frac{\mathrm{d}u}{\mathrm{d}x}=f'[\varphi(x)+y^2]\left[\varphi'(x)+\frac{2y}{1+\mathrm{e}^y}\right]$,

$\frac{\mathrm{d}^2u}{\mathrm{d}x^2}=f''[\varphi(x)+y^2]\left[\varphi'(x)+\frac{2y}{1+\mathrm{e}^y}\right]^2+f'[\varphi(x)+y^2]\left[\varphi''(x)+\frac{2+2\mathrm{e}^y-2y\mathrm{e}^y}{(1+\mathrm{e}^y)^2}\right]$.

习 题 3.1

1. (1) 满足, 0; (2) 满足, $\frac{\pi}{2}$; (3) 不满足; (4) 满足, $\frac{1}{2}$.

4. 4 个; $(-2,-1)$, $(-1,0)$, $(0,1)$, $(1,2)$.

习 题 3.2

1. (1) 有错误; (2) 有错误.

2. (1) 2; (2) ∞; (3) $-\frac{1}{8}$; (4) 1; (5) 2; (6) 0; (7) $\frac{1}{2}$; (8) $-\frac{1}{2}$; (9) 1;

(10) $\frac{2}{\pi}$; (11) 0; (12) e; (13) 1; (14) 1.

4. 连续.

6. $a_1a_2\cdots a_n$.

7. $P=3$, $C=-\frac{4}{3}$.

8. $\frac{17}{2}$.

习 题 3.3

1. $P(x)=1+x+\frac{1}{2}x^2$.

2. $f(x)=8-5(x+1)+(x+1)^3$.

3. $f(x)=1-(x-1)+(x-1)^2-\cdots+(-1)^n(x-1)^n+o((x-1)^n)$.

4. $f(x)=x+\frac{x^3}{6}+o(x^3)$.

5. (1) -3; (2) -1; (3) $\frac{3}{2}$; (4) $-\frac{5}{6}$.

6. (1) 三阶; (2) 同阶; (3) 三阶.

习　题　3.4

3. (1) 增$[-1, 0]$及$[1, +\infty)$,减$(-\infty, -1]$及$[0, 1]$;

(2) 增$(-\infty, -2]$及$[2, +\infty)$,减$[-2, 0)$及$(0, 2]$; (3) 增$[0, 1]$,减$[1, 2]$;

(4) 增$\left[\frac{1}{2}, +\infty\right)$,减$\left(0, \frac{1}{2}\right]$; (5) 增$[0, n]$,减$[n, +\infty)$;

(6) 增$\left[0, \frac{1}{2}\right]$及$[1, +\infty)$,减$(-\infty, 0]$及$\left[\frac{1}{2}, 1\right]$.

8. (1) 极大值$f(-1) = 28$,极小值$f(2) = 1$; (2) 极小值$f(0) = 0$;

(3) 极小值$f(-1) = -\frac{1}{2}$,极大值$f(1) = \frac{1}{2}$;

(4) 极小值$f(-1) = 0$, $f(-5) = 0$,极大值$f\left(\frac{1}{2}\right) = \frac{81}{4}\sqrt[3]{\frac{9}{4}}$;

(5) 极小值$f\left(-\frac{\ln 2}{2}\right) = 2\sqrt{2}$; (6) 极小值$f(1) = 0$,极大值$f(e^2) = \frac{4}{e^2}$;

(7) 极大值$f(-1) = e^{-1}$, $f(1) = e^{-1}$,极小值$f(0) = 0$;

(8) 极大值$f(-1) = e^{-2}$, $f(1) = 1$,极小值$f(0) = 0$.

9. $a = 2$.

10. $a = -\frac{2}{3}$, $b = -\frac{1}{6}$; $f(1)$为极小值,$f(2)$为极大值.

12. 当$a < \frac{1}{e}$时,有两个实根;当$a = \frac{1}{e}$时,有一个实根;当$a > \frac{1}{e}$时,无实根.

13. (2) 不满足.

14. n为偶数时,$f(x_0)$是极值;n为奇数时,$f(x_0)$不是极值.

习　题　3.5

1. (1) $M = 13$, $m = 4$; (2) $M = \frac{3}{5}$, $m = -1$; (3) $M = \frac{5}{4}$, $m = -1$;

(4) $M = \frac{\pi}{2}$, $m = -\frac{\pi}{2}$.

2. $a = 1$.

3. 底边长为 6 m,高为 3 m.

4. 点D距点C $\frac{am}{\sqrt{n^2 - m^2}}$(km).

5. $\sqrt{\frac{40}{4+\pi}}$ m.

6. 2 小时.

7. 1800 元.

8. $\sqrt[3]{3}$.

9. $(2, \pm 2\sqrt{2})$.

习　题　3.6

2. (1) 凹区间$(-\infty, 1]$,凸区间$[1, +\infty)$,拐点$(1, 2)$;
   (2) 凹区间$[-1, 1]$,凸区间$(-\infty, -1]$及$[1, +\infty)$,拐点$(\pm 1, \ln 2)$;
   (3) 凹区间$(-\infty, -1]$及$(0, +\infty)$,凸区间$[-1, 0)$,拐点$(-1, 0)$;
   (4) 凹区间$[-\sqrt{3}, 0]$及$[\sqrt{3}, +\infty)$,凸区间$(-\infty, -\sqrt{3}]$及$[0, \sqrt{3}]$,
   拐点$\left(\pm\sqrt{3}, \pm\dfrac{\sqrt{3}}{2}\right)$及$(0, 0)$;
   (5) 凹区间$[2, +\infty)$,凸区间$(-\infty, 2]$,拐点$(2, 2e^{-2})$;
   (6) 凹区间$(-\infty, 1]$,凸区间$[1, +\infty)$,拐点$(1, 1)$.

3. $a = -\dfrac{3}{2}$, $b = \dfrac{9}{2}$.

4. $a = 0$, $b = -3$;极大值$f(-1) = 2$,极小值$f(1) = -2$;拐点$(0, 0)$.

6. $\pm\dfrac{\sqrt{2}}{8}$.

7. 是.

习　题　3.7

1. (1) 水平:$y = 1$,垂直:$x = 0$; (2) 水平:$y = 0$,垂直:无; (3) 水平:无,垂直:无;
   (4) 水平:$y = 0$,垂直:$x = -1$; (5) 水平:$y = 0$,垂直:无;
   (6) 水平:无,垂直:$x = -1$.

习　题　3.8

1. (1) $\dfrac{\sqrt{2}}{2}$; (2) $\dfrac{\sqrt{2}}{4}$; (3) $\dfrac{\sqrt{2}}{4a}$; (4) $\dfrac{16}{125}$.

2. $K = |\cos x|$,曲率半径$\rho = |\sec x|$.

3. $\rho = \dfrac{5\sqrt{5}}{2}$;中心点$\left(\dfrac{7}{2}, -4\right)$; $\left(x - \dfrac{7}{2}\right)^2 + (y+4)^2 = \dfrac{125}{4}$.

4. $\left(x - \dfrac{\pi}{4} + \dfrac{5}{2}\right)^2 + \left(y - \dfrac{9}{4}\right)^2 = \dfrac{125}{16}$.

5. $\rho = 1.25$单位.

6. 点$\left(-\dfrac{\ln 2}{2}, \dfrac{\sqrt{2}}{2}\right)$,中心$(-2, 3)$.

总习题3

1. (1) 充分必要; (2) 必要.

2. (1) B; (2) B.

3. 不满足,1个.

4. $0 < k < 1$.

5. (1) $-\frac{3}{5}$; (2) ∞; (3) 2; (6) $-\frac{e}{2}$; (7) $\frac{1}{2}$; (8) e^2.

6. (1) 增区间$(-\infty, 1]$,减区间$[1, +\infty)$,极大值 $f(1) = \frac{\pi}{4} - \frac{1}{2}\ln 2$;

(2) 增区间$(0, e]$,减区间$[e, +\infty)$,极大值 $f(e) = e^{\frac{1}{e}}$.

8. $a = 0$, $b = -1$, $c = 3$.

9. $\left(\frac{\pi}{2}, 1\right)$, $\rho = 1$.

12. 极小值 $f(-2) = 2$.

13. 无论 m, n 为奇数还是偶数,总有极大值

$$f\left(\frac{m}{m+n}\right) = \frac{m^m n^n}{(m+n)^{m+n}},$$

且 ① 若 m 为偶数,还有极小值 $f(0) = 0$;② 若 n 为偶数,还有极小值 $f(1) = 0$;③ 若 m, n 为奇数,没有极小值.

14. (1) $M(n) = \left(\frac{n}{n+1}\right)^{n+1}$; (2) e^{-1}.

15. (1) 0; (2) 1.

16. 二阶.

19. 0, 0, 4, e^2.

20. (1) $a = 0$; (2) $f'(x) = \begin{cases} \dfrac{x\varphi'(x) + x\sin x - \varphi(x) + \cos x}{x^2}, & x \neq 0, \\ \dfrac{1}{2}\varphi''(0) + \dfrac{1}{2}, & x = 0; \end{cases}$ (3) 连续.

习 题 4.1

1. (1) $\frac{9}{7}x^{\frac{7}{3}} + C$; (2) $-\frac{2}{5}x^{-\frac{5}{2}} + C$; (3) $\frac{1}{4}x^4 + x^2 - x + C$;

(4) $2\sqrt{x} - \frac{4}{3}x^{\frac{3}{2}} + \frac{2}{5}x^{\frac{5}{2}} + C$; (5) $\frac{6}{13}x^{\frac{13}{6}} - \frac{2}{3}x^{\frac{3}{2}} + \frac{3}{5}x^{\frac{5}{3}} - x + C$;

(6) $x^3 + \arctan x + C$; (7) $\tan x - \sec x + C$; (8) $-\cos\theta + \theta + C$; (9) $e^x - 2\sqrt{x} + C$;

(10) $x - \arctan x + C$; (11) $3\arctan x + 2\arcsin x + C$;

(12) $\frac{2}{\ln 3 - \ln 5}\left(\frac{3}{5}\right)^x - \frac{3}{\ln 4 - \ln 5}\left(\frac{4}{5}\right)^x + C$; (13) $\frac{1}{3}t^3 + 2\cos t + C$;

(14) $\frac{1}{2}x + \frac{1}{2}\sin x + C$; (15) $-\cot x - x + C$; (16) $\frac{1}{2}\tan x + C$;

(17) $\sin x - \cos x + C$; (18) $-\cot x - \tan x + C$.

2. $y = \ln x + 1$.

4. (1) $e^x\sin x+C$； (2) $x^2\cos x+C$.

5. (1) 27 m； (2) $\sqrt[3]{360}\approx 7.11$(s).

习　题　4.2

1. (1) $\frac{1}{a}$； (2) $\frac{1}{7}$； (3) $\frac{1}{2}$； (4) $\frac{1}{10}$； (5) $-\frac{1}{2}$； (6) $\frac{1}{12}$； (7) $\frac{1}{2}$； (8) -2；

(9) $-\frac{2}{3}$； (10) $\frac{1}{5}$； (11) $-\frac{1}{5}$； (12) $\frac{1}{3}$； (13) -1； (14) -1.

2. (1) $-\frac{1}{8}(3-2x)^4+C$； (2) $\frac{2}{9}(3x+4)^{\frac{3}{2}}+C$； (3) $(2x-1)^{\frac{1}{2}}+C$；

(4) $-\frac{1}{2\alpha+2}(6-2x)^{\alpha+1}+C$； (5) $\frac{1}{3}\ln|3x+1|+C$； (6) $-\frac{1}{3}\ln|1-3x|+C$；

(7) $-2\cos\frac{1}{2}x+C$； (8) $\frac{1}{2}x-\frac{1}{8}\sin 4x+C$； (9) $\frac{1}{2}x+\frac{1}{4\alpha}\sin 2\alpha x+C$；

(10) $\frac{\sqrt{2}}{2}e^{\sqrt{2}x}+C$； (11) $\arcsin\frac{x}{2}+C$； (12) $\frac{1}{2}\arctan\frac{1}{2}x+C$；

(13) $-\frac{1}{\alpha}\cos\alpha x-\frac{1}{2}e^{2x}+C$； (14) $\frac{1}{2}t+\frac{1}{4\omega}\sin 2(\omega t+\varphi)+C$； (15) $\frac{1}{2\cos^2 x}+C$；

(16) $\frac{3}{2}\sqrt[3]{(\sin x-\cos x)^2}+C$； (17) $\frac{1}{11}\tan^{11}x+C$； (18) $\ln|\ln\ln x|+C$；

(19) $-\frac{1}{\arcsin x}+C$； (20) $-\frac{10^{2\arccos x}}{2\ln 10}+C$； (21) $-\ln|\cos\sqrt{1+x^2}|+C$；

(22) $(\arctan\sqrt{x})^2+C$； (23) $-\frac{1}{x\ln x}+C$； (24) $\ln|\tan x|+C$；

(25) $\frac{1}{2}(\ln\tan x)^2+C$； (26) $\arctan e^x+C$； (27) $\frac{1}{2}\cos x-\frac{1}{10}\cos 5x+C$；

(28) $\frac{1}{4}\sin 2x-\frac{1}{24}\sin 12x+C$； (29) $\frac{1}{3}\sec^3 x-\sec x+C$； (30) $\frac{1}{4}\ln^2(1+x^2)+C$；

(31) $\frac{1}{2}\arcsin\frac{2x}{3}+\frac{1}{4}\sqrt{9-4x^2}+C$； (32) $\frac{x^2}{2}-\frac{9}{2}\ln(x^2+9)+C$；

(33) $\frac{1}{3}\ln\left|\frac{x-2}{x+1}\right|+C$； (34) $\frac{2}{3}\ln|x-2|+\frac{1}{3}\ln|x+1|+C$；

(35) $\frac{a^2}{2}\left(\arcsin\frac{x}{a}-\frac{x}{a^2}\sqrt{a^2-x^2}\right)+C$； (36) $\frac{x}{\sqrt{1+x^2}}+C$；

(37) $\frac{1}{2}\ln(x^2+2x+3)-\sqrt{2}\arctan\frac{x+1}{\sqrt{2}}+C$； (38) $2\sqrt{1+x}-2\ln(1+\sqrt{1+x})+C$.

习　题　4.3

1. (1) $-x\cos x+\sin x+C$； (2) $x^2\sin x+2x\cos x-2\sin x+C$；

(3) $\frac{-2^{-x}}{\ln 2}\left(x+\frac{1}{\ln 2}\right)+C$； (4) $\frac{1}{3}x^3\ln x-\frac{1}{9}x^3+C$； (5) $\frac{1}{2}x^2\ln x+x\ln x-\frac{1}{4}x^2-x+C$；

(6) $x\arcsin x+\sqrt{1-x^2}+C$； (7) $2\sqrt{x}(\ln x-2)+C$；

(8) $\frac{1}{2}(x^2-1)\ln|x-1|-\frac{1}{4}(x+1)^2+C$； (9) $x\ln^2 x-2x\ln x+2x+C$；

(10) $2e^{\sqrt{x}}(\sqrt{x}-1)+C$； (11) $-\frac{x}{4}\cos 2x+\frac{1}{8}\sin 2x+C$；

(12) $-\frac{1}{2}x^2+x\tan x+\ln|\cos x|+C$； (13) $\tan x\ln\sin x-x+C$；

(14) $-\frac{1}{x}\arcsin x-\ln\left|\frac{1+\sqrt{1-x^2}}{x}\right|+C$； (15) $x\tan x+\ln|\cos x|+C$；

(16) $-\frac{1}{x}\arctan x-\frac{1}{2}\ln\left(1+\frac{1}{x^2}\right)+C$； (17) $\frac{x}{2}(\cos\ln x+\sin\ln x)+C$；

(18) $-\cos x\ln\tan x+\ln|\csc x-\cot x|+C$； (19) $(\tan x)\ln\cos x+\tan x-x+C$；

(20) $x\ln(x+\sqrt{1+x^2})-\sqrt{1+x^2}+C$.

2. $2x(\ln x-1)+C$.

3. $\frac{x\cos x-2\sin x}{x}+C$.

4. $\frac{1}{2}x(\ln x+1)+C$.

习　题　4.4

1. (1) $\ln|x-2|+\ln|x+5|+C$； (2) $\frac{1}{2}x^2-\frac{9}{2}\ln(x^2+9)+C$； (3) $\frac{1}{2}\ln\frac{x^2}{x^2+1}+C$；

(4) $\frac{1}{x+1}+\frac{1}{2}\ln|x^2-1|+C$； (5) $\frac{1}{2}\ln(x^2+2x+2)-\arctan(x+1)+C$；

(6) $\ln|x|-\frac{1}{2}\ln|x+1|-\frac{1}{4}\ln(x^2+1)-\frac{1}{2}\arctan x+C$.

2. (1) $\frac{1}{\sqrt{2}}\arctan\frac{\tan\frac{x}{2}}{\sqrt{2}}+C$； (2) $\ln\left|1+\tan\frac{x}{2}\right|+C$； (3) $\frac{1}{2}\sec^2 x+\ln|\cos x|+C$；

(4) $\frac{3}{13}x+\frac{2}{13}\ln|2\sin x+3\cos x|+C$； (5) $\ln\left|\frac{\sqrt{2x+1}-1}{\sqrt{2x+1}+1}\right|+C$；

(6) $x-4\sqrt{x+1}+4\ln(\sqrt{x+1}+1)+C$； (7) $2\sqrt{x}-4\sqrt[4]{x}+4\ln(\sqrt[4]{x}+1)+C$；

(8) $\ln\frac{\sqrt{1+e^x}-1}{\sqrt{1+e^x}+1}+C$.

总 习 题 4

1. (1) $\frac{1}{2}\ln\frac{e^x+1}{|e^x-1|}+C$； (2) $\frac{1}{2(1-x)^2}-\frac{1}{1-x}+C$； (3) $\frac{1}{6a^3}\ln\left|\frac{a^3+x^3}{a^3-x^3}\right|+C$；

(4) $\ln|x+\sin x|+C$； (5) $\ln x(\ln\ln x-1)+C$； (6) $\frac{1}{2}\arctan\sin^2 x+C$；

(7) $\frac{1}{3}\tan^3 x-\tan x+x+C$； (8) $\frac{1}{4}\ln|x|-\frac{1}{24}\ln(x^6+4)+C$；

(9) $a\arcsin\frac{x}{a}-\sqrt{a^2-x^2}+C$； (10) $\ln\left|x+\frac{1}{2}+\sqrt{x(x+1)}\right|+C$；

(11) $\frac{1}{4}x^2+\frac{x}{4}\sin 2x+\frac{1}{8}\cos 2x+C$； (12) $\frac{1}{3a^4}\left[\frac{3x}{\sqrt{a^2-x^2}}+\frac{x^3}{\sqrt{(a^2-x^2)^3}}\right]+C$；

(13) $\frac{\sqrt{1+x^2}}{x}-\frac{\sqrt{(1+x^2)^3}}{3x^3}+C$； (14) $(4-2x)\cos\sqrt{x}+4\sqrt{x}\sin\sqrt{x}+C$；

(15) $x\ln(1+x^2)-2x+2\arctan x+C$； (16) $\frac{\sin x}{2\cos^2 x}-\frac{1}{2}\ln|\sec x+\tan x|+C$；

(17) $(x+1)\arctan\sqrt{x}-\sqrt{x}+C$； (18) $\sqrt{2}\ln\left(\left|\csc\frac{x}{2}\right|-\left|\cot\frac{x}{2}\right|\right)+C$；

(19) $\frac{x^4}{8(1+x^8)}+\frac{1}{8}\arctan x^4+C$； (20) $\frac{2}{1+\tan\frac{x}{2}}+x+C$ 或 $\sec x+x-\tan x+C$；

(21) $x\tan\frac{x}{2}+C$； (22) $\ln\frac{x}{(\sqrt[6]{x}+1)^6}+C$； (23) $\frac{1}{1+e^x}+\ln\frac{e^x}{1+e^x}+C$；

(24) $\arctan(e^x-e^{-x})+C$； (25) $\frac{xe^x}{e^x+1}-\ln(1+e^x)+C$；

(26) $x\ln^2(x+\sqrt{1+x^2})-2\sqrt{1+x^2}\ln(x+\sqrt{1+x^2})+2x+C$；

(27) $\frac{x\ln x}{\sqrt{1+x^2}}-\ln(x+\sqrt{1+x^2})+C$；

(28) $\frac{1}{4}(\arcsin x)^2+\frac{x}{2}\sqrt{1-x^2}\arcsin x-\frac{x^2}{4}+C$；

(29) $-\frac{1}{3}\sqrt{1-x^2}(x^2+2)\arccos x-\frac{1}{9}x(x^2+6)+C$； (30) $-\ln|\csc x+1|+C$；

(31) $\ln|\tan x|-\frac{1}{2\sin^2 x}+C$；

(32) $\frac{1}{3}\ln(2+\cos x)-\frac{1}{2}\ln(1+\cos x)+\frac{1}{6}\ln(1-\cos x)+C$.

2. $f(x)=-x^2-\ln|1-x|+C$.

3. $f(x)=\frac{1}{2}x^2+x+C$.

4. $f(x)=x^3-3x^2+4$.

5. $f(x)=\frac{\sin^2 2x}{\sqrt{x-\frac{1}{4}\sin 4x+1}}$.

习　题　5.1

3. (1) $6 \leqslant I \leqslant 51$； (2) $\pi \leqslant I \leqslant 2\pi$； (3) $\frac{2}{5} \leqslant I \leqslant \frac{1}{2}$； (4) $-2e^2 \leqslant I \leqslant -2e^{-\frac{1}{4}}$.

4. (1) 0； (2) 0.

5. (1) $\int_0^1 x^2 dx$ 较大； (2) $\int_1^2 x^3 dx$ 较大； (3) $\int_1^2 \ln x dx$ 较大； (4) $\int_0^1 x dx$ 较大；

(5) $\int_0^1 e^x dx$ 较大； (6) $\int_0^{\frac{\pi}{2}} x dx$ 较大.

6. $L = \int_1^3 (3t+5) dt = 22(\text{m})$.

7. $\frac{1}{p+1}$.

习　题　5.2

1. (1) $\sqrt{\sin x}$； (2) e^{x^3}； (3) $-\arctan x^2$； (4) $-\sqrt{1+\ln x}$.

2. (1) 1； (2) 2.

3. (1) 1； (2) π； (3) $2\sqrt{3}$； (4) $\frac{\pi}{4}$； (5) $\frac{17}{2}$； (6) 1； (7) $\frac{\pi}{2}$； (8) $\frac{\pi}{3a}$； (9) $\frac{\pi}{3}$；

(10) $1-\frac{\pi}{4}$； (11) -1； (12) $\frac{11}{2}$； (13) $\frac{8}{3}$.

6. (1) $2x\sqrt{1+x^4}$； (2) $\frac{3x^2}{\sqrt{1+x^{12}}} - \frac{2x}{\sqrt{1+x^8}}$； (3) $-e^{\cos^2 x}\sin x - e^{\sin^2 x}\cos x$；

(4) $-\frac{\sqrt{x}}{2x}\sin x$.

7. $\frac{2t\cos(t+1)}{\sin t^3}$.

8. $-\frac{\cos x^2}{e^y}$.

9. $xf(x^2)$.

10. $f(x) = \frac{1}{1+x^2} - \frac{\pi}{2}$.

12. $\Phi(x) = \begin{cases} \frac{1}{3}x^2, & 0 \leqslant x < 1, \\ \frac{1}{2}x^2 - \frac{1}{6}, & 1 \leqslant x \leqslant 2. \end{cases}$ $\Phi(x)$ 在 $(0, 2)$ 内连续.

13. $\Phi(x) = \begin{cases} 0, & x < 0, \\ \frac{1}{2}(1-\cos x), & 0 \leqslant x \leqslant \pi, \\ 1, & x > \pi. \end{cases}$

14. 1.

习　题　5.3

1. (1) $\frac{51}{512}$；(2) $\sqrt{2}\pi+2\sqrt{2}$；(3) $\frac{1}{4}$；(4) π；(5) $\frac{\pi}{2}$；(6) $\frac{\pi}{6}-\frac{\sqrt{3}}{8}$；(7) $\frac{\pi a^4}{16}$；

(8) $1-\frac{\pi}{4}$；(9) $\sqrt{2}-\frac{2}{3}\sqrt{3}$；(10) 1；(11) $2-2\ln\frac{3}{2}$；(12) $1-2\ln 2$；

(13) $-e^{-\frac{1}{2}}+1$；(14) $\sqrt{3}a$；(15) $2\sqrt{3}-2$；(16) $\frac{\pi}{2}$；(17) 0；(18) $\frac{4}{3}$；(19) $\frac{3}{2}\pi$；

(20) $\frac{\pi^3}{324}$；(21) π；(22) 0.

2. (1) $\frac{1}{4}+\frac{1}{4}e^2$；(2) -2π；(3) $-\frac{\sqrt{3}\pi}{9}+\frac{\pi}{4}+\ln\frac{\sqrt{6}}{2}$；(4) $8\ln 2-4$；(5) $2-2e^{-1}$；

(6) $\frac{e}{2}(\sin 1-\cos 1)+\frac{1}{2}$；(7) $\frac{1}{4}\pi-\frac{1}{2}$；(8) $\frac{1}{2}(e^{\frac{\pi}{2}}-1)$.

3. $\frac{7}{3}-\frac{1}{e}$.

4. e.

5. -1.

习　题　5.4

1. (1) $\ln 2$；(2) π；(3) $\frac{\pi}{2}$；(4) $\frac{1}{2}\ln 3$；(5) $\ln\left(1+\frac{\pi}{2}\right)$；(6) 2；(7) 0；(8) 发散；

(9) 发散；(10) $\frac{\pi}{2}$；(11) $2+\frac{\pi}{2}$；(12) $-\frac{1}{4}$；(13) 6；(14) $\frac{8}{3}$.

2. $c=\frac{5}{2}$.

3. 当 $k>1$ 时收敛于$\frac{1}{(k-1)(\ln 2)^{k-1}}$；当 $k\leqslant 1$ 时发散；当 $k=1-\frac{1}{\ln\ln 2}$ 时取得最小值.

4. $n!$.

习　题　5.5

1. (1) $\frac{1}{6}$；(2) 1；(3) $\frac{32}{3}$；(4) $\frac{2-\sqrt{2}}{3}$.

2. (1) $2\pi+\frac{4}{3}$，$6\pi-\frac{4}{3}$；(2) $\frac{3}{2}-\ln 2$；(3) $b-a$；(4) $\frac{7}{6}$；(5) $2-\sqrt{2}$；(6) $\frac{32}{3}$.

3. $\frac{9}{4}$.

4. $\frac{16}{3}p^2$.

5. πa^2.

6. $\frac{3}{8}\pi a^2$.

7. $18\pi a^2$.

8. $3\pi a^2$.

9. $\frac{a^2}{4}(e^{2\pi}-e^{-2\pi})$.

10. $\frac{5}{4}\pi$.

11. $\frac{\pi}{6}+\frac{1-\sqrt{3}}{2}$.

12. $\frac{e}{2}$.

13. $\frac{1}{2}\ln 2$.

14. $y=-4x^2+6x$.

15. $y=\frac{x}{4}+\ln 4-1$.

习　题　5.6

1. $2\pi a x_0^2$.

2. $\frac{128}{7}\pi$，$\frac{64}{5}\pi$.

3. $\frac{32}{105}\pi a^3$.

4. (1) $\frac{3}{10}\pi$； (2) $\frac{\pi a^2}{4}\left[2a+\frac{a}{2}(e^2-e^{-2})\right]$； (3) $160\pi^2$； (4) $7\pi^2 a^3$.

5. $2\pi^2 a^2 b$.

6. $\frac{\pi}{240}$.

7. $\frac{4\sqrt{3}}{3}R^3$.

9. $2\pi^2$.

10. (1) $\frac{\pi}{2}$； (2) $a=1$.

11. (1) $\frac{\pi}{2}(1-e^{-2\xi})$，$a=\frac{1}{2}\ln 2$； (2) $(1, e^{-1})$.

习　题　5.7

1. $1+\frac{1}{2}\ln\frac{3}{2}$.

2. $2\sqrt{3}-\frac{4}{3}$.

3. $\frac{8}{9}\left[\left(\frac{5}{2}\right)^{\frac{3}{2}}-1\right]$.

4. $6a$.

5. $\frac{\sqrt{1+a^2}}{a}(e^{a\varphi}-1)$.

6. $\ln\frac{3}{2}+\frac{5}{12}$.

7. $\ln(1+\sqrt{2})$.

8. $\left(\left(\frac{2}{3}\pi-\frac{\sqrt{3}}{2}\right)a, \frac{3}{2}a\right)$.

9. $\sqrt{6}+\ln(\sqrt{2}+\sqrt{3})$.

10. $a=\sqrt{2}, b=1$.

11. $2\pi\left[1+\frac{1}{2}\ln(1+\sqrt{2})\right]$.

12. $\frac{64}{3}\pi a^2$.

习　题　5.8

1. $0.18k$(J).

2. $800\pi\ln 2$(J).

3. $\frac{27}{7}kc^{\frac{2}{3}}a^{\frac{7}{3}}$（$k$ 为比例常数）.

4. $\sqrt{2}-1$(cm).

5. 57 697.5(kJ).

6. 205.8(kN).

7. (1) $\frac{1}{6}\rho gah^2$（ρ 为水的密度）；(2) 压力增加了一倍.

8. 14 373(kN).

9. 取 y 轴通过细棒，$F_y=Gm\rho\left(\frac{1}{a}-\frac{1}{\sqrt{a^2+l^2}}\right)$，$F_x=-\frac{Gm\rho l}{a\sqrt{a^2+l^2}}$.

习　题　5.9

1. 0.6938，0.6931.

2. 1.8569，1.8522，1.8519.

3. 8.64(m^2).

总习题5

1. (1) $\frac{1}{6}$; (2) $\frac{7+\sqrt{2}}{10}$; (3) $\frac{5}{36}$; (4) $\frac{37}{24}$; (5) 0; (6) 0; (7) 8; (8) $2-\frac{5}{e}$;

(9) $\frac{1}{\ln 5}(5-\sqrt{5})$; (10) $\frac{1}{2}(1-e^{-8\pi})$.

2. 最小值为 $\ln\frac{3}{4}$,最大值为 $\ln 3$.

3. (1) $\frac{1}{3}e^3$; (2) $\frac{2}{e}$; (3) $\frac{1}{\ln 2}$; (4) 0.

4. (1) 0; (2) $+\infty$; (3) $\frac{\pi}{12}$; (4) 收敛.

5. (1) $\frac{128}{5}$; (2) $\frac{4\pi-3\sqrt{3}}{8\pi+3\sqrt{3}}$.

6. $\frac{\pi}{2}$, 2π.

7. $I_{2n}=\frac{1}{2n-1}-I_{2(n-1)}$, $I_6=\frac{13}{15}-\frac{\pi}{4}$.

8. 1.

10. $\frac{1}{6}\left(1-\frac{2}{e}\right)$.

12. $t=0$ 时取最大值 1,$t=\frac{\pi}{4}$ 时取最小值$\sqrt{2}-1$.

14. $a=\frac{4}{3}$, $b=\frac{5}{12}$.

15. $(x+1)e^x-1$.

16. $f(x)=3x-3\sqrt{1-x^2}$ 或 $f(x)=3x-\frac{3}{2}\sqrt{1-x^2}$.

20. $1+\ln(1+e^{-1})$.

23. $a=-\frac{5}{3}$, $b=2$, $c=0$.

24. $\frac{1}{2}\rho gab(2h+b\sin\alpha)$.

25. $F_x=\frac{3}{5}Ga^2$, $F_y=\frac{3}{5}Ga^2$.

习题 6.1

1. A:第八卦限; B:yOz 面; C:y 轴; D:第五卦限.

2. xOy 面上$(x_0, y_0, 0)$;yOz 面上$(0, y_0, z_0)$;xOz 面上$(x_0, 0, z_0)$;x 轴上$(x_0, 0, 0)$;y 轴上$(0, y_0, 0)$;z 轴上$(0, 0, z_0)$.

3. 平行于 z 轴的直线上的点满足 $x=x_0$, $y=y_0$;平行于 xOy 面的平面上的点满足 $z=z_0$.
4. (1) 关于 xOy 面对称点 $(a, b, -c)$,关于 yOz 面对称点 $(-a, b, c)$,关于 xOz 面对称点 $(a, -b, c)$;
(2) 关于 x 轴对称点 $(a, -b, -c)$,关于 y 轴对称点 $(-a, b, -c)$,关于 z 轴对称点 $(-a, -b, c)$;
(3) 关于原点对称点 $(-a, -b, -c)$.
5. $\left(\frac{\sqrt{2}}{2}a, 0, 0\right)$, $\left(-\frac{\sqrt{2}a}{2}, 0, 0\right)$, $\left(0, \frac{\sqrt{2}}{2}a, 0\right)$, $\left(0, -\frac{\sqrt{2}}{2}a, 0\right)$, $\left(\frac{\sqrt{2}}{2}a, 0, a\right)$, $\left(-\frac{\sqrt{2}}{2}a, 0, a\right)$, $\left(0, \frac{\sqrt{2}}{2}a, a\right)$, $\left(0, -\frac{\sqrt{2}}{2}a, a\right)$.
6. 点 M 到 x 轴,y 轴,z 轴的距离分别为 $\sqrt{34}$, $\sqrt{41}$, 5;到 xOy 面、yOz 面、xOz 面上的距离分别为 5, 4, 3.
7. $(0, 1, -2)$.
8. (1) $z=7$ 或 $z=-5$; (2) $x=2$.

习 题 6.2

1. $(-2, 3, 0)$.
2. $|\overrightarrow{M_1M_2}|=2$; $\cos\alpha=-\frac{1}{2}$, $\cos\beta=-\frac{\sqrt{2}}{2}$, $\cos\gamma=\frac{1}{2}$; $\alpha=\frac{2}{3}\pi$, $\beta=\frac{3}{4}\pi$, $\gamma=\frac{\pi}{3}$;与 $\overrightarrow{M_1M_2}$ 平行的单位向量为 $\pm\left(-\frac{1}{2}, -\frac{\sqrt{2}}{2}, \frac{1}{2}\right)$.
3. $\alpha=\frac{\pi}{4}$, $\beta=\frac{\pi}{4}$, $\gamma=\frac{\pi}{2}$.
4. 13, $7\boldsymbol{j}$.
5. 2.
6. $D_1A=-\left(\boldsymbol{c}+\frac{1}{5}\boldsymbol{a}\right)$, $\overrightarrow{D_2A}=-\left(\boldsymbol{c}+\frac{2}{5}\boldsymbol{a}\right)$, $\overrightarrow{D_3A}=-\left(\boldsymbol{c}+\frac{3}{5}\boldsymbol{a}\right)$, $\overrightarrow{D_4A}=-\left(\boldsymbol{c}+\frac{4}{5}\boldsymbol{a}\right)$.

习 题 6.3

1. (1) 3; (2) $5\boldsymbol{i}+\boldsymbol{j}+7\boldsymbol{k}$; (3) $\frac{3}{2\sqrt{21}}$.
2. (1) 2; (2) $2\boldsymbol{i}+\boldsymbol{j}+21\boldsymbol{k}$; (3) $8\boldsymbol{j}+24\boldsymbol{k}$; (4) $-8\boldsymbol{j}-24\boldsymbol{k}$.
3. (1) -6; (2) 9; (3) -61; (4) $\sqrt{13}$; (5) $\sqrt{37}$.
4. 2.
5. (1) $\left(\frac{3}{5}, \frac{12}{25}, \frac{16}{25}\right)$ 或 $\left(-\frac{3}{5}, -\frac{12}{25}, -\frac{16}{25}\right)$; (2) $\frac{25}{2}$; (3) $\frac{25}{\sqrt{106}}$.
6. $-\frac{3}{2}$.

7. (1) $\lambda=\dfrac{9}{2}$； (2) $\lambda=\dfrac{7}{38}$.

8. ± 30.

9. (1) 不共面； (2) 共面.

习 题 6.4

1. (1) 直线与平面； (2) 直线与平面； (2) 直线与平面； (4) 圆与圆柱面；
(5) 双曲线与双曲柱面； (6) 抛物线与抛物柱面.

2. (1) $\left(-2, 1, -\dfrac{1}{2}\right)$, $R=2$； (2) $\left(\dfrac{1}{4}, 0, 0\right)$, $R=\dfrac{1}{4}$.

3. (1) $x^2+z^2=2y$； (2) $2x^2-3(y^2+z^2)=6$； (3) $x^2+y^2-4z^2+4z-1=0$.

4. (1) 旋转曲面,由 xOy 面上的抛物线 $x=1-y^2$ 绕 x 轴旋转而成； (2) 不是旋转面；
(3) 旋转双曲面,由 xOy 面上的双曲线 $x^2-\dfrac{y^2}{4}=1$ 绕 y 轴旋转而成；
(4) 旋转双曲面,由 xOz 面上的双曲线 $-\dfrac{x^2}{2}+\dfrac{1}{2}(z-1)^2=1$ 绕 z 轴旋转而成.

5. $(x+7)^2+\left(y-\dfrac{8}{3}\right)^2+\left(z-\dfrac{16}{3}\right)^2=\dfrac{392}{9}$,球面.

习 题 6.5

1. (1) xOz 面； (2) 平行于 yOz 面的平面； (3) 在三坐标轴上的截距分别为 3, 2, 1 的平面；
(4) 平行于 x 轴的平面； (5) 过 y 轴的平面； (6) 平行于 z 轴的平面.

2. (1) $x-2y+3z-14=0$； (2) $2x+y-7z-21=0$； (3) $2x-4y-3z+4=0$；
(4) $x-3y-2z=0$； (5) $x+z=0$； (6) $x-3y-2=0$； (7) $2x-y-z=0$.

3. $\dfrac{1}{3}$, $\dfrac{2}{3}$, $\dfrac{2}{3}$.

4. 1.

习 题 6.6

2. (1) 平面中表示点$\left(-\dfrac{4}{3}, -\dfrac{17}{3}\right)$,空间中表示一条直线；
(2) 平面中表示点(0, 3),空间中表示一条直线.

3. 参数方程为

$$\begin{cases} x=\dfrac{\sqrt{17}}{2}\cos\theta+\dfrac{1}{2}, \\ y=\dfrac{\sqrt{17}}{2}\sin\theta, \qquad\qquad (0\leqslant\theta\leqslant 2\pi), \\ z=-\dfrac{\sqrt{17}}{2}\cos\theta+\dfrac{1}{2} \end{cases}$$

投影曲线方程为 $\begin{cases} 2\left(x-\dfrac{1}{2}\right)^2+y^2=\dfrac{17}{2}, \\ z=0. \end{cases}$

4. xOy 面上：$\begin{cases}(x-1)^2+y^2=1, \\ z=0;\end{cases}$ yOz 面上：$\begin{cases}4(z^2-y^2)=z^4, \\ x=0;\end{cases}$ xOz 面上：$\begin{cases}x=-\dfrac{z^2}{2}+2, \\ y=0.\end{cases}$

6. (1) $\begin{cases}x^2+y^2\leqslant 1, \\ z=0,\end{cases}$ $\begin{cases}y^2\leqslant z\leqslant 2-y^2, \\ -1\leqslant y\leqslant 1, \\ x=0,\end{cases}$ $\begin{cases}x^2\leqslant z\leqslant 2-x^2, \\ -1\leqslant x\leqslant 1, \\ y=0;\end{cases}$

(2) $\begin{cases}x^2+y^2\leqslant 1, \\ z=0,\end{cases}$ $\begin{cases}-z\leqslant y\leqslant z, \\ 0\leqslant z\leqslant 1, \\ x=0,\end{cases}$ $\begin{cases}-z\leqslant x\leqslant z, \\ 0\leqslant z\leqslant 1, \\ y=0.\end{cases}$

习 题 6.7

1. (1) $\dfrac{x+2}{3}=\dfrac{y-3}{2}=\dfrac{z-1}{1}$； (2) $\dfrac{x-1}{0}=\dfrac{y-1}{2}=\dfrac{z-5}{-1}$；

(3) $\dfrac{x-1}{1}=\dfrac{y-2}{-1}=\dfrac{z-3}{1}$； (4) $\dfrac{x}{-2}=\dfrac{y-2}{3}=\dfrac{z-4}{1}$；

(5) $\dfrac{x}{3}=\dfrac{y-1}{1}=\dfrac{z-2}{-2}$.

2. $\dfrac{x}{0}=\dfrac{y-2}{1}=\dfrac{z-2}{1}$, $\begin{cases}x=0, \\ y=t+2, \\ z=t+2.\end{cases}$

3. $\cos\varphi=0$.

5. $\varphi=0$.

6. (1) 平行； (2) 垂直； (3) 直线在平面上.

7. $\begin{cases}-17x-31y+37z-117=0, \\ 4x-y+z=1.\end{cases}$

总 习 题 6

1. (1) 7； (2) 3； (3) $x^2+y^2=16$； (4) $\dfrac{x-1}{-2}=\dfrac{y-1}{+1}=\dfrac{z-1}{3}$.

2. (1) B； (2) A； (3) D； (4) C.

3. (1) 2； (2) 1； (3) ± 2.

4. $\dfrac{x+1}{16}=\dfrac{y}{9}=\dfrac{z-4}{28}$.

5. $x-3y+7z=0$.

6. $\dfrac{x^2}{4}+\dfrac{y^2}{3}+\dfrac{z^2}{3}=1$,椭球面.

7. 30.

9. $x+2y+1=0$.

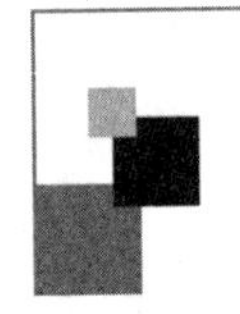

附录 A

二阶和三阶行列式简介

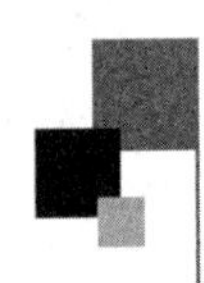

给出二元线性方程组

$$\begin{cases} a_{11}x_1 + a_{12}x_2 = b_1, \\ a_{21}x_1 + a_{22}x_2 = b_2, \end{cases} \tag{1}$$

求该方程组的解.

用大家熟知的消元法，分别消去方程组(1)中的 x_2 及 x_1，得

$$\begin{cases} (a_{11}a_{22} - a_{12}a_{21})x_1 = b_1a_{22} - a_{12}b_2, \\ (a_{11}a_{22} - a_{12}a_{21})x_2 = a_{11}b_2 - b_1a_{21}. \end{cases} \tag{2}$$

下面引入二阶行列式，然后利用二阶行列式来进一步讨论上述问题.

设已知四个数排成正方形表

$$\begin{pmatrix} a_{11} & a_{12} \\ a_{21} & a_{22} \end{pmatrix},$$

则数 $a_{11}a_{22} - a_{12}a_{21}$ 称为对应于这个表的**二阶行列式**，用记号

$$\begin{vmatrix} a_{11} & a_{12} \\ a_{21} & a_{22} \end{vmatrix} \tag{3}$$

表示. 因此

$$\begin{vmatrix} a_{11} & a_{12} \\ a_{21} & a_{22} \end{vmatrix} = a_{11}a_{22} - a_{12}a_{21}.$$

数 a_{11}，a_{12}，a_{21}，a_{22} 称为行列式(3)的**元素**，横排称为**行**，竖排称为**列**. 元素 a_{ij} 中的第一个指标 i 和第二个指标 j，依次表示行数和列数. 例如，元素 a_{21} 在行列式(3)中位于第二行和第一列.

现在，方程组(2)可利用行列式来表示. 设

$$D = \begin{vmatrix} a_{11} & a_{12} \\ a_{21} & a_{22} \end{vmatrix} = a_{11}a_{22} - a_{12}a_{21},$$

$$D_1 = \begin{vmatrix} b_1 & a_{12} \\ b_2 & a_{22} \end{vmatrix} = b_1a_{22} - a_{12}b_2,$$

$$D_2 = \begin{vmatrix} a_{11} & b_1 \\ a_{21} & b_2 \end{vmatrix} = a_{11}b_2 - b_1a_{21},$$

则方程组(2)可写成

$$\begin{cases} Dx_1 = D_1, \\ Dx_2 = D_2. \end{cases} \tag{2'}$$

我们注意到，D 就是方程组(1)中 x_1 及 x_2 的系数构成的行列式，因此称为**系数行列式**，而 D_1 和 D_2 分别是用方程组(1)右端的常数项代替 D 的第一列和第二列而形成的.

若 $D\neq 0$，则方程组(2)的解为

$$x_1 = \frac{D_1}{D}, \quad x_2 = \frac{D_2}{D}. \tag{4}$$

把解(4)中 x_1 及 x_2 的值代入方程组(1)，便可证实 x_1 及 x_2 的这对值也是方程组(1)的解. 另一方面，(2)是由(1)导出的，因此(1)的解一定是(2)的解. 现在方程组(2)只有一组解(4)，所以解(4)是方程组(1)的唯一解. 由此得出结论：

在 $D\neq 0$ 的条件下，方程组(1)有唯一的解

$$x_1 = \frac{D_1}{D}, \quad x_2 = \frac{D_2}{D}.$$

例 1　解方程组 $\begin{cases} 2x+3y=8, \\ x-2y=-3. \end{cases}$

解　$D = \begin{vmatrix} 2 & 3 \\ 1 & -2 \end{vmatrix} = 2\times(-2)-3\times 1=-7,$

$$D_1 = \begin{vmatrix} 8 & 3 \\ -3 & -2 \end{vmatrix} = 8\times(-2)-3\times(-3)=-7,$$

$$D_2 = \begin{vmatrix} 2 & 8 \\ 1 & -3 \end{vmatrix} = 2\times(-3)-8\times 1=-14.$$

因 $D=-7\neq 0$，故所给方程组有唯一解

$$x = \frac{D_1}{D} = \frac{-7}{-7} = 1, \quad y = \frac{D_2}{D} = \frac{-14}{-7} = 2.$$

下面介绍三阶行列式概念.

设已知九个数排成正方形表

$$\begin{pmatrix} a_{11} & a_{12} & a_{13} \\ a_{21} & a_{22} & a_{23} \\ a_{31} & a_{32} & a_{33} \end{pmatrix},$$

则数

$$a_{11}a_{22}a_{33}+a_{12}a_{23}a_{31}+a_{13}a_{21}a_{32}-a_{13}a_{22}a_{31}-a_{12}a_{21}a_{33}-a_{11}a_{23}a_{32}$$

称为对应于这个表的三阶行列式，用记号

$$\begin{vmatrix} a_{11} & a_{12} & a_{13} \\ a_{21} & a_{22} & a_{23} \\ a_{31} & a_{32} & a_{33} \end{vmatrix}$$

表示.因此

$$\begin{vmatrix} a_{11} & a_{12} & a_{13} \\ a_{21} & a_{22} & a_{23} \\ a_{31} & a_{32} & a_{33} \end{vmatrix} = a_{11}a_{22}a_{33} + a_{12}a_{23}a_{31} + a_{13}a_{21}a_{32} - a_{13}a_{22}a_{31} - a_{12}a_{21}a_{33} - a_{11}a_{23}a_{32}. \tag{5}$$

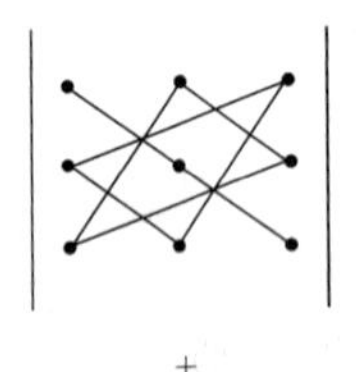

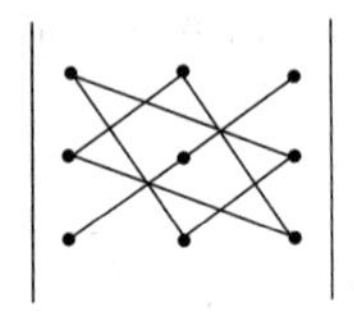

附图 A1

关于三阶行列式的元素、行、列等概念，与二阶行列式的相应概念类似，不再重复.

式(5)右端相当复杂，我们可以借助图形(附图 A1)得出它的计算法则(通常称为对角线法则).

行列式中从左上角到右下角的直线称为**主对角线**，从右上角到左下角的直线称为**次对角线**.主对角线上元素的乘积，以及位于主对角线的平行线上的元素与对角上的元素的乘积，前面都取正号.次对角线上元素的乘积，以及位于次对角线的平行线上的元素与对角上的元素的乘积，前面都取负号.

例 2 $\begin{vmatrix} 2 & 1 & 2 \\ -4 & 3 & 1 \\ 2 & 3 & 5 \end{vmatrix} = 2\times3\times5 + 1\times1\times2 + 2\times(-4)\times3 - 2\times3\times2 - 1\times(-4)\times5 - 2\times1\times3$

$= 30 + 2 - 24 - 12 + 20 - 6 = 10.$

利用交换律及结合律，可把式(5)改写如下：

$$\begin{vmatrix} a_{11} & a_{12} & a_{13} \\ a_{21} & a_{22} & a_{23} \\ a_{31} & a_{32} & a_{33} \end{vmatrix} = a_{11}(a_{22}a_{33} - a_{23}a_{32}) - a_{12}(a_{21}a_{33} - a_{23}a_{31}) + a_{13}(a_{21}a_{32} - a_{22}a_{31}).$$

把上式右端三个括号中的式子表示为二阶行列式，则有

$$\begin{vmatrix} a_{11} & a_{12} & a_{13} \\ a_{21} & a_{22} & a_{23} \\ a_{31} & a_{32} & a_{33} \end{vmatrix} = a_{11}\begin{vmatrix} a_{22} & a_{23} \\ a_{32} & a_{33} \end{vmatrix} - a_{12}\begin{vmatrix} a_{21} & a_{23} \\ a_{31} & a_{33} \end{vmatrix} + a_{13}\begin{vmatrix} a_{21} & a_{22} \\ a_{31} & a_{32} \end{vmatrix}.$$

上式称为三阶行列式按第一行的**展开式**.

例 3 $\begin{vmatrix} 3 & 4 & 2 \\ 6 & -1 & 5 \\ 4 & 3 & 2 \end{vmatrix} \xlongequal[\text{展开}]{\text{按第一行}} 3\begin{vmatrix} -1 & 5 \\ 3 & 2 \end{vmatrix} - 4\begin{vmatrix} 6 & 5 \\ 4 & 2 \end{vmatrix} + 2\begin{vmatrix} 6 & -1 \\ 4 & 3 \end{vmatrix}$

$= 3\times(-17) - 4\times(-8) + 2\times22$

$= -51 + 32 + 44 = 25.$

例 4 $\begin{vmatrix} i & j & k \\ 3 & -1 & -2 \\ 1 & 2 & -1 \end{vmatrix} \xlongequal[\text{展开}]{\text{按第一行}} \begin{vmatrix} -1 & -2 \\ 2 & -1 \end{vmatrix} i - \begin{vmatrix} 3 & -2 \\ 1 & -1 \end{vmatrix} j + \begin{vmatrix} 3 & -1 \\ 1 & 2 \end{vmatrix} k$

$= (1+4)i - (-3+2)j + (6+1)k$

$= 5i + j + 7k.$

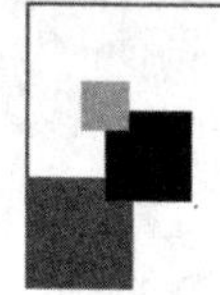

附录 B

常用的曲线与曲面

1．几种常用的曲线

(1) 三次抛物线

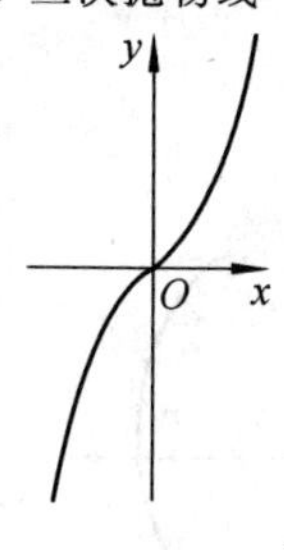

$$y = ax^3.$$

(2) 半立方抛物线

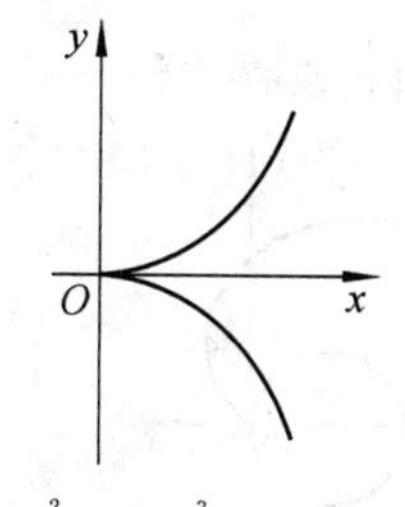

$$y^2 = ax^3.$$

(3) 概率曲线

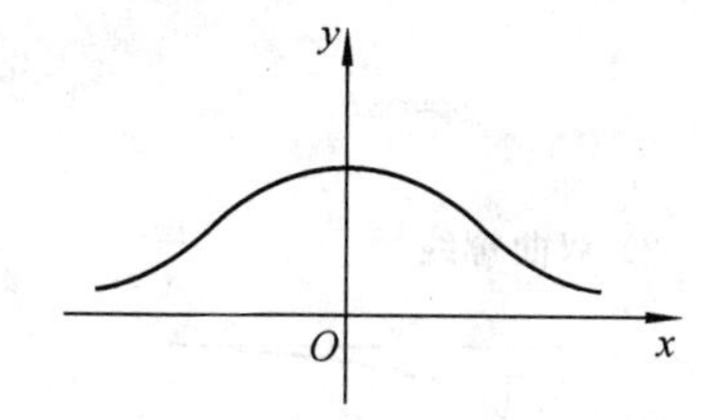

$$y = e^{-x^2}.$$

(4) 箕舌线

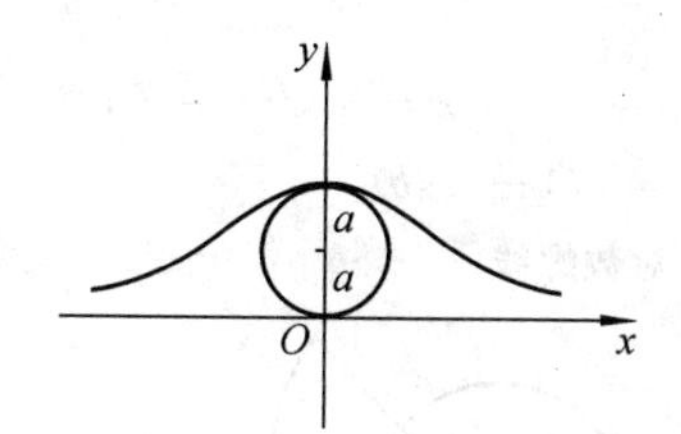

$$y = \frac{8a^3}{x^2 + 4a^2}.$$

(5) 蔓叶线

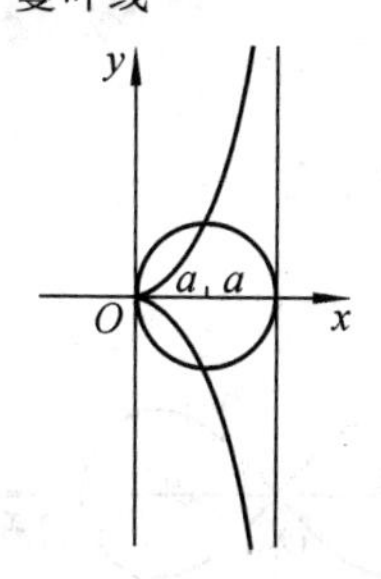

$$y^2(2a - x) = x^3.$$

(6) 笛卡儿叶形线

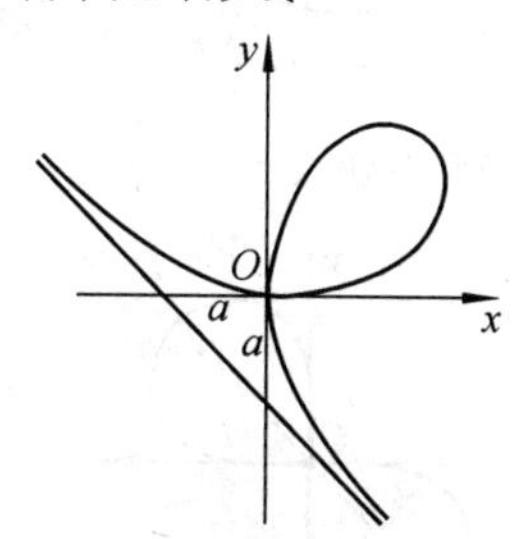

$$x^3 + y^3 - 3axy = 0.$$

$$x = \frac{3at}{1+t^3},\ y = \frac{3at^2}{1+t^3}.$$

(7) 星形线(内摆线的一种)

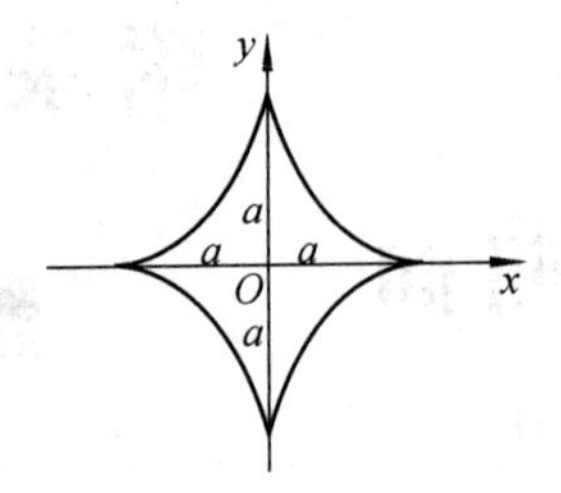

$$x^{\frac{2}{3}}+y^{\frac{2}{3}}=a^{\frac{2}{3}}.$$

$$\begin{cases}x=a\cos^3\theta,\\ y=a\sin^3\theta.\end{cases}$$

(8) 摆线

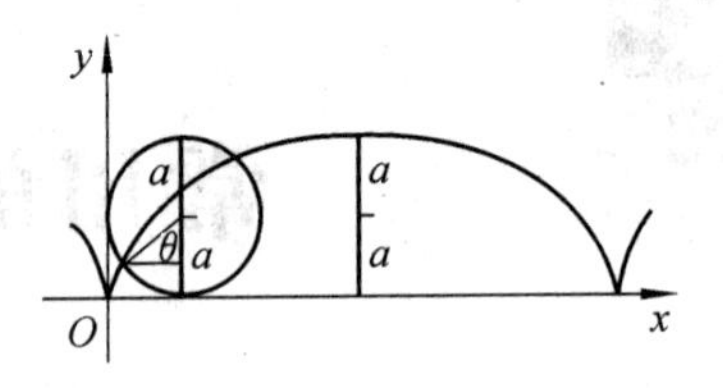

$$\begin{cases}x=a(\theta-\sin\theta),\\ y=a(1-\cos\theta).\end{cases}$$

(9) 心形线(外摆线的一种)

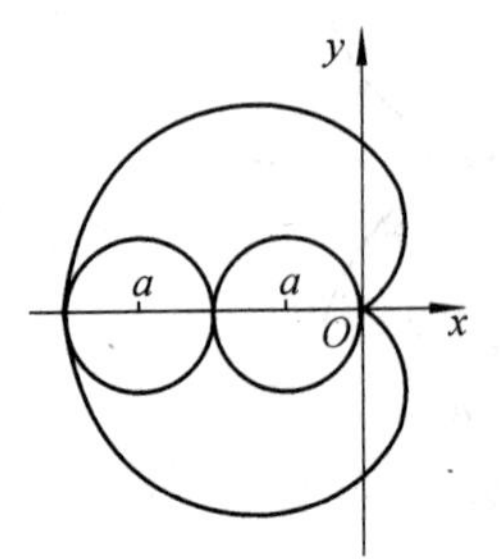

$$x^2+y^2+ax=a\sqrt{x^2+y^2},$$

$$\rho=a(1-\cos\theta).$$

(10) 阿基米德螺线

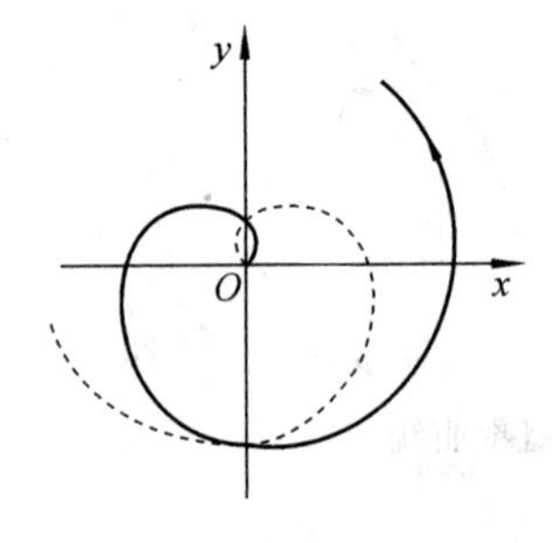

$$\rho=a\theta.$$

(11) 对数螺线

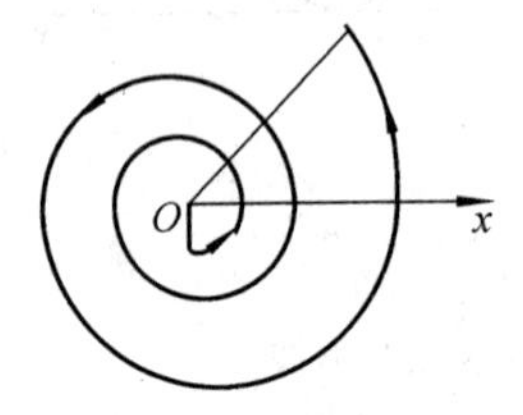

$$\rho=e^{a\theta}.$$

(12) 双曲螺线

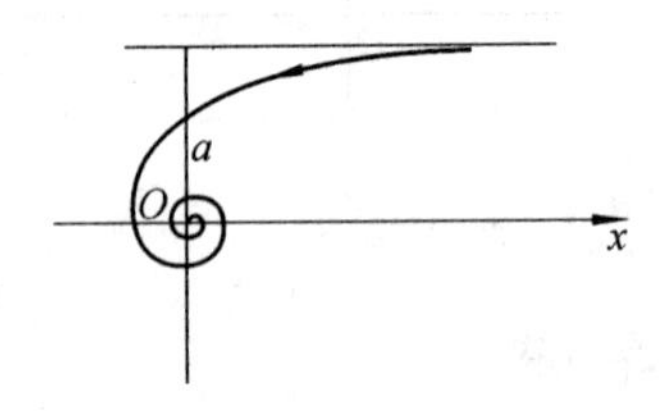

$$\rho\theta=a.$$

(13) 伯努利双纽线

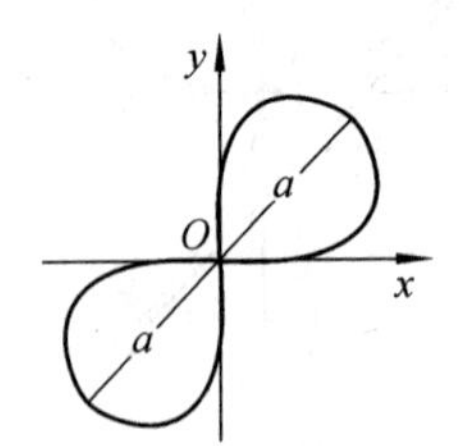

$$(x^2+y^2)^2=2a^2xy,$$

$$\rho^2=a^2\sin 2\theta.$$

(14) 伯努利双纽线

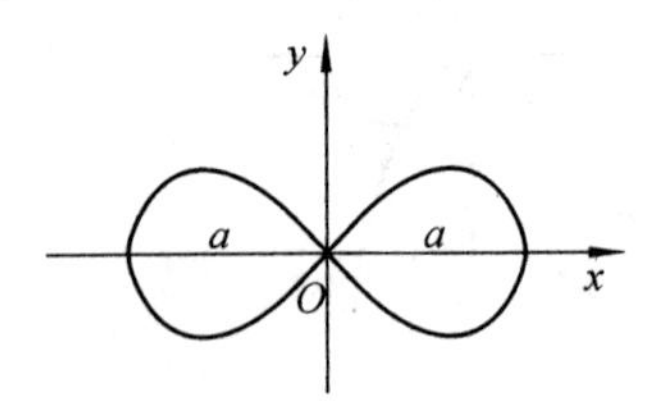

$$(x^2+y^2)^2=a^2(x^2-y^2),$$

$$\rho^2=a^2\cos 2\theta.$$

(15) 三叶玫瑰线

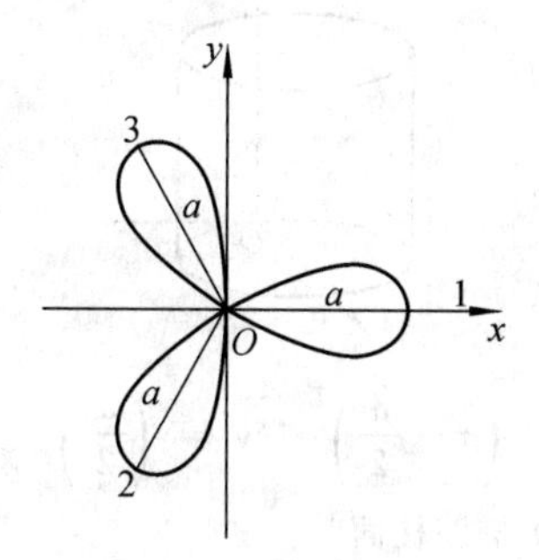

$\rho = a\cos 3\theta.$

(16) 三叶玫瑰线

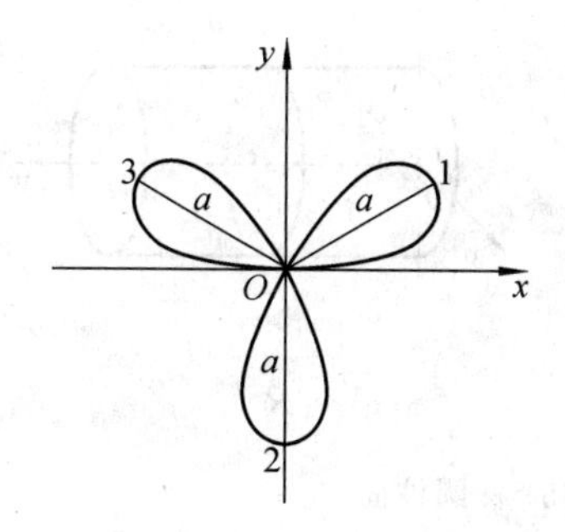

$\rho = a\sin 3\theta.$

(17) 四叶玫瑰线

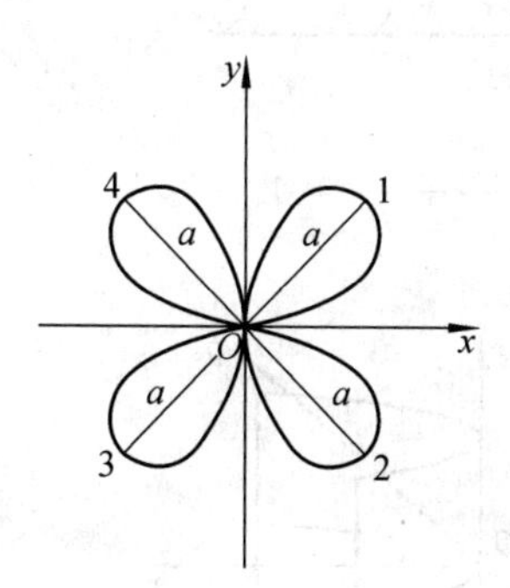

$\rho = a\sin 2\theta.$

(18) 四叶玫瑰线

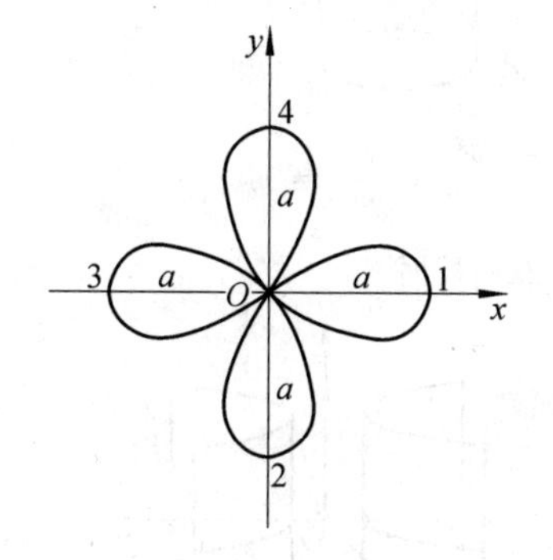

$\rho = a\cos 2\theta.$

2. 几种常用的曲面

(1) 圆柱面

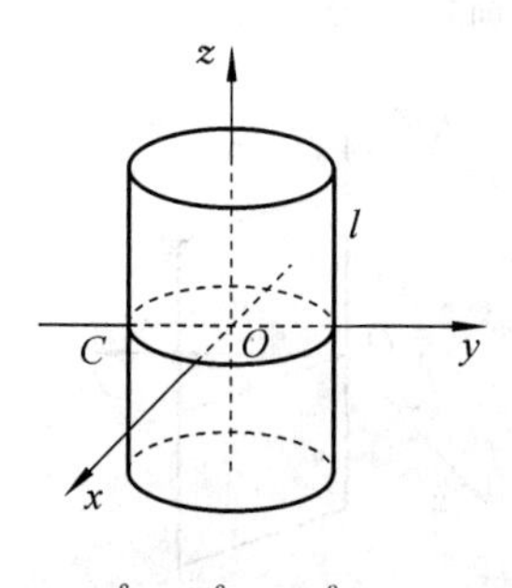

$x^2 + y^2 = R^2.$

(2) 圆柱面

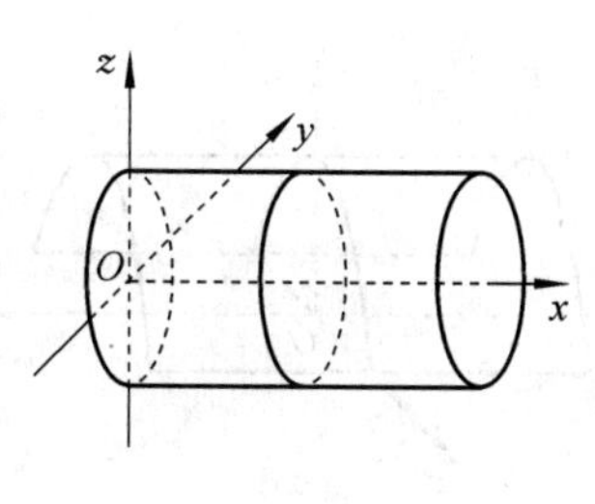

$y^2 + z^2 = R^2.$

(3) 圆柱面

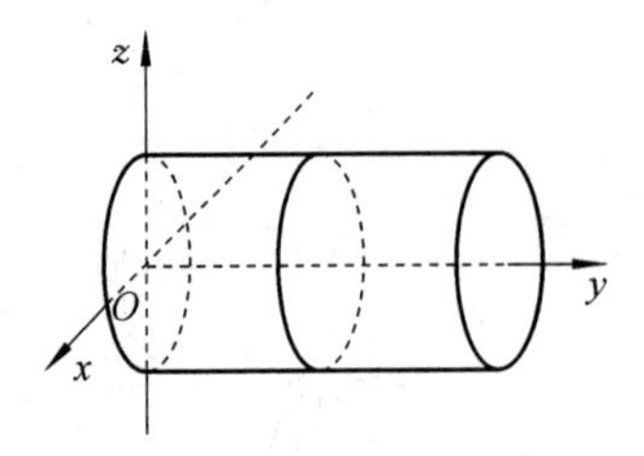

$$x^2+z^2=R^2.$$

(4) 圆柱面

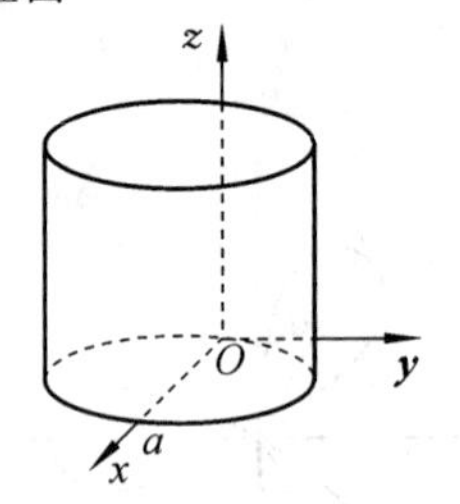

$$\left(x-\frac{a}{2}\right)^2+y^2=\left(\frac{a}{2}\right)^2.$$

(5) 椭圆柱面

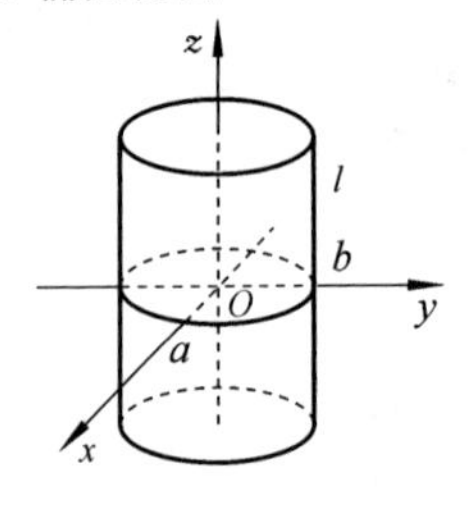

$$\frac{x^2}{a^2}+\frac{y^2}{b^2}=1.$$

(6) 椭圆柱面

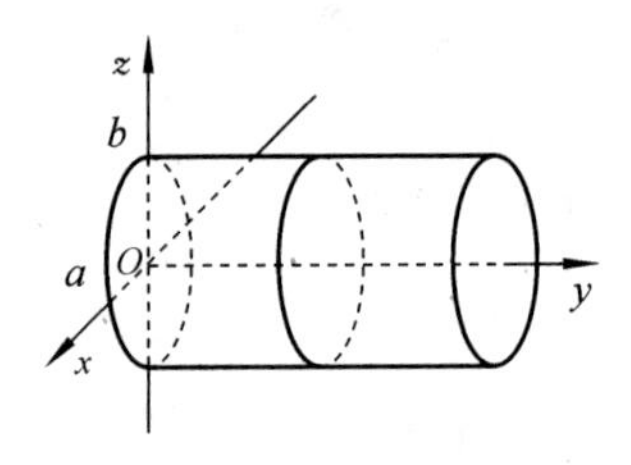

$$\frac{x^2}{a^2}+\frac{z^2}{b^2}=1.$$

(7) 双曲柱面

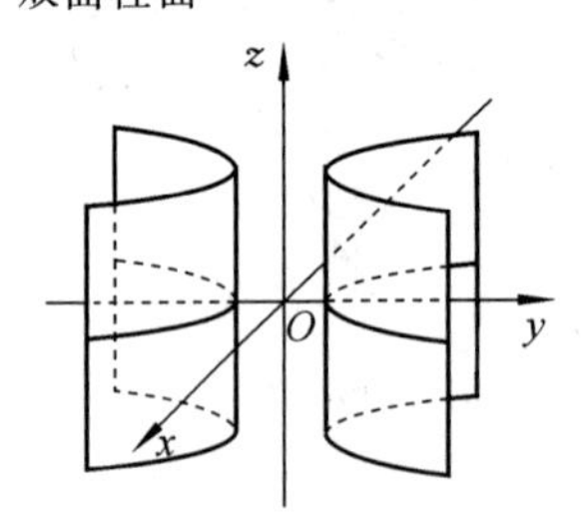

$$-\frac{x^2}{a^2}+\frac{y^2}{b^2}=1.$$

(8) 抛物柱面

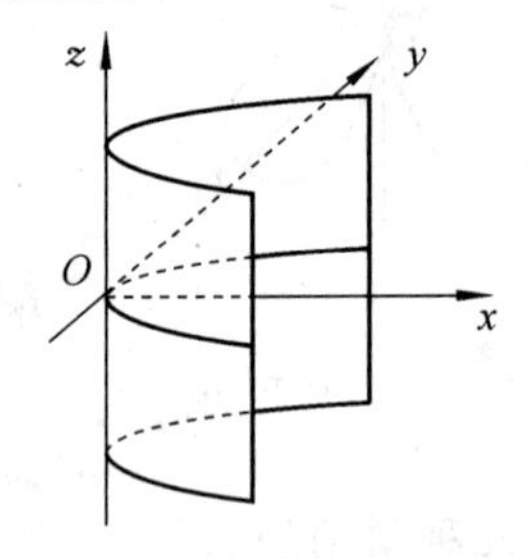

$$y^2=2x.$$

(9) 抛物柱面

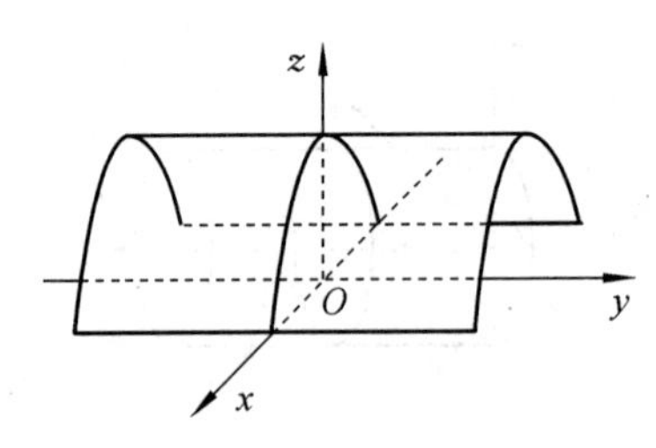

$$z=2-x^2.$$

(10) 柱面特例(平面)

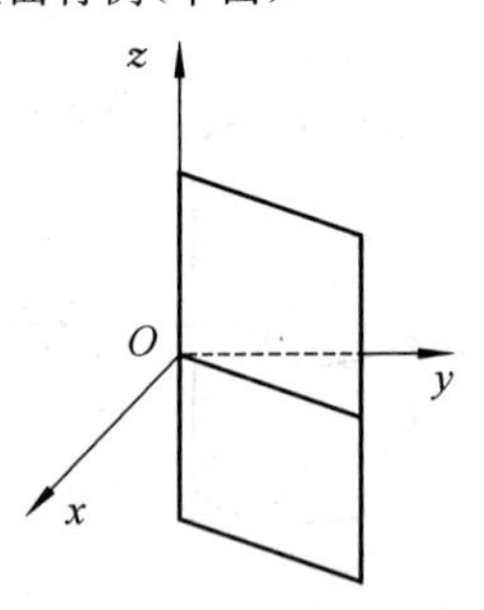

$$x-y=0.$$

（11）柱面特例（平面）

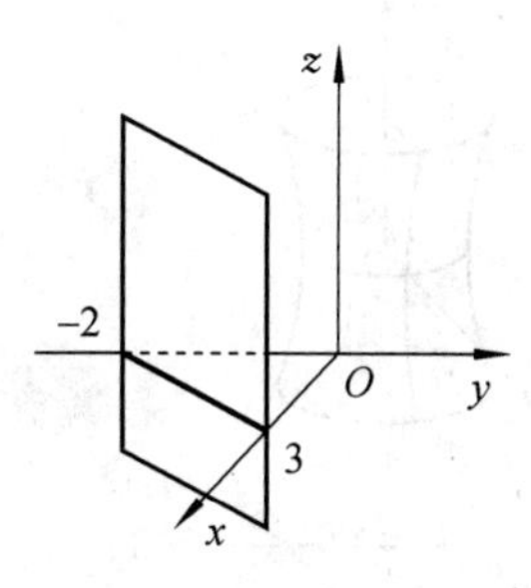

$2x-3y-6=0.$

（12）两柱面相交

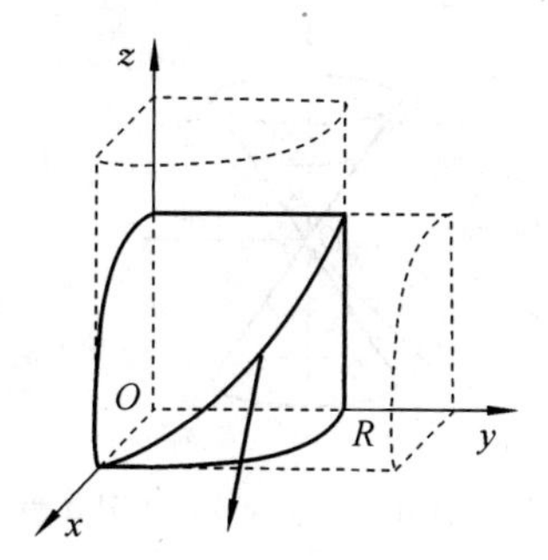

$\begin{cases} x^2+y^2=a^2, \\ x^2+z^2=a^2. \end{cases}$

（13）椭球面

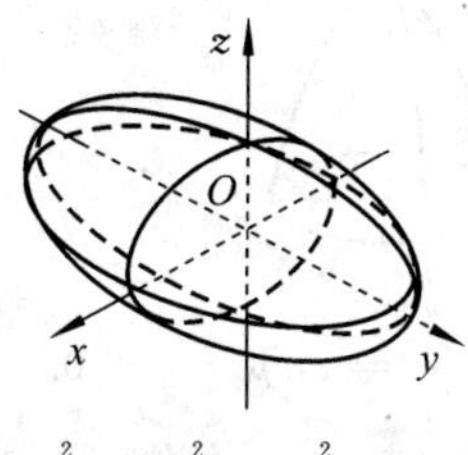

$\dfrac{x^2}{a^2}+\dfrac{y^2}{b^2}+\dfrac{z^2}{c^2}=1.$

（14）椭圆抛物面

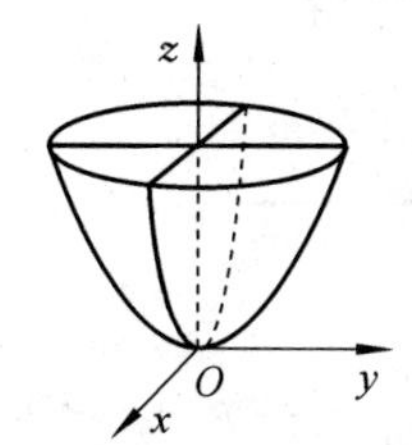

$\dfrac{x^2}{2p}+\dfrac{y^2}{2q}=z\ (pq>0).$

（15）球面方程

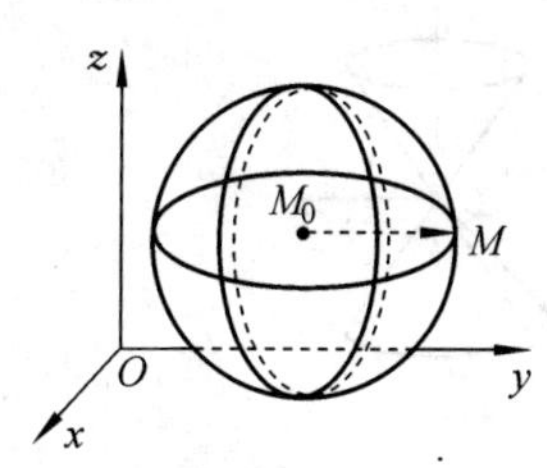

$(x-x_0)^2+(y-y_0)^2+(z-z_0)^2=R^2.$

（16）球面方程

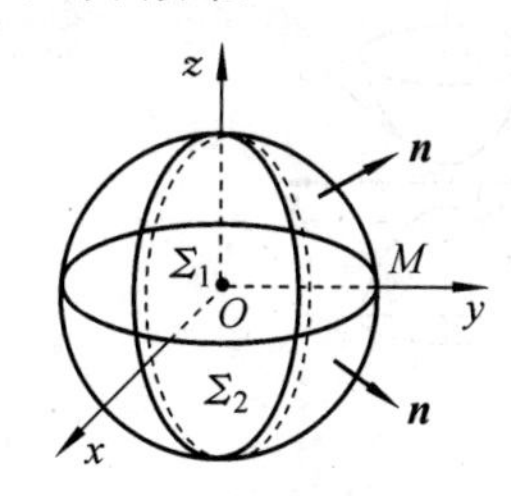

$x^2+y^2+z^2=R^2.$

（17）旋转曲面

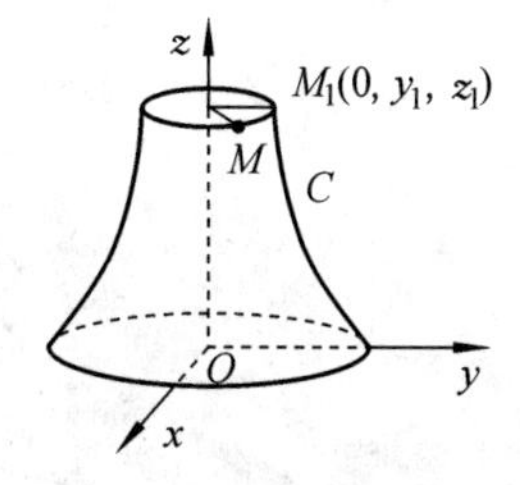

$f(\pm\sqrt{x^2+y^2},\ z)=0.$

（18）双曲抛物面（马鞍面）

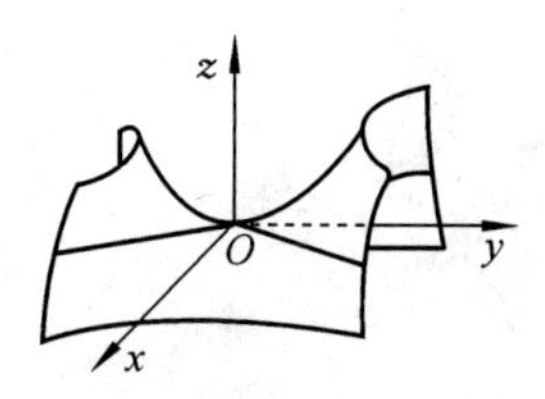

$-\dfrac{x^2}{2p}+\dfrac{y^2}{2q}=z\ (pq>0).$

(19) 圆锥面

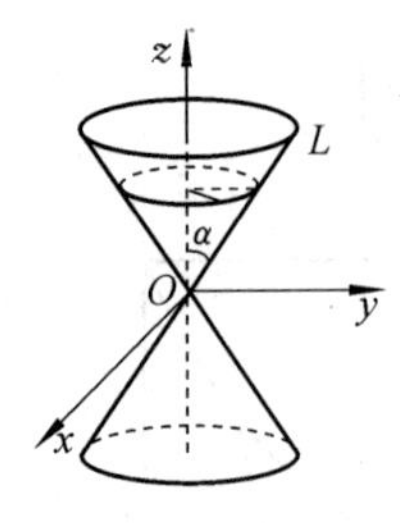

$z^2=a^2(x^2+y^2)$，其中 $a=\cot\alpha$.

(20) 单叶双曲面

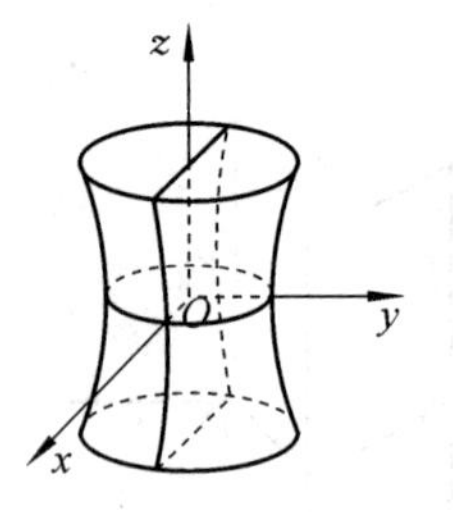

$$\frac{x^2}{a^2}+\frac{y^2}{b^2}-\frac{z^2}{c^2}=1.$$

(21) 旋转抛物面

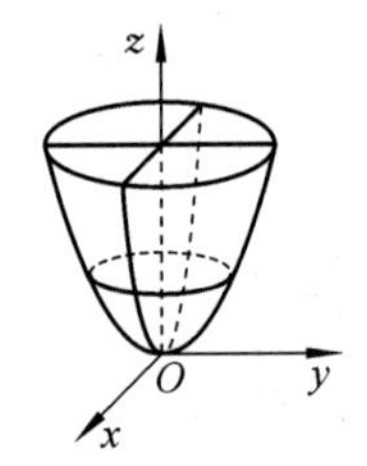

$$\frac{x^2}{2p}+\frac{y^2}{2q}=z,\ p=q>0.$$

(22) 旋转抛物面

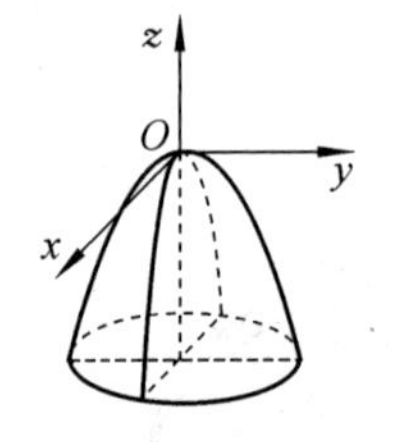

$$\frac{x^2}{2p}+\frac{y^2}{2q}=z,\ p=q<0.$$

(23) 双叶双曲面

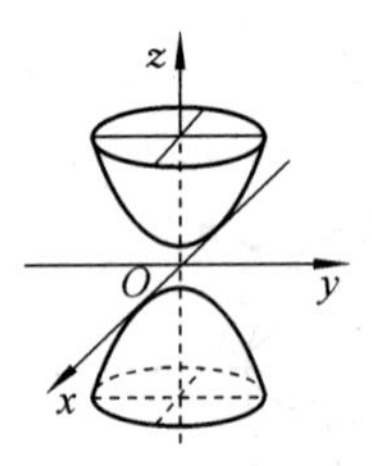

$$\frac{x^2}{a^2}+\frac{y^2}{b^2}-\frac{z^2}{c^2}=-1.$$

(24) 二次锥面

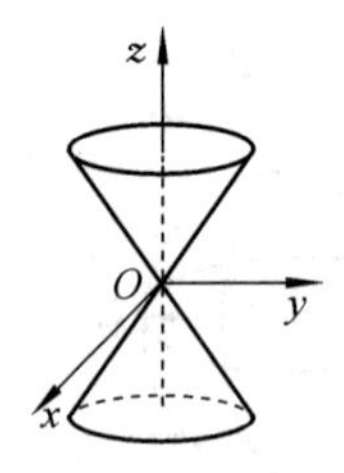

$$\frac{x^2}{a^2}+\frac{y^2}{b^2}-\frac{z^2}{c^2}=0.$$

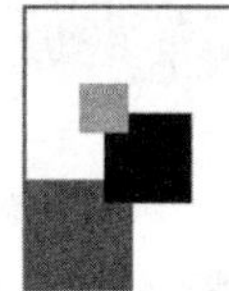

附录 C

积 分 表

1. 含有 $ax+b$ 的积分

(1) $\int \frac{\mathrm{d}x}{ax+b}=\frac{1}{a}\ln|ax+b|+C.$

(2) $\int (ax+b)^{\mu}\mathrm{d}x=\frac{1}{a(\mu+1)}(ax+b)^{\mu+1}+C\ (\mu\neq-1).$

(3) $\int \frac{x}{ax+b}\mathrm{d}x=\frac{1}{a^2}(ax+b-b\ln|ax+b|)+C.$

(4) $\int \frac{x^2}{ax+b}\mathrm{d}x=\frac{1}{a^3}\left[\frac{1}{2}(ax+b)^2-2b(ax+b)+b^2\ln|ax+b|\right]+C.$

(5) $\int \frac{\mathrm{d}x}{x(ax+b)}=-\frac{1}{b}\ln\left|\frac{ax+b}{x}\right|+C.$

(6) $\int \frac{\mathrm{d}x}{x^2(ax+b)}=-\frac{1}{bx}+\frac{a}{b^2}\ln\left|\frac{ax+b}{x}\right|+C.$

(7) $\int \frac{x}{(ax+b)^2}\mathrm{d}x=\frac{1}{a^2}\left(\ln|ax+b|+\frac{b}{ax+b}\right)+C.$

(8) $\int \frac{x^2}{(ax+b)^2}\mathrm{d}x=\frac{1}{a^3}\left(ax+b-2b\ln|ax+b|-\frac{b^2}{ax+b}\right)+C.$

(9) $\int \frac{\mathrm{d}x}{x(ax+b)^2}=\frac{1}{b(ax+b)}-\frac{1}{b^2}\ln\left|\frac{ax+b}{x}\right|+C.$

2. 含有 $\sqrt{ax+b}$ 的积分

(10) $\int \sqrt{ax+b}\,\mathrm{d}x=\frac{2}{3a}\sqrt{(ax+b)^3}+C.$

(11) $\int x\sqrt{ax+b}\,\mathrm{d}x=\frac{2}{15a^2}(3ax-2b)\sqrt{(ax+b)^3}+C.$

(12) $\int x^2\sqrt{ax+b}\,\mathrm{d}x=\frac{2}{105a^3}(15a^2x^2-12abx+8b^2)\sqrt{(ax+b)^3}+C.$

(13) $\int \frac{x}{\sqrt{ax+b}}\mathrm{d}x=\frac{2}{3a^2}(ax-2b)\sqrt{ax+b}+C.$

(14) $\int \frac{x^2}{\sqrt{ax+b}}\mathrm{d}x=\frac{2}{15a^3}(3a^2x^2-4abx+8b^2)\sqrt{ax+b}+C.$

(15) $\int \frac{dx}{x\sqrt{ax+b}} = \begin{cases} \frac{1}{\sqrt{b}}\ln\left|\frac{\sqrt{ax+b}-\sqrt{b}}{\sqrt{ax+b}+\sqrt{b}}\right|+C & (b>0), \\ \frac{2}{\sqrt{-b}}\arctan\sqrt{\frac{ax+b}{-b}}+C & (b<0). \end{cases}$

(16) $\int \frac{dx}{x^2\sqrt{ax+b}} = -\frac{\sqrt{ax+b}}{bx} - \frac{a}{2b}\int\frac{dx}{x\sqrt{ax+b}}$.

(17) $\int \frac{\sqrt{ax+b}}{x}dx = 2\sqrt{ax+b} + b\int\frac{dx}{x\sqrt{ax+b}}$.

(18) $\int \frac{\sqrt{ax+b}}{x^2}dx = -\frac{\sqrt{ax+b}}{x} + \frac{a}{2}\int\frac{dx}{x\sqrt{ax+b}}$.

3. 含有 $x^2 \pm a^2$ 的积分

(19) $\int \frac{dx}{x^2+a^2} = \frac{1}{a}\arctan\frac{x}{a}+C$.

(20) $\int \frac{dx}{(x^2+a^2)^n} = \frac{x}{2(n-1)a^2(x^2+a^2)^{n-1}} + \frac{2n-3}{2(n-1)a^2}\int\frac{dx}{(x^2+a^2)^{n-1}}$.

(21) $\int \frac{dx}{x^2-a^2} = \frac{1}{2a}\ln\left|\frac{x-a}{x+a}\right|+C$.

4. 含有 ax^2+b $(a>0)$ 的积分

(22) $\int \frac{dx}{ax^2+b} = \begin{cases} \frac{1}{\sqrt{ab}}\arctan\sqrt{\frac{a}{b}}x+C & (b>0), \\ \frac{1}{2\sqrt{-ab}}\ln\left|\frac{\sqrt{a}x-\sqrt{-b}}{\sqrt{a}x+\sqrt{-b}}\right|+C & (b<0). \end{cases}$

(23) $\int \frac{x}{ax^2+b}dx = \frac{1}{2a}\ln|ax^2+b|+C$.

(24) $\int \frac{x^2}{ax^2+b}dx = \frac{x}{a} - \frac{b}{a}\int\frac{dx}{ax^2+b}$.

(25) $\int \frac{dx}{x(ax^2+b)} = \frac{1}{2b}\ln\frac{x^2}{|ax^2+b|}+C$.

(26) $\int \frac{dx}{x^2(ax^2+b)} = -\frac{1}{bx} - \frac{a}{b}\int\frac{dx}{ax^2+b}$.

(27) $\int \frac{dx}{x^3(ax^2+b)} = \frac{a}{2b^2}\ln\frac{|ax^2+b|}{x^2} - \frac{1}{2bx^2}+C$.

(28) $\int \frac{dx}{(ax^2+b)^2} = \frac{x}{2b(ax^2+b)} + \frac{1}{2b}\int\frac{dx}{ax^2+b}$.

5. 含有 ax^2+bx+c $(a>0)$ 的积分

(29) $\int \frac{dx}{ax^2+bx+c} = \begin{cases} \frac{2}{\sqrt{4ac-b^2}}\arctan\frac{2ax+b}{\sqrt{4ac-b^2}}+C & (b^2<4ac), \\ \frac{1}{\sqrt{b^2-4ac}}\ln\left|\frac{2ax+b-\sqrt{b^2-4ac}}{2ax+b+\sqrt{b^2-4ac}}\right|+C & (b^2>4ac). \end{cases}$

(30) $\int \frac{x}{ax^2+bx+c}dx = \frac{1}{2a}\ln|ax^2+bx+c| - \frac{b}{2a}\int \frac{dx}{ax^2+bx+c}$.

6. 含有 $\sqrt{x^2+a^2}$ $(a>0)$ 的积分

(31) $\int \frac{dx}{\sqrt{x^2+a^2}} = \text{arsh}\frac{x}{a} + C_1 = \ln(x+\sqrt{x^2+a^2})+C$.

(32) $\int \frac{dx}{\sqrt{(x^2+a^2)^3}} = \frac{x}{a^2\sqrt{x^2+a^2}}+C$.

(33) $\int \frac{x}{\sqrt{x^2+a^2}}dx = \sqrt{x^2+a^2}+C$.

(34) $\int \frac{x}{\sqrt{(x^2+a^2)^3}}dx = -\frac{1}{\sqrt{x^2+a^2}}+C$.

(35) $\int \frac{x^2}{\sqrt{x^2+a^2}}dx = \frac{x}{2}\sqrt{x^2+a^2} - \frac{a^2}{2}\ln(x+\sqrt{x^2+a^2})+C$.

(36) $\int \frac{x^2}{\sqrt{(x^2+a^2)^3}}dx = -\frac{x}{\sqrt{x^2+a^2}} + \ln(x+\sqrt{x^2+a^2})+C$.

(37) $\int \frac{dx}{x\sqrt{x^2+a^2}} = \frac{1}{a}\ln\frac{\sqrt{x^2+a^2}-a}{|x|}+C$.

(38) $\int \frac{dx}{x^2\sqrt{x^2+a^2}} = -\frac{\sqrt{x^2+a^2}}{a^2x}+C$.

(39) $\int \sqrt{x^2+a^2}dx = \frac{x}{2}\sqrt{x^2+a^2} + \frac{a^2}{2}\ln(x+\sqrt{x^2+a^2})+C$.

(40) $\int \sqrt{(x^2+a^2)^3}dx = \frac{x}{8}(2x^2+5a^2)\sqrt{x^2+a^2} + \frac{3}{8}a^4\ln(x+\sqrt{x^2+a^2})+C$.

(41) $\int x\sqrt{x^2+a^2}dx = \frac{1}{3}\sqrt{(x^2+a^2)^3}+C$.

(42) $\int x^2\sqrt{x^2+a^2}dx = \frac{x}{8}(2x^2+a^2)\sqrt{x^2+a^2} - \frac{a^4}{8}\ln(x+\sqrt{x^2+a^2})+C$.

(43) $\int \frac{\sqrt{x^2+a^2}}{x}dx = \sqrt{x^2+a^2} + a\ln\frac{\sqrt{x^2+a^2}-a}{|x|}+C$.

(44) $\int \frac{\sqrt{x^2+a^2}}{x^2}dx = -\frac{\sqrt{x^2+a^2}}{x} + \ln(x+\sqrt{x^2+a^2})+C$.

7. 含有 $\sqrt{x^2-a^2}$ $(a>0)$ 的积分

(45) $\int \frac{dx}{\sqrt{x^2-a^2}} = \frac{x}{|x|}\text{arch}\frac{|x|}{a} + C_1 = \ln|x+\sqrt{x^2-a^2}|+C$.

(46) $\int \frac{dx}{\sqrt{(x^2-a^2)^3}} = -\frac{x}{a^2\sqrt{x^2-a^2}}+C$.

(47) $\int \frac{x}{\sqrt{x^2-a^2}}dx = \sqrt{x^2-a^2}+C$.

(48) $\int \frac{x}{\sqrt{(x^2-a^2)^3}}dx = -\frac{1}{\sqrt{x^2-a^2}}+C.$

(49) $\int \frac{x^2}{\sqrt{x^2-a^2}}dx = \frac{x}{2}\sqrt{x^2-a^2}+\frac{a^2}{2}\ln|x+\sqrt{x^2-a^2}|+C.$

(50) $\int \frac{x^2}{\sqrt{(x^2-a^2)^3}}dx = -\frac{x}{\sqrt{x^2-a^2}}+\ln|x+\sqrt{x^2-a^2}|+C.$

(51) $\int \frac{dx}{x\sqrt{x^2-a^2}} = \frac{1}{a}\arccos\frac{a}{|x|}+C.$

(52) $\int \frac{dx}{x^2\sqrt{x^2-a^2}} = \frac{\sqrt{x^2-a^2}}{a^2x}+C.$

(53) $\int \sqrt{x^2-a^2}dx = \frac{x}{2}\sqrt{x^2-a^2}-\frac{a^2}{2}\ln|x+\sqrt{x^2-a^2}|+C.$

(54) $\int \sqrt{(x^2-a^2)^3}dx = \frac{x}{8}(2x^2-5a^2)\sqrt{x^2-a^2}+\frac{3}{8}a^4\ln|x+\sqrt{x^2-a^2}|+C.$

(55) $\int x\sqrt{x^2-a^2}dx = \frac{1}{3}\sqrt{(x^2-a^2)^3}+C.$

(56) $\int x^2\sqrt{x^2-a^2}dx = \frac{x}{8}(2x^2-a^2)\sqrt{x^2-a^2}-\frac{a^4}{8}\ln|x+\sqrt{x^2-a^2}|+C.$

(57) $\int \frac{\sqrt{x^2-a^2}}{x}dx = \sqrt{x^2-a^2}-a\arccos\frac{a}{|x|}+C.$

(58) $\int \frac{\sqrt{x^2-a^2}}{x^2}dx = -\frac{\sqrt{x^2-a^2}}{x}+\ln|x+\sqrt{x^2-a^2}|+C.$

8. 含有 $\sqrt{a^2-x^2}$ $(a>0)$ 的积分

(59) $\int \frac{dx}{\sqrt{a^2-x^2}} = \arcsin\frac{x}{a}+C.$

(60) $\int \frac{dx}{\sqrt{(a^2-x^2)^3}} = \frac{x}{a^2\sqrt{a^2-x^2}}+C.$

(61) $\int \frac{x}{\sqrt{a^2-x^2}}dx = -\sqrt{a^2-x^2}+C.$

(62) $\int \frac{x}{\sqrt{(a^2-x^2)^3}}dx = \frac{1}{\sqrt{a^2-x^2}}+C.$

(63) $\int \frac{x^2}{\sqrt{a^2-x^2}}dx = -\frac{x}{2}\sqrt{a^2-x^2}+\frac{a^2}{2}\arcsin\frac{x}{a}+C.$

(64) $\int \frac{x^2}{\sqrt{(a^2-x^2)^3}}dx = \frac{x}{\sqrt{a^2-x^2}}-\arcsin\frac{x}{a}+C.$

(65) $\int \frac{dx}{x\sqrt{a^2-x^2}} = \frac{1}{a}\ln\frac{a-\sqrt{a^2-x^2}}{|x|}+C.$

(66) $\int \frac{dx}{x^2\sqrt{a^2-x^2}}=-\frac{\sqrt{a^2-x^2}}{a^2x}+C.$

(67) $\int \sqrt{a^2-x^2}dx=\frac{x}{2}\sqrt{a^2-x^2}+\frac{a^2}{2}\arcsin\frac{x}{a}+C.$

(68) $\int \sqrt{(a^2-x^2)^3}dx=\frac{x}{8}(5a^2-2x^2)\sqrt{a^2-x^2}+\frac{3}{8}a^4\arcsin\frac{x}{a}+C.$

(69) $\int x\sqrt{a^2-x^2}dx=-\frac{1}{3}\sqrt{(a^2-x^2)^3}+C.$

(70) $\int x^2\sqrt{a^2-x^2}dx=\frac{x}{8}(2x^2-a^2)\sqrt{a^2-x^2}+\frac{a^4}{8}\arcsin\frac{x}{a}+C.$

(71) $\int \frac{\sqrt{a^2-x^2}}{x}dx=\sqrt{a^2-x^2}+a\ln\frac{a-\sqrt{a^2-x^2}}{|x|}+C.$

(72) $\int \frac{\sqrt{a^2-x^2}}{x^2}dx=-\frac{\sqrt{a^2-x^2}}{x}-\arcsin\frac{x}{a}+C.$

9. 含有 $\sqrt{\pm ax^2+bx+c}$ $(a>0)$ 的积分

(73) $\int \frac{dx}{\sqrt{ax^2+bx+c}}=\frac{1}{\sqrt{a}}\ln|2ax+b+2\sqrt{a}\sqrt{ax^2+bx+c}|+C.$

(74) $\int \sqrt{ax^2+bx+c}dx=\frac{2ax+b}{4a}\sqrt{ax^2+bx+c}+$

$\frac{4ac-b^2}{8\sqrt{a^3}}\ln|2ax+b+2\sqrt{a}\sqrt{ax^2+bx+c}|+C.$

(75) $\int \frac{x}{\sqrt{ax^2+bx+c}}dx=\frac{1}{a}\sqrt{ax^2+bx+c}-$

$\frac{b}{2\sqrt{a^3}}\ln|2ax+b+2\sqrt{a}\sqrt{ax^2+bx+c}|+C.$

(76) $\int \frac{dx}{\sqrt{c+bx-ax^2}}=-\frac{1}{\sqrt{a}}\arcsin\frac{2ax-b}{\sqrt{b^2+4ac}}+C.$

(77) $\int \sqrt{c+bx-ax^2}dx=\frac{2ax-b}{4a}\sqrt{c+bx-ax^2}+\frac{b^2+4ac}{8\sqrt{a^3}}\arcsin\frac{2ax-b}{\sqrt{b^2+4ac}}+C.$

(78) $\int \frac{x}{\sqrt{c+bx-ax^2}}dx=-\frac{1}{a}\sqrt{c+bx-ax^2}+\frac{b}{2\sqrt{a^3}}\arcsin\frac{2ax-b}{\sqrt{b^2+4ac}}+C.$

10. 含有 $\sqrt{\pm\frac{x-a}{x-b}}$ 或 $\sqrt{(x-a)(b-x)}$ 的积分

(79) $\int \sqrt{\frac{x-a}{x-b}}dx=(x-b)\sqrt{\frac{x-a}{x-b}}+(b-a)\ln(\sqrt{|x-a|}+\sqrt{|x-b|})+C.$

(80) $\int \sqrt{\frac{x-a}{b-x}}dx=(x-b)\sqrt{\frac{x-a}{b-x}}+(b-a)\arcsin\sqrt{\frac{x-a}{b-a}}+C.$

(81) $\int \frac{dx}{\sqrt{(x-a)(b-x)}} = 2\arcsin \sqrt{\frac{x-a}{b-a}} + C \quad (a < b).$

(82) $\int \sqrt{(x-a)(b-x)}\,dx = \frac{2x-a-b}{4} \sqrt{(x-a)(b-x)} + \frac{(b-a)^2}{4}\arcsin \sqrt{\frac{x-a}{b-a}} + C \quad (a < b).$

11. 含有三角函数的积分

(83) $\int \sin x\,dx = -\cos x + C.$

(84) $\int \cos x\,dx = \sin x + C.$

(85) $\int \tan x\,dx = -\ln|\cos x| + C.$

(86) $\int \cot x\,dx = \ln|\sin x| + C.$

(87) $\int \sec x\,dx = \ln\left|\tan\left(\frac{\pi}{4} + \frac{x}{2}\right)\right| + C = \ln|\sec x + \tan x| + C.$

(88) $\int \csc x\,dx = \ln\left|\tan\frac{x}{2}\right| + C = \ln|\csc x - \cot x| + C.$

(89) $\int \sec^2 x\,dx = \tan x + C.$

(90) $\int \csc^2 x\,dx = -\cot x + C.$

(91) $\int \sec x \tan x\,dx = \sec x + C.$

(92) $\int \csc x \cot x\,dx = -\csc x + C.$

(93) $\int \sin^2 x\,dx = \frac{x}{2} - \frac{1}{4}\sin 2x + C.$

(94) $\int \cos^2 x\,dx = \frac{x}{2} + \frac{1}{4}\sin 2x + C.$

(95) $\int \sin^n x\,dx = -\frac{1}{n}\sin^{n-1} x\cos x + \frac{n-1}{n}\int \sin^{n-2} x\,dx.$

(96) $\int \cos^n x\,dx = \frac{1}{n}\cos^{n-1} x\sin x + \frac{n-1}{n}\int \cos^{n-2} x\,dx.$

(97) $\int \frac{dx}{\sin^n x} = -\frac{1}{n-1} \cdot \frac{\cos x}{\sin^{n-1} x} + \frac{n-2}{n-1}\int \frac{dx}{\sin^{n-2} x}.$

(98) $\int \frac{dx}{\cos^n x} = \frac{1}{n-1} \cdot \frac{\sin x}{\cos^{n-1} x} + \frac{n-2}{n-1}\int \frac{dx}{\cos^{n-2} x}.$

(99) $\int \cos^m x \sin^n x\,dx = \frac{1}{m+n}\cos^{m-1} x \sin^{n+1} x + \frac{m-1}{m+n}\int \cos^{m-2} x \sin^n x\,dx$

$= -\frac{1}{m+n}\cos^{m+1} x \sin^{n-1} x + \frac{n-1}{m+n}\int \cos^m x \sin^{n-2} x\,dx.$

(100) $\int \sin ax\cos bx\,dx=-\frac{1}{2(a+b)}\cos(a+b)x-\frac{1}{2(a-b)}\cos(a-b)x+C.$

(101) $\int \sin ax\sin bx\,dx=-\frac{1}{2(a+b)}\sin(a+b)x+\frac{1}{2(a-b)}\sin(a-b)x+C.$

(102) $\int \cos ax\cos bx\,dx=\frac{1}{2(a+b)}\sin(a+b)x+\frac{1}{2(a-b)}\sin(a-b)x+C.$

(103) $\int \frac{dx}{a+b\sin x}=\frac{2}{\sqrt{a^2-b^2}}\arctan\frac{a\tan\frac{x}{2}+b}{\sqrt{a^2-b^2}}+C\quad(a^2>b^2).$

(104) $\int \frac{dx}{a+b\sin x}=\frac{1}{\sqrt{b^2-a^2}}\ln\left|\frac{a\tan\frac{x}{2}+b-\sqrt{b^2-a^2}}{a\tan\frac{x}{2}+b+\sqrt{b^2-a^2}}\right|+C\quad(a^2<b^2).$

(105) $\int \frac{dx}{a+b\cos x}=\frac{2}{a+b}\sqrt{\frac{a+b}{a-b}}\arctan\left(\sqrt{\frac{a-b}{a+b}}\tan\frac{x}{2}\right)+C\quad(a^2>b^2).$

(106) $\int \frac{dx}{a+b\cos x}=\frac{1}{a+b}\sqrt{\frac{a+b}{b-a}}\ln\left|\frac{\tan\frac{x}{2}+\sqrt{\frac{a+b}{b-a}}}{\tan\frac{x}{2}-\sqrt{\frac{a+b}{b-a}}}\right|+C\quad(a^2<b^2).$

(107) $\int \frac{dx}{a^2\cos^2 x+b^2\sin^2 x}=\frac{1}{ab}\arctan\left(\frac{b}{a}\tan x\right)+C.$

(108) $\int \frac{dx}{a^2\cos^2 x-b^2\sin^2 x}=\frac{1}{2ab}\ln\left|\frac{b\tan x+a}{b\tan x-a}\right|+C.$

(109) $\int x\sin ax\,dx=\frac{1}{a^2}\sin ax-\frac{1}{a}x\cos ax+C.$

(110) $\int x^2\sin ax\,dx=-\frac{1}{a}x^2\cos ax+\frac{2}{a^2}x\sin ax+\frac{2}{a^3}\cos ax+C.$

(111) $\int x\cos ax\,dx=\frac{1}{a^2}\cos ax+\frac{1}{a}x\sin ax+C.$

(112) $\int x^2\cos ax\,dx=\frac{1}{a}x^2\sin ax+\frac{2}{a^2}x\cos ax-\frac{2}{a^3}\sin ax+C.$

12. 含有反三角函数的积分($a>0$)

(113) $\int \arcsin\frac{x}{a}\,dx=x\arcsin\frac{x}{a}+\sqrt{a^2-x^2}+C.$

(114) $\int x\arcsin\frac{x}{a}\,dx=\left(\frac{x^2}{2}-\frac{a^2}{4}\right)\arcsin\frac{x}{a}+\frac{x}{4}\sqrt{a^2-x^2}+C.$

(115) $\int x^2\arcsin\frac{x}{a}\,dx=\frac{x^3}{3}\arcsin\frac{x}{a}+\frac{1}{9}(x^2+2a^2)\sqrt{a^2-x^2}+C.$

(116) $\int \arccos\frac{x}{a}\,dx=x\arccos\frac{x}{a}-\sqrt{a^2-x^2}+C.$

(117) $\int x\arccos\frac{x}{a}\mathrm{d}x=\left(\frac{x^2}{2}-\frac{a^2}{4}\right)\arccos\frac{x}{a}-\frac{x}{4}\sqrt{a^2-x^2}+C.$

(118) $\int x^2\arccos\frac{x}{a}\mathrm{d}x=\frac{x^3}{3}\arccos\frac{x}{a}-\frac{1}{9}(x^2+2a^2)\sqrt{a^2-x^2}+C.$

(119) $\int\arctan\frac{x}{a}\mathrm{d}x=x\arctan\frac{x}{a}-\frac{a}{2}\ln(a^2+x^2)+C.$

(120) $\int x\arctan\frac{x}{a}\mathrm{d}x=\frac{1}{2}(a^2+x^2)\arctan\frac{x}{a}-\frac{a}{2}x+C.$

(121) $\int x^2\arctan\frac{x}{a}\mathrm{d}x=\frac{x^3}{3}\arctan\frac{x}{a}-\frac{a}{6}x^2+\frac{a^3}{6}\ln(a^2+x^2)+C.$

13. 含有指数函数的积分

(122) $\int a^x\mathrm{d}x=\frac{1}{\ln a}a^x+C.$

(123) $\int \mathrm{e}^{ax}\mathrm{d}x=\frac{1}{a}\mathrm{e}^{ax}+C.$

(124) $\int x\mathrm{e}^{ax}\mathrm{d}x=\frac{1}{a^2}(ax-1)\mathrm{e}^{ax}+C.$

(125) $\int x^n\mathrm{e}^{ax}\mathrm{d}x=\frac{1}{a}x^n\mathrm{e}^{ax}-\frac{n}{a}\int x^{n-1}\mathrm{e}^{ax}\mathrm{d}x.$

(126) $\int xa^x\mathrm{d}x=\frac{x}{\ln a}a^x-\frac{1}{(\ln a)^2}a^x+C.$

(127) $\int x^na^x\mathrm{d}x=\frac{1}{\ln a}x^na^x-\frac{n}{\ln a}\int x^{n-1}a^x\mathrm{d}x.$

(128) $\int\mathrm{e}^{ax}\sin bx\mathrm{d}x=\frac{1}{a^2+b^2}\mathrm{e}^{ax}(a\sin bx-b\cos bx)+C.$

(129) $\int\mathrm{e}^{ax}\cos bx\mathrm{d}x=\frac{1}{a^2+b^2}\mathrm{e}^{ax}(b\sin bx+a\cos bx)+C.$

(130) $\int\mathrm{e}^{ax}\sin^n bx\mathrm{d}x=\frac{1}{a^2+b^2n^2}\mathrm{e}^{ax}\sin^{n-1}bx(a\sin bx-nb\cos bx)$

$+\frac{n(n-1)b^2}{a^2+b^2n^2}\int\mathrm{e}^{ax}\sin^{n-2}bx\mathrm{d}x.$

(131) $\int\mathrm{e}^{ax}\cos^n bx\mathrm{d}x=\frac{1}{a^2+b^2n^2}\mathrm{e}^{ax}\cos^{n-1}bx(a\cos bx+nb\sin bx)$

$+\frac{n(n-1)b^2}{a^2+b^2n^2}\int\mathrm{e}^{ax}\cos^{n-2}bx\mathrm{d}x.$

14. 含有对数函数的积分

(132) $\int\ln x\mathrm{d}x=x\ln x-x+C.$

(133) $\int\frac{\mathrm{d}x}{x\ln x}=\ln|\ln x|+C.$

(134) $\int x^n\ln x\mathrm{d}x=\frac{1}{n+1}x^{n+1}\left(\ln x-\frac{1}{n+1}\right)+C.$

(135) $\int (\ln x)^n \mathrm{d}x = x(\ln x)^n - n\int (\ln x)^{n-1}\mathrm{d}x.$

(136) $\int x^m(\ln x)^n \mathrm{d}x = \dfrac{1}{m+1}x^{m+1}(\ln x)^n - \dfrac{n}{m+1}\int x^m(\ln x)^{n-1}\mathrm{d}x.$

15. 含有双曲函数的积分

(137) $\int \mathrm{sh}\, x\mathrm{d}x = \mathrm{ch}\, x + C.$

(138) $\int \mathrm{ch}\, x\mathrm{d}x = \mathrm{sh}\, x + C.$

(139) $\int \mathrm{th}\, x\mathrm{d}x = \ln\mathrm{ch}\, x + C.$

(140) $\int \mathrm{sh}^2 x\mathrm{d}x = -\dfrac{x}{2} + \dfrac{1}{4}\mathrm{sh}\, 2x + C.$

(141) $\int \mathrm{ch}^2 x\mathrm{d}x = \dfrac{x}{2} + \dfrac{1}{4}\mathrm{sh}\, 2x + C.$

16. 定积分

(142) $\int_{-\pi}^{\pi} \cos nx\mathrm{d}x = \int_{-\pi}^{\pi} \sin nx\mathrm{d}x = 0.$

(143) $\int_{-\pi}^{\pi} \cos mx \sin nx\mathrm{d}x = 0.$

(144) $\int_{-\pi}^{\pi} \cos mx \cos nx\mathrm{d}x = \begin{cases} 0, & m \neq n, \\ \pi, & m = n. \end{cases}$

(145) $\int_{-\pi}^{\pi} \sin mx \sin nx\mathrm{d}x = \begin{cases} 0, & m \neq n, \\ \pi, & m = n. \end{cases}$

(146) $\int_{0}^{\pi} \sin mx \sin nx\mathrm{d}x = \int_{0}^{\pi} \cos mx \cos nx\mathrm{d}x = \begin{cases} 0, & m \neq n, \\ \dfrac{\pi}{2}, & m = n. \end{cases}$

(147) $I_n = \int_0^{\frac{\pi}{2}} \sin^n x\mathrm{d}x = \int_0^{\frac{\pi}{2}} \cos^n x\mathrm{d}x$

$$I_n = \frac{n-1}{n}I_{n-2}$$

$$\begin{cases} I_n = \dfrac{n-1}{n}\cdot\dfrac{n-3}{n-2}\cdot\cdots\cdot\dfrac{4}{5}\cdot\dfrac{2}{3}\ (n\text{ 为大于 1 的正奇数}), & I_1 = 1, \\ I_n = \dfrac{n-1}{n}\cdot\dfrac{n-3}{n-2}\cdot\cdots\cdot\dfrac{3}{4}\cdot\dfrac{1}{2}\cdot\dfrac{\pi}{2}\ (n\text{ 为正偶数}), & I_0 = \dfrac{\pi}{2}. \end{cases}$$